トカマク概論

ジョン・ウェッソン

伊藤早苗
矢木雅敏 共訳

Tokamaks

九州大学出版会

TOKAMAKS
by John Wesson
Copyright©John Wesson, 1987
Originally published by Oxford University Press
Japanese edition copyright©2003
by Kyushu University Press

訳者序文

　本書は，プラズマ閉じ込め装置トカマクの原理を簡明にしかも総合的に説明した名著です。トカマク中でプラズマは様々なダイナミックな運動をし，強い磁場や周囲の固体と多彩な相互作用を示します。物理学や数学，工学や先進技術など知識の粋をあつめて初めて働くトカマクとその中のプラズマについて，簡にして要を得て総括的であり，しかも重要なことは網羅されている本として，世界中で高い評価を受けています。イギリス流の自然認識の伝統に基づいたとでも形容できる本書は，日常接する固体・液体・気体とは異なり人類が初めて目にした高温プラズマをどのように理解すればよいかという基本的な問題に光を投げかけ，トカマクの原理の全貌を描きだすものです。核融合研究も大きく進展し，ITER（国際熱核融合実験炉）トカマクがいよいよ国際協力で実現されようとしています。こうした機会に，トカマクに関するこの明快にして包括的な本を広く日本の読者に紹介できるのは嬉しいことです。

　本書の著者John A. Wesson博士は核融合研究の黎明期から英国カラム研究所および JET (Joint European Torus) 事業体でトカマクの理論的研究を行い，プラズマの安定性の問題をはじめ数々の理論的問題に取り組んできた指導的な研究者です。Wesson博士の研究スタイルは，実際のプラズマの姿に即して何が不思議な問題であるかを分析・指摘し，それについて明快な解析モデルを示すという特徴があります。目に見える自然の中に物理を見るという著者の姿勢は，サッカーボールの力学から始まってサッカーの科学についての啓蒙書を出版したところにも窺えます。

　本書は原著第一版に基づいたものです。最近の豊富な実験観測を書き加えた大部な第二版も出版されていますが，より簡単に読み通せてトカマクとそのプラズマというものを全体的に理解できる初版のほうが広く役に立ち著者のスタイルも彷彿とするものと考え，初版の翻訳を世に送ることにいたします。訳者らも第一版に接し感銘を受け学びました。最近の展開について訳者が簡潔に補足しました。

　この翻訳をするにあたり有益なコメントをいただきました核融合科学研究所の伊藤公孝教授に感謝いたします。出版作業においては，秘書の殿園章子さん，九州大学出版会の藤木雅幸さんにはお世話になりました。この場を借りてお礼申し上げます。本書は，日本学術振興会平成14年度科学研究費補助金（研究成果公開促進費，および基盤研究）の交付を受けて刊行されたものです。

2003年2月

伊藤早苗，矢木雅敏

序文

In the attempt to achieve a useful power source from thermonuclear fusion the tokamak has become the predominant research tool. The accompanying increase in research activity and general interest in tokamaks has led to a need for an introductory account of the subject and the aim of this book is to provide such an introduction.

It is hoped that the book will prove useful, firstly to those entering the subject, secondly to specialists within tokamak research who wish to acquire knowledge of other areas in the subject, and thirdly to those outside tokamak research who would like to learn something of the principal concepts, methods, and problems involved. A further aim is to provide a handbook of the equations, formulas, and data which the research worker frequently needs.

The text itself has been kept clear of attributions and references except where theories and experimental observations carry the name of their originators. However, each chapter is followed by a bibliography which gives the original sources, together with subsequent papers and review articles which have clarified the subject. To a large extent the sections can be read separately. Where this is not the case, the subjects referred to can be found through the index.

The chapters cover the main subdivisions of the subject, with an emphasis on the physics of present experiments rather than the technology of future devices. The book generally proceeds from the more theoretical aspects toward the more experimental and practical. This order is chosen for pedagogical purposes and, it must be said, belies the nature of the research. The general pattern is that progress has been made on an empirical basis and theoretical interpretation of the experimental results has, to say the least, been difficult.

In the theoretical subjects the aim has been to avoid lengthy and detailed analysis which would be out of place in an introductory book. Where a short derivation of a basic result is possible, this is given. Otherwise a simplified treatment is used or, for the more inaccessible topics, the important results are quoted and a reference to the source is given in the bibliography.

Many friends and colleagues have contributed to the book through their comments and suggestions. First among these is Professor L. C. Woods, whose encouragement and advice were invaluable. I am particularly indebted to Drs J. Sanderson, P. Thomas, and G. Tonetti for many helpful suggestions, and to Mr A. Sykes for the calculations used in several of the figures. I would also like to thank Carol Simmons, whose efficient typing of the manuscript was a substantial contribution to the preparation of the book.

The cooperation from my fellow authors has been exemplary and I must record my enjoyment of our collaboration.

My own work was carried out in time which would otherwise have been spent with my family. I would like, therefore, to express my gratitude to Olive, Karen, and David for their support.

JET, Oxfordshire, England JOHN WESSON
October 1985

執筆者

1 J. A. WESSON

2 J. A. WESSON
   2.7 R. J. Hastie

3 J. A. WESSON
   3.11 D. F. Start

4 J. W. CONNOR
   4.9 J. A. Wesson
   4.10 J. A. Wesson

5 J. A. WESSON (5.1–5.5)
   C. N. LASHMORE-DAVIES
   (5.6–5.10)

6 J. A. WESSON

7 J. A. WESSON

8 R. J. HASTIE

9 G. M. McCRACKEN

10 R. D. GILL
   10.3 G. Magyar
   10.4 G. Magyar
   10.5 G. Magyar
   10.6 A. E. Costley
   10.7 A. E. Costley
   10.13 W. W. Engelhardt
   10.14 W. W. Engelhardt

11 J. HUGILL

12 J. A. WESSON

目次

1章 核融合 1
1.1 核融合とトカマク装置 2
1.2 核融合反応 4
1.3 熱核融合 6
1.4 ローソン条件 8
1.5 自己点火 10
1.6 トカマク 12
1.7 トカマク炉 14
1.8 燃料資源 16
1.9 炉の経済性 18
1.10 トカマクの研究 20

2章 プラズマ物理 23
2.1 トカマクプラズマ 24
2.2 ラーマー軌道 26
2.3 粒子軌道 28
2.4 衝突 30
2.5 粒子運動方程式 32
2.6 フォッカー・プランク方程式 34
2.7 旋回平均された運動論的方程式 36
2.8 緩和過程 38
2.9 衝突時間 40
2.10 抵抗率 42
2.11 電磁気学 44
2.12 流体方程式 46
2.13 電磁流体力学 48
2.14 ブラジンスキー方程式 50
2.15 波動 52
2.16 ランダウ減衰 54

3章 平衡 59
3.1 トカマクの平衡 60
3.2 磁束関数 62
3.3 グラッド・シャフラノフ方程式 64
3.4 安全係数, q 66
3.5 ベータ値 68
3.6 大アスペクト比 70
3.7 真空磁場 72
3.8 粒子軌道 74
3.9 粒子捕捉 76
3.10 捕捉粒子軌道 78
3.11 電流駆動 80

4章 閉じ込め 83
4.1 トカマクの閉じ込め 84
4.2 新古典輸送 86
4.3 ピファーシュ・シュリューター輸送 88
4.4 バナナ領域の輸送 90
4.5 プラトー領域の輸送 92
4.6 ウェアーピンチ, ブートストラップ電流, 新古典導電率 94
4.7 リップルによる輸送 96
4.8 不純物輸送 98
4.9 放射損失 100
4.10 不純物放射 102
4.11 実験観測 104
4.12 乱流による対流 106
4.13 磁力線の乱れ 108

5章 加熱 113
5.1 加熱 114
5.2 オーミック加熱 116
5.3 中性粒子ビーム入射 118
5.4 中性粒子ビーム加熱 120
5.5 中性粒子ビーム生成 122
5.6 高周波加熱 124
5.7 高周波加熱の物理 126
5.8 イオンサイクロトロン共鳴加熱 128
5.9 低域混成共鳴加熱 130
5.10 電子サイクロトロン共鳴加熱 132

目次

6章	MHD安定性	137
6.1	MHD安定性	138
6.2	エネルギー原理	140
6.3	キンク不安定性	142
6.4	内部キンクモード	144
6.5	テアリングモード	146
6.6	抵抗層	148
6.7	テアリング安定性	150
6.8	メルシエ条件	152
6.9	バルーニングモード	154
6.10	バルーニング安定性	156
6.11	軸対称モード	158
6.12	ベータ値限界	160

7章	不安定性	165
7.1	不安定性	166
7.2	磁気島	168
7.3	テアリングモード	170
7.4	ミルノフ不安定性	172
7.5	電流のしみ込み	174
7.6	鋸歯状振動	176
7.7	ディスラプション	178
7.8	ディスラプションの物理	180
7.9	エルゴード性	182
7.10	魚骨型不安定性	184

8章	微視的不安定性	189
8.1	微視的不安定性	190
8.2	ドリフト不安定性	192
8.3	捕捉電子不安定性	194
8.4	低周波イオンモード	196
8.5	微視的テアリングモード	198

9章	プラズマ・壁相互作用	201
9.1	プラズマ・壁相互作用	202
9.2	境界層	204
9.3	リサイクリング	206
9.4	原子・分子過程	208
9.5	脱離と壁洗浄	210
9.6	スパッタリング	212
9.7	スパッタリングのモデル	214
9.8	アーク放電	216
9.9	リミター	218
9.10	ダイバータ	220
9.11	熱流束, 蒸発, 熱伝達	222
9.12	トリチウムインベントリー	224
9.13	周辺プラズマ診断	226

10章	診断法	231
10.1	トカマク診断法	232
10.2	電磁的診断法	234
10.3	レーザー診断法	236
10.4	n_eのレーザー計測	238
10.5	T_eのレーザー計測	240
10.6	電子サイクロトロン放射	242
10.7	ECEによるT_e計測	244
10.8	連続スペクトルのX線放射	246
10.9	X線によるT_e計測	248
10.10	中性粒子分析	250
10.11	中性粒子分析によるT_i計測	252
10.12	中性子放射によるT_i計測	254
10.13	不純物と分光	256
10.14	分光学的技法	258
10.15	放射計測	260

11章	実験	265
11.1	トカマク実験	266
11.2	T-3	268
11.3	ST	268
11.4	JFT-2	269
11.5	Alcator	269
11.6	TFR	270
11.7	DITE	271
11.8	PLT	271
11.9	T-10	272
11.10	ISX	273
11.11	FT	273

目次

11.12	Doublet-III	274
11.13	ASDEX	275
11.14	TFTR	276
11.15	JET	278
11.16	トカマクパラメータ	280

12章 付録 283
12.1	ベクトル公式	284
12.2	微分演算子	285
12.3	単位系と変換	286
12.4	物理定数	287
12.5	クーロン対数	288
12.6	衝突時間	290
12.7	色々な長さ	292
12.8	周波数	294
12.9	速度	295
12.10	スピッツァー抵抗率	296
12.11	応力テンソル	298
12.12	諸公式	299
12.13	記号一覧	300

S章 補遺 303
S.1	大型トカマクと標準的な配位	304
S.2	プラズマパラメータの進展	308
S.3	閉じ込めモード	311
S.4	計測の進展	316
S.5	改善閉じ込めにおける輸送の研究	319
S.6	展望	325

索引　329

単位と記号

単位系は m.k.s. 単位を用いた。慣例に従い，温度はジュール（joules）か電子ボルト（eV）（または keV）単位で書かれている。従って通常用いられている $kT°$ のかわりに T（ジュール）としているので $T° = T$（ジュール）$/ 1.381 \times 10^{-23}$ となる。ここで k はボルツマン定数であり，$T°$ は絶対温度単位で測った温度である。電子ボルト単位の温度はひとつの電子がエネルギー T を獲得するのに必要な電圧間のポテンシャル差によって定義される。すなわち，T（電子ボルト）$= T$（ジュール）$/e$，ここで e は電荷である。従って，T（電子ボルト）$= T$（ジュール）$/ 1.602 \times 10^{-19}$ と書ける。温度が電子ボルトで与えられたときは常にそのことを明示する。頻繁に使用する記号をたびたび再定義することを避けるために12章13節に，用いた記号の一覧表を示した。

1 核融合

1.1 核融合とトカマク装置

　重水素の原子核がトリチウム（三重水素）の原子核と反応すると，α 粒子（アルファ粒子）が生成され中性子が放出される。核融合反応の結果，粒子の総重量は減少し，核融合反応生成物の運動エネルギーの形でエネルギーが放出される。放出されるエネルギーは，各反応毎に 17.6 MeV である。ちょうど 1 kg のこの燃料は 10^8 kWh のエネルギーを生成し，1 GW の発電所1日分に必要な量を供給できよう。

　重水素は豊富な資源であるが，トリチウムは自然界には微量しか存在しない。しかし，核融合反応で発生する中性子を用いることにより，埋蔵量の多いリチウムからトリチウムを生成することが可能である。

　重水素と三重水素の原子核同士の核融合反応を起こさせるために，それぞれが持つ正電荷による反発力を克服することが必要である。核融合反応断面積は衝突のエネルギーとともに増大し，100 keV のところで最大となる。このエネルギーは，原子核反応で放出されるエネルギーに比べると極めて小さいが，（核融合を起こさせるために）燃料粒子に与えるエネルギーとしてはかなりの量である。

　最も有望なエネルギー供給方法は，重水素-トリチウム燃料をそれぞれの原子核が核融合反応を起こすのに十分な熱速度になるよう高温に加熱することである。この方式による核融合を熱核融合と呼ぶ。必要とされる温度は，最大反応断面積を与えるエネルギーほど高い必要はない。なぜなら，必要とされる反応は Maxwell 分布をした加熱粒子の高エネルギーテイル（分布の裾野）で起こるからである。必要とされる温度はほぼ 10 keV であり，これは摂氏 1 億度に相当する（温度にボルツマン定数 k_B を乗じた量がエネルギーの単位になる。エネルギーを eV（電子ボルト）で表記して，温度を eV 単位で書き表すことがしばしば行われる。本書でもその表記を用いている）。このような温度領域では，燃料は完全に電離している。イオンの静電荷は同じ数の電子の存在により中性化される。この中性化された電離ガスをプラズマと呼ぶ。

　このような高温プラズマは，通常の材料壁による閉じ込めが不可能であるので，別の閉じ込め方法が必要となる。トカマクはそのような閉じ込めを可能にする。トカマク装置では，プラズマ粒子は磁場に沿って小さな旋回軌道を描きながら，トロイダル領域に閉じ込められる。この方法では，イオンが壁に到達する前に容器の寸法の 100 万倍の距離を飛行させることが可能である。

　核融合炉においては，高密度プラズマのエネルギーを十分に反応できるだけの時間，閉じ込めることが必要である。10^{20} m^{-3} 前後のイオン密度において必要とされるのは 1 秒程度である。

　この方法は実現できそうに見えるが，まだ必要とされる時間，温度までプラズマを加熱することは実現されていない。実際，プラズマの加熱と閉じ込めはどちらも現段階の重要な研究課題である。[訳注：2002 年の現在では，この状態に短時間手が届くところまで研究が進んでいる。]

核融合

　必要なプラズマ条件が得られても，経済的に成り立つ核融合炉という目標に到達するためには，解決すべき技術的な問題が存在する．しかし現在の研究は，主にプラズマの物理に関連する問題に関心が寄せられており，この本で取り上げる主題でもある．図1.1.1は，この分野での進捗状況を示したものである．

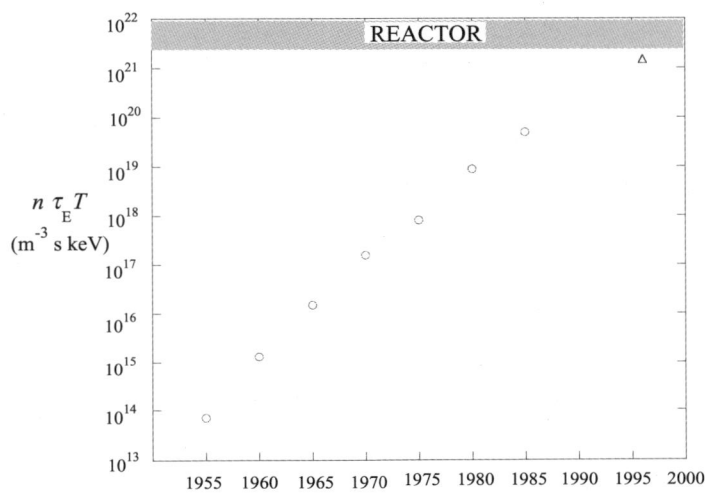

【図1.1.1】
　核融合炉では密度とエネルギー閉じ込め時間の積 $n\tau_E$ はほぼ $1.5 \sim 3 \times 10^{20}\,\mathrm{m}^{-3}$，温度 T は $10 \sim 20\,\mathrm{keV}$ 必要とされる．$n\tau_E T$ （核融合積）の必要とされる値はおよそ $3 \times 10^{21}\,\mathrm{m}^{-3}\,\mathrm{s}\,\mathrm{keV}$ である（5章1節参照）．この値の進捗状況を示す．（2000年までの進展は補遺を参照．）

1.2 核融合反応

　現在のところ一番見通しの高い核融合反応は、重水素とトリチウムが融合し、アルファ粒子を作り、中性子を放出するものである。つまり、

$$_1D^2 + {}_1T^3 \rightarrow {}_2He^4 + {}_0n^1$$
$$\phantom{_1D^2 + {}_1T^3 \rightarrow {}}3.5\,\text{MeV} + 14.1\,\text{MeV} = 17.6\,\text{MeV}$$

ここで示されたエネルギー値は、反応生成物の持つ運動エネルギーである。質量とエネルギーの釣り合いから、以下の反応において全体として質量欠損 δm が生じる。

$$\begin{array}{cc} D & + \quad T \\ (2 - 0.000\,994)m_p & (3 - 0.006\,284)m_p \end{array}$$
$$\rightarrow \quad \alpha \quad + \quad n$$
$$(4 - 0.027\,404)m_p \quad (1 + 0.001\,378)m_p$$

ここで m_p は陽子の質量で、放出されるエネルギーは次のようになる。

$$\mathscr{E} = \delta m \cdot c^2 = 0.01875\,m_p c^2 = 2.818 \times 10^{-12}\,\text{joules} = 17.59\,\text{MeV}$$

反応は、粒子間の衝突によって引き起こされるので、反応断面積が本質的に重要になる。低い衝突エネルギーでの衝突断面積は小さい。なぜなら核融合反応が起こりうる距離まで核子を近づける必要があるがクーロン障壁がそれを妨げているからである。そのポテンシャルを図1.2.1に示す。

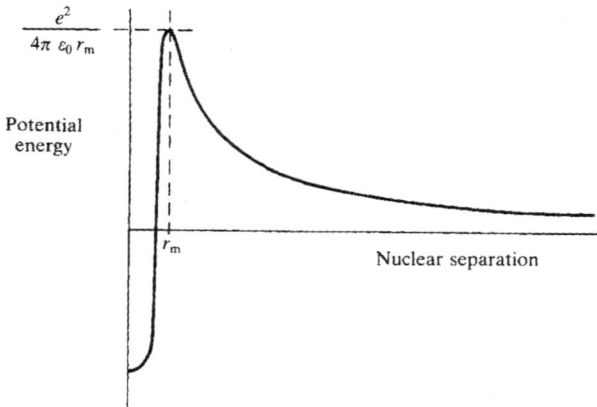

【図1.2.1】
　核子間距離の関数としてのポテンシャルエネルギー

核融合

　量子力学的トンネル効果によって，D−T核融合反応はクーロン障壁を克服するのに必要なエネルギーより幾分低い所で起こる。反応断面積を図1.2.2に示すが，断面積の最大値は大体 100 keV を超したところにある。

　D−T反応が他の反応に比べて選ばれる理由は図1.2.2より明らかである。図には次の反応の断面積も示してある。

$$D^2 + D^2 \rightarrow He^3 + n^1 + 3.27 \text{ MeV}$$
$$D^2 + D^2 \rightarrow T^3 + H^1 + 4.03 \text{ MeV}$$
$$D^2 + He^3 \rightarrow He^4 + H^1 + 18.3 \text{ MeV}$$

他の反応の衝突断面積はD−T反応に比べて小さい（現実的でない高エネルギー部分は除いて）。

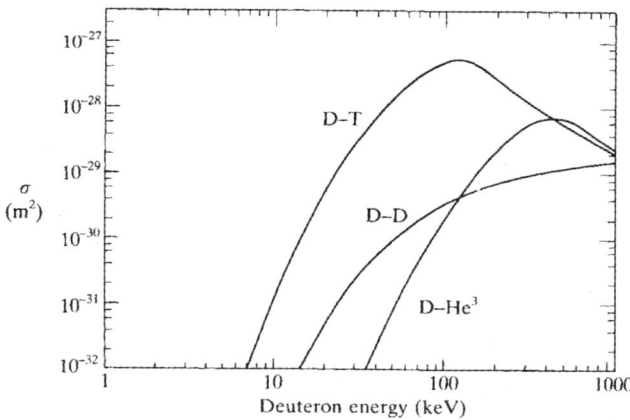

【図1.2.2】
　反応断面積を D−T，D−D，D−He^3 について示す。2つの D−D 反応は同程度の反応断面積をもつが，グラフではその和を示す。

1.3 熱核融合

　高温の D–T プラズマにおける反応率の計算には，両方のイオン種の速度分布関数についての積分が必要である。片方の種の粒子が速度 v_1 を持ち，もう片方の粒子が v_2 の速度を持つとして，その相対速度を $\mathbf{v}' = \mathbf{v}_1 - \mathbf{v}_2$ で表す。分布関数を各々 f_1, f_2 で表すと，単位体積当たりの反応率は次のようになる。

$$\sigma(v') v' f_1(\mathbf{v}_1) f_2(\mathbf{v}_2)$$

分布関数がマックスウェル分布

$$f_j(v_j) = n_j \left(\frac{m_j}{2\pi T}\right)^{3/2} \exp\left(-\frac{m_j v_j^2}{2T}\right),$$

をしていると仮定すると，単位体積当たりの全反応率

$$\mathcal{R} = \iint \sigma(v') v' f_1(v_1) f_2(v_2)\, d\mathbf{v}_1 d\mathbf{v}_2$$

は，以下のように書ける。

$$\mathcal{R} = n_1 n_2 \frac{(m_1 m_2)^{3/2}}{(2\pi T)^3} \iint \exp\left(-\frac{m_1 + m_2}{2T}\left(\mathbf{V} + \frac{1}{2}\frac{m_1 - m_2}{m_1 + m_2}\mathbf{v}'\right)^2\right) d\mathbf{V}$$
$$\times \sigma(v') v' \exp\left(-\frac{\mu v'^2}{2T}\right) d\mathbf{v}'$$

ここで

$$\mathbf{V} = \frac{\mathbf{v}_1 + \mathbf{v}_2}{2} \quad \text{および} \quad \mu = \frac{m_1 m_2}{m_1 + m_2}$$

であり，μ は，換算質量である。$\mathbf{V}$ に関する積分を実行すると $(2\pi T/(m_1 + m_2))^{3/2}$ となるので，

$$\mathcal{R} = 4\pi n_1 n_2 \left(\frac{\mu}{2\pi T}\right)^{3/2} \int \sigma(v') v'^3 \exp\left(-\frac{\mu v'^2}{2T}\right) dv' \qquad 1.3.1$$

が得られる。通常，実験室系で測られた断面積は，衝撃を与える粒子（ラベル1とする）のエネルギー $\varepsilon = \frac{1}{2} m_1 v'^2$ に関して与えられる。よって1.3.1式は利用しやすい形として，

$$\mathcal{R} = \left(\frac{8}{\pi}\right)^{1/2} n_1 n_2 \left(\frac{\mu}{T}\right)^{3/2} \frac{1}{m_1^2} \int \sigma(\varepsilon) \varepsilon \exp\left(-\frac{\mu \varepsilon}{m_1 T}\right) d\varepsilon \qquad 1.3.2$$

核融合

と書き換えることができる。もし、$\sigma(\varepsilon)$ として1章2節で与えられる D－T 反応の断面積を使い、1.3.1式に代入すると、反応率 $\mathscr{R} = n_d n_t \langle \sigma v \rangle$ は図1.3.1に示される $\langle \sigma v \rangle$ を用いて求まる。与えられたイオン密度 ($n_d + n_t$) に対して重水素とトリチウムの密度が $n_d = n_t$ を満たす時に最大の反応率となる。

ここで考えているような温度領域では、核反応は分布の高エネルギーテイルの寄与が大きい。この状況は、図1.3.2に示してある通りである。温度 10 keV の D－T プラズマに対して1.3.2式の被積分関数及び2つの因子 $\sigma(\varepsilon)$ と $\varepsilon \exp(-\mu \varepsilon / m_d T)$ を ε / T の関数として示す。

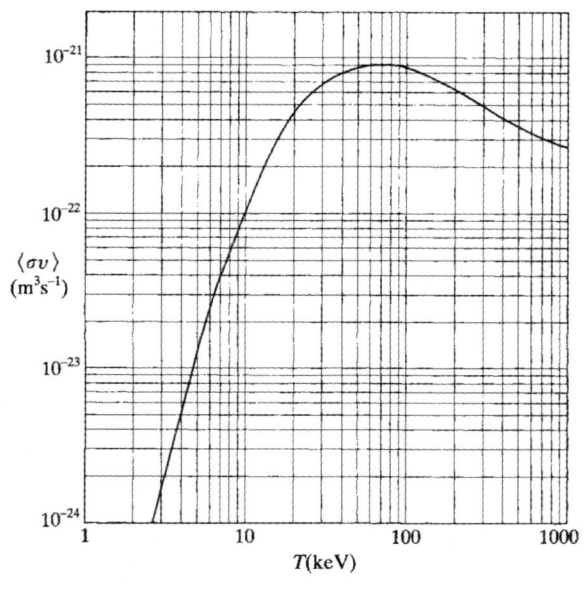

【図1.3.1】
D－T 反応に対する $\langle \sigma v \rangle$ をプラズマ温度の関数として示す。

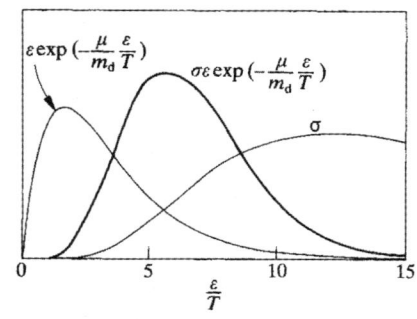

【図1.3.2】
$T = 10$ keV の D－T プラズマに対し、1.3.2式の被積分関数と2つの因子 $\sigma(\varepsilon)$ と $\varepsilon \exp(-\mu \varepsilon / m_d T)$ を規格化したエネルギー ε / T の関数として示す。

1.4 ローソン条件

　核融合炉のプラズマからは，常にエネルギーの損失があるので，炉としては，その損失に十分見合うだけの核融合出力が最低必要である．ローソン条件は，プラズマ外部の熱源からの加熱によってこの状態が達成されるための条件を述べたものである．ここで気をつけなければならないのは，この条件の計算において，炉の特殊な運転形態を仮定していることである．もしも核融合によって生成された粒子の持つエネルギーが，再びプラズマ内で吸収されるのであれば，外部からの連続的な加熱をしないですむ炉を想定することができる．この要請を満たす条件は次節1.5で論ずる．

　図1.4.1にLawson（ローソン）条件を計算するのに必要なパワーの流れを示す．$n_\mathrm{d} = n_\mathrm{t}$ を満たすD–T系において，単位体積当たりの核融合出力は，

$$P_\mathrm{Th} = \frac{n^2}{4} \langle \sigma v \rangle \mathscr{E} \qquad 1.4.1$$

となる．ここで n は全イオン密度であり，$\langle \sigma v \rangle$ は図1.3.1に示した反応率で，$\mathscr{E}$ は1反応当たり解放されるエネルギーである．エネルギー損失としてプラズマから出てくるパワーは，

$$P_\mathrm{L} = \alpha n^2 T^{1/2} + \frac{3nT}{\tau_\mathrm{E}} \qquad 1.4.2$$

と書ける．ここで第1項は，制動輻射による放射損失，第2項はそれ以外のパワー損失を示しており，プラズマのエネルギー密度（$2 \times \frac{3}{2} n T$）とエネルギー閉じ込め時間 τ_E の比の形で表現される．よってプラズマから出てくる総エネルギーは，

$$P_\mathrm{T} = n^2 \left(\frac{\langle \sigma v \rangle \mathscr{E}}{4} + \alpha T^{1/2} \right) + \frac{3nT}{\tau_\mathrm{E}} \qquad 1.4.3$$

となる．これが電気出力に変換され，変換効率 η でプラズマ加熱に用いられるとする．この時，加熱入力 P_H として利用できる最大パワーは ηP_T となる．プラズマ内の加熱入力と損失のエネルギーバランス $P_\mathrm{H} = P_\mathrm{L}$ より，最低限 $\eta P_\mathrm{T} > P_\mathrm{L}$ が必要となる．この条件に1.4.2式と1.4.3式を代入すると，

$$n \tau_\mathrm{E} > \frac{3T}{\frac{\eta}{1-\eta} \frac{1}{4} \langle \sigma v \rangle \mathscr{E} - \alpha T^{1/2}}$$

という条件を得る．ここで不等式の右辺は温度の関数であることに注意しよう．この関数を図1.4.2に示す．

核融合

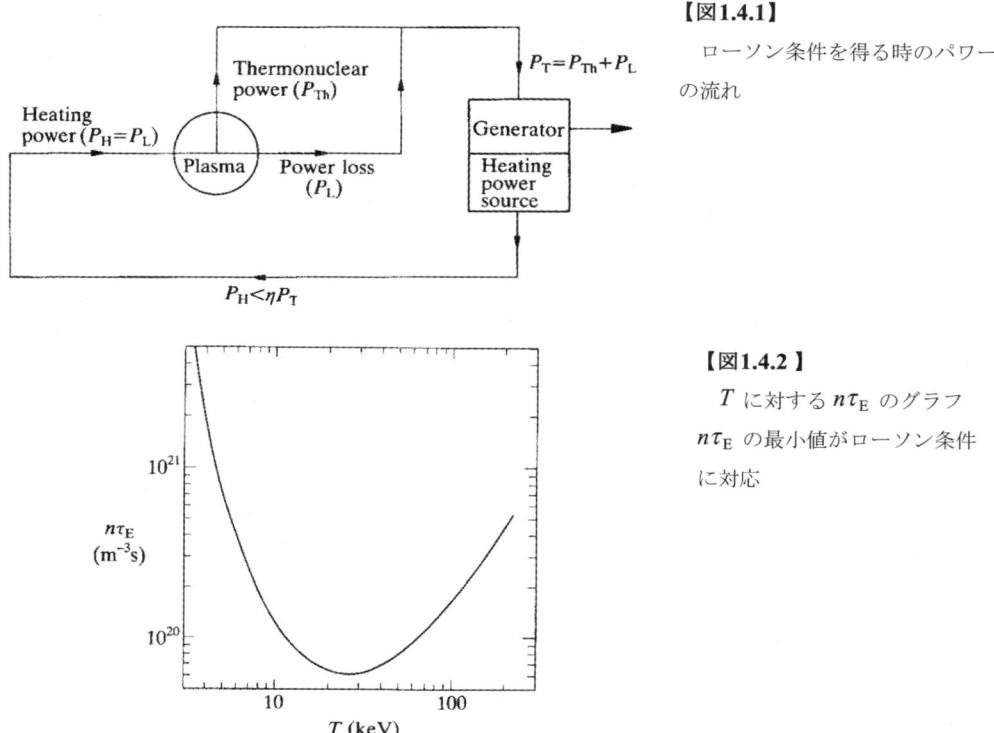

【図1.4.1】
ローソン条件を得る時のパワーの流れ

【図1.4.2】
T に対する $n\tau_E$ のグラフ
$n\tau_E$ の最小値がローソン条件に対応

$\langle \sigma v \rangle$ は1章3節で与えられた値を使用した。$\alpha = 3.8 \times 10^{-29}\,\mathrm{J}^{1/2}\mathrm{m}^3\mathrm{s}^{-1}$, $\mathscr{E} = 17.6\,\mathrm{MeV}$ で, $\eta = 1/3$ としてある（これらはローソンによって与えられた値である）。この曲線が最小値を持つことがわかる。低い温度の時には熱核融合出力は小さく, 温度が高くなると与えられた τ_E においてエネルギー損失が熱核融合出力に比較して温度とともに著しく増加する。炉においては $n\tau_E$ の値がこの最小値を超えなければならないことがわかる。これに対する条件は,

$n\tau_E > 6 \times 10^{19}\,\mathrm{m}^{-3}\,\mathrm{s}$

である。実際上, 生成されたパワーのわずかな部分のみが加熱に利用できる。さらに全加熱効率は上記で仮定した値1/3より低いことが予想される。従ってローソン条件は, 必要条件でしかない。

1.5 自己点火

$n\tau_E$ に対するローソン条件を与えるモデルでは,プラズマからのパワー損失を補充するために連続的なパワー供給を仮定している。もしも,プラズマ内の核融合出力によってこの損失分補うのに十分な加熱を供給することができれば,外部からのパワーの供給はいらなくなる。D–T反応の場合は,生成される α 粒子を磁場で閉じ込めることによりこれを達成できる可能性がある。

仮に D–T プラズマが外部加熱により温度が連続的に上昇した場合には,α 粒子による加熱とパワー損失とがバランスする点に到達できるだろう。この時プラズマは自己点火するので外部からの加熱を遮断することが可能となる。

α 粒子による単位体積当たりの加熱は,

$$P_\alpha = \tfrac{1}{4} n^2 \langle \sigma v \rangle \mathscr{E}_\alpha \tag{1.5.1}$$

で $\mathscr{E}_\alpha$ は核融合反応当たりの α 粒子が得るエネルギーで,3.5 MeV である。またパワー損失は,水素の制動輻射(この温度ではその寄与は小さい)を含む全損失過程を考慮したエネルギー閉じ込め時間 τ_E を用いて,

$$P_L = \frac{3nT}{\tau_E}$$

と書ける。

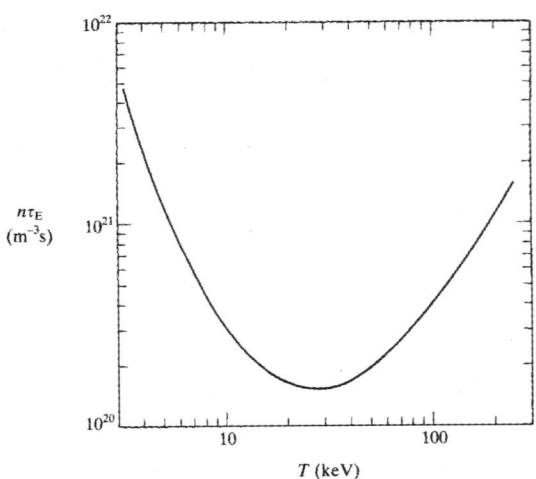

【図1.5.1】
点火するために必要な $n\tau_E$ の値を温度の関数として示す。

核融合

自己点火のための条件は,$P_\alpha > P_L$ であり,すなわち

$$n\tau_E > \frac{12}{\mathscr{E}_\alpha} \frac{T}{\langle \sigma v \rangle} \qquad 1.5.2$$

で与えられる。

図1.5.1に温度 T に対して自己点火に必要な $n\tau_E$ をプロットしてある。30 keV のあたりに,$n\tau_E$ の最小値があり,この温度での自己点火条件は,

$$n\tau_E > 1.5 \times 10^{20} \, \text{m}^{-3} \, \text{s}$$

であり,これはローソン条件を満たす値の 2.5 倍である。

α 粒子による加熱は自己点火の時点で外部からの加熱の肩代わりをすることになるが,外部からの加熱は必ずしも自己点火時点での α 粒子による加熱と同量必要なわけではない。このことは,単位体積当たりのエネルギーロスと α 粒子による加熱の釣り合いを与える加熱パワーの式から理解できる。

$$P_{\text{heat}} = \frac{3nT}{\tau_E} - \tfrac{1}{4} n^2 \langle \sigma v \rangle \mathscr{E}_\alpha$$

図1.5.2に P_{heat} の温度依存性の予想値を示す。この曲線の正確な形は τ_E の温度依存性に左右される。この例では,τ_E は定数としており自己点火は 10 keV で起こる。最大の外部加熱はおよそ 5 keV の時に必要となり,P_{heat} はその時,自己点火温度の時の α 粒子のパワーの 40% 以下でよい。

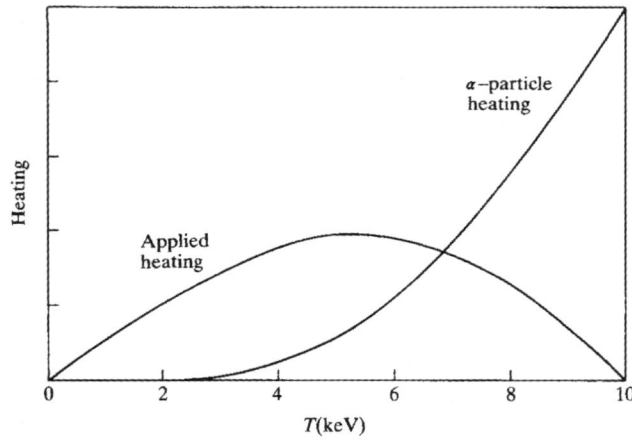

【図1.5.2】
与えられた温度を達成するために必要な外部からの加熱。この加熱は α 粒子の加熱を上回る余剰のエネルギー損失と釣り合う。

1.6 トカマク

　トカマクというのは，トロイダルな形状の閉じ込め方式でプラズマは磁場によって閉じ込められる。主たる磁場はトロイダル磁場であるが，これだけではプラズマを閉じ込めることはできない。プラズマ圧力と磁力がバランスして平衡を保つためにポロイダル磁場も必要である。トカマクにおいては，この磁場は主にプラズマ電流によって作られる。結果として得られる磁場配位を図1.6.1に示してある。

　磁場が強ければ，閉じ込められるプラズマの圧力も大きくできる。しかしトロイダル磁場は，技術的な面から限界があり，現在は，数テスラ（T）程度である。この磁場は図1.6.2(a)に示すようにプラズマと連結したコイルを流れる電流により生成される。

　与えられたトロイダル磁場に対しては，プラズマの圧力はプラズマ電流値を上げることによって安定に保たれるが，電流値には上限があると考えられている。その結果，ポロイダル磁場はふつうトロイダル磁場より小さく，大きさは $1/5 \sim 1/15$ 程度である。トカマク研究の初期においては，プラズマ電流は数 100 kA の程度であったが，現在 JET などでは数 MA であり，炉では，$10 \sim 20$ MA が想定されている。

　プラズマ電流は，トランス機構によって誘起される。図1.6.2(b)に示すように，トーラスのまわりの1次側コイルに電流を流す。これでトーラスを貫く磁場の変化を生じさせトロイダル方向の電場を作る。それによってプラズマ電流を駆動するわけである。プラズマの形状や位置は，各箇所に配置された付加コイルにトロイダル電流を流して制御する。

　トカマクのプラズマ閉じ込めについては，まだよく理解されていない。しかし実験的な経験からは，サイズが大きくなれば閉じ込めが良くなる。現在あるトカマクのサイズは小半径数 10 cm から 1 m 程度のものが大半でエネルギー閉じ込め時間は数 10 ms から数 100 ms である。JET は小半径 1.25 m を持ち，閉じ込め時間は約1秒である。

　トカマクプラズマの粒子密度は概略 10^{20} m^{-3} で，大気の密度と比べると $10^5 - 10^6$ 倍低い。よってプラズマは真空容器の中に入れられ，非常に高い真空度に保たれる。

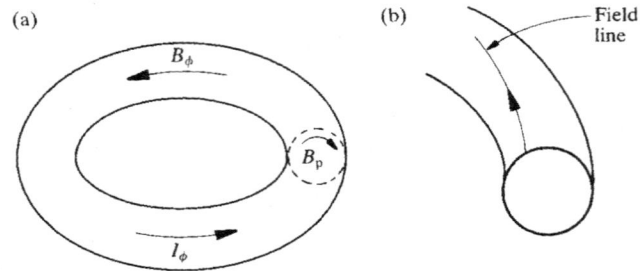

【図1.6.1】
　(a) トロイダル磁場 B_ϕ とプラズマ電流 I_ϕ によって作られるポロイダル磁場 B_p (b) B_ϕ と B_p の組み合わせにより磁力線はプラズマのまわりにねじれる。

核融合

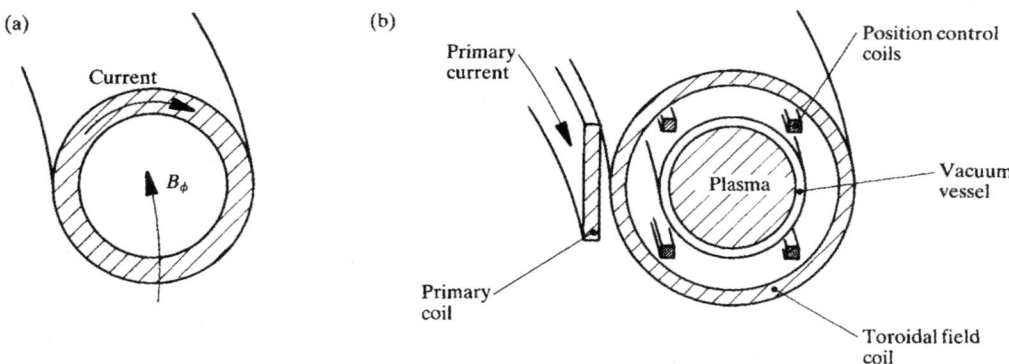

【図1.6.2】
(a)外部コイルの電流によって作られるトロイダル磁場 (b) トカマクにおけるコイル配置

　プラズマ内の不純物は放射損失を起こすので,トカマクの良い放電のためには,その混入をふせぐことが重要である。そのためにはプラズマを容器から離さなければならず, 現在は主に2つの方法が取られている。1つの方法は図1.6.3(a)に示すように,リミターと呼ばれるものを置き,プラズマの境界を規定するものであり, 2つ目の方法は,図 1.6.3(b)に示すような磁気ダイバータという方法で(不純物)粒子を真空容器から遠ざけるものである。
　トカマク炉に関することについては,次節1.7で論ずる。

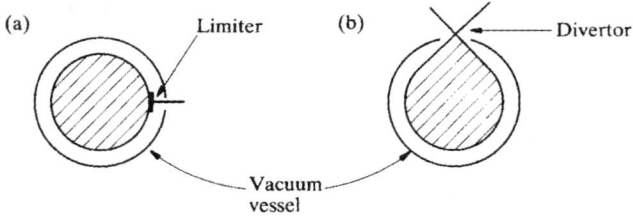

【図1.6.3 】
プラズマを真空容器から離す方法 (a) リミター (b) ダイバータ

1.7 トカマク炉

　トカマク炉になると現在の熱核融合出力を持たないトカマク装置と比べて，もっと複雑化することが予想される。図1.7.1にはその一般的な概念図を示してある。一般的な構造について論じてみよう。
　トロイダル磁場を作るコイルは超伝導化されると考えられている。これは常伝導コイル内で発生する非常に大きなジュール発熱損失を回避するためである。
　プラズマをとりかこむブランケットは，2つの役割を持つ。第1には，発生する 14 MeVの中性子を吸収し，熱に変換し冷却剤を通じて系内から取り去る。第2には，炉の燃料としてのトリチウムを増殖することである。このためにブランケットは基本的にリチウムで構成される。リチウムは核融合反応で発生した中性子によってトリチウムに変換される。ブランケット内に入った中性子束は減衰するが約 70 cm 程度のブランケットの厚さがあれば大部分の中性子を吸収してしまうことができる。
　完全に吸収されないで，ブランケットの外側に出てくる中性子から超伝導コイルを守らなければいけない。放射損傷やコイルの温度上昇をもたらすからである。そのためにコイルとブランケットの間に遮蔽体を置く。

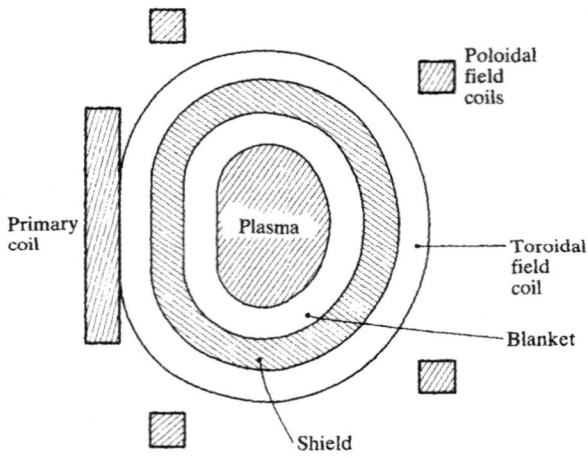

【図1.7.1】
概念的なトカマク炉における主要部分の配置図

核融合

　プラズマと第1壁との直接の接触を避けるために,リミターと呼ばれる構造物か,ダイバータ方式が使われる。ダイバータ方式では磁力線をプラズマの表面から引き出し外側に離すが, 詳しくは9章10節にて論じる。

　理想的には,トロイダル電流は直流,もしくは非常に長時間のパルスが望まれている。しかし,誘導起電力にもとづく方法であると,トーラスに連結する磁束を増すことによって作る電場は , ある一定時間しか維持できない。この場合, 1000 秒程度のパルスとなるであろう。直流電場でなく,別の方法で電流を流すことも可能である。この方法は, ビームを入射したり電磁波を使った実験でその原理は確かめられている。これらの電流駆動の方法については3章11節に記す。

　プラズマから放出される熱や中性子によりブランケット内で生じた熱は液体,もしくは , ガス冷却剤で除去される。その後,図1.7.2に示すような従来からの方法で電気出力に変換される。

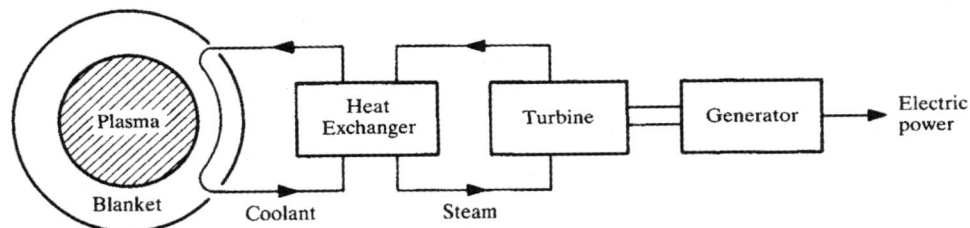

【図1.7.2】
ブランケット内で吸収される熱核融合出力は従来の方式で電気出力に変換される。

1.8 燃料資源

　核融合炉にとっての燃料資源が有効に使えるかどうかは，2つの基本的な問題に依存する。第1は，基礎となる燃料の埋蔵量であり，第2はそれを生産するための費用である。この課題を完全に分析するときには，埋蔵量は費用の関数であると考えられるべきであるが，当面の目的としては，そこまで厳密に考える必要はない。これらの問題に答えるには，パワー（エネルギー）に対する要求度合いとそのパワーの値段とを考えに入れなければならない。

　世界のエネルギー消費量は大体1年に 3×10^{11} GJ であり，世界の電気によるエネルギー消費量は約 3×10^{10} GJ である。また，消費者の電気代は 1 GJ 当たり概略 \$20 である。

　水素中に天然に存在する重水素は約 1/6700（原子の数）である。海水の質量は 1.4×10^{21} kg であり従って重水素の質量は 4×10^{16} kg となる。D–T 炉において熱効率を 1/3 とすると，この量の重水素に対応して $(4\times 10^{16}/m_d)\times (17.6/3)$ MeV，つまり 10^{22} GJ (el) の電気エネルギーとなる（m_d は重水素原子換算質量）。この量は，世界の年間消費エネルギーの約 3×10^{11} 倍であり，明らかに重水素の埋蔵量については問題がないことがわかる。

　一方，重水素のコストは 1 g 当たり \$1 であり，1 g の重水素は $(10^{-3}/m_d)(17.6/3)$ MeV ～ 300 GJ (el) を作り出せる。重水素燃料のコストへのはね返りは，1 GJ (el) 当たり約 \$0.003 となり，1 GJ 当たり \$20 の電気代に比べてきわめて安い。

　三重水素については，もう少し複雑である。トリチウムは半減期として約 12.3年の寿命を持ち，天然には事実上存在しない。しかし，トリチウムは中性子による誘導核分裂反応によりリチウムから増殖できる。

$$Li^6 + n \to T + He^4 + 4.8 \text{ MeV}$$

$$Li^7 + n \to T + He^4 + n - 2.5 \text{ MeV}$$

天然に存在する同位体比は Li^6 は 7.4%，Li^7 は 92.6% である。このトリチウム増殖システムを用いると基本燃料として重水素とリチウムを考えればよい。

　リチウムのコストは 1 g 当たり \$20 程度である。1 kg の Li^7 から潜在的に取り出すことのできるエネルギーは約 15 MeV/m_{Li} つまり 2×10^5 GJ である。1/3の熱効率で，これは約 7×10^4 GJ (el) に相当する。このことから，燃料のコストへの寄与は1 GJ (el) 当たり，\$ 10^{-3} 以下であることがわかる。このコストは電気代より非常に安い。リチウムコストの大幅な上昇に対してもそれが重要な因子にならなければ容認できることがわかる。

核融合

　原価格に相当する価格で評価したアメリカ合衆国におけるリチウムの資源の埋蔵量は約 5×10^9 kg である。利用率を1/3と仮定すると，リチウム量は $(5\times 10^9 \text{ kg})\times(2\times 10^5 \text{ GJ (el)} / \text{kg})/3 \sim 3\times 10^{14}$ GJ (el) に相当する。これは世界の直接エネルギー消費量の約1000年分に当たる。全世界の土地の広さは合衆国の17倍である。従って，仮にリチウム価格をかなり安く見積もっていたとしても，世界全体のリチウム供給量から現在の全世界における年間エネルギー消費量の数1000倍のエネルギーが得られると考えるのは妥当であろう。

　このような考え方を他の燃料から利用できるエネルギーにあてはめてみることができる。表1.8.1にそのまとめ，つまり，エネルギー資源の見積もりを示す。

【表1.8.1】 世界のエネルギー資源の見積もり。示してある数値は，1つの目安である（価格に依存したり不完全な探査から生じる不確定性に左右される）。

	Gigajoules (10^9 joules)	現在の世界総年間エネルギー消費で割ったもの
現在の年間 1次エネルギー消費	3×10^{11}	1 year
資源		
石炭	1×10^{14}	300 years
石油	1.2×10^{13}	40 years
天然ガス	1.4×10^{13}	50 years
ウラン 235（核分裂炉）	10^{13}	30 years
ウラン 238 及びトリウム 232（増殖炉）	10^{16}	30 000 years
リチウム（D-T核融合炉）		
大陸	10^{16}	30 000 years
海岸	10^{19}	30×10^6 years

1.9 炉の経済性

トカマク炉の経済性については複雑であり，多くの不確定さがある。しかし，簡単なモデルをもとに中心的な課題を示すことはできる。

主要なコストは2つに大別できる。第1にすべての発電所に共通する発電機のような従来のプラントにかかるコストである。第2に，炉自体のコストである。

炉のコストの電力コストに占める割合は，プラズマを囲む単位面積当たりの壁を考えるとわかるだろう。炉の出力がこの面積を通過する単位面積当たりの値を P_W とする。このパワーのうち割合 η，大体 40% 位が電気に変換される。ηP_W が単位面積の壁から作り出される電気出力となる。この出力に伴うコストは，この単位面積当たりの壁の背後の工学機器などのコストである。これは，たとえばリチウムブランケット，磁場コイルやそれらの放射遮蔽体を含む。これらのコストが最適化され，単位面積当たりの最小値が C であると仮定しよう。すると炉のコストの電気出力当たりの値は，

$$\frac{\text{炉のコスト}}{\text{出力}} = \frac{C}{\eta P_W}$$

となる。この関係から，経済性のある炉であるためには壁負荷が十分高い必要があるという重要な結論が得られる。これを図1.9.1に示してある。詳細な計算によれば経済性あるトカマク炉に対し，P_W として数 MW/m^2 が最低必要となる。一方，高い壁負荷のもとでは，頻繁に取り替えが必要となり，不利益が生じる。プラズマが必要な壁負荷を供給できるためには，核融合反応率が十分高くなければならない。下記に示すように，この条件のため，磁場のエネルギー密度に対するプラズマ圧力の比 β に対して制約が課せられる。

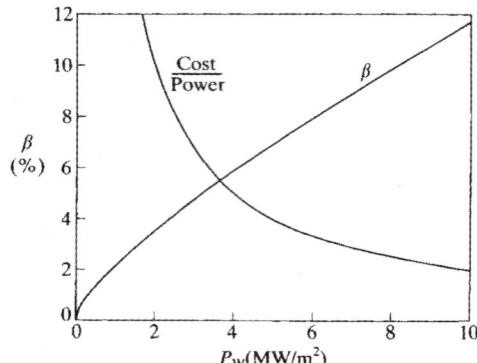

【図1.9.1】
トカマク炉の主要コスト（単位出力当たり）に対する壁への出力負荷依存性を示す。また，この出力負荷を満足するために必要とされる β 値（プラズマの出力と磁場を $P_T = 5$ GW, $B_\phi = 5$ T と固定）を同時に示す。

核融合

熱核融合の出力密度 P_Th は，エネルギーバランスの方程式を通じて壁負荷と次の関係がある。

$$\pi a^2 P_\mathrm{Th} = 2\pi a P_\mathrm{w} \qquad 1.9.1$$

ここで，a はプラズマの実効的な半径である。この半径は，全出力 P_T と

$$P_\mathrm{T} = 2\pi R \cdot 2\pi a \cdot P_\mathrm{w} \qquad 1.9.2$$

のように関連している。ここで R はトーラスの主半径である。アスペクト比，R/a には最適値がありここでの議論では 4 としておこう。1.9.1式と1.9.2式から a を消去すると，与えられた壁負荷出力に対して必要とされる熱核融合出力密度が得られる。

$$P_\mathrm{Th} = 8\pi P_\mathrm{w}^{3/2} / P_\mathrm{T}^{1/2} \qquad 1.9.3$$

P_Th と β とを関係づけよう。熱核融合出力は，1.4.1式で与えられるように，$n^2 \langle \sigma v \rangle$ に比例する。イオンと電子の両方を含んだ全プラズマ圧力は $p = 2nT$ と与えられる。もし，この圧力に限界があるとすれば到達しうる熱核融合出力は $\langle \sigma v \rangle / T^2$ に比例する。この値は D－T 反応の場合には温度が 13.5 keV の時最大値をとる。この温度で運転するとすれば熱核融合出力は p^2 に比例し，単位体積当たりの出力は，

$$\begin{aligned} P_\mathrm{Th} &= 8 \times 10^{-12} p^2 \quad \mathrm{MW\,m^{-3}} \\ &= 1.3 \beta^2 B_\phi^4 \quad \mathrm{MW\,m^{-3}} \end{aligned} \qquad 1.9.4$$

となる。ここで $\beta = p / (B_\phi^2 / 2\mu_0)$。

磁場強度については，工学的な限界がある。例えば，強磁場における超伝導性の消失やコイルにかかる力などである。この限界は，与えられた壁負荷を満足するために必要とされる β 値に制限を課す。P_Th に対する1.9.3式を1.9.4式に代入すると必要な β 値（% で示す）が得られる。

$$\beta\% = \frac{78}{B_\phi^2} \frac{P_\mathrm{W}^{3/4}}{P_\mathrm{T}^{1/4}}, \qquad (P_\mathrm{W}\text{ は } \mathrm{MW\,m^{-2}}, P_\mathrm{T}\text{ は GW を単位とする})。$$

必要な β 値は全出力に対しては弱く依存するが磁場には強く依存する。P_W に対する依存性を図1.9.1に示す（磁場は 5 T，全熱出力を 5 GW とした）。仮定に不確定性があるので，β 値は正確なものではない。しかし，もっと詳しい計算でも似た結果が得られる。実験的には数パーセントの β 値が得られている。

1.10 トカマクの研究

'トカマク'という言葉は **to**roidalnaya **ka**mera **mag**nitnaya（トロイダルな磁場容器）というロシア語に由来している。装置はソ連で発明され，初期の発展は1950年代後半であった。その頃は，英国や米国ではトロイダルピンチが積極的に研究されていた。トカマクの利点は，強いトロイダル磁場をかけると，その安定性が増すということである。

トカマクが首尾よく発展したのは，不純物を減らすために多大の努力を払い，また，リミターによってプラズマを真空容器から離したことによる。これが，1960年代において，比較的純度が高く，電子温度が1 keV程度のプラズマを生んだ。1970年までには，これの結果は一般の受け入れるところとなり，その真価が認められた。

初期トカマクにおいては，エネルギー閉じ込め時間としては数 ms，イオン温度としては，数100 eV程度であった。1970年代には，これらの条件が改善できるかどうかが課題であった。この課題には数ヵ国で取り組みが行われ，多くのトカマクが建設された。

その後まもなく，エネルギー閉じ込めについては異常性があり，単純な粒子の衝突理論から予言される損失よりも，かなり速く損失することがわかった。本質的な問題では，電子のエネルギー損失が，粒子衝突によって予言される率より，大体2ケタ大きいことであった。衝突による理論では，エネルギー損失は，イオンの熱伝導が勝るはずだが，実際は，電子の損失の方が大きかったのである。また，その理論によれば，衝突過程で決まる閉じ込め時間は $1/n$ で落ちる（n は電子密度）はずだったが，実験では n とともに増加した。

大きなトカマクが建設されるに従い，期待されていた閉じ込め時間の向上が得られた。1980年までには，閉じ込め時間は約 100 ms に到達していた。炉の条件としては約1秒の閉じ込め時間が必要であるので，この要請を達成しうる条件の最善の評価が必要であった。当時の実験結果と矛盾しない簡単なモデルは $\tau_E \propto na^2$（a :プラズマの小半径）であり，実験データの外挿によれば，炉として小半径は~2 m位が適当であろうということが示唆された。

核融合

　このプラズマのサイズに対する要請は妥当だと思われ，大型トカマク実験の設計が各国で行われた。その中で一番大きいのが Joint European Torus 実験装置，JET であり，平均小半径は約 1.5m である。

　1970 年代における別の課題は，イオンを高温まで加熱する方法を研究することであった。初期実験では，プラズマ加熱はオーミック加熱，つまりトロイダル電流によるものだけに依存していた。しかし，この加熱方法は，電子温度が高くなるにつれ効果が薄れてしまう。その理由は，プラズマの電気抵抗が $T_e^{-3/2}$ で低下していくからである。オーミック加熱に対する追加熱法では一番最初に成功した方法は中性粒子入射法であった。高速の中性の水素原子をプラズマの中に入射して，そのエネルギーを衝突によって受け渡すのである。この方法によって，1970年代末にイオン温度を 7 keV まで上げることに成功した。しかし，またすぐにわかったことは，これらのプラズマの閉じ込めが劣化することであり，大型実験の見通しに対して，暗雲とも見られるものであった。別の加熱方法としては高周波（RF）をプラズマに印加して，プラズマ内の共鳴面で吸収させる方法がある。色々な周波数帯が試されたが，初期に一番見通しが高かったのがイオンサイクロトロン共鳴加熱方法であった。この方法を用いて，5 keV のイオン温度が到達された。

　1つの問題は，実験当初から見られたことであるが，不安定性の出現である。一番重大なものは'ディスラプション（崩壊）'であり，これによりプラズマのエネルギーは急激に失われ，放電が停止してしまう。今のところプラズマの密度を上げると，ある閾値に達してディスラプションが起こることがわかっている。このようなディスラプションは，必要とされる高密度を実現するための障害になると考えられている。

　1980年代の前半，大型の JET と TFTR 実験装置が建設された。これらの実験装置は，数 MA の電流を流すことができ，D-T プラズマにおいて熱核融合エネルギーをかなり生成できる温度まで加熱するよう設計されている。同サイズの他の実験装置も計画されている。もしこの実験プログラムが成功すれば出力をもつトカマク炉の必要条件を評価することが可能となるであろう。[訳注：2000年の時点での進展状況を補遺にまとめる。]

参考文献

熱核融合に関する本が出版されており，初期のものは幾分時代遅れであるが有益な情報と視点を提供してくれるので年代順リストに含めた。

Glasstone, S. and Loveberg, R. H. *Controlled thermonuclear reactions*. Van Nostrand, Princeton, New Jersey (1960).

Rose, D. J. and Clark, M. *Plasmas and controlled fusion*. MIT Press, Cambridge, Mass. (1961).

Artsimovich, L. A. *Controlled thermonuclear reactions*. Gordon and Breach, New York (1974).

Kammash, T. *Fusion reactor physics*. Ann Arbor Science, Ann Arbor, Michigan (1975).

Miyamoto, K. *Plasma physics for nuclear fusion*. MIT Press, Cambridge, Mass. (1976).

Teller, E. (ed.). *Fusion*. Academic Press, New York (1981).

Gill, R. D. (ed.), *Plasma physics and nuclear fusion research*. (Culham Summer School on Plasma Physics). Academic Press, London (1981).

Dolan, T. J. *Fusion research*. Pergamon Press, New York (1982).

Gross, J. *Fusion energy*. Wiley, New York (1984).

核融合反応と熱核融合

断面積と反応率を編集したもの

Miley, G.H., Towner, H., and Ivich, N. Fusion cross-sections and reactivities. University of Illinois Nuclear Engineering Report COO-2218-17, Urbana, Illinois (1974).

ローソン条件

Lawson, J. D. Some criteria for a power producing thermonuclear reactor *Proceedings of the Physical Society* B 70, 6 (1957).

トカマクの基礎

基本原理と最初の結果を記述した初期の論文

Artsimovitch, L. A. Tokamak devices, *Nuclear fusion* 12, 215 (1972).

最近の論文はトカマクの研究の項目参照。

トカマク炉

入門的な記事

Furth, H. P. Progress toward a tokamak fusion reactor. *Scientific American*, 241 (August), 38 (1979).

核融合炉の概観は以下の本の7章にある。

Gross, J. *Fusion energy*. Wiley, New York (1984).

燃料資源

燃料資源の一般的主題が議論された辞典

Lapedes, D. N. (ed.) *Encyclopedia of energy*. McGraw-Hill, New York (1971).

1.8章の表の数値は上記M. K. Hubbertによる記事 Outlook for fuel reserves と以下から引用。

Häfele, W., Holdren, J. P., Kessler, G., and Kulcinski, G. L. *Fusion and fast breeder reactors*. International Institute for Applied Systems Analysis, Laxenburg, Austria (1977).

経済性

トカマク炉の経済性の解析は以下の論文に代表されるように幅広い見解を与えるようである。

Stacey, W. M. and Abdou M. A. Tokamak fusion power reactors. *Nuclear Technology* 37, 29 (1978).

Pfirsch, D. and Schmitter, K. H. Some critical observations on the prospects of fusion power. *Fourth international conference on energy options*. London, I. E. E. Conference publication no. 233, 350. I. E. E., London (1984).

コストスケーリングの解析を行った論文

Spears, W. R. and Wesson, J. A. Scaling of tokamak reactor costs, *Nuclear Fusion* 20, 1525 (1980).

トカマクの研究

詳しい参考論文は11章（特定の実験）参照。

トカマク研究をまとめたレビュー

Furth, H.P. Tokamak research. *Nuclear Fusion* 15, 487 (1975).

Bickerton, R. J. Survey of tokamak experiments. Culham Report CLM. R. 176, Culham Laboratory, Abingdon, England (1977).

Sheffield, J. Status of the tokamak program. *Proceedings of the I.E.E.E* 69, 885 (1981).

2 プラズマ物理

2.1 トカマクプラズマ

プラズマはイオンと電子から成り立つ電離気体である。イオンと電子は強く結合した状態にある。なぜならプラズマ中ではわずかでも荷電分離が起こると強い復元力が働くから。従って荷電分離は近距離でしか起こりえない。

少しの荷電分離なら熱揺動の結果生じる。プラズマ中の電子密度を n_e, 温度を T_e とすると, 運動の1自由度当たりの熱エネルギー密度は $\frac{1}{2} n_e T_e$ となる。電荷が距離 d だけ離れた結果生じる静電エネルギー密度, つまり $\frac{1}{2}\varepsilon_0 E^2 \simeq \frac{1}{2}\varepsilon_0(n_e e d/\varepsilon_0)^2$ とこの熱エネルギー密度とを比べてみる。本質的に荷電分離は, $d \simeq \lambda_D$ 程度の長さまで可能であることがわかる（静電エネルギー密度が熱エネルギー密度を超えない距離）。ここで,

$$\lambda_D = \left(\frac{\varepsilon_0 T_e}{n_e e^2}\right)^{1/2}$$

をデバイ長と呼ぶ。この長さより十分長いところでは平均的な電子とイオンの荷電密度はほぼ等しくなる。つまり各粒子のつくる電場は距離 λ_D よりずっと遠方に離れると遮蔽されてしまう。これをデバイ遮蔽と呼ぶ。$T_e = 1$ keV とし, $n_e = 10^{20}$ m^{-3} とすると, デバイ長は $\lambda_D = 0.024$ mm 程度である。

プラズマが磁場中にあると各粒子は運動を制限される。磁力線に平行方向には自由に動けるが, 垂直方向にはラーマー軌道を描いて旋回する。トカマク内ではイオンの旋回軌道の半径は数 mm で, 電子はその質量比の平方根 $\sqrt{m_e/m_i}$ だけ小さい。プラズマの詳細な挙動は各粒子がその場で感じる電磁場により決まるが, 上記のような制限から, ラーマー半径より大きいスケールではプラズマは流体的な特性をもっていると言える。トカマクプラズマにおいて理解されている事柄の多くは流体的記述に基づいている。

トカマクの粒子密度は典型的に $\sim 10^{20}$ m^{-3} で空気の粒子密度に比べて 10^{-5} 倍程度希薄である。トカマクプラズマの温度は数 keV で, 数千万度（ケルビン）に対応する。これは大気の温度の 10^5 倍程度であるから, 圧力としてはトカマクプラズマと大気は同程度である。

プラズマの圧力による外向きの力は磁場とバランスしている。しかし, プラズマの持つエネルギー密度は磁場の持つものよりずっと小さく $\sim 1\%$ 程度である。基本となる磁場は, トロイダル磁場でありプラズマの外に置かれたコイルで作られる。ポロイダル磁場はトロイダル方向のプラズマ電流によって作られるが, 一般にトロイダル磁場の1/10 程度の強さである。

プラズマ中の多くの過程は粒子間の衝突で規定される。イオンと電子間の衝突は電気抵抗をもたらしプラズマのオーミック加熱となる。また衝突により粒子とエネルギーの輸送が生じプラズマから両方とも損失してしまう。典型例としてはイオンの衝突時間は $1 \sim 100$ ms で, 電子の衝突時間は質量比の平方根だけ短い。衝突時間は温度の上昇とともに延び, $T^{3/2}$ に比例する。このため温度上昇とともにオーミック加熱は効かなくなる。一方, 衝突によるプラズマの損失も減少する。

プラズマ物理

プラズマの基本的な振る舞いはまだよくわかっていない。エネルギーの損失は単純な衝突に基づく理論的予測値を大幅に上回り，説明出来ない。この異常性はプラズマ中の微視的な不安定性によるものだと信じられている。プラズマの振る舞いは，外部の壁などの物質からプラズマ中に入ってきた不純物にも強く影響される。

トカマクプラズマは静かな状態からは程遠く，たくさんの巨視的な不安定性がしばしば観測される。ある場合にはプラズマが不安定性に順応しその結果，大きな性能劣化につながらないこともある。しかし，トカマク崩壊と呼ばれる不安定性が起こるとプラズマはダメージを受けて，再び放電が回復することなく消えてしまう。

この章では，トカマクプラズマを解析したり理解したりする上で必要な基本的な物理についての紹介を行う。

【表 2.1.1】 トカマクプラズマの典型例

プラズマ体積	1–100 m^3
全プラズマ質量	10^{-4}–10^{-2} gm
イオン密度	10^{19}–10^{20} m^{-3}
温度	1–7 keV
圧力	0.1–1 atmosphere
イオンの熱速度	100–1000 km s^{-1}
電子の熱速度	$0.01\,c$–$0.1\,c$
磁場	1–10 Teslas
全プラズマ電流	0.1–5 MA

2.2 ラーマー軌道

磁場中の荷電粒子の運動方程式は次式で与えられる。

$$m_j \frac{d\mathbf{v}}{dt} = e_j \mathbf{v} \times \mathbf{B}$$

もし，磁場が均一で z 方向に向いているとすれば，各成分は，

$$\frac{dv_x}{dt} = \omega_{cj} v_y, \qquad \frac{dv_y}{dt} = -\omega_{cj} v_x, \qquad \qquad 2.2.1$$

$$\frac{dv_z}{dt} = 0, \qquad \qquad 2.2.2$$

ここで，

$$\omega_{cj} = \frac{e_j B}{m_j}$$

は旋回（サイクロトロン）周波数であり，z 軸は磁場方向に選んである。2.2.2式より磁場に沿った粒子速度 v_z は一定となり，2.2.1式の変数を分離すると，

$$\frac{d^2 v_x}{dt^2} = -\omega_{cj}^2 v_x, \qquad \frac{d^2 v_y}{dt^2} = -\omega_{cj}^2 v_y$$

となり，解は次式で与えられる。

$$v_x = v_\perp \sin \omega_{cj} t, \qquad v_y = v_\perp \cos \omega_{cj} t \qquad \qquad 2.2.3$$

$v_x = dx/dt$, $v_y = dy/dt$ であるから，2.2.3式を積分することにより軌道は，

$$x = -\rho_j \cos \omega_{cj} t, \qquad y = \rho_j \sin \omega_{cj} t \qquad \qquad 2.2.4$$

となる。ここで

$$\rho_j = \frac{v_\perp}{\omega_{cj}} = \frac{m_j v_\perp}{e_j B}$$

は，ラーマー半径と呼ばれる。このように粒子は2つの運動を組み合わせたらせん軌道，つまり2.2.4式で与えられる円軌道と磁場方向の直線運動の和を描く。粒子は，磁場と垂直方向に平均的な熱エネルギーとして，$v_\perp^2 = 2v_{Tj}^2$ を持つ。ここで $\frac{1}{2}m_j v_{Tj}^2 = \frac{1}{2}T_j$ である。係数の2は平面内の運動で2自由度あるからである。よって熱粒子のラーマー半径は，

プラズマ物理

$$\rho_j = \sqrt{2}\,\frac{m_j v_{\mathrm{T}j}}{|e_j| B} \qquad\qquad 2.2.5$$

で与えられる。具体的な値として電荷 $e = 1.602\times 10^{-19}$ C，電子質量 $m_\mathrm{e} = 9.11\times 10^{-31}$ kg，陽子質量 $m_\mathrm{p} = 1.673\times 10^{-27}$ kg，また $v_{\mathrm{T}j} = 1.27\times 10^{-8}(T_j/m_j)^{1/2}$ m s^{-1} を代入してみよう。温度 T は keV で測ってある。

電子　$|\omega_{\mathrm{ce}}| = 1.76\times 10^{11} B$ s^{-1}，
　　　$\rho_\mathrm{e} = 1.07\times 10^{-4} T_\mathrm{e}^{1/2}/B$ m，
陽子　$\omega_{\mathrm{cp}} = 9.58\times 10^{7} B$ s^{-1}，
　　　$\rho_\mathrm{p} = 4.57\times 10^{-3} T_\mathrm{p}^{1/2}/B$ m，
j 種粒子　$\omega_{\mathrm{c}j} = 9.58\times 10^{7} (Z/A) B$ s^{-1}，
　　　$\rho_j = 4.57\times 10^{-3} (A^{1/2}/Z) T_j^{1/2}/B$ m，

T は keV 単位

ここで Z と A は j 種粒子の電荷と質量である。

表2.2.1と2.2.2には ω_c と ρ の値を示してある。ラーマー半径は熱温度の定義の違いにより，2.2.5式の $\sqrt{2}$ を含まずに定義する場合があるので注意が必要である。

周波数	磁場		
	1 Tesla	3 Teslas	5 Teslas
$|\omega_{\mathrm{ce}}|$ (s^{-1})	1.76×10^{11}	5.28×10^{11}	8.79×10^{11}
ω_{cp} (s^{-1})	9.58×10^{7}	2.87×10^{8}	4.79×10^{8}
f_{ce}	28 GHz	84 GHz	140 GHz
f_{cp}	15 MHz	46 MHz	76 MHz

【表2.2.1】サイクロトロン周波数 ω_c と f_c $(=|\omega_\mathrm{c}|/2\pi)$ の値の例

B	ラーマー半径	温度			
		10 eV	100 eV	1 keV	10 keV
3 Teslas	ρ_e	0.003 mm	0.011 mm	0.035 mm	0.11 mm
	ρ_p	0.15 mm	0.48 mm	1.5 mm	4.8 mm
5 Teslas	ρ_e	0.002 mm	0.007 mm	0.021 mm	0.067 mm
	ρ_p	0.09 mm	0.29 mm	0.91 mm	2.9 mm

【表2.2.2】熱速度を持つ電子と陽子のラーマー半径 ρ の値の例

2.3　粒子軌道

荷電粒子は，そのラーマー半径程度の長さで見ると，運動の旋回中心のまわりで旋回しながら，その中心は磁力線に沿って動く。もし磁場に垂直な方向に電場が存在すると，この軌道は電場と磁場の両方向に垂直な方向にドリフトをする。これがいわゆる $\mathbf{E}\times\mathbf{B}$ ドリフトと呼ばれるものである。

運動方程式は下記で与えられる。

$$m_j \frac{d\mathbf{v}}{dt} = e_j (\mathbf{E} + \mathbf{v}\times\mathbf{B}) \qquad 2.3.1$$

z 座標を磁場の方向に選び，y 座標を電場の方向に取ると，2.3.1式の成分は，

$$m_j \frac{dv_x}{dt} = e_j v_y B, \qquad m_j \frac{dv_y}{dt} = e_j (E - v_x B)$$

となる。これらの方程式の解は下記のように書ける。

$$v_x = v_0 \sin\omega_{cj} t + \frac{E}{B}, \qquad v_y = v_0 \cos\omega_{cj} t \qquad 2.3.2$$

ここで $\omega_{cj} = e_j B / m_j$ である。2.3.2式は，$\mathbf{E}\times\mathbf{B}$ の方向にドリフトしながら運動する粒子軌道を表している。$\mathbf{E}\times\mathbf{B}$ ドリフトの速度は，

$$v_d = E/B$$

である。このドリフトは，電荷，質量及び粒子のエネルギーに無関係であることに注意しよう。つまりプラズマ全体がこのドリフトを受ける。図2.3.1(a)にイオンと電子の軌道を示す。磁場の垂直方向に勾配がある場合には，強磁場側での粒子のラーマー半径（曲率）が小さくなる。この曲率の差が磁場と磁場の勾配と両方に垂直な方向へのドリフトを起こす。

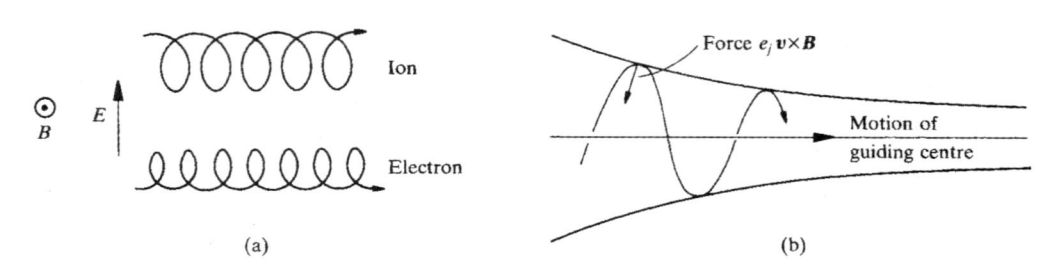

【図2.3.1】
(a) イオンと電子の $\mathbf{E}\times\mathbf{B}$ ドリフト，$v_d = E/B$　(b) $\mathbf{B}$ に平行方向の B の勾配があると，ローレンツ力 $e_j(\mathbf{v}\times\mathbf{B})$ は粒子の旋回中心の運動方向に沿った成分を作る。

プラズマ物理

もし，ラーマー半径 ρ が磁場が変化する長さより小さければ，ドリフト速度は，

$$v_\mathrm{d} = \frac{1}{2}\frac{\rho \nabla_\perp B}{B} v_\perp \qquad 2.3.3$$

で与えられる。ここで，$\nabla_\perp B$ は磁場 $\mathbf{B}$ に垂直な面における磁場の勾配の強さで，$v_\perp$ は粒子の軌道速度である。このドリフトは，$e_j \mathbf{B} \times \nabla B$ の方向を向いておりイオンと電子とでは方向が反対である。

また，磁力線に曲率があると，磁力線に沿った方向に速度を持つ粒子は，下記のドリフト速度でドリフトする。

$$v_\mathrm{d} = \frac{v_{//}^2}{\omega_\mathrm{c} R} \qquad 2.3.4$$

ここで $v_{//}$ は磁場に沿った速度，ω_c はサイクロトロン周波数そしてR は磁力線の曲率半径である。このドリフトは，$e_j \mathbf{B} \times \mathbf{R}$ の方向である。$\mathbf{R}$ は磁力線の曲率の中心の方向を向いている。この場合も電子とイオンのドリフト方向は反対である。

もし磁力線に沿った方向に磁場の強さが変化すると，さらに別の効果があらわれる。図2.3.1(b)からわかるように，粒子が旋回していくうちに，ローレンツ力 $e_j \mathbf{v} \times \mathbf{B}$ の中に旋回中心の速度に沿った成分があらわれる。この力は磁場の弱い方向に向いている。

磁場がゆっくり変化している場合には，この旋回中心の速度に沿った方向の力 $\mathbf{F}$ は $\alpha |e_j \mathbf{v} \times \mathbf{B}|$ である。ここで α は粒子の位置での磁場と旋回中心における磁場のなす角度である。$\nabla \cdot \mathbf{B} = 0$ であるからこの角度は $\alpha = (\rho/2)|\nabla_{//} B|$ と書ける。ラーマー軌道における力のバランスからローレンツ力は $|e_j \mathbf{v} \times \mathbf{B}| \simeq m v_\perp^2 / \rho$ である。この考察から力 $\mathbf{F}$ は，下記のように書ける。

$$\mathbf{F} = -\frac{\frac{1}{2} m v_\perp^2}{B} \nabla_{//} B \qquad 2.3.5$$

磁場の強い方向に進んでいく粒子は，この力ではね返される。この効果をミラー効果と呼ぶ。トカマクでは，弱磁場側の領域に捕獲される粒子があらわれる。この式に現れる係数 $\mu = \frac{1}{2} m v_\perp^2 / B$ は断熱不変量であり，磁場が非常にゆっくり変化する場合にほぼ保存される。

2.4 衝突

　粒子間の衝突は，プラズマの拡散や他の輸送過程を引き起こす。また，衝突によって粒子間のエネルギーの交換が起こり，プラズマの電気抵抗をもたらす。

　これらの過程の計算は複雑である。まず第一に，プラズマにおける衝突という概念は注意深い考察を必要とする。次に，衝突は粒子の相対速度に依存するので，全体としての衝突の効果は色々な速度を持った粒子同士の相互作用の積分された形であらわれる。最後に，考えている過程によっては実効的な衝突頻度が変わりうる。

　一例を取って考えよう。プラズマの電子が1価のイオンと衝突するとする。粒子間の力は，r^{-2} に比例し，それゆえ古典的なラザフォード散乱理論に支配される。衝突の幾何配位を図2.4.1に示そう。衝突パラメータ r と初速度 v に対する散乱角 χ は次式で与えられる。

$$\cot(\chi/2) = \frac{4\pi\varepsilon_0 m_e v^2 r}{e^2}$$

90°散乱（$\chi = \pi/2$）のための衝突パラメータは次式で与えられる。

$$r_0 = e^2 / 4\pi\varepsilon_0 m_e v^2$$

90°以上の角度に散乱する断面積は $\sigma_0 = \pi r_0^2$ だから，

$$\sigma_0 = e^4 / 64\pi\varepsilon_0^2 \mathscr{E}^2$$

となる。ここで，$\mathscr{E}$ は電子の運動エネルギーである。

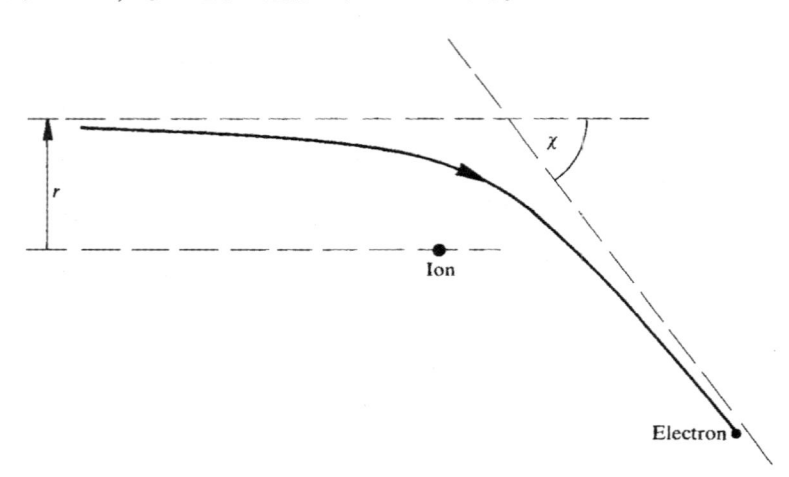

【図 2.4.1】
電子とイオンの衝突過程の幾何配位。r は衝突パラメータ，χ は散乱角である。

プラズマ物理

しかしながら,プラズマの中では,電子は同時にたくさんのイオンと相互作用をしている。各々の衝突は,違った散乱角の散乱を起こし,違った運動量やエネルギーを失う。

1つのイオンとの衝突で,電子の入射方向に平行方向の運動量変化は,

$$\delta p = -\frac{2m_e v}{1+(r/r_0)^2}$$

である。もしイオンが事実上止まっていると見なすとすれば電子の運動量の全変化量は衝突パラメータ r について積分すれば求められる。単位面積当たりの衝突頻度は nv (ここで n はイオンの密度)であることから,単位時間当たりの電子運動量の変化率は

$$\begin{aligned}\frac{dp}{dt} &= -2nm_e v^2 \int \frac{2\pi r}{1+(r/r_0)^2}\,dr \\ &= -2nm_e v^2 \sigma_0 \ln(1+(r/r_0)^2)\Big|_0^{\lambda_D}\end{aligned} \qquad 2.4.1$$

2.4.1式では,積分の上限にデバイ長 λ_D を導入している。これは,デバイ長より大きい衝突パラメータではデバイ遮蔽を無視するためにあらわれてしまう発散をおさえるためである。$\lambda_D \gg r_0$ であるから 2.4.1式は,

$$\frac{dp}{dt} = -4\ln\Lambda\,\sigma_0 nm_e v^2$$

となる。ここで $\ln\Lambda = \ln(\lambda_D/r_0)$ であり,クーロン対数と呼ばれる。もし量子力学的な長さ $\hbar/2m_e v$ より r_0 が短ければ,Λ の中の r_0 は,それに置きかえられる。$\ln\Lambda$ の値はトカマクの場合,17程度である。詳細は,12章5節に述べられている。衝突パラメータが r_0 より大きい場合は散乱角の小さな散乱になるが,小角散乱の衝突を繰り返すことによる累積効果としての実効的衝突断面積が $4\ln\Lambda\,\sigma_0$ である。この値は大きい散乱角を持つ衝突によるもの,つまり σ_0 よりずっと大きい。

上記の例はプラズマにおける衝突の特徴の紹介にしかすぎない。もっと一般的には各々の粒子種の速度分布関数を積分して得られるべきものである。そのための基礎としてのフォッカー・プランク方程式が必要であるが,それは2章6節で導出される。衝突の効果は一般的に衝突周波数とか衝突時間という言葉で表現される。そのことについては2章8節で述べる。

2.5 粒子運動方程式

粒子運動論は粒子の運動によってガスやプラズマを記述する理論である。多数の粒子が存在する系であるので，この記述法は，統計的でなければならない。実際には，6次元位相空間つまり $(\mathbf{x}, \mathbf{v})$ の中での1つの粒子の確率密度を測る分布関数 $f(\mathbf{x}, \mathbf{v}, t)$ を用いて行われる。この分布関数のふるまいを決めるのが運動論方程式である。状況によって色々な形式をとって記述されるが，下記に数例を示す。

運動論方程式を全部取り入れたものは，N 個の粒子の分布関数からはじまる。この関数は，N 個の粒子の位置と運動量で決まる。これは2体相関の情報を含み，巨視的スケールの場とデバイ長程度で変化するものとの分離へと議論が進む。この小さいスケールの場は'衝突'として寄与するものである。今の目的からすれば，1体の分布関数 f を用い，独立した衝突項を導入することで衝突を考慮する方法が適当であろう。

分布関数は，位置 $\mathbf{q}$ と正準運動量 $\mathbf{p}$ の関数つまり $f = f(\mathbf{q}, \mathbf{p})$ である。粒子は保存するので，位相空間の軌跡に沿って f の変化する割合は，位相空間の流れの発散としてあらわせる。つまり，

$$\frac{df}{dt} = -f\left(\frac{\partial}{\partial \mathbf{q}} \cdot \dot{\mathbf{q}} + \frac{\partial}{\partial \mathbf{p}} \cdot \dot{\mathbf{p}}\right) \qquad 2.5.1$$

ここで，

$$\frac{d}{dt} = \frac{\partial}{\partial t} + \dot{\mathbf{q}} \cdot \frac{\partial}{\partial \mathbf{q}} + \dot{\mathbf{p}} \cdot \frac{\partial}{\partial \mathbf{p}}$$

2.5.1式の右辺の発散項は，0 である。なぜならハミルトン方程式

$$\dot{\mathbf{q}} = \frac{\partial H}{\partial \mathbf{p}}, \qquad \dot{\mathbf{p}} = -\frac{\partial H}{\partial \mathbf{q}}$$

が成立するからである。この関係を代入し結果として得られる方程式は下記となる。

$$\frac{\partial f}{\partial t} + \dot{\mathbf{q}} \cdot \frac{\partial f}{\partial \mathbf{q}} + \dot{\mathbf{p}} \cdot \frac{\partial f}{\partial \mathbf{p}} = 0 \qquad 2.5.2$$

j というラベルのついた粒子種を考えると，その運動方程式はプラズマ中では

$$\dot{\mathbf{p}}_j = e_j(\mathbf{E} + \mathbf{v} \times \mathbf{B})$$

であり，これを2.5.2式に代入するとブラソフ方程式となる．

$$\frac{\partial f}{\partial t} + \mathbf{v}\cdot\frac{\partial f}{\partial \mathbf{x}} + \frac{e_j}{m_j}(\mathbf{E} + \mathbf{v}\times\mathbf{B})\cdot\frac{\partial f}{\partial \mathbf{v}} = 0 \qquad 2.5.3$$

この方程式は無衝突のプラズマを記述する方程式となる．

　ここに衝突の項を入れることは，2.5.3式の右辺に付加項 $(\partial f/\partial t)_c$ を足すこととなる．もしプラズマ中の衝突が硬いタイプの衝突，つまり空間的にも時間的にも局在しているような場合には，ボルツマン方程式で使われるような衝突項の形を使うのが妥当であろう．しかし，2章4節からもわかるようにプラズマに対してこれは不適当である．プラズマに対し，妥当な衝突を含む運動論的方程式はフォッカー・プランク方程式

$$\frac{\partial f}{\partial t} + \mathbf{v}\cdot\frac{\partial f}{\partial \mathbf{x}} + \frac{e_j}{m_j}(\mathbf{E} + \mathbf{v}\times\mathbf{B})\cdot\frac{\partial f}{\partial \mathbf{v}} = \left(\frac{\partial f}{\partial t}\right)_c \qquad 2.5.4$$

である．ここで衝突項は小散乱角の多重散乱によるものと仮定して導出されている（2章6節で説明）．

　ドリフト運動論的方程式はこのフォッカー・プランク（もしくはブラソフ）方程式の形をしており f の変化を記述するが，その時間変化は粒子の旋回時間より十分ゆっくりしているもの，またその空間的変化も旋回半径より十分緩やかな場合に定式化されている．方程式は2.5.4式を $\rho_j\nabla \ll 1$ および $(1/\omega_{cj})\partial/\partial t \ll 1$ で展開することにより導出されるが，位相空間も $(v_{//}, v_\perp, \mathbf{x})$ の5変数のものに削減している．旋回（ジャイロ）運動論的方程式は類似のものであるが，電磁場がラーマー半径程度のスケールにおいてかなり変化するような場合を記述するものでありその効果はラーマー半径にわたって平均したものとして実効的に取り入れている．

　運動論的方程式は多方面で使われている．フォッカー・プランク方程式を数値計算することによってプラズマの中に入射したビームの減速過程や，それに伴う電子やイオンの加熱が解析される．近似解によって粒子やエネルギーの衝突過程に伴う輸送が得られる．2.5.3式や2.5.4式を線形化して，安定性特に微視的な安定性が研究される．

　フォッカー・プランク方程式を用い，2章8節に述べられるようにプラズマ中のテスト粒子の振る舞いを考察することにより典型的な緩和時間が求められる．運動論的方程式のモーメントを取ることにより流体方程式も得られる．流体方程式は適用範囲が狭い点はあるが，解き易くまたプラズマの振る舞いが直観的にわかりやすい．

2.6 フォッカー・プランク方程式

2章4節でも述べたようにプラズマ中の衝突による主な効果は小さい角度の多重散乱の積み重ねによる。これらの小角度衝突の効果を記述する適切な方程式はフォッカー・プランク方程式である。これは衝突項 $(\partial f/\partial t)_c$ の具体的な形を与えるので，粒子の分布関数を計算することができる。

分布関数が Δt の短い時間の間に衝突により変化する割合は，

$$\left(\frac{\partial f}{\partial t}\right)_c = \frac{f(\mathbf{x}, \mathbf{v}, t+\Delta t) - f(\mathbf{x}, \mathbf{v}, t)}{\Delta t} \qquad 2.6.1$$

で与えられる。この時間内に生じる速度変化の積分的効果が f の変化にあらわれる。つまり，

$$f(\mathbf{x}, \mathbf{v}, t+\Delta t) = \int f(\mathbf{x}, \mathbf{v}-\Delta\mathbf{v}, t)\, \psi(\mathbf{v}-\Delta\mathbf{v}, \Delta\mathbf{v})\, d(\Delta\mathbf{v}) \qquad 2.6.2$$

ここで $\psi(\mathbf{v}, \Delta\mathbf{v})$ は $\mathbf{v}$ という速度を持つ粒子が Δt の間に $\Delta\mathbf{v}$ だけ散乱される確率である。2.6.2式の積分核は，$\Delta\mathbf{v}$ についてテーラー展開できる。

$$\begin{aligned}
f(\mathbf{x}, \mathbf{v}-\Delta\mathbf{v}, t)\, \psi(\mathbf{v}-\Delta\mathbf{v}, \Delta\mathbf{v}) &= f(\mathbf{x}, \mathbf{v}, t)\, \psi(\mathbf{v}, \Delta\mathbf{v}) \\
&- \sum_i \frac{\partial}{\partial v_i}(f\psi)\Delta v_i + \frac{1}{2}\sum_{i,j}\frac{\partial^2}{\partial v_i \partial v_j}(f\psi)\Delta v_i \Delta v_j
\end{aligned} \qquad 2.6.3$$

この2.6.3式を2.6.2式に代入する際に，次の条件

$$\int \psi(\mathbf{v}, \Delta\mathbf{v})\, d(\Delta\mathbf{v}) = 1$$

を使うと次式を得る。

$$\begin{aligned}
f(\mathbf{x}, \mathbf{v}, t+\Delta t) - f(\mathbf{x}, \mathbf{v}, t) = &-\sum_i \frac{\partial}{\partial v_i}\left(f(\mathbf{x}, \mathbf{v}, t)\int \psi(\mathbf{v}, \Delta\mathbf{v})\Delta v_i\, d(\Delta\mathbf{v})\right) \\
&+ \frac{1}{2}\sum_{i,j}\frac{\partial^2}{\partial v_i \partial v_j}\left(f(\mathbf{x}, \mathbf{v}, t)\int \psi(\mathbf{v}, \Delta\mathbf{v})\Delta v_i \Delta v_j\, d(\Delta\mathbf{v})\right)
\end{aligned} \qquad 2.6.4$$

ここで次のフォッカー・プランク係数を定義しておくと便利である。

$$\langle \Delta v_i \rangle = \int \psi \Delta v_i\, d(\Delta\mathbf{v})/\Delta t$$
$$\langle \Delta v_i \Delta v_j \rangle = \int \psi \Delta v_i \Delta v_j\, d(\Delta\mathbf{v})/\Delta t$$

これらは Δv_i と $\Delta v_i \Delta v_j$ の衝突による平均時間変化率を与えている。2.6.4式を2.6.1式に代入するとフォッカー・プランクの衝突項が得られる。

$$\left(\frac{\partial f}{\partial t}\right)_c = -\sum_i \frac{\partial}{\partial v_i}(\langle \Delta v_i \rangle f) + \frac{1}{2}\sum_{i,j} \frac{\partial^2}{\partial v_i \partial v_j}(\langle \Delta v_i \Delta v_j \rangle f) \qquad 2.6.5$$

$\langle \Delta v_i \rangle$ は動摩擦係数, $\langle \Delta v_i \Delta v_j \rangle$ は拡散テンソルと呼ばれる。

プラズマの場合,フォッカー・プランク方程式の係数は小散乱角のクーロン衝突過程で計算され,和は存在する粒子種全部について取る。すると2.6.5式は,

$$\left(\frac{\partial f}{\partial t}\right)_c = -\sum_n \frac{e^4 Z^2 Z_n^2 \ln\Lambda}{4\pi\varepsilon_0^2 m^2}\left\{-\frac{\partial}{\partial v_i}\left(\frac{\partial H_n(\mathbf{v})}{\partial v_i}f(\mathbf{v})\right) + \frac{1}{2}\frac{\partial^2}{\partial v_i \partial v_j}\left(\frac{\partial^2 G_n(\mathbf{v})}{\partial v_i \partial v_j}f(\mathbf{v})\right)\right\} \qquad 2.6.6$$

と書くことができ,ここで n は粒子の種をあらわし,$Z_n e$ は粒子の荷電, 2重の添字は添字についての和を示す。また H_n, G_n はローゼンブルスポテンシャルと呼ばれ,次式で与えられる。

$$H_n(\mathbf{v}) = \left(1+\frac{m}{m_n}\right)\int \frac{f_n(\mathbf{v}')}{|\mathbf{v}-\mathbf{v}'|}d\mathbf{v}' \qquad 2.6.7$$

$$G_n(\mathbf{v}) = \int f_n(\mathbf{v}')|\mathbf{v}-\mathbf{v}'|d\mathbf{v}' \qquad 2.6.8$$

衝突項はランダウ積分形で次式のようにも書ける。

$$\left(\frac{\partial f}{\partial t}\right)_c = -\sum_n \frac{e^4 Z^2 Z_n^2 \ln\Lambda}{8\pi\varepsilon_0^2 m} \times \frac{\partial}{\partial v_i}\int \left(\frac{f_n(\mathbf{v}')}{m}\frac{\partial f(\mathbf{v})}{\partial v_j} - \frac{f(\mathbf{v})}{m_n}\frac{\partial f_n(\mathbf{v}')}{\partial v_j'}\right)u_{ij}\,d\mathbf{v}' \qquad 2.6.9$$

ここで
$$\mathbf{u} = \mathbf{v} - \mathbf{v}', \quad u_{ij} = \frac{u^2 \delta_{ij} - u_i u_j}{u^3}$$

である。

プラズマにおけるフォッカー・プランク方程式が, 2.6.6式か, 2.6.9式を2.5.4式に代入することによって得られる。この解は通常,数値計算により求められる。しかし,フォッカー・プランク方程式は, 2章8節で議論するように,典型的な緩和過程を考察することにより,単純化して情報を引き出すこともできる。

2.7 旋回平均された運動論的方程式

プラズマの現象の多くには，時間的には個々のイオンや電子のもつラーマー周波数のスケールに比べるとゆっくり変化し空間的にはそれらのラーマー半径のスケールに比べるとゆるやかな変化をする過程が含まれる。そのような現象を考えるために速いラーマー運動に関して平均化することにより単純化された運動論的方程式を導出しよう。

ドリフト運動論的方程式 は旋回平均された分布関数

$$\bar{f} = \frac{1}{2\pi} \int f \, d\phi$$

を記述する方程式である。ここで ϕ は速く変化する旋回の位相である。フォッカー・プランク方程式を $\omega_c^{-1} \partial/\partial t \ll 1$ と $\rho \nabla \ll 1$ を仮定して展開することにより以下のように書ける。

$$\frac{\partial \bar{f}}{\partial t} + v_{//} \mathbf{n} \cdot \nabla \bar{f} + \mathbf{v}_d \cdot \nabla \bar{f} + \frac{e_j}{m_j} E_{//} \frac{\partial \bar{f}}{\partial v_{//}} = \left(\frac{\partial \bar{f}}{\partial t} \right)_c \qquad 2.7.1$$

ここで $\mathbf{n} = \mathbf{B}/B$，$e_j$ と m_j は粒子の電荷と質量，$\mathbf{v}_d$ は旋回中心のドリフト速度の和，つまり磁場の曲率と勾配によるドリフトの速度及び速度 $\mathbf{E} \times \mathbf{B}/B^2$ の和である。展開パラメータ（ラーマー半径/巨視的長さ）の2次オーダーの効果は，普通ドリフト運動論的方程式には残さない。よって，2.7.1式は古典的な拡散も含まないし，旋回中心のドリフトの高次のオーダーの効果は含まない。これは，本質的な弱点ではない。強い電場があるような場合には分極や他のドリフト速度を含んだ複雑なドリフト運動論的方程式が得られる。平均された分布関数 $\bar{f}$ は5次元位相空間の変数 $\mathbf{x}$，$v_{//}$，$v_\perp$ の関数であり，旋回中心の分布関数とも呼ばれる。

方程式は線形や非線形の低周波の長波長の不安定性の解析に使われる。またラーマー回転に起因する古典輸送からの寄与が重要でなく無視できる状況において新古典輸送理論の解析に用いられている。

旋回（ジャイロ）運動論的方程式はこれらの平均化操作を拡張したもので，粒子のラーマー軌道にわたって電磁場の成分が大きく変化する場合の方程式である。

旋回運動論的方程式は最初は，変動する場が $\exp(i \mathbf{k} \cdot \mathbf{x})$ のように変化し，磁場に垂直方向の波長がラーマー半径と同程度である場合，つまり $k_\perp v_\perp / \omega_c$ が1程度の場合の線形安定性解析に用いられた。

プラズマ物理

簡単のために無衝突の場合を考え静電的な摂動で $k_\perp v_\perp / \omega_c$ が1程度で摂動量が $\exp(-i\omega t + \mathbf{k}_\perp \cdot \mathbf{x})$ のように変化するとする。$f = F + \delta f$ および $\mathbf{E} = \mathbf{E}_0 - \nabla \delta \phi$ として，線形化されたブラソフ方程式を展開することにより分布関数の摂動分 δf を静電ポテンシャルの摂動によって表す。δf は

$$\delta f = e_j \delta \phi \left[\frac{\partial F}{\partial K} + \frac{1}{B} \frac{\partial F}{\partial \mu}(1 - J_0(z)e^{iL}) \right] + g e^{iL}$$

となり，ここで J_0 はベッセル関数，$g(\mu, K, x)$ は旋回運動論的方程式

$$\frac{\partial g}{\partial t} + v_{//} \mathbf{n} \cdot \nabla g + i \mathbf{k}_\perp \cdot \mathbf{v}_d g = -i e_j \delta \phi J_0(z) \left[\omega \frac{\partial F}{\partial K} - \frac{\mathbf{n} \times \nabla F \cdot \mathbf{k}_\perp}{m_j \omega_{cj}} \right] \qquad 2.7.2$$

$$K = \tfrac{1}{2} m_j v^2, \quad z = k_\perp v_\perp / \omega_{cj},$$

$$\mu = \tfrac{1}{2} m_j v_\perp^2 / B, \qquad L = \frac{\mathbf{v}_\perp \times \mathbf{n} \cdot \mathbf{k}_\perp}{\omega_{cj}}$$

を満足する。長波長の極限では $z \to 0$，$L \to 0$ であり，δf と g に対する結果はドリフト運動論的方程式を線形化して得られるものと等価である。ベッセル関数 $J_0(z)$ と数 $\exp(iL)$ は，摂動場の空間的に速い変化を旋回平均することにより得られるラーマー効果を含んでいる。

もし平衡が磁場のシアーを持つならば，この微分方程式として記述される旋回運動論的方程式の単純な描像は成立しなくなる。なぜなら，摂動をうけた量の空間的変化は，アイコナール形式 $\exp(-i\mathbf{k} \cdot \mathbf{x})$ という純粋なものでは表現できなくなるからである。しかし，トロイダル配位での多くの短波長の線形安定性の計算は，いわゆるバルーニング変換を用いることが可能である。これは強いシアーを持つ磁場の中の摂動量に対してアイコナール形式による表現が使えるというもので重要な帰結である。つまり2.7.2式のような単純な旋回運動論的方程式が求まるのである。旋回運動論的方程式は低周波の不安定性の線形解析に使われるが，非線形項を含む高周波（$\omega / \omega_c \sim 1$）のモードに対するより複雑な方程式を導出することも可能である。

2.8 緩和過程

プラズマは，ある種の緩和過程によって特徴づけることができる。例えば，衝突によるエネルギーの交換などがそれに当たる。フォッカー・プランク方程式はこれらの過程に伴う時間を計算する方法を与えている。

1つの粒子種を選び，速度を指定したテスト粒子を考える。そして他の粒子との衝突による効果を計算する。**テスト粒子**が初速度 **u** を持つとすると，それは初期分布関数としてデルタ関数で書ける。

$$f(\mathbf{v}) = a\, \delta(\mathbf{v} - \mathbf{u})$$

テスト粒子が衝突する粒子群は**場の粒子**と呼ばれ，それらはマックスウェル分布しているものとする。場の粒子を添字1で記述すると，

$$f_1(v') = \frac{n_1}{(2\pi)^{3/2} v_{T1}^3} \exp\left(-\frac{v'^2}{2v_{T1}^2}\right) \qquad 2.8.1$$

と書ける。2.8.1式を2.6.7式と2.6.8式に代入すると

$$H(\mathbf{v}) = \left(1 + \frac{m}{m_1}\right) n_1 \frac{\Phi(v/\sqrt{2} v_{T1})}{v}, \qquad 2.8.2$$

および

$$G(\mathbf{v}) = n_1 \left(\frac{(v^2 + v_{T1}^2)}{v} \Phi(v/\sqrt{2} v_{T1}) + \sqrt{\frac{2}{\pi}} v_{T1} \exp-(v^2/2v_{T1}^2) \right) \qquad 2.8.3$$

が得られる。ここで

$$\Phi(x) = \frac{2}{\sqrt{\pi}} \int_0^x e^{-y^2} dy$$

は誤差関数である。2.8.2式と2.8.3式は色々な緩和過程を調べるのに使用される。

粒子の**減速時間**（slowing-down time）は次のように定義され，

$$\tau_s = \frac{u}{du/dt}$$

ここで du/dt は衝突に伴う速度の変化である。この値は2.6.6式に v をかけ，衝突項にある f として2.8.1式を用い，速度空間に関して積分して得られる。

動摩擦項のみがこれに寄与するが，その結果

$$\frac{du}{dt} = \frac{n_1 e^4 Z^2 Z_1^2 \ln\Lambda}{4\pi\varepsilon_0^2 m^2 v_{T1}^2}\left(1 + \frac{m}{m_1}\right)\psi(u/\sqrt{2}v_{T1})$$

となる。よって減速時間は

$$\tau_s = \frac{2v_{T1}^2 u}{(1 + m/m_1)A_D \psi(u/\sqrt{2}v_{T1}^2)} \qquad 2.8.4$$

と表される。ここで

$$A_D = \frac{n_1 e^4 Z^2 Z_1^2 \ln\Lambda}{2\pi\varepsilon_0^2 m^2}, \qquad \psi(x) = \frac{\Phi(x) - x\Phi'(x)}{2x^2}$$

である。関数 ψ と Φ は極限をとると，下のようになる。

$$\psi(x) \to \frac{2x}{3\sqrt{\pi}},\ \Phi(x) \to \frac{2x}{\sqrt{\pi}}, \quad x \ll 1, \quad \psi(x) \to \frac{1}{2x^2},\ \Phi(x) \to 1, \quad x \gg 1$$

テスト粒子の偏向は平均すると 0 なので，**偏向時間**（deflection time）は

$$\tau_d = \frac{u^2}{du_\perp^2/dt}$$

で定義される。2.6.6式の適切なモーメントは $v_\perp^2$ をかけて速度空間で積分することで得られる。ここで $v_\perp$ は **u** に垂直な速度座標である。この場合は拡散項からのみの寄与があり，結果として

$$\tau_d = \frac{u^3}{A_D(\Phi(u/\sqrt{2}v_{T1}^2)\psi(u/\sqrt{2}v_{T1}^2))}$$

が得られる。テスト粒子の**エネルギー交換時間**は次のように定義される。

$$\tau_{ex} = \frac{E^2}{d(\Delta E)^2/dt}$$

ここで $E = \frac{1}{2}mu^2$，$(\Delta E)^2$ は2.6.6式の $\left(\frac{1}{2}m(v^2-u^2)\right)^2$ モーメントである。支配的な項は，$(mu(v_{//}-u))^2$ からの寄与であり（ここで $v_{//}$ は **u** に平行な速度成分）その項から次式を得る。

$$\tau_{ex} = \frac{u^3}{4A_D\psi(u/\sqrt{2}v_{T1})}$$

2.9 衝突時間

2章8節で記述された衝突による緩和過程を特徴づける時間はテスト粒子の速度の関数である。典型的な時間を考えるためには，テスト粒子が熱速度にあるとすればよい。つまり $u = v_T$ とし，$mv_T^2 = T$ とすれば，衝突による特徴的な時間はいずれも次の式

$$\frac{\varepsilon_0^2 m^{1/2} T^{3/2}}{ne^4 \ln\Lambda}$$

に比例する形を持つことがわかる。

また，巨視的な物理量，たとえば電気伝導度などを計算する際にあらわれる衝突時間を数係数付きで定義しておくのが便利である。プラズマが電荷 Z のイオンの場合，**電子衝突時間** は，

$$\tau_e = 3(2\pi)^{3/2} \frac{\varepsilon_0^2 m_i^{1/2} T_i^{3/2}}{n_i Z^4 e^4 \ln\Lambda} \qquad 2.9.1$$

であり，イオンの衝突時間は，

$$\tau_i = 12\pi^{3/2} \frac{\varepsilon_0^2 m_i^{1/2} T_i^{3/2}}{n_i Z^4 e^4 \ln\Lambda} \qquad 2.9.2$$

となる。この各々の時間の比，τ_e / τ_i は $(m_e/m_i)^{1/2}$ のオーダーであり，これは電子の熱速度の方がイオンのそれよりも速いことを反映している。

別の特徴的な時間と言えば，プラズマの電子成分とイオン成分との間の熱の交換時間である。そこに含まれる衝突の頻度は，速い成分，つまり電子による。しかし，質量の差が大きいのでエネルギーの交換は効果的ではない。電子のエネルギーのうち，わずか m_e/m_i 程度の割合しかイオンに移せない。詳細な計算を行なうと**熱交換時間**は，

$$\tau_{ie} = \frac{m_i}{2m_e} \tau_e$$

で与えられる。温度 T を keV で表した衝突時間は次のとおりである。

$$\left.\begin{array}{l} \tau_e = 1.09 \times 10^{16} \dfrac{T_e^{3/2}}{n_i Z^2 \ln\Lambda} \text{ s}, \\ \tau_i = 6.60 \times 10^{17} \dfrac{(m_i/m_p)^{1/2} T_i^{3/2}}{n_i Z^4 \ln\Lambda} \text{ s}, \\ \tau_{ie} = 0.99 \times 10^{19} \dfrac{(m_i/m_p) T_e^{3/2}}{n_i Z^2 \ln\Lambda} \text{ s} \end{array}\right\} T \text{ は keV 単位} \qquad 2.9.3$$

プラズマ物理

$\ln\Lambda$ の値は12章5節に示されている。12章6節には衝突時間のグラフを示してある。またいくつかの典型的な値は表2.9.1〜2.9.3に示す。

【表2.9.1】 $Z=1$ に対する電子衝突時間, τ_e

n	T 100 eV	1 keV	10 keV
10^{19} m^{-3}	2.4 μs	67 μs	1.9 ms
10^{20} m^{-3}	0.27 μs	7.2 μs	0.20 ms

【表2.9.2】 重水素に対するイオンの衝突時間, τ_i

n	T 100 eV	1 keV	10 keV
10^{19} m^{-3}	0.20 ms	5.0 ms	0.13 s
10^{20} m^{-3}	21 μs	0.54 ms	14 ms

【表2.9.3】 重水素プラズマに対する熱交換時間, τ_{ie}

n	T 100 eV	1 keV	10 keV
10^{19} m^{-3}	4.4 ms	0.12 s	3.4 s
10^{20} m^{-3}	0.49 ms	13 ms	0.37 s

2.10 抵抗率

プラズマに電場がかけられると電子はドリフト速度 v_d まで加速される。この速度は電場による力とイオンとの衝突による力とのバランスによって決まり，

$$Ee = \frac{m_e v_d}{\tau_c}$$

となる。ここで τ_c は電子の運動量の損失時間である。

抵抗率はオームの法則 $E = \eta j$ によって定義され $j = env_d$ なので，

$$\eta = \frac{m_e}{n_e e^2 \tau_c}$$

となる。

概略値は $\tau_c = \tau_e$（τ_e は2.9.1式で与えられる電子衝突時間）として得られる。正確な値を得るには，電子・電子の衝突を考慮した電子分布関数に対する運動論的方程式を解かねばならない。これはスピッツァーと，その共同研究者によって行われた。その結果，1価のイオンに対する抵抗率は上記の概略値の約半分になることがわかった。より正確には

$$\eta = 0.51 \frac{m_e}{n_e e^2 \tau_e} = 0.51 \frac{m_e^{1/2} e^2 \ln\Lambda}{3\varepsilon_0^2 (2\pi T_e)^{3/2}}$$
$$= 1.65 \times 10^{-9} \ln\Lambda / T_e^{3/2} \text{ ohm m}, \quad T_e \text{ は keV 単位,}$$
$$= 2.8 \times 10^{-8} / T_e^{3/2} \text{ ohm m}, \quad T_e \text{ は keV 単位, } \ln\Lambda = 17 \qquad 2.10.1$$

で与えられる。プラズマの抵抗値は $T_e \simeq 1.4$ keV の時に銅の値と等しい。またトカマクの熱核融合に必要な温度では，その値は1桁程度小さくなる。$Z > 1$ の場合に対して2.10.1式から計算された数値は12章10節に示されている。

2.10.1式は磁場の存在しない時や磁場に平行な電流に対しては適用できる。磁場に垂直方向はサイクロトロン運動により電子の分布関数は等方化される。その結果，$\eta_\perp$ は $\eta_{//}$ の約2倍となる。従って，

$$\eta_\perp = \frac{m_e}{n_e e^2 \tau_e} = 1.96 \eta_{//}$$

と書ける。

もし，電場が非常に強い場合には，抵抗率を計算する際に仮定された近似が悪くなる。実際，抵抗率という概念が使えなくなる。もし電子とイオンの相対速度が電子の熱速度を超すと衝突による力は速度とともに増加するのではなく減少する。これは明らかに不安定であり，もし電場が持続すると電子は逃走する。

プラズマ物理

　一般に与えられる電場はこのような値よりもずっと小さく, $v_d \ll v_{Te}$ である。しかし分布関数のテイルの部分で, 逃走電子は起こりうる。この条件は,

$$Ee > \frac{m_e v_e}{\tau_s} \qquad 2.10.2$$

で表せる。ここで v_e はテスト電子の速度, τ_s は2.8.4式で与えられる $u=v_e$ とした減速時間である。$v_e \gg v_{Te}$ の場合, 減速時間は $\tau_s \propto v_e^3$ であるので, 衝突による抗力は速度が増加するにつれ $1/v_e^2$ で減少する。2つの項の不等式2.10.2式のグラフを図2.10.1に示す。τ_s に対して $v_e \gg v_{Te}$ の近似を使用し, イオンと電子の衝突を取り入れると, 不等式2.10.2式は臨界速度 v_c を与える。v_c より上の速度では, 逃走電子が出来るわけである。それは,

$$v_c^2 = \frac{3ne^3 \ln\Lambda}{2\pi\varepsilon_0^2 m_e E} = 5\times 10^{-4} \frac{n}{E} \quad \text{m}^2\text{s}^{-1}, \quad \ln\Lambda = 17$$

トカマクの通常の運転においてはこの臨界速度は光速程度であり, ほんのわずかな逃走電子がその質量を増加させるに止まる。しかしある条件下では, 大きな電場が形成され, かなりの逃走電子が観測されている。

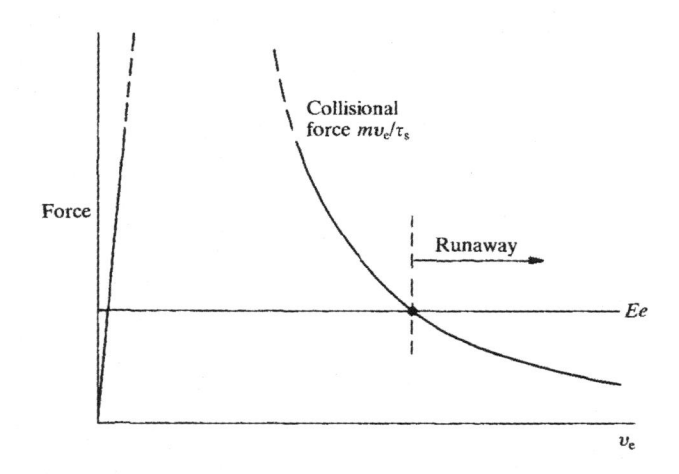

【図2.10.1】
　電場による力 Ee と, v_e の速度を持った電子が衝突によって受ける力。

2.11　電磁気学

電場 **E** と磁場 **B** を関係づける基本的方程式はマックスウェル方程式であり

$$\nabla \times \mathbf{B} = \mu_0 \mathbf{j} + \frac{1}{c^2} \frac{\partial \mathbf{E}}{\partial t} \qquad 2.11.1$$

$$\nabla \times \mathbf{E} = -\frac{\partial \mathbf{B}}{\partial t} \qquad 2.11.2$$

$$\nabla \cdot \mathbf{B} = 0 \qquad 2.11.3$$

$$\nabla \cdot \mathbf{E} = \frac{\rho_c}{\varepsilon_0} \qquad 2.11.4$$

と表される。ここで **j** は電流密度, ρ_c は電荷密度であり,

$$\mu_0 = 4\pi \times 10^{-7} \quad \text{farad m}^{-1},$$
$$\varepsilon_0 = 1/\mu_0 c^2 = 8.854 \times 10^{-12} \quad \text{henry m}^{-1},$$
$$c = 2.998 \times 10^8 \quad \text{m s}^{-1}$$

である。

磁性体や誘導体では, 分子電流や分極電流を **j** から切り離してとり扱うのが便利である。2.11.1式を書き直すと,

$$\nabla \times \mathbf{H} = \mathbf{j}_m + \frac{\partial \mathbf{D}}{\partial t}$$

となり, $\mathbf{j}_m$ は巨視的な電流を表す。均一で等方な媒質では,

$$\mathbf{B} = \mu \mathbf{H}$$
$$\mathbf{D} = \varepsilon \mathbf{E}$$

と表せ, ここで μ は透磁率, ε は誘電率である。

プラズマ内では, 2.11.1式が妥当である。しかし線形近似の波動を扱うときには, 電流密度の振動部分 $\tilde{\mathbf{j}}$ の効果を取り入れて誘導テンソル **K** を定義する。

$$\tilde{\mathbf{j}} + \varepsilon_0 \frac{\partial \mathbf{E}}{\partial t} = \varepsilon_0 \mathbf{K} \frac{\partial \mathbf{E}}{\partial t}$$

B は $\nabla \cdot \mathbf{B} = 0$ を満足するので, ベクトルポテンシャル **A** を用いて表現できる。

$$\mathbf{B} = \nabla \times \mathbf{A} \qquad 2.11.5$$

2.11.5式を2.11.2式に代入すると，

$$\nabla \times \left(\mathbf{E} + \frac{\partial \mathbf{A}}{\partial t} \right) = 0$$

よってカッコ内はスカラーポテンシャルの勾配として記述できる。つまり，

$$\mathbf{E} = -\nabla \phi - \frac{\partial \mathbf{A}}{\partial t} \qquad 2.11.6$$

これらのポテンシャル $\mathbf{A}$, ϕ は唯一には定まらない。なぜなら2.11.5式や2.11.6式から計算される $\mathbf{E}$ や $\mathbf{B}$ を不変に保つゲージ変換が定義可能であるので。すなわち，

$$\mathbf{A}' = \mathbf{A} + \nabla f, \quad \phi' = \phi - \frac{\partial f}{\partial t}$$

電磁エネルギー密度 $\mathscr{E}$ は下記で与えられる。

$$\mathscr{E} = \varepsilon_0 \frac{E^2}{2} + \frac{1}{\mu_0} \frac{B^2}{2}$$

2.11.1式と2.11.2式を使うと $\mathscr{E}$ の時間変化として，

$$\frac{\partial \mathscr{E}}{\partial t} = -\nabla \cdot \left(\frac{\mathbf{E} \times \mathbf{B}}{\mu_0} \right) - \mathbf{E} \cdot \mathbf{j}$$

を得る。ここで $\mathbf{E} \cdot \mathbf{j}$ は荷電粒子へのエネルギー移送を表す。第1項は電磁エネルギーの流れの発散を示し，この流れはポインティングベクトルで与えられる。

$$\mathbf{S} = \frac{\mathbf{E} \times \mathbf{B}}{\mu_0}$$

静電磁場の時には，2.11.5式の $\nabla \times$（回転）をとり，2.11.1式を使い，$\nabla \cdot \mathbf{A} = 0$ のゲージを選ぶと，

$$\nabla^2 \mathbf{A} = -\mu_0 \mathbf{j}$$

を得る。また2.11.6式の $\nabla \cdot$（発散）をとり，2.11.4式を用いると次式を得る。

$$\nabla^2 \phi = -\frac{\rho_c}{\varepsilon_0}$$

2.12 流体方程式

運動論的方程式は，7つの変数を持つ分布関数 $f(\mathbf{x}, \mathbf{v}, t)$ でプラズマを記述する。多くの目的に対して，4つの変数のみの関数である粒子密度 $n(\mathbf{x}, t)$ や流体速度 $\mathbf{v}(\mathbf{x}, t)$ や圧力 $p(\mathbf{x}, t)$ などの流体変数によってプラズマを記述すれば十分である。必要な方程式は各種の粒子に対して運動論的方程式2.5.2式から得られるが，それを

$$\frac{\partial f}{\partial t} + \mathbf{v}' \cdot \frac{\partial f}{\partial \mathbf{x}} + \frac{\mathbf{F}}{m} \cdot \frac{\partial f}{\partial \mathbf{v}'} = \left(\frac{\partial f}{\partial t}\right)_c \qquad 2.12.1$$

と表す。ここで $\mathbf{F}$ は粒子に加わる力，記号 $\mathbf{v}'$ は各粒子の速度であり流体速度 $\mathbf{v}$ と区別するために用いられる。2.12.1式に $\mathbf{v}'$ の関数 $\phi(\mathbf{v}')$ をかけ，速度空間で積分して次の物理量の方程式を得る。

$$n = \int f(\mathbf{x}, \mathbf{v}', t) \, d\mathbf{v}',$$
$$\mathbf{v} = \frac{1}{n} \int f(\mathbf{x}, \mathbf{v}', t) \, \mathbf{v}' \, d\mathbf{v}',$$
$$\mathbf{P} = m \int f(\mathbf{x}, \mathbf{v}', t) \, (\mathbf{v}' - \mathbf{v})(\mathbf{v}' - \mathbf{v}) \, d\mathbf{v}',$$

ここで $\mathbf{P}$ は圧力テンソルである。分布関数が等方的なら圧力はスカラーとなり，

$$p = \frac{1}{3} m \int f(\mathbf{x}, \mathbf{v}', t) \, (\mathbf{v}' - \mathbf{v})^2 \, d\mathbf{v}'$$

で与えられる。

重み関数 $\phi = 1$ の場合は（2.12.1式の第3項は部分積分して）

$$\frac{\partial n}{\partial t} + \frac{\partial}{\partial \mathbf{x}} \int \mathbf{v}' f \, d\mathbf{v}' - \frac{1}{m} \int \frac{\partial \mathbf{F}}{\partial \mathbf{v}'} f \, d\mathbf{v}' = 0 \qquad 2.12.2$$

となる。衝突によって粒子数は変化しないと仮定して，衝突項の積分は 0 としてある。電磁力に対して $\partial \mathbf{F}/\partial \mathbf{v}' = 0$ であるので2.12.2式は連続の式を与える。

$$\frac{\partial n}{\partial t} + \nabla \cdot (n\mathbf{v}) = 0 \qquad 2.12.3$$

運動量の方程式は2.12.1式の $m\mathbf{v}'$ のモーメントを取ることにより得られる。

$$m\frac{\partial}{\partial t}(n\mathbf{v}) + m\frac{\partial}{\partial \mathbf{x}} \int \mathbf{v}'\mathbf{v}' f \, d\mathbf{v}' - \int \frac{\partial}{\partial \mathbf{v}}\bigl(\mathbf{F}(\mathbf{v}')\mathbf{v}'\bigr) f \, d\mathbf{v}' = \int m\mathbf{v}' \left(\frac{\partial f}{\partial t}\right)_c d\mathbf{v}' \qquad 2.12.4$$

プラズマ物理

ここでやはり第3項は部分積分してある。衝突項は他の粒子との衝突により生ずる運動量変化率 $\mathbf{R}$ を与える。

$$m\frac{\partial}{\partial t}(n\mathbf{v}) + m\frac{\partial}{\partial \mathbf{x}}\int \mathbf{v}'\mathbf{v}' f \, d\mathbf{v}' - n\mathbf{F}(\mathbf{v}) = \mathbf{R}$$

上式は $\mathbf{v}'=(\mathbf{v}'-\mathbf{v})+\mathbf{v}$ と書き直して流体速度 $\mathbf{v}$ と圧力テンソル $\mathbf{P}$ を導入するとより使いやすい形に書ける。

$$m\frac{\partial}{\partial t}(n\mathbf{v}) + \nabla\cdot\mathbf{P} + m\nabla\cdot(n\mathbf{v}\mathbf{v}) - n\mathbf{F} = \mathbf{R}$$

ここで第1項の $\partial n/\partial t$ を連続の方程式（2.12.3式）を用い消去すると**運動方程式**が得られる。

$$nm\left(\frac{\partial \mathbf{v}}{\partial t} + \mathbf{v}\cdot\nabla\mathbf{v}\right) = -\nabla\cdot\mathbf{P} + n\mathbf{F} + \mathbf{R} \qquad 2.12.5$$

プラズマ中では粒子に働く力は $\mathbf{F} = Ze(\mathbf{E}+\mathbf{v}\times\mathbf{B})$ であるので2.12.5式は，

$$nm\left(\frac{\partial \mathbf{v}}{\partial t} + \mathbf{v}\cdot\nabla\mathbf{v}\right) = -\nabla\cdot\mathbf{P} + nZe(\mathbf{E}+\mathbf{v}\times\mathbf{B}) + \mathbf{R} \qquad 2.12.6$$

となる。ここで Ze は粒子の電荷である。

　上記の式の導出からわかるように0次のモーメント n の時間変化の方程式には1次モーメントの $\mathbf{v}$ がまた $\mathbf{v}$ の時間変化の式には2次モーメントの $\mathbf{P}$ が入ってくる。$\mathbf{P}$ の方程式には第3次のモーメントが導入される。このやり方では，方程式系は閉じない。方程式系を閉じさせるために，普通 $\mathbf{P}$ に対する方程式を簡単化するための仮定を置く。例えば，運動が断熱的と仮定するとか，3次モーメント（熱流ベクトル）を熱拡散から計算するとかの手法がしばしば取られる。

　一般的に言って，流体方程式が使えるのは，粒子の振る舞いが十分に局在している場合である。粒子の平均自由行程が考えている巨視的な長さに比して十分に短ければ良い。高温プラズマでは，自由行程は長くなり，この近似は良くなくなる。磁力線に垂直方向の運動については，ラーマー半径が局在の程度を表す。流体方程式は，考えている長さの程度が，粒子のラーマー半径程度になった場合には正しい答えを与えない。

2.13 電磁流体力学

電磁流体力学もしくは MHD とは,プラズマを1流体で記述するモデルの名称である。このモデルでは電子とイオンの独立性は現れない。

質量の保存方程式は,ρ を質量密度,$\mathbf{v}$ を流体速度とし $d/dt = \partial/\partial t + \mathbf{v} \cdot \nabla$ とすると,

$$\frac{\partial \rho}{\partial t} = -\nabla \cdot (\rho \mathbf{v}) \qquad 2.13.1(a)$$

または

$$\frac{d\rho}{dt} = -\rho \nabla \cdot \mathbf{v} \qquad 2.13.1(b)$$

となる。場合によっては,流体を非圧縮性として考える。このときは $d\rho/dt = 0$ で $\nabla \cdot \mathbf{v} = 0$ が成り立つ。

速度の変化は運動方程式

$$\rho \left(\frac{\partial \mathbf{v}}{\partial t} + \mathbf{v} \cdot \nabla \mathbf{v} \right) = \mathbf{j} \times \mathbf{B} - \nabla p \qquad 2.13.2$$

で与えられる。ここで圧力勾配による力を計算するためには,p に対する方程式が必要である。単純な非散逸モデルでは通常,断熱的振る舞いを仮定する。これはエントロピーを保存する。つまり,

$$\frac{d}{dt}(p\rho^{-\gamma}) = 0 \qquad 2.13.3$$

密度を2.13.1式を使って消去すると2.13.3式は,

$$\frac{\partial p}{\partial t} = -\mathbf{v} \cdot \nabla p - \gamma p \nabla \cdot \mathbf{v} \qquad 2.13.4(a)$$

あるいは

$$\frac{dp}{dt} = -\gamma p \nabla \cdot \mathbf{v} \qquad 2.13.4(b)$$

となる。非圧縮性の流体では $\nabla \cdot \mathbf{v}$ は 0 である。しかし $\gamma p \nabla \cdot \mathbf{v}$ は 0 ではない,なぜなら非圧縮性は $\gamma \to \infty$ の極限に対応するからである。このような場合に適用する方法として,2.13.2式の回転を取ることにより p を消去し,連続の方程式から現れる $d\rho/dt = 0$ と $\nabla \cdot \mathbf{v} = 0$ の式を別々の式として扱うことである。

プラズマ物理

$\mathbf{j} \times \mathbf{B}$ による力を通じて磁場との結合が生じる。MHD モデルではマックスウェル方程式にあらわれる変位電流は無視されるので，電流密度はアンペールの法則

$$\mu_0 \mathbf{j} = \nabla \times \mathbf{B} \qquad 2.13.5$$

で与えられる。$\mathbf{B}$ の変化率は，誘導方程式

$$\frac{\partial \mathbf{B}}{\partial t} = -\nabla \times \mathbf{E} \qquad 2.13.6$$

より与えられる。ここで電場 $\mathbf{E}$ が他の変数で決まる法則がなければならない。理想 MHD モデルでは，プラズマは完全導体として扱われる。つまり，流体とともに動いている座標では，電場は見えない。すなわち，下の条件を満たすことである。

$$\mathbf{E} + \mathbf{v} \times \mathbf{B} = 0 \qquad 2.13.7$$

2.13.1式から2.13.7式までを表2.13.1にまとめてある。これが理想MHDモデルの基礎方程式である。この方程式の一部を変えると抵抗型 MHD モデルとなる。それは，2.13.7式のオームの法則を η という抵抗値を導入して，下記の方程式と置きかえればよい。

$$\mathbf{E} + \mathbf{v} \times \mathbf{B} = \eta \mathbf{j} \qquad 2.13.8$$

【表2.13.1】 理想MHD方程式系

$\dfrac{d\rho}{dt} = -\rho \nabla \cdot \mathbf{v}$	$\mathbf{j} = \nabla \times \mathbf{B}/\mu_0$
$\rho \dfrac{d\mathbf{v}}{dt} = \mathbf{j} \times \mathbf{B} - \nabla p$	$\dfrac{\partial \mathbf{B}}{\partial t} = -\nabla \times \mathbf{E}$
$\dfrac{dp}{dt} = -\gamma p \nabla \cdot \mathbf{v}$	$\mathbf{E} + \mathbf{v} \times \mathbf{B} = 0$

2.14 ブラジンスキー方程式

衝突性のプラズマ中の輸送過程は,運動論的方程式からブラジンスキーによって計算されている。この計算では,平均自由行程が十分短くて局所的な近似が良いと仮定している。ブラジンスキー方程式は下記にまとめてある。

プラズマの各 j 種の成分に対してのモーメント方程式は,

$$\frac{dn_j}{dt} = -n_j \nabla \cdot \mathbf{v}_j$$

$$n_j m_j \frac{d\mathbf{v}_j}{dt} = \nabla p_j - \frac{\partial}{\partial x_\beta} \Pi_{j\alpha\beta} + n_j Z_j e(\mathbf{E} + \mathbf{v}_j \times \mathbf{B}) + \mathbf{R}_j$$

$$\frac{3}{2} n_j \frac{dT_j}{dt} = -p_j \nabla \cdot \mathbf{v}_j - \nabla \cdot \mathbf{q}_j - \Pi_{j\alpha\beta} \frac{\partial v_{j\alpha}}{\partial x_\beta} + Q_j$$

ここで, $p_j = n_j T_j$, $d/dt = \partial/\partial t + \mathbf{v}_j \cdot \nabla$, $\Pi_{j\alpha\beta}$ は応力テンソル, $Z_j e$ は粒子の電荷, $\mathbf{q}_j$ は熱流束ベクトル, $\mathbf{R}_j$ と Q_j は他の粒子種との衝突によって得られる運動量とエネルギーである。同じ添字が繰り返される場合は,和を取ることを意味する。

下記に示されている輸送係数は,1価のイオンを考え ($n_i = n_e = n$), $\omega_{ce}\tau_e$ や $\omega_{ci}\tau_i$ が大きい極限で導かれたものであり,基本的な電子やイオンの衝突時間は次のように定義されている。

$$\tau_e = 3(2\pi)^{3/2} \frac{\varepsilon_0^2 m_e^{1/2} T_e^{3/2}}{ne^4 \ln\Lambda}$$

$$= \frac{1.09 \times 10^{16}}{\ln\Lambda} \frac{T_e^{3/2}}{n} \text{ s}, \quad T \text{ は keV 単位}$$

$$\tau_i = 12\pi^{3/2} \frac{\varepsilon_0^2 m_i^{1/2} T_i^{3/2}}{ne^4 \ln\Lambda}$$

$$= \frac{6.60 \times 10^{17}}{\ln\Lambda} \left(\frac{m_i}{m_p}\right)^{1/2} \frac{T_i^{3/2}}{n} \text{ s}, \quad T \text{ は keV 単位}$$

$\ln\Lambda$ の値は12章5節に示されていてトカマクの場合大体17程度である。

イオンから電子への運動量の交換率 $\mathbf{R}$ は,

$$\mathbf{R} = \mathbf{R}_u + \mathbf{R}_T$$

で与えられ,摩擦力は

$$\mathbf{R}_u = -\frac{m_e n}{\tau_e}(0.51\mathbf{u}_{//} + \mathbf{u}_\perp) = ne(\eta_{//}\mathbf{j}_{//} + \eta_\perp \mathbf{j}_\perp)$$

となる。ここで $\mathbf{u} = \mathbf{v}_e - \mathbf{v}_i$ で η は電気抵抗率, 添字の $/\!/$ と $\perp$ は磁場に平行方向と垂直方向を示す。
温度勾配に起因する力 (thermal force)は,

$$\mathbf{R}_T = -0.71 n \nabla_{/\!/} T_e - \frac{3}{2} \frac{n}{|\omega_{ce}|\tau_e} \mathbf{b} \times \nabla T_e$$

であり $\mathbf{b}$ は磁場に平行な単位ベクトルである。
　電子の熱流束は,

$$\mathbf{q}^e = \mathbf{q}^e_u + \mathbf{q}^e_T$$

で与えられる。ここで

$$\mathbf{q}^e_u = nT_e \left(0.71 \mathbf{u}_{/\!/} + \frac{3/2}{|\omega_{ce}|\tau_e} \mathbf{b} \times \mathbf{u} \right), \qquad \text{および}$$

$$\mathbf{q}^e_T = \frac{nT_e \tau_e}{m_e} \left(-3.16 \nabla_{/\!/} T_e - \frac{4.66}{\omega_{ce}^2 \tau_e^2} \nabla_\perp T_e - \frac{5/2}{|\omega_{ce}|\tau_e} \mathbf{b} \times \nabla T_e \right)$$

である。また**イオンの熱流束**は,

$$\mathbf{q}_i = \frac{nT_i \tau_i}{m_i} \left(-3.9 \nabla_{/\!/} T_i - \frac{2}{\omega_{ci}^2 \tau_i^2} \nabla_\perp T_i - \frac{5/2}{\omega_{ci} \tau_i} \mathbf{b} \times \nabla T_i \right)$$

で与えられる。
イオンと電子の衝突による**熱の交換**の結果, イオンへの加熱

$$Q_i = \frac{3m_e}{m_i} \frac{n}{\tau_e} (T_e - T_i)$$

が生まれ, イオンとの衝突で電子への加熱になるものは次式の通りである。

$$Q_e = -\mathbf{R} \cdot \mathbf{u} - Q_i = \eta_{/\!/} j_{/\!/}^2 + \eta_\perp j_\perp^2 + \frac{1}{ne} \mathbf{j} \cdot \mathbf{R}_T + \frac{3m_e}{m_i} \frac{n}{\tau_e} (T_i - T_e)$$

摩擦力 $\mathbf{R}_u$ に含まれる電気抵抗については2章10節で, また応力テンソル $\Pi_{j\alpha\beta}$ は12章11節で述べられている。

2.15 波動

プラズマの波動の性質は非常に複雑である。いくつかの簡単な例を以下に挙げる。マックスウェル方程式を組み合わせると電磁波の方程式が得られる。

$$\nabla \times \nabla \times \mathbf{E} = -\frac{1}{c^2}\frac{\partial^2 \mathbf{E}}{\partial t^2} - \mu_0 \frac{\partial \mathbf{j}}{\partial t} \qquad 2.15.1$$

一様なプラズマの線形波動は $\exp i(-\omega t + \mathbf{k} \cdot \mathbf{x})$ の形に書くことができ，$\mathbf{k}$ は波動ベクトルである。すると2.15.1式は次のようになる。

$$\mathbf{k} \times \mathbf{k} \times \mathbf{E} = -\frac{\omega^2}{c^2}\mathbf{E} - i\omega\mu_0 \mathbf{j} = -\frac{\omega^2}{c^2}\mathbf{K} \cdot \mathbf{E}, \qquad 2.15.2$$

ここで

$$\mathbf{K} \cdot \mathbf{E} = \mathbf{E} + \frac{i}{\varepsilon_0 \omega}\mathbf{j}$$

であり，これにより誘導テンソル $\mathbf{K}$ （時として $\boldsymbol{\varepsilon}$ で表す）を定義する。屈折率は $n = kc/\omega$ で定義され電流 $\mathbf{j}$ と $\mathbf{E}$ の関係はプラズマの方程式より導かれる。誘導テンソルが求まると，2.15.2式は ω と $\mathbf{k}$ の関係を与える。この関係を分散関係と呼ぶ。

プラズマ振動

プラズマ中の電子が移動すると復元する向きの電場が出来る。その結果振動が起きるが，これをプラズマ振動と呼ぶ。この振動は，運動方程式とクーロン方程式と連続の方程式で記述される。それらの方程式を線形化された形とともに書き下すと

$$m_e \frac{\partial \mathbf{v}_e}{\partial t} = -e\mathbf{E} \qquad -m_e i\omega \mathbf{v}_{e1} = -e\mathbf{E}_1$$

$$\nabla \cdot \mathbf{E} = -n_e e/\varepsilon_0 \qquad i\mathbf{k} \cdot \mathbf{E}_1 = -n_{e1} e/\varepsilon_0 \qquad 2.15.3$$

$$\frac{\partial n_e}{\partial t} = -\nabla \cdot (n_e \mathbf{v}_e) \qquad -i\omega n_{e1} = -in_0 \mathbf{k} \cdot \mathbf{v}_{e1}$$

である（添字1は線形項を示す）。これらの方程式を組み合わせると $\omega = \omega_p$ が導かれる。ここで ω_p はプラズマ振動数である。

$$\omega_p = \left(\frac{n_0 e^2}{\varepsilon_0 m_e}\right)^{1/2}$$

プラズマ物理

横波の電磁波

プラズマが存在すると,電磁波の横方向の電場は電流 $\mathbf{j}_1 = -n_0 e \mathbf{v}_{e1}$ を誘起する。ここで $\mathbf{v}_{e1}$ は2.15.3式で与えられる。$\mathbf{j}_1$ を2.15.2式に代入すると分散式として

$$\omega^2 = k^2 c^2 + \omega_p^2$$

を得る。電磁波の横波については,伝播し得る一番低い周波数が $\omega = \omega_p$ であり,それは $k = 0$ に対応することがわかる。それより低い周波数では k は虚数となり波は減衰することになる。

アルベーン波

磁場がある場合には,磁場に垂直方向のプラズマの変位が磁気的復元力を起こす。その結果生じる基本的な波動はアルベーン波であり,その慣性は質量密度(本質的にはイオンの質量密度)が担う。圧力が 0 の極限のプラズマを考えると,その運動は2.13.2式と2.13.5 ~ 2.13.7式で与えられる。それらは下記に示す通りで,またその線形化された形も,一様磁場 B_0 が z 軸方向にある場合に示す。

$$\rho \frac{\partial \mathbf{v}}{\partial t} = \mathbf{j} \times \mathbf{B} \quad \rightarrow \quad -\rho i \omega v_{y1} = j_{x1} B_0$$

$$\mathbf{j} = \nabla \times \mathbf{B} / \mu_0 \quad \rightarrow \quad j_{x1} = -i k_z B_{y1} / \mu_0$$

$$\frac{\partial \mathbf{B}}{\partial t} = -\nabla \times \mathbf{E} \quad \rightarrow \quad -i \omega B_{y1} = -i(k_z E_{x1} - k_x E_{z1})$$

$$\mathbf{E} = -\mathbf{v} \times \mathbf{B} \quad \rightarrow \quad E_{x1} = -v_{y1} B_0, \ E_{z1} = 0$$

これらを組み合わせると,シアーアルベーン波の分散を与える。

$$\omega = k_z V_A, \quad V_A = \frac{B_0}{\sqrt{\mu_0 \rho}}$$

磁場の方向の伝播速度は V_A (アルベーン速度)であり,$\mathbf{k}$ の方向には依存しない。

磁気音波

アルベーン波はプラズマの理想 MHD モデルから導き出される3つの波動のうちの1つである。他の2つは磁気音波であり,その分散関係は,

$$\frac{\omega^2}{k^2} = \frac{1}{2} \left[C_s^2 + V_A^2 \pm ((C_s^2 + V_A^2)^2 + 4 C_s^2 V_A^2 \cos^2 \theta)^{1/2} \right] \qquad 2.15.4$$

で与えられ,$C_s = (\gamma p / \rho)^{1/2}$ は音速,θ は $\mathbf{k}$ と $\mathbf{B}_0$ のなす角である。2.15.4式の中で正負の符号に対応するモードは磁気音波でも速波と遅波に対応する。

2.16　ランダウ減衰

　無衝突性のプラズマでは,波は減衰しないと期待するかもしれないが,事実はそうではない。波と粒子の相互作用はランダウ減衰と呼ばれる減衰を引き起こす。例として,ラングミュア波におけるランダウ減衰を以下では論ずる。

　$f_1(x, t)$ に対する線形化された電子のブラソフ方程式は,

$$\frac{\partial f_1}{\partial t} + \frac{\partial f_1}{\partial x} - \frac{e}{m_e} E_1 \frac{\partial f_0}{\partial v} = 0 \qquad 2.16.1$$

で与えられ,電場の摂動部分 E_1 は

$$\frac{\partial E_1}{\partial x} = -\frac{e}{\varepsilon_0} \int f_1 \mathrm{d}v \qquad 2.16.2$$

と書ける。

　2.16.1式と2.16.2式にフーリエ及びラプラス変換を適用する。$\exp\left[\mathrm{i}(-kx + \omega t)\right]$ をかけて全空間で積分し,時間は $t = 0$ から ∞ まで積分する。変換された式は,

$$f_1(k, \omega) = \frac{1}{\mathrm{i}(\omega - kv)} \left(f_1(k, t=0) - \frac{e}{m_e} E_1(k, \omega) \frac{\partial f_0}{\partial v} \right) \qquad 2.16.3$$

及び

$$E_1(k, \omega) = \frac{\mathrm{i}e}{k\varepsilon_0} \int f_1(k, \omega) \mathrm{d}v \qquad 2.16.4$$

で与えられる。ここで $f_1(k, t=0)$ は $t=0$ での f_1 のフーリエ変換である。2.16.3式を2.16.4式に代入することにより次式を得る。

$$E_1(k, \omega) = -\frac{e}{\varepsilon_0} \int \frac{f_1(k, t=0)}{v - \omega/k} \mathrm{d}v \bigg/ \left(k^2 - \frac{e^2}{m_e \varepsilon_0} \int \frac{\partial f_0/\partial v}{v - \omega/k} \mathrm{d}v \right) \qquad 2.16.5$$

ここで,求めるべき電場の解のフーリエ成分は,

$$E(k, t) = \frac{1}{2\pi} \int_{\mathrm{i}\gamma - \infty}^{\mathrm{i}\gamma + \infty} \frac{I e_0^{-\mathrm{i}\omega t}}{k^2 - \frac{e^2}{m_e \varepsilon_0} \int \frac{\partial f_0/\partial v}{v - \omega/k} \mathrm{d}v} \mathrm{d}\omega \qquad 2.16.6$$

となる。ここで I は2.16.5式の分子であり初期条件を示す。

プラズマ物理

この形の逆変換を計算する正統手段は, 図 2.16.1(a)に示すように ω 面の中に閉曲線を作り積分路を閉じる。積分値は, 積分路に囲まれた極の留数に $2\pi i$ をかけたものになる。2.16.5式の分母が 0 になる所が, そのような極であるから, この 0 点が問題の固有値を与える点に相当する。

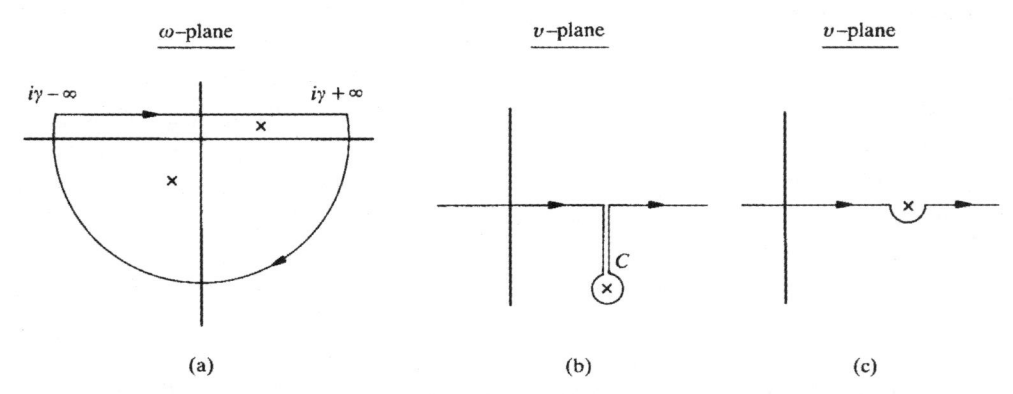

【図2.16.1】(a) ω 面における積分路, (b) ランダウ積分路, (c) ラングミュア波のランダウ減衰を計算する積分路。

しかしながら, 2.16.6式の ω についての積分核は, この手続きに必要な解析的性質を持っていない。速度積分において $\omega_i = 0$ で不連続となるからである。ランダウによって示されたように, これは図2.16.1(b)に示されるような積分路 C を使って速度積分を実行すればよい。

このようにして固有値が次の分散関係から求まる。

$$1 - \frac{\omega_p^2}{k^2} \frac{1}{n} \int_C \frac{\partial f_0/\partial v}{v - \omega/k} \, dv = 0 \qquad 2.16.7$$

これがランダウ積分であり, 無衝突性減衰の起源である。マックスウェル分布を仮定し, 長波長の極限 ($v \ll \omega/k$) を2.16.7式で取ると, 分散関係は次式で求まる。

$$1 - \frac{\omega_p^2}{\omega^2}\left(1 + \frac{3k^2 v_{Te}^2}{\omega_p^2}\right) + \frac{\omega_p^2}{k^2} \frac{1}{n} i\pi \left(\frac{\partial f_p}{\partial v}\right)_{v=\omega/k} = 0 \qquad 2.16.8$$

ここで最後の項は図2.16.1(c)に示すランダウ積分路からの寄与である。2.16.8式のはじめの3項で周波数の実数部が決まるとし, それを使って最後の項を計算すると分散関係は,

$$\omega = \omega_p\left(1 + 3k^2\lambda_D^2\right)^{1/2} - i\left(\frac{\pi}{8}\right)^{1/2} \frac{\omega_p}{(k\lambda_D)^3} \exp -\frac{1}{2}\left(\frac{1}{k^2\lambda_D^2} + 3\right)$$

となり, 最後の項は波のランダウ減衰を与える。2.16.8式からもわかるように, 減衰は波と波の位相速度 ω/k で動いている粒子との相互作用に起因する。

参考文献

この章ではトカマクプラズマの研究に含まれるプラズマ物理の導入部分のみを提供している。より一般的な取り扱いは年代順に列記した以下の本の中に見いだされるであろう。

Spitzer, L. *The physics of fully ionized gases*. Interscience, New York (1956).

Thomson, W. B. *An introduction to plasma physics*. Pergamon Press, Oxford (1962).

Montgomery, D. C. and Tidman, D. A. *Plasma kinetic theory*. McGraw-Hill, New York (1963).

Kunkel, W. B. *Plasma physics in theory and application*. McGraw-Hill, New York (1966).

Boyd, T. J. M. and Sanderson, J.J. *Plasma dynamics*. Nelson London (1969).

Clemmow, P. C. and Dougherty, J. P. *The electrodynamics of particles and plasmas*. Addison-Wesley, Reading, Mass. (1969).

Ichimaru, S. *Basic principles of plasma physics*. Benjamin, Reading, Mass. (1973).

Krall, N. A. and Trivelpiece, A. W. *Principles of plasma physics*. McGraw-Hill, New York (1973).

Miyamoto, K. *Plasma physics for nuclear fusion*. MIT Press, Cambridge, Mass. (1976).

Golant, V. E., Zhilinsky, A. P., and Sakharov, I. E. *Fundamentals of plasma physics*. Wiley, New York (1977).

Schmidt, G. *Physics of high temperature plasmas*. Academic Press, New York (1979).

Gill, R. D. (ed.) *Plasma physics and nuclear fusion research* (Culham Summer School). Academic Press, London (1981).

Rosenbluth, M. N. and Sagdeev, R. Z. (eds.) *Handbook of plasma physics*. North Holland, Amsterdam (1983).

Chen, F. F. *Introduction to plasma physics and controlled fusion*. Plenum Press, New York (1984).

かなりの資料を提供する叢書。現在 8巻であり、それぞれの章は主題の異なる分野に関するレビューを与えている。

Reviews of plasma physics (ed. Leontovich, M. A.). Consultants Bureau, New York.

フォッカー・プランク方程式

プラズマにおけるフォッカー・プランク方程式とローゼンブルスポテンシャルが導出されている論文。

Rosenbluth, M. N., MacDonald, W. M., and Judd, D. L. Fokker-Planck equation for an inverse-square force. *Physical review* 107, 1, (1957).

ランダウ積分公式が導出されている論文。

Landau, L. D. *Journal of Experimental and Theoretical Physics* 7, 203 (1937).

旋回平均された運動論的方程式

ドリフト運動論的方程式の導出されている本。

Sivukhin, D. V. Motion of charged particles in electromagnetic field in the drift approximation. *Reviews of Plasma Physics* Vol.1, see p. 96, Consultants Bureau, New York (1965).

線形化されたジャイロ運動論方程式が導出されている論文。

Taylor, J. B. and Hastie, R. J. Stability of general plasma equilibria. *Plasma Physics* 10, 479 (1968).

緩和過程

導入的説明は以下の本の5章に与えられている。

Spitzer, L. *The physics of fully ionized gasses*. Interscience, New York (1956).

この本での導出は、以下の本の 7章に完全な形で記述されている。

J. J. Sanderson in Gill, R. D. (ed.) *Plasma physics and nuclear fusion*. Academic Press, London (1981).

抵抗率

均一プラズマの古典抵抗率の計算はスピッツァーと彼の共同研究者によって行われ以下の論文に与えられている。

Spitzer, L. and Härm, R. Transport phenomena in a completely ionized gas. *Physical Review* 89, 977 (1953).

捕捉粒子によるトカマクの抵抗率の増大に関しては4.6節で議論した。

電磁気学

マックスウェル方程式の明快な議論は以下の本の18章と32章に与えられている。

Feyman, R.P., Leighton, R. B., and Sands, M. *Lectures on physics*, Vol. II Addison-Wesley, Reading, Mass. (1965).

ブラジンスキー方程式

方程式の導出は以下の本に与えられる。

Braginskii, S. I. Transport processes in a plasma. *Reviews of plasma physics* (ed. Leontovich, M. A.), Vol.1, Consultants Bureau, New York (1965).

波動

2.15節で取り扱ったものはプラズマ中を伝搬できるかなり複雑な多様性をもつ波の基本的な例である。その主題は以下の本で詳しく取り扱われている。

Stix, T. H. *The theory of plasma waves*. McGraw-Hill, New York, (1962);

Akhiezer, A. I., Akhiezer, I., A., Polovin, R. V., Stienko, A. G. and Stepanov, K. N. *Plasma electrodynamics*, Vol. I, Pergamon Press, Oxford (1975).

ランダウ減衰

Landau, L. D. On the vibrations of the electronic plasma. *Journal of Physics* (USSR) 10, 25 (1946).

3 平衡

3.1 トカマクの平衡

　トカマクの力学的平衡の問題は主として，2つの観点から考えられる。第1に，プラズマ内の内部の力であるプラズマの圧力と，磁場の及ぼす力の釣り合いである。第2は，プラズマ形状と位置に関するバランスで，外部系のコイルによる電流で決まり制御される。

　磁場の主たる成分は，外部コイルによって作られたトロイダル磁場である。ポロイダル磁場はトロイダル磁場より弱く，プラズマ内を流れるトロイダル電流によって作られる。電流は，通常，トランス機構（図3.1.1に示すようにトーラスを貫く磁束の変化を使う）によって誘起されたトロイダル電場で駆動される。このようにして出来る磁場の空間分布を図3.1.2に示す。

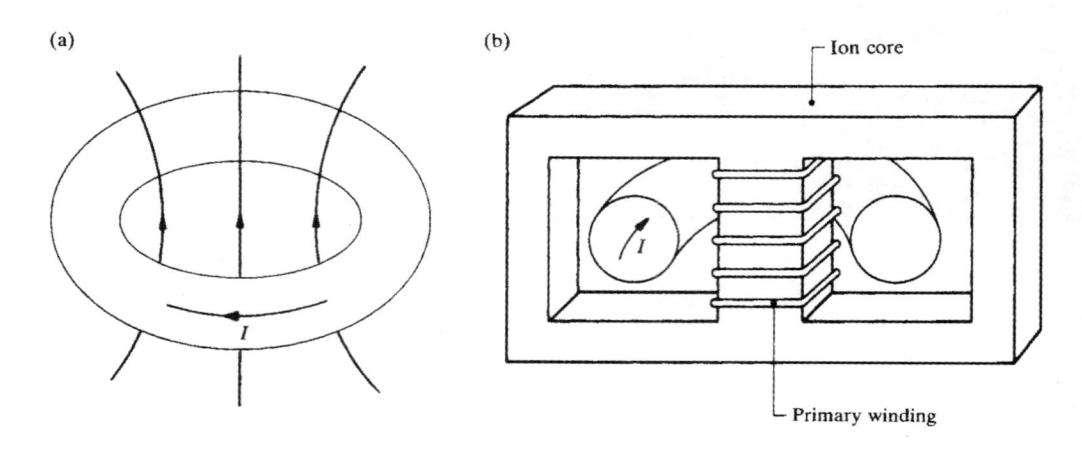

【図3.1.1】
　(a) トーラスを貫く磁束の変化がトロイダル電場を生み，ひいてはトロイダル電流を流す。(b) 磁束の変化は第一次側の巻線によって作られる。鉄芯を用いる場合もある。

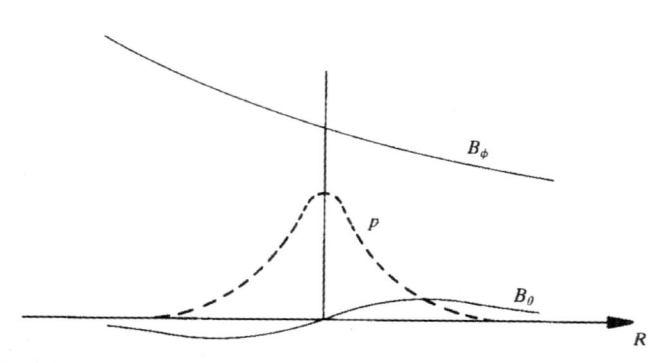

【図3.1.2】
　磁場の半径方向の変化 B_ϕ（$1/R$ 依存性を持つ）及びプラズマ電流によって作られる B_θ と圧力 p を示す。R は大半径方向を示し，トーラス子午面上の変化が示してある。

平衡

トカマクプラズマの質量密度は小さく典型的に 10^{-4} グラム m^{-3} 程度であるが，内力は非常に大きく典型的に 10 トン m^{-3} 程度であるので，プラズマは通常，内部の力が釣り合った状態にある。プラズマ圧力は，小半径方向の外側の向きに力を及ぼし，ポロイダル磁場は内向きの力を及ぼす。2つの力の釣り合いの微小な差は，トロイダル磁場による磁気圧が埋めあわせていて，この力は内向き，外向きの両方ともありえる。

全磁場は無限個の入れ子状になったトロイダル磁気面を作り出す。磁力線自身はトーラスに巻き付きながら磁気面上でヘリカル軌道を描く。プラズマの音速は $10^{-5} \sim 10^{-6}$ m s^{-1} であり，従って磁力線に沿って非常に速く等圧化される。

磁場の方向は各磁気面で違う。この磁力線の'シアー'はプラズマの安定性に強くかかわる。各磁気面の磁力線のねじれ度は，q 値（安全係数と呼ばれ，らせん状の磁力線の傾斜度を表す尺度）によって特徴づけられる。シアーは q の半径方向の変化率で決められる。

プラズマがトロイダル状であるために，リングを大きくする向きにフープ力が働く。垂直磁場をかけることによりこの外向きの力と釣り合わせる（垂直磁場とトロイダル電流との相互作用から内向きの力を作りだす）。

粒子軌道は極めて複雑である。基本的な運動は磁力線に沿ってラーマー旋回をしながら，らせん状にまきついて動く。低温の場合，粒子は多数衝突するために全体としては流体として取り扱える。しかし高温になってくると衝突数も少なくなり，粒子は磁場のトロイダル性に強く影響を受けるようになる。粒子は，トーラス外側の端に捕捉され磁場の強くなる所で反射され往復運動をする。

平衡状態は外部から与えられたトロイダル電流総量やトロイダル磁場の条件で一部は決められるが，多くはプラズマ自体の振る舞いに依存する。圧力分布は輸送現象や不安定性で決まり，電流分布は主に抵抗率の温度依存性から決められるものである。

3.2 磁束関数

軸対称の平衡では（すなわちトロイダル角 ϕ について対称で，物理量が ϕ に依存しない平衡状態では）磁力線は図3.2.1に示すような入れ子状の磁気面の上にある。

ここで平衡と呼ばれる状態は，プラズマにかかる力があらゆる場所で 0 であることをいう。各点でこの条件が満足される条件は，磁場の力がプラズマ圧力による力と釣り合うことであり，次の式で表される。

$$\mathbf{j} \times \mathbf{B} = \nabla p \qquad 3.2.1$$

この式から $\mathbf{B} \cdot \nabla p = 0$ が導かれ，磁力線上には圧力勾配のないこと，磁気面上の圧力は，各磁気面上で一定なことがわかる。また，3.2.1式より $\mathbf{j} \cdot \nabla p = 0$ も言えることから，電流も磁気面上を図3.2.2のように流れる。

トカマクの平衡を考える際には，ポロイダル磁束関数 ψ を導入するのが便利である。この関数は，各磁気面の中にあるポロイダル磁束に比例するもので，磁気面上では一定値を取る。よって ψ は下式を満足する。

$$\mathbf{B} \cdot \nabla \psi = 0$$

円柱座標を導入して，軸をトーラス軸と一致させる（図3.2.3）。ϕ 方向の単位ラジアン当たりのポロイダル磁束を ψ とすると，ポロイダル磁場は，

$$B_R = -\frac{1}{R}\frac{\partial \psi}{\partial z}, \qquad B_z = \frac{1}{R}\frac{\partial \psi}{\partial R} \qquad 3.2.2$$

により ψ と関係づけられる。この表式が

$$\frac{1}{R}\frac{\partial}{\partial R}(RB_R) + \frac{\partial B_z}{\partial z} = 0$$

を満足するので磁場は $\nabla \cdot \mathbf{B} = 0$ を満たすことが確認される。ψ には定数の自由度があり，自由に選ぶことができる。

$\mathbf{j}$ と $\mathbf{B}$ の対称性より電流の流れ関数も存在する。これを f としよう。f はポロイダル電流密度と関係があり，次式で表される。

$$j_R = -\frac{1}{R}\frac{\partial f}{\partial z}, \qquad j_z = \frac{1}{R}\frac{\partial f}{\partial R} \qquad 3.2.3$$

アンペールの方程式

$$j_R = -\frac{1}{\mu_0}\frac{\partial B_\phi}{\partial z}, \qquad j_z = \frac{1}{\mu_0}\frac{1}{R}\frac{\partial}{\partial R}(RB_\phi)$$

平衡

と,3.2.3式を比較すると,f とトロイダル磁場 B_ϕ との関係式として次の式を得る。

$$f = \frac{RB_\phi}{\mu_0} \qquad 3.2.4$$

3.2.1式と **j** とのスカラー積（内積）を取ると $\mathbf{j} \cdot \nabla p = 0$ を得るが,このことにより f が ψ の関数であることがわかる。つまり,3.2.3式を $\mathbf{j} \cdot \nabla p = 0$ の **j** に代入すると,

$$\frac{\partial f}{\partial R}\frac{\partial p}{\partial z} - \frac{\partial f}{\partial z}\frac{\partial p}{\partial R} = 0$$

を得る。これは関係式 $\nabla f \times \nabla p = 0$ を表している。この式は f が p の関数として表せることを示す。また平衡の条件から $p = p(\psi)$ であるから,f もやはり ψ の関数であること $f = f(\psi)$ が示される。

ここで定義された磁束関数は ϕ に関する単位角度当たりのポロイダル磁束であるが,もし 2π をかければトーラス全体の磁束関数で定義することも可能である。

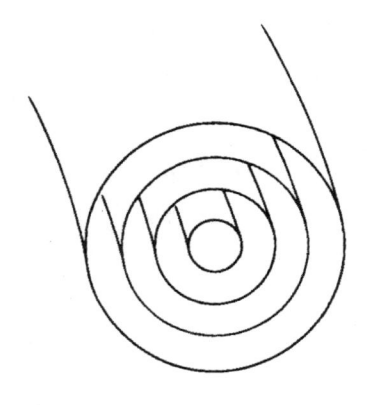

【図3.2.1】
磁気面が入れ子状のトーラス形状をしている。

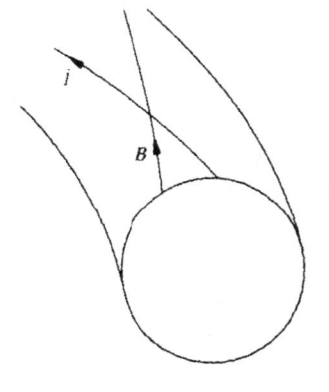

【図3.2.2】
磁力線と電流の流れる線が磁気面上にある。

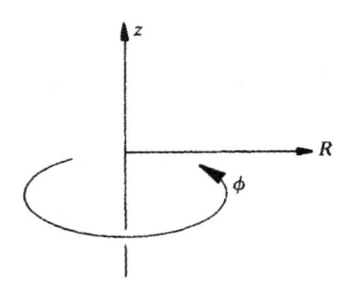

【図3.2.3】
円柱座標 $R = 0$ はトーラス大半径も軸に一致する。

3.3 グラッド・シャフラノフ方程式

トカマクなどの軸対称系の平衡方程式はポロイダル磁束関数 ψ の微分方程式で書ける。この方程式は2つの任意関数 $p(\psi)$ と $f(\psi)$ を持ち，グラッド・シャフラノフ方程式と通常呼ばれる。平衡方程式

$$\mathbf{j} \times \mathbf{B} = \nabla p$$

はポロイダル方向の電流密度 $\mathbf{j}_p$ と磁場 $\mathbf{B}_p$ 及びトロイダル方向の単位ベクトル $\mathbf{i}_\phi$ を用い

$$\mathbf{j}_p \times \mathbf{i}_\phi B_\phi + j_\phi \mathbf{i}_\phi \times \mathbf{B}_p = \nabla p \tag{3.3.1}$$

のように書ける。ここで ϕ はトロイダル座標である。3.3.1式をポロイダル磁束関数 ψ で書き直すために3.2.2式，3.2.3式を次式のように書きなおす。

$$\mathbf{B}_p = \frac{1}{R}(\nabla \psi \times \mathbf{i}_\phi), \tag{3.3.2}$$

及び

$$\mathbf{j}_p = \frac{1}{R}(\nabla f \times \mathbf{i}_\phi) \tag{3.3.3}$$

上式を3.3.1に代入して $\mathbf{i}_\phi \cdot \nabla \psi = 0$ と $\mathbf{i}_\phi \cdot \nabla f = 0$ の関係を使うと次式を得る。

$$-\frac{B_\phi}{R} \nabla f + \frac{j_\phi}{R} \nabla \psi = \nabla p \tag{3.3.4}$$

ここで

$$\nabla f(\psi) = \frac{df}{d\psi} \nabla \psi, \qquad \nabla p(\psi) = \frac{dp}{d\psi} \nabla \psi$$

であるので，この関係式を3.3.4式に代入すると次式を得る。

$$j_\phi = R \frac{dp}{d\psi} + B_\phi \frac{df}{d\psi} \tag{3.3.5}$$

B_ϕ に対する3.2.4式を3.3.5式に代入すると j_ϕ として

$$j_\phi = Rp' + \frac{\mu_0}{R} ff' \tag{3.3.6}$$

が得られる。

平衡

最後に j_ϕ を ψ で書き下す。このためにアンペールの方程式

$$\mu_0 \mathbf{j} = \nabla \times \mathbf{B} \qquad 3.3.7$$

を導入する。
　3.2.2式を3.3.7式のトロイダル成分に代入すると

$$-\mu_0 R j_\phi = R \frac{\partial}{\partial R} \frac{1}{R} \frac{\partial \psi}{\partial R} + \frac{\partial^2 \psi}{\partial z^2} \qquad 3.3.8$$

となり，3.3.8式を3.3.6式の j_ϕ に代入することにより必要な平衡方程式が得られる。

$$R \frac{\partial}{\partial R} \frac{1}{R} \frac{\partial \psi}{\partial R} + \frac{\partial^2 \psi}{\partial z^2} = -\mu_0 R^2 p'(\psi) - \mu_0^2 f(\psi) f'(\psi) \qquad 3.3.9$$

　これがグラッド・シャフラノフ方程式である。図3.3.1に方程式の数値計算による解の典型例を示す。磁気面と j_ϕ , p , B_ϕ の分布が示されている。

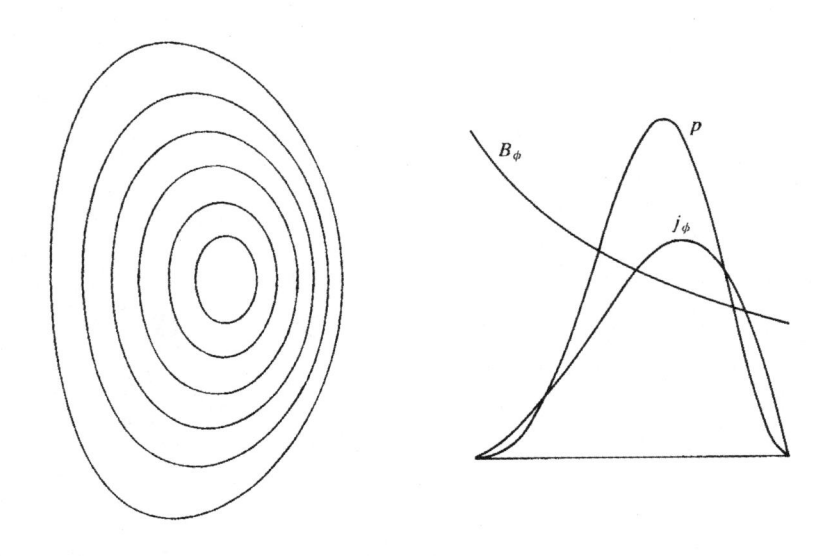

【図3.3.1】
　平衡磁気面とトロイダル電流密度，プラズマ圧力とトロイダル磁場の子午面上での分布。

3.4 安全係数, q

安全係数 q は安定性の指標の役割を果たすので,こう呼ばれている。一般論で言えば,高い q 値は高い安定性を示す。また,これは輸送理論にも大きな役割を示す。

軸対称系の平衡配位を考えると,各磁力線は各々 q 値を持つ。磁力線はその磁気面上でらせんを描きながらトーラスを周回する。トロイダル角 ϕ のところで磁力線がポロイダル断面上のある位置にあったとし,磁力線がトーラスを $\Delta\phi$ 動いて元の位置に戻ったとしよう。その時,磁力線の q 値は

$$q = \frac{\Delta\phi}{2\pi} \qquad 3.4.1$$

と定義される。よって,磁力線がトーラスをちょうど1周して出発点に戻るような場合は $q=1$ である。ポロイダル方向へもっとゆっくり動く場合は q 値はより大きくなる。q が有理数であると,安定性に大きな影響を与える。もし $q=m/n$ (m, n は整数)であると磁力線は m 回トロイダル方向に, n 回ポロイダル方向にまわってトーラスを周回すると出発点と一致し,連結する。$q=2$ の磁力線を図3.4.1(a) に示す。

q 値を計算するには,磁力線の方程式

$$\frac{R\mathrm{d}\phi}{\mathrm{d}s} = \frac{B_\phi}{B_\mathrm{p}}$$

を使う必要がある。ここで $\mathrm{d}s$ はポロイダル方向への距離, $\mathrm{d}\phi$ はトロイダル角, B_p と B_ϕ は,ポロイダル及びトロイダル磁場である。これを使うと3.4.1式は,

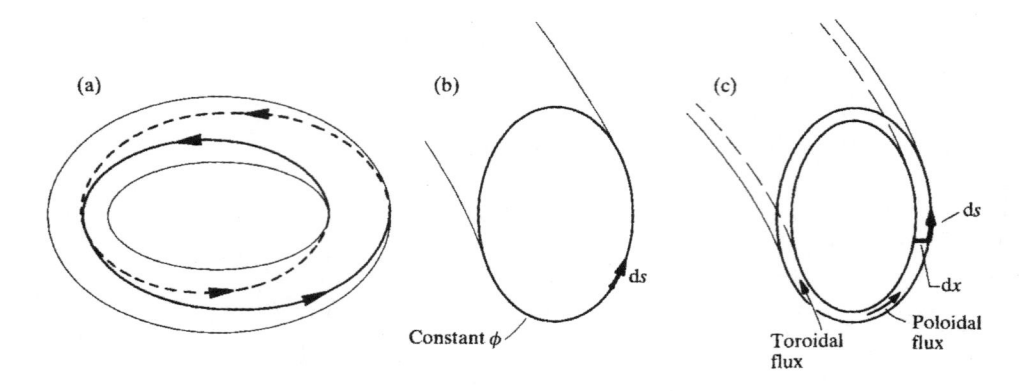

【図3.4.1】
 (a) $q=2$ 面の磁力線。(b) 3.4.2式のポロイダル積分路。(c) 磁束円環層;トロイダル磁束 $\mathrm{d}\Phi$ とポロイダル磁束 $\mathrm{d}\Psi$ を持つ。

平衡

$$q = \frac{1}{2\pi} \oint \frac{1}{R} \frac{B_\phi}{B_\mathrm{p}} \mathrm{d}s \qquad 3.4.2$$

となる。積分は図3.4.1(b)に示すような磁気面をポロイダル方向に1周する。3.4.2式から明らかなように q 値は磁気面上のどの磁力線に対しても同じ値を持つ, つまり q 値も磁束関数, $q = q(\psi)$ である。

円形断面をもつアスペクト比の大きいトカマクに対して, 3.4.2式より近似式として下式を得る。

$$q = \frac{rB_\phi}{R_0 B_\theta} \qquad 3.4.3$$

ここで r は磁気面の小半径, B_θ はポロイダル磁場, R_0 は大半径でありトロイダル磁場 B_ϕ はほぼ定数である。

q の別の表記法もあり, それは磁束を使って表現される。図 3.4.1(c)に示すように2つの磁気面に囲まれた微小円環を考えよう。ポロイダル磁束は, 磁気面間隔を $\mathrm{d}x$ とすると,

$$\mathrm{d}\Psi = 2\pi R B_\mathrm{p} \mathrm{d}x \qquad 3.4.4$$

であり, 円環を貫くトロイダル磁束は,

$$\mathrm{d}\Phi = \oint (B_\phi \mathrm{d}x)\, \mathrm{d}s \qquad 3.4.5$$

である。3.4.2式に3.4.4式を代入すると

$$q = \frac{1}{\mathrm{d}\Psi} \oint (B_\phi \mathrm{d}x)\, \mathrm{d}s$$

が得られ, 3.4.5式を用いると

$$q = \frac{\mathrm{d}\Phi}{\mathrm{d}\Psi}$$

となる。すなわち, 安全係数はトロイダル磁束のポロイダル磁束に対する変化率として表せる。

関連した量は回転変換 ι （イオタ）であり, $\iota = 2\pi / q$ で定義される。$\iota\!\!\!-\, = \iota / 2\pi$ もしばしば使われる, すなわち $\iota\!\!\!-\, = 1/q$ である。

3.5 ベータ値

磁場によるプラズマ圧力の閉じ込め効率を簡単な比で書くと,

$$\beta = \frac{p}{B^2/2\mu_0}$$

と書ける。しかしながら種々の違った表記があり,ある表現は定義の違いから生じ,別のものは異なる平衡特性を定量化する必要性から生じる。炉を考えるときは,重要な量は与えられた磁場に対しての核融合出力である。反応率は,$n^2\langle\sigma v\rangle$ に比例して,一般的には圧力では表せない。しかし反応に必要な温度を $10-15$ keV と想定すると,$\langle\sigma v\rangle$ は大略 T^2 に比例し,核融合出力は p^2 に比例する。この見地の β を β^* と呼び,次式で定義する。

$$\beta^* = \frac{\left(\int p^2 d\tau / \int d\tau\right)^{1/2}}{B_0^2/2\mu_0}$$

ここで積分はプラズマ体積に関して行い,B_0 はトロイダル磁場である。磁場の限界はコイル位置での強さで決まるので,その値を使うべきであるかもしれないが,通常はプラズマの幾何学的中心での真空磁場の値を使うのがより便利である。

一般によく使用される β は平均値であり次式で定義される。

$$\langle\beta\rangle = \frac{\int p\, d\tau / \int d\tau}{B_0^2/2\mu_0}$$

他の表現としては,ポロイダル β と呼ばれるもので

$$\beta_p = \frac{\int p\, dS / \int dS}{B_a^2/2\mu_0} \qquad 3.5.1$$

で定義され,積分はポロイダル断面の表面積分であり,

$$B_a = \frac{\mu_0 I}{l}$$

である。ここで l はポロイダル方向のプラズマの周界の長さを表す。もしもアスペクト比 R/a が大きく円形プラズマの場合には,$l = 2\pi a$ なので3.5.1式は

$$\beta_p = \frac{\int p\, dS}{\mu_0 I^2/8\pi} \qquad 3.5.2$$

平衡

となる。パラメータ β_p の重要性は次の考察からわかる。円形断面を仮定して、3.5.2式の分子を部分積分してみると、

$$\beta_p = -\frac{8\pi^2}{\mu_0 I^2}\int_0^a \frac{dp}{dr}r^2\,dr$$

この表式の dp/dr に、近似的な圧力平衡を表す方程式

$$\frac{dp}{dr} + \frac{d}{dr}\left(\frac{B_\phi^2}{2\mu_0}\right) + \frac{B_\theta}{\mu_0 r}\frac{d}{dr}(rB_\theta) = 0$$

を代入し積分すると

$$\beta_p = 1 + \frac{1}{(aB_{\theta a})^2}\int_0^a \frac{dB_\phi^2}{dr}r^2\,dr \qquad 3.5.3$$

が得られる。これからもわかるように、もしも方位角（ポロイダル）方向の電流がない場合は3.5.3式の積分項は 0 となり、$\beta_p = 1$ となる。もし $dB_\phi^2/dr > 0$ ならば、トロイダル磁場はプラズマ圧力を閉じ込めるよう作用し、$\beta_p > 1$ となる。一方、もし $dB_\phi^2/dr < 0$ ならば、磁気圧 $B_\phi/2\mu_0$ はプラズマ圧力のある部分と置き換わり $\beta_p < 1$ となる。この状況を図3.5.1に示す。

一般論として、β 値の平衡における限界はない。これは次の思考実験からわかる。完全導体の容器に囲まれた完全導体プラズマを考え、プラズマを連続的に加熱し、磁気面の圧力を上げていくと仮定する。この時、プラズマの表面は移動するが入れ子になったトポロジーは変化しないであろう。さらにプラズマの境界は固定されている。原理的には、この過程に制限はなくそれゆえ β 値の制限は生まれない。もちろん、実際の場合はもっと複雑である。

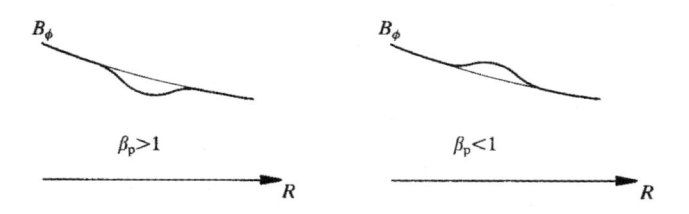

【図3.5.1】
B_ϕ の分布を $\beta_p > 1, \beta_p < 1$ について示す。

3.6 大アスペクト比

トカマクの平衡は低ベータ，大アスペクト比の円形断面プラズマの場合は比較的簡単な形となる。場の量に対して逆アスペクト比 $\varepsilon = a/R$ のオーダリングを使うと，

$$B_\phi = B_{\phi 0}(R_0/R)(1+O(\varepsilon^2)) \qquad B_\theta \sim \varepsilon B_{\phi 0}$$
$$j_\phi \sim \varepsilon B_{\phi 0}/\mu_0 a \qquad j_\theta \sim \varepsilon^2 B_{\phi 0}/\mu_0 a$$
$$p \sim \varepsilon^2 B_{\phi 0}^2/\mu_0, \quad (\beta \sim \varepsilon^2) \qquad \beta_p \sim 1$$

となる。ここで $B_{\phi 0}$ は，プラズマの大半径 R_0 の位置における真空トロイダル磁場である。円柱近似における圧力の平衡バランス方程式は

$$\frac{dp}{dr} = j_\phi B_\theta - j_\theta B_{\phi 0} \qquad \qquad 3.6.1$$

で与えられ，平衡は $j_\phi(r)$ および $p(a)=0$ を満たす $p(r)$ により特徴づけられる。方位角方向の場はアンペール方程式，

$$\mu_0 j_\phi = \frac{1}{r}\frac{d}{dr}(rB_\theta)$$

で与えられ，j_θ は3.6.1式により決まる。

トロイダル効果が入ると，磁束面は図3.6.1(a)に示されるように同一中心ではなくなる。図3.6.1(b)に示す座標系を取ると，3.3.9式のグラッド・シャフラノフ方程式は，

$$\left(\frac{1}{r}\frac{\partial}{\partial r}r\frac{\partial}{\partial r}+\frac{1}{r^2}\frac{\partial^2}{\partial \theta^2}\right)\psi - \frac{1}{R_0+r\cos\theta}\left(\cos\theta\frac{\partial}{\partial r}-\sin\theta\frac{1}{r}\frac{\partial}{\partial \theta}\right)\psi$$
$$= -\mu_0(R_0+r\cos\theta)^2 p'(\psi) - \mu_0^2 f(\psi)f'(\psi) \qquad 3.6.2$$

で与えられ，ψ を ε で展開すると，$\psi = \psi_0(r) + \psi_1(r,\theta)$ と書ける。

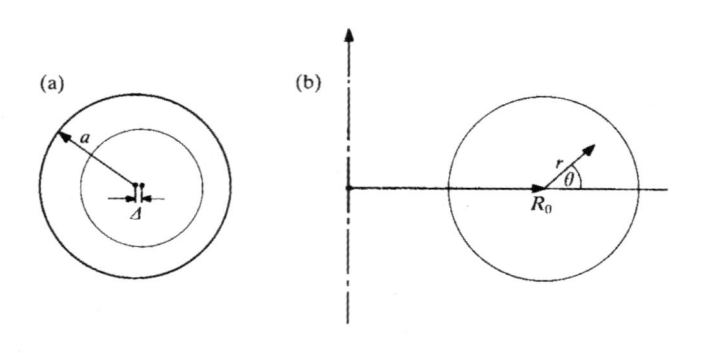

【図3.6.1】
(a) R_0 に中心を持つ（大半径値）外側の磁気面に対して内側の円形磁気面の中心が Δ だけずれた図を示す。
(b) 大半径値 R_0 に中心を持つ (r,θ) の座標系。

平衡

ψ_0 は3.6.2式の0次オーダー（3.6.1式に対応する）から，

$$\frac{1}{r}\frac{d}{dr}\left(r\frac{d\psi_0}{dr}\right) = -\mu_0 R_0^2 p'(\psi_0) - \mu_0^2 f(\psi_0)f'(\psi_0) \qquad 3.6.3$$

によって定められる。ψ_1 は，3.6.2式の1次オーダーから得られ，

$$\left(\frac{1}{r}\frac{\partial}{\partial r}r\frac{\partial}{\partial r} + \frac{1}{r^2}\frac{\partial^2}{\partial \theta^2}\right)\psi_1 - \frac{\cos\theta}{R_0}\frac{d\psi_0}{dr}$$
$$= -\mu_0 R_0^2 p''(\psi_0)\,\psi_1 - \mu_0^2 (f(\psi_0)f'(\psi_0))'\,\psi_1 - 2\mu_0 R_0 r \cos\theta\, p'(\psi_0)$$
$$= -\frac{d}{dr}(\mu_0 R_0^2 p'(\psi_0) + \mu_0^2 f(\psi_0)f'(\psi_0))\frac{dr}{d\psi_0}\psi_1 - 2\mu_0 R_0 r \cos\theta\, p'(\psi_0) \qquad 3.6.4$$

となる。ここで磁気面 ψ が $\Delta(\psi_0(r))$ だけトーラス外側へずれているとすると ψ は次式のように書ける。

$$\begin{aligned}\psi &= \psi_0 + \psi_1 \\ &= \psi_0 - \Delta(r)\frac{\partial \psi_0}{\partial R} \\ &= \psi_0 - \Delta(r)\cos\theta\frac{d\psi_0}{dr} \qquad 3.6.5\end{aligned}$$

3.6.5式で与えられた ψ_1 の形を3.6.4式に代入すると，

$$-\Delta\frac{d}{dr}\left(\frac{1}{r}\frac{d}{dr}\left(r\frac{d\psi_0}{dr}\right)\right) - \frac{1}{r}\left(\frac{dr}{d\psi_0}\right)\frac{d}{dr}\left(r\left(\frac{d\psi_0}{dr}\right)^2\frac{d\Delta}{dr}\right) - \frac{1}{R_0}\frac{d\psi_0}{dr}$$
$$= \Delta\frac{d}{dr}(\mu_0 R_0^2 p'(\psi_0) + \mu_0^2 f(\psi_0)f'(\psi_0)) - 2\mu_0 R_0 r\frac{dp_0}{dr}\frac{dr}{d\psi_0} \qquad 3.6.6$$

が得られ，また3.6.3式を考慮すると，3.6.6式の両辺の第1項は釣り合い，

$$\frac{d}{dr}\left(rB_{\theta 0}^2\frac{d\Delta}{dr}\right) = \frac{r}{R_0}\left(2\mu_0 r\frac{dp_0}{dr} - B_{\theta 0}^2\right) \qquad 3.6.7$$

が残る。ここで3.2.2式で与えられた磁束関数の定義を使い，$(d\psi_0/dr)/R_0$ を $B_{\theta 0}$ とした。

微分方程式3.6.7式の解で，$r = 0$ において $d\Delta/dr = 0$ および $\Delta(a) = 0$ という境界条件を満たすものは，0オーダーの圧力 $P_0(r)$ と θ 方向の磁場 $B_{\theta 0}(r)$ に対応する磁気面のずれ $\Delta(r)$ を与える。3.6.5式とあわせて $\psi(r,\theta)$ の解を与える。

3.7 真空磁場

3章6節で述べた計算例は,プラズマの平衡の近似解を与える。この解は,プラズマ表面 $r=a$ での,ポロイダル磁場の変化を与える。表面での磁場の連続性から真空磁場が決められるので,平衡を維持するための必要な外部磁場を記述していることに対応する。

まず,$B_\theta(a)$ をプラズマ平衡から決める必要がある。これは3章6節で大アスペクト比の展開で求められていて,

$$B_\theta = \frac{1}{R}\frac{\partial \psi}{\partial r} = \frac{1}{R_0 + r\cos\theta}\frac{\partial \psi}{\partial r} \qquad 3.7.1$$

および

$$\psi = \psi_0 - \Delta(r)\frac{d\psi_0}{dr}\cos\theta \qquad 3.7.2$$

となる。$\Delta(r)$ は,3.6.7式の解から決まる。よって $\Delta(a) = 0$ を使うと3.7.1式と3.7.2式から $r=a$ におけるポロイダル磁場が以下のように決まる。

$$B_\theta(a) = B_{\theta 0}(a)\left[1 - \left(\frac{a}{R_0} + \left(\frac{d\Delta}{dr}\right)_a\right)\cos\theta\right] \qquad 3.7.3$$

さて,量 $d\Delta/dr$ を計算する必要がある。3.6.7式を積分し,右辺は部分積分することにより次式を得る。

$$\frac{d\Delta}{dr} = \frac{2\mu_0}{rR_0 B_{\theta 0}^2}\left\{r^2 p_0 - \int_0^r \left(2p_0 + \frac{B_{\theta 0}^2}{2\mu_0}\right)r\,dr\right\} \qquad 3.7.4$$

ポロイダルベータ値と内部インダクタンス値を定義し,

$$\beta_p = \frac{\int_0^a p_0 2\pi r\,dr}{(B_{\theta 0}^2(a)/2\mu_0)\pi a^2}, \qquad l_i = \frac{\int_0^a (B_{\theta 0}^2/2\mu_0)2\pi r\,dr}{(B_{\theta 0}^2(a)/2\mu_0)\pi a^2},$$

$p_0(a) = 0$ とすると,3.7.4式は

$$\left(\frac{d\Delta}{dr}\right)_a = -\frac{a}{R_0}\left(\beta_p + \frac{l_i}{2}\right) \qquad 3.7.5$$

となる。3.7.5式を3.7.3式に代入すると,$\Lambda = \beta_p + \frac{l_i}{2} - 1$ として次の関係が得られる。

$$B_\theta(a) = B_{\theta 0}(a)\left(1 + \frac{a}{R_0}\Lambda\cos\theta\right) \qquad 3.7.6$$

平衡

プラズマ表面で真空磁場はこの解に一致していなければならない。真空磁場は $(\nabla \times \mathbf{B})_\phi = 0$ の方程式の解として与えられるので, 3.2.2式を使い今の座標系を考えると, $(\nabla \times \mathbf{B})_\phi$ は3.6.2式の左辺のような形となる。大アスペクト比による近似, つまり $r \ll R_0$ から,

$$\psi = \frac{\mu_0 I}{2\pi} R_0 \left(\ln \frac{8R_0}{r} - 2 \right) + \frac{\mu_0 I}{4\pi} \left(r \left(\ln \frac{8R_0}{r} - 1 \right) + \frac{c_1}{r} + c_2 r \right) \cos\theta, \qquad 3.7.7$$

が得られ, ここで $I (= -2\pi a\, B_{\theta 0}(a) / \mu_0)$ はプラズマ電流である。係数 c_1, c_2 の値は, 3.7.6式で与えられたプラズマの解 $B_\theta(a)$ と合うように, また $B_r(a) = 0$ となるように決められる。

3.7.7式を3.7.1式の展開した形に代入すると, $B_\theta(a)$ の真空解が得られる。これを3.7.6式に等しく置くことにより

$$\frac{1}{a^2} c_1 - c_2 = \ln \frac{8R_0}{a} + 2\Lambda \qquad 3.7.8$$

が得られる。$B_r = -(1/R_0 r) \partial\psi/\partial\theta$ だから, $B_r(a) = 0$ は, 3.7.7式の $\cos\theta$ の係数が $r = a$ で 0 となることを示唆する。3.7.8式を使って c_1 と c_2 は,

$$c_1 = a^2 \left(\Lambda + \frac{1}{2} \right), \qquad c_2 = -\left(\ln \frac{8R_0}{a} + \Lambda - \frac{1}{2} \right),$$

と決まり, 3.7.7式に代入すると解が決まる。

$$\psi = \frac{\mu_0 I}{2\pi} R_0 \left(\ln \frac{8R_0}{r} - 2 \right) + \frac{\mu_0 I}{4\pi} r \left(\ln \frac{r}{a} + \left(\Lambda + \frac{1}{2} \right) \left(1 - \frac{a^2}{r^2} \right) \right) \cos\theta$$

3.7.7式に出てくる数 $(\ln(8R_0/r) - 1)$ は, 本来は $r \to \infty$ で 0 となる関数の近似係数であり, $r \ll R_0$ の場合のみ有効である。よって $r \to \infty$ が大きい時には ψ は $(\mu_0 I / 4\pi) c_2 r \cos\theta$ となりこれに対応する垂直磁場は

$$B_V = -\frac{\mu_0 I}{4\pi R_0} \left(\ln \frac{8R_0}{a} + \Lambda - \frac{1}{2} \right)$$

で与えられる。これがプラズマの平衡をささえるに必要な垂直磁場であり, 内向きの力を与える。この力は, プラズマ電流や圧力による外向きのフープ力と釣り合う。

3.8 粒子軌道

　均一な磁場中では，荷電粒子は磁力線のまわりを回り，その旋回中心の軌道は磁場に沿って同一速度で移動する。トカマク内では磁場の不均一性のために旋回中心がドリフトする。衝突がない場合には，このドリフトは2つのタイプの軌道を作る。

　磁場に沿った方向の速度が十分大きい粒子は連続的にトーラスのまわりを周回する。これを**通過粒子**（passing particles）と呼び，残りの粒子を**捕捉粒子**（trapped particles）と呼ぶ。この粒子はポロイダル方向に磁場の変化があるためにトーラスの外側に形成されたミラー磁場に捕捉される。両方の粒子群ともトロイダル方向には対称なドリフト面上に軌道がある。それを図3.8.1に示そう。衝突の効果が重要となる条件は3章10節で述べる。

　軌道は磁気面からずれているが，ある距離 d の内に拘束される。この距離は正準角運動量のトロイダル成分を用いて計算できる。つまり，

$$p_\phi = m_j R^2 \dot\phi + e_j R A_\phi \qquad 3.8.1$$

ここで $\mathbf{A}$ はベクトルポテンシャルである。トロイダル対称性より p_ϕ は運動の恒量である。さてある磁気面から微小変位 d 離れたところでの磁束関数 ψ の変化は次式となる。

$$|\delta\psi| = d|\nabla\psi|$$

3.2.2式の ψ の定義 $\psi = RA_\phi$ を考えると3.8.1式より d と Rv_ϕ の間には

$$d = \left|\frac{m_j}{e_j}\frac{\delta(Rv_\phi)}{|\nabla\psi|}\right|$$

の関係が得られる。d の上限は，3.3.2式を用いて $|\nabla\psi| = R_0 B_\theta$ と書いて，$\delta(Rv_\phi)$ の最大値を $R_0 v_\phi$ として近似的に評価すると得られる。すなわち

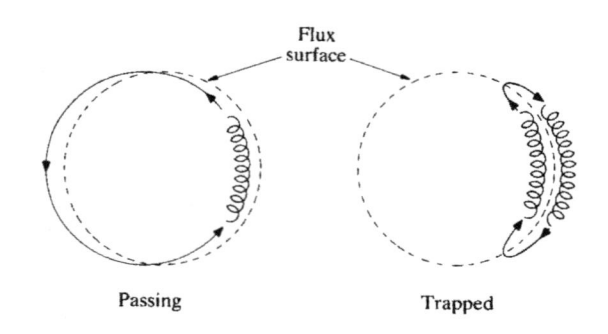

【図3.8.1】
粒子のドリフト面を描いた図で非捕捉粒子の軌道と捕捉粒子の（バナナ）軌道を示している。トーラスの大半径中心は左側にある場合。

$$d \le \left| \frac{v_\phi}{\omega_{c\theta}} \right|, \quad \text{ここで } \omega_{c\theta} = \frac{e_j B_\theta}{m_j} \text{ である。}$$

距離 $v_\phi / \omega_{c\theta}$ は，粒子速度 v_ϕ に対し，ポロイダル磁場 B_θ を用いて計算したラーマー半径である。

磁場方向の速度の遅い粒子はトーラスの外側の弱磁場側に捕捉される。その振る舞いは3章9節で説明されるが，$r/R \ll 1$ の極限では，速度空間の領域内では円錐形つまり $|v_{//0}/v_{\perp 0}| < (2r/R_0)^{1/2}$ の粒子が捕捉される。ここで $v_{//0}, v_{\perp 0}$ は粒子軌道上で磁場の最小値をとる地点で評価された磁場に平行方向及び垂直方向の粒子の速度である。3章10節において捕捉粒子の軌道を計算する。

通過粒子のドリフト面は粒子の2つの成分の運動から決まる。まず，平行方向の運動はポロイダル方向の回転を生じさせる。磁力線に沿って通過する粒子に対しこの周波数は，

$$\omega = (B_\theta/B)\, v_{//}/r$$

で与えられる。第2の成分は，垂直方向のドリフトであり，トロイダル磁場の勾配や曲率により引き起こされる。2.3.3式と2.3.4式で与えられたように，

$$v_d = \frac{m_j (v_{//}^2 + \tfrac{1}{2} v_\perp^2)}{e_j R B_\phi} \qquad 3.8.2$$

となる。これらの運動を合わせて考えると，ドリフト軌道の方程式は次式で与えられる。

$$\frac{dR}{dt} = \omega z, \qquad \frac{dz}{dt} = -\omega (R - R_c) + v_d$$

この式で R_c は磁気面の断面における中心の R 座標値である。

結果として，ドリフト面を与える方程式は，

$$\left(R - R_c - \frac{v_d}{\omega} \right)^2 + z^2 = \text{一定}$$

で与えられ，これは磁気面から d の距離だけずれた円断面を与えている。

$$d = -\frac{v_d}{\omega} \simeq -\frac{r}{R} \frac{v_{//}}{\omega_{c\theta}}$$

この値は，上記に導出した上限値 $v_\phi/\omega_{c\theta}$ より r/R だけ小さい。

3.9 粒子捕捉

　真空トロイダル磁場は $1/R$ に比例するのでトーラスの外側の方が弱い。この領域に存在する粒子で磁場に平行方向の速度の小さいものはこの領域からもっと磁場の強い領域に移動するにつれ，磁気ミラー効果により反射される。衝突がない場合，粒子はこの弱磁場領域に捕捉され，折り返し点の間を往復する反射を繰り返す。

　粒子を捕捉するミラー磁場による力は2.3.5式で与えられる。この効果を最も端的に理解するには，粒子の磁気モーメント μ に関する力と考えればよく，

$$\mathbf{F} = -\mu \nabla_{//} B \qquad 3.9.1$$

と書ける。ここで $\mu = \dfrac{\frac{1}{2}mv_\perp^2}{B}$ である。磁気モーメントは運動中でもほぼ保存される。その不変量としての尺度は粒子の軌道のスケールに比して B の変化がどの位ゆるやかであるかに依存する。このことは，以下のように μ の時間変化を考えると理解できるだろう。

$$\frac{d\mu}{dt} = \frac{1}{2}\frac{m}{B}\frac{dv_\perp^2}{dt} - \frac{1}{2}\frac{mv_\perp^2}{B^2}\frac{dB}{dt} \qquad 3.9.2$$

ここで運動エネルギー $\frac{1}{2}m(v_{//}^2 + v_\perp^2)$ は保存し，旋回中心に沿った磁場の時間変化は $\mathbf{v}_{//} \cdot \nabla_{//} B$ であるので3.9.2式は

$$\frac{d\mu}{dt} = -\frac{m}{B}v_{//}\frac{dv_{//}}{dt} - \frac{mv_\perp^2}{2B^2}\mathbf{v}_{//}\cdot\nabla_{//} B \qquad 3.9.3$$

と変形される。3.9.1式を用いて B に平行方向の加速の式を考え，$\mathbf{v}_{//}$ とのスカラー積を取ると，

$$v_{//}\frac{dv_{//}}{dt} = -\frac{v_\perp^2}{2B}\mathbf{v}_{//}\cdot\nabla_{//} B$$

となり，これを3.9.3式に代入すると求めるべき結果が得られる。

$$\frac{d\mu}{dt} = 0$$

　さて粒子軌道における反射点を計算してみよう。粒子軌道に沿って磁場が赤道面上で最小値 $B_{\min}$ を持つとし，この点における粒子の速度を添字0で表す。μ の保存から，

$$\frac{v_\perp^2}{B} = \frac{v_{\perp 0}^2}{B_{\min}} \qquad 3.9.4$$

の関係が成立する。反射点，つまり $v_{//} = 0$ となる点ではエネルギーの保存より次式が満たされる。

$$v_\perp^2 = v_{\perp 0}^2 + v_{//0}^2$$

これを3.9.4式に代入すると反射点における磁場 B_b は次式となる。

$$\frac{B_b}{B_{min}} = 1 + \left(\frac{v_{//0}}{v_{\perp 0}}\right)^2 \qquad 3.9.5$$

よって，$v_{//0}/v_{\perp 0}$ の角度の小さい粒子ほど反射によって周回する軌跡は短くなる。

　粒子が捕捉される条件は明らかで，赤道面上の任意のピッチ角 $v_{//0}/v_{\perp 0}$ に対し，粒子軌道に沿った磁場が3.9.5式で与えられる反射に必要な値 B_b に到達することであろう。この条件に対する近似形はトロイダル磁場を真空磁場で近似することにより得られる。真空磁場は，

$$B = B_0 \frac{R_0}{R}$$

と書ける。ここで B_0 は大半径 R_0 の位置での磁場を表す。この場合，小半径 r の磁気面上での最小磁場に対する最大磁場の比は，

$$\frac{B_{max}}{B_{min}} = \frac{R_0 + r}{R_0 - r} \approx 1 + 2\frac{r}{R_0}$$

であり，3.9.5式を使うと捕捉の条件 $B_b < B_{max}$ は次式となる。

$$\frac{v_{//0}}{v_{\perp 0}} < \left(2\frac{r}{R_0}\right)^{1/2} \qquad 3.9.6$$

3.9.6の不等式からわかるように $r \to 0$ の極限では，捕捉粒子の数は 0 となる。プラズマの外側周辺部では，捕捉コーン（錘）に存在する粒子数はかなりの割合になる。アスペクト比が 3 の場合，捕捉条件は $(v_{//0}/v_{\perp 0}) < 0.8$ であり，半分以上の粒子がこの条件を満足してしまう。

　これまでは粒子は衝突しないという仮定をしていた。十分衝突が多い条件では1回はね返る前に捕捉領域からはじき飛ばされてしまう。この衝突による捕捉からの脱離の条件は3章10節で導出される。

3.10 捕捉粒子軌道

捕捉された粒子の往復運動は3.9.1式で与えられる力を使って計算できる。平行方向の磁場の勾配 dB/ds は近似形

$$B = \frac{B_0}{1 + (r/R_0)\cos\theta} \qquad 3.10.1$$

から求まる。これより強く捕捉されている粒子 $\theta \ll 1$ に対し，大アスペクト比近似では，

$$\frac{dB}{ds} = (r/R_0)\, B_0\, \frac{d(\theta^2/2)}{ds} \qquad 3.10.2$$

となる。3.10.2式を3.9.1式に代入し，$\theta = (B_\theta/rB_0)s$ を使うと運動方程式は，

$$\frac{d^2 s}{dt^2} = -\left(\frac{B_\theta}{B_0}\right)^2 \frac{v_\perp^2}{2rR_0} s$$

となる。つまり磁力線に沿った運動は，

$$s = s_b \sin\omega_b t, \qquad \omega_b = \frac{v_\perp}{qR_0}\left(\frac{r}{2R_0}\right)^{1/2} \qquad 3.10.3$$

で記述され，ω_b はバウンス周波数，$q = rB_0/R_0B_\theta$ は安全係数と呼ばれるものである。$\theta \propto s$ であるので，運動の θ 成分は次式で与えられる。

$$\theta = \theta_b \sin\omega_b t \qquad 3.10.4$$

反射点 θ_b は，反射の条件として 3.9.5式，また $B_b/B_{\min}$ を与える式としては，3.10.1式を使って，$\theta_b \ll 1$ の条件下で，

$$\theta_b = \frac{v_{//0}}{v_{\perp 0}}\left(\frac{2R_0}{r}\right)^{1/2}$$

となる。捕捉粒子軌道上のドリフト面は3.8.2式で与えられるトロイダル磁場の変化による垂直方向のドリフトの r 成分を含めることにより求まる。このドリフト（$v_\perp \gg v_{//}$ の場合）$v_d = \frac{1}{2}m_j v_\perp^2 / e_j R B_\phi$ はほぼ定数とみなせる。従って，

$$\frac{dr}{dt} = v_d \sin\theta \simeq v_d\, \theta \qquad 3.10.5$$

となる。また，3.10.4式からは，

平衡

$$\frac{\mathrm{d}\theta}{\mathrm{d}t} = \omega_\mathrm{b}\theta_\mathrm{b}\left(1-\left(\frac{\theta}{\theta_\mathrm{b}}\right)^2\right)^{1/2} \qquad 3.10.6$$

となり，3.10.5式と3.10.6式を合わせると，ドリフト面を決める微分方程式となる。

$$\frac{\mathrm{d}r}{\mathrm{d}\theta} = \frac{v_\mathrm{d}}{\omega_\mathrm{b}\theta_\mathrm{b}}\frac{\theta}{\left(1-\left(\frac{\theta}{\theta_\mathrm{b}}\right)^2\right)^{1/2}} \qquad 3.10.7$$

3.10.7式を部分積分，ドリフト面の方程式として次式を得る。

$$(r-r_0)^2 = \left(\frac{\theta_\mathrm{b} v_\mathrm{d}}{\omega_\mathrm{b}}\right)^2\left(1-\left(\frac{\theta}{\theta_\mathrm{b}}\right)^2\right) \qquad 3.10.8$$

この面はバナナの形の切り口をしている（図3.8.1参照）。この軌道をバナナ軌道と呼ぶ。3.10.8式から軌道の半値幅 Δr は $\theta_\mathrm{b} v_\mathrm{d}/\omega_\mathrm{b}$ であり，すなわち

$$\Delta r = \frac{v_{//0}}{\omega_{\mathrm{c}\theta}}$$

で与えられる。ここで $\omega_{\mathrm{c}\theta} = e_j B_\theta/m_j$ である。よって Δr という量は，ポロイダル磁場 B_θ と $v_{//0}$ の粒子速度に対して得られるラーマー半径となる。

さて，粒子が捕捉されるための衝突頻度に対する条件を決めることが必要である。捕捉粒子は潜在的に速度空間のあるコーン領域にいて，それは 3.9.6式を満足している。衝突によって，これらの粒子は速度空間を拡散し，角度の2乗に比例する時間でその捕捉コーンから出てしまう。すなわち

$$\tau_\mathrm{detrap} \simeq \frac{2r}{R_0}\tau_\mathrm{coll} \qquad 3.10.9$$

ここで τ_coll は大角度散乱のための衝突時間とする。

捕捉されないための衝突の条件というのは，この脱捕捉時間が 3.10.3式で与えられるバウンス時間 ω_b^{-1} より短いことである。3.10.9式を使って，この捕捉されない条件を求めると

$$\tau_\mathrm{coll} \leq \left(\frac{R_0}{r}\right)^{3/2}\frac{qR_0}{\sqrt{2}v_\perp}$$

となる。この条件は2.9.3式で与えられる電子とイオンの適当な衝突時間 τ_e, τ_i と $v_\perp = \sqrt{2}v_T$ (v_T：熱速度) を使って評価できる。典型的なトカマク配位とプラズマ密度に対し，この条件より閾値温度はイオンと電子に対し数 100 eV と評価できる。この温度以下だと粒子は捕捉されない。

3.11 電流駆動

　誘導電場で電流を流して運転する（つまりパルス型炉となる）というトカマク炉の概念は,熱サイクルによる疲労に関して大きな欠点をかかえている。この問題点は,非誘導型の電流駆動システムを考えれば改善され,原理的には定常運転が可能となる。今までに多くの方法が提案されているが,例えば,中性粒子入射によるもの,相対論的電子ビームによるもの,低周波や高周波の運動量を運ぶ進行波（低域混成波）によるもの,あるいはほとんど運動量をプラズマに移入しない形で使う高周波（RF波）（電子サイクロトロン波）によるものなどがある。

　中性粒子入射の方法では,トーラスを回る高速の荷電粒子のビームを作る。この高速イオンがプラズマの電子と衝突して減速する際に,電子のトロイダル方向のドリフトを誘起する。これがプラズマ電流を作ってしまう。この電子の作る電流は,イオン電流の向きと反対であるので全電流値を減らす傾向にある。このキャンセルの度合いは実効電荷数 Z_{eff} と捕捉粒子の数に依る。中性粒子入射による電流駆動は DITE トカマクで観測された。その時は 1 MW のビーム出力で全電流 80 kA のうち 33 kA の電流を流した。

　運動量を運んでいる波動による電流駆動は,プラズマの電子が波のランダウ減衰を通じて波の運動量を吸収することで起こる。磁場に沿った速度が波の位相速度と等しい電子は,'波のり'をしながら波のパワーを吸収する。電流駆動の効率,吸収されたパワーに対する電流値は低域混成波のカーブに示されたように（図3.11.1）位相速度の低い所と高い所で大きい。熱速度を持つ電子の吸収によるものが一番効率が悪い。

　図3.11.1では,いくつか電流駆動方法の違いによる効率の理論値を比べてある。効率の値は線形化されたフォッカー・プランク方程式を使って導出してある。非線形効果やトロイダル配位の効果（例えば電子の捕捉）などは,ほとんどの方法について研究されている。

　多くの実験で見られるように,プラズマの全電流を低域混成波の高位相速度を使い,ランダウ減衰で吸収させる方法で,少なくとも過渡的には駆動可能である。ある実験では定常運転の成果を上げ,また,トカマクプラズマのスタートアップを RF だけで行うことも可能になってきている。一般的に電流駆動**効率**は理論値と近いが,吸収パワー,電流値の各々は予測値より大きい。今のところ,この振る舞いを説明するに足るものはない。

平衡

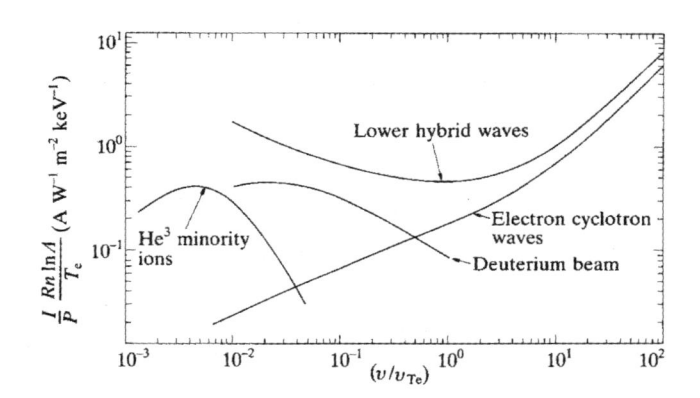

【図3.11.1】

電流駆動効率の理論値の比較を示す。

(i) D-TプラズマにDビーム入射
(ii) 低域混成波のランダウ減衰
(iii) 電子サイクロトロン波
(iv) Dプラズマ中のHe^3 マイノリティーイオン

縦軸は全電流値 I (A) の全力パワー P (W) に対する比を示す。大半径 R (m)，密度 n (10^{20}m^{-3})，T_e (keV) をもつトカマクプラズマを考える。v は波の位相速度やビームの速度，v_{Te} は電子の熱速度である。

　運動量をほとんど持たない波動でも特殊な方法で加熱することによって電流駆動を行うことができる。例えば，ある特定のトロイダル方向に回っている電子を加熱する方法である。こうした選択的加熱は電子サイクロトロン波を使って，その周波数と電子の磁力線に沿って動く速度によるドップラーシフトと合わせることにより可能である。このように選択的に加熱を受けた電子は反対方向に回っている電子よりもさらにイオンと衝突する頻度が減る。電子群は正味の平行方向の運動量をイオンに渡すが，電子の非対称性の結果，電子とイオンのドリフトは反対方向となり，結局電流が流れる。詳しい理論による結果は図3.11.1の通りである。効率は平行方向の電子速度が熱速度より十分大きい場合に有効であることがわかる。実験的にはこの方法によって少量の電流が流れた。

　同じ原理が少数イオンの非対称型加熱に適用できる。加熱することにより — イオン・イオン衝突を介在としてだが — 反対向きにドリフトするイオンを作る。もしイオンの電荷/質量比が違えば電流が流れる。中性粒子入射の場合と同様にイオンと電子の摩擦により電子電流が流れ，イオン電流を打ち消そうとする。重水素プラズマに対するHe^3 少数イオンの場合の効率を図3.11.1に示す。

　上記の非誘導型電流駆動方式は炉設計研究で考えられている。一番効率の良い低域混成方式ですら，全パワーの 20% 位の循環パワーが必要であることがわかった。この循環パワーは大きすぎると（現段階では）考えられている。早急にこれを小さくする新しい手だてが必要である。新しいアイデアは，もっと効率の良い電流駆動法や炉の改善のシナリオにとっても必要である。

参考文献

トロイダル平衡は以下の本の章で記述されている。

Miyamoto, K. *Plasma physics for nuclear fusion*. MIT Press, Cambridge, Mass. (1976).

Bateman, G. *MHD Instabilities*. MIT Press, Cambridge, Mass. (1978).

一般的な平衡を取り扱ったもの。

Shafranov, V. D. Plasma Equilibrium in a magnetic field. *Reviews of Plasma Physics* (ed. Leontovich, M. A.) Vol. 2, p. 103, Consultants Bureau, New York (1966).

磁場配位の特性を詳細に取り扱ったもの。

Solovev, L. S. and Shafranov, V. D. Plasma confinement in closed magnetic systems. *Reviews of Plasma Physics* (ed. Leontovich, M. A.) Vol. 5, p1, Consultants Bureau, New York (1966).

トカマクのより実質的な説明は以下のレビュー論文に与えられている。

Mukhovatov, V. S. and Shafranov, V. A. Plasma equilibrium in a tokamak. *Nuclear Fusion* 11, 605 (1971).

グラッド・シャフラノフ方程式

おそらくSLSG方程式と呼ぶべきであろう。

オリジナルな参考文献は以下に与えられる。

Shafranov, V. D. On magnetohydrodynamical equilibrium configurations. *Zhurnal Experimentalnoi i Theoreticheskoi Fiziki* 33, 710 (1957) [Soviet Physics J.E.T.P. 6, 545 (1958)].

Lüst R. and Schlüter A., Axialsymmetrische magnetohydrodynamische gleichgewichtskonfigurationen. *Zeitschrift für Naturforschung* 12A, 850 (1957).

Grad, H. and Rubin, H. Hydromagnetic equilibria and force-free fields. *Proceedings of the 2nd United nations International Conference on the Peaceful Uses of Atomic Energy* Geneva 1958 Vol. 31, 190 Columbia University Press, New York (1959).

大アスペクト比

Shafranov, V. D. Section 6 of Plasma equilibrium in a magnetic field. *Reviews of Plasma Physics* (ed. Leontovich, M. A) Vol. 2, p.103, Consultants Bureau, New York (1966).

真空磁場

Mukhovatov, M. S. and Shafranov, V. D. Plasma equilibrium in a tokamak. *Nuclear Fusion* 11, 605 (1971).

粒子軌道と粒子捕捉

トカマク中での粒子捕捉が記述されている論文

Kadomtsev, B. B. and Pogutse, O. P. Plasma instability of trapped particles in toroidal geometry. *Zhurnal Experimentalnoi i Teoreticheskoi Fiziki* 51, 1734 (1966) [Soviet Physics, J.E.T.P. 29, 1172 (1967)].

以下の本の3章にも説明がある。

Miyamoto, K. *Plasma physics for nuclear fusion*. MIT Press, Cambridge, USA (1976).

電流駆動

中性粒子ビーム入射による電流駆動を提案した論文

Ohkawa, T. Principles of current drive by beams. *Nuclear Fusion* 10, 185 (1970).

高速のRF波を用いた電流駆動提案した論文

Fisch, N. J. Principles of current drive by Landau damping of travelling waves. *Physical Review Letters* 41, 873 (1978).

電流駆動の役立つオーバービュー

the *Proceedings of IAEA technical committee meeting on non-inductive current drive in tokamaks*, Culham 1983, Culham Laboratory Report CLM-CD (1983).

4 閉じ込め

4.1 トカマクの閉じ込め

第1章で論じたように,熱核融合の条件をトカマクで満たすためにはプラズマのエネルギーを十分長い時間閉じ込めなければならない。全体としてのエネルギー閉じ込め時間は全入力を P として次のように定義される。

$$\tau_E = \frac{\frac{3}{2}n(T_i + T_e)}{P} \qquad 4.1.1$$

一般に閉じ込めは,熱伝導,対流によるもの,及び放射損失で制限を受ける。入れ子状のトロイダル磁気面をもつトカマクプラズマでは,クーロン衝突による損失がある。円柱対称形の配位の中では,この拡散過程を古典輸送と呼ぶ。対称性の減ったトロイダル配位では,この輸送が大きくなる。これを新古典輸送という。この輸送はプラズマ中の衝突頻度の度合いにより違った形となる。衝突頻度が高ければプラズマは流体的になりピファーシュ・シュリューター (Pfirsch-Schlüter) 輸送と呼ばれ,衝突の少ない領域では捕捉粒子がいわゆるバナナ拡散を起こす。

衝突過程による輸送では,イオンの熱拡散係数 χ_i が電子の熱拡散係数 χ_e に比較して $\sim\sqrt{m_i/m_e}$ 程度大きいのが特徴である。従ってこの輸送理論によるとエネルギーの損失はほぼイオンの閉じ込め時間 $\tau_{Ei} \sim a^2/\chi_i$ で決まると考えられる。ここで a はプラズマ小半径である。輸送コードを用いた詳細な実験解析によれば,イオンの熱輸送は新古典理論の値に近いが,電子の熱輸送に関しては,予想される値の100倍程度以上も大きい。また粒子の輸送についても,かなり大きいようである。このように増大した損失を異常輸送と呼ぶ。図4.1.1にAlcatorトカマクで観測された閉じ込め時間と理論値との比較を,ジュール加熱(オーミック加熱)の放電について示す。

放射もエネルギー損失をもたらす。避けることのできないものとして制動輻射や電子サイクロトロン放射があるが,不純物による線スペクトル放射がより重大な問題といえる。

トカマク炉を実現するために,異常輸送の原因を理解することが明らかに有用である。潜在的な要因として不安定性によるものが考えられている。磁気面のトポロジーをこわさない不安定性でも,もし電場揺動があれば,それによる $\mathbf{E}\times\mathbf{B}$ ドリフトで損失を増す。微視的不安定性はそのような揺動の原因として挙げられる。

また,磁場の構造自身を変えてしまうような磁場摂動を含んだ不安定性もある。テアリングモードは,磁気島構造を作り,その変形した磁場に沿ってエネルギーの急速な輸送が起こるため,半径方向への輸送を増加させることになる。たとえば $m=1, m=2$ のテアリングモードのように大きい磁気島を作る場合がこれに当たる。同様なことは細かいスケールでも起こりうる。例えばミクロテアリングモードによる磁気島の生成に起因する場合である。磁気島の構造が重なりあうと,磁場はエルゴード的になる。その結果,磁力線自身が空間的に拡散し,それに沿って急速な輸送が起こるためさらに損失機構が生じる結果となる。

閉じ込め

　異常輸送をもたらす可能性を数えあげればきりがない。またそれがもたらす結果を計算することの技術的な難しさから，今のところ説得性のある理論モデルはない。経験的なスケーリング則によるエネルギー閉じ込め時間がより信頼されており，この経験則からトカマク炉での必要なパラメータが評価されている。表4.1.1にはトカマクのオーミック加熱時の例を示すが，データセットの選び方の違いで，経験則も変わる。

【表4.1.1】 トカマクのオーミック加熱時の電子のエネルギー閉じ込め時間の経験則。
$\bar{n}$ は平均電子密度，a と R は小半径と大半径，q_a はエッジの安定係数。

スケーリング則	$\tau_E(s)$
Intor	$5 \times 10^{-21} \bar{n} a^2$
Merezhkin–Mukhovatov	$3.5 \times 10^{-21} \bar{n} a^{0.25} R^{2.75} T(\text{eV})^{-0.5} q_a$
Goldston	$1.0 \times 10^{-21} \bar{n} a^{1.04} R^{2.04} q_a^{0.5}$

(Liewer, P. C. *Nuclear Fusion* 25, 543 (1985), Merezhkin, V. G. and Mukhovatov V. S. *Pisma Zhurnal Experimentalnoi i Teoreticheskoi Fiziki* 33, 463 (1981) [*Soviet Physics J.E.T.P. Letters* 33, 446 (1981) and Goldston, R. J. *Plasma Physics and Controlled Fusion* 26, 87 (1984).)

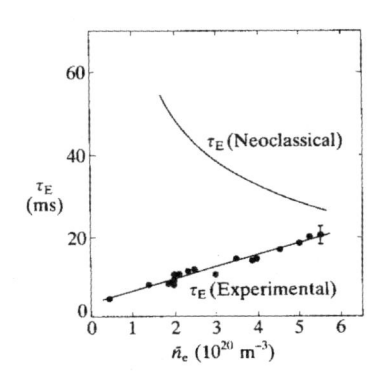

【図4.1.1】
アルカトールのオーミック加熱時に観測された閉じ込め時間と新古典理論値との比較

4.2 新古典輸送

　衝突を介在して起こるトカマクの輸送はトロイダル効果に依存する。トロイダル配位では，粒子や熱フラックスは円柱配位におけるものよりかなり大きい。この2つを区別するために，円柱における輸送を古典輸送と呼び，トーラスにおけるものを新古典輸送と呼ぶ。まず主題の導入部として古典輸送について考えるのが適切であろう。

　流体近似の極限では，プラズマの輸送は単純化されたオームの法則

$$\mathbf{E} + \mathbf{v} \times \mathbf{B} = \eta \mathbf{j} \qquad 4.2.1$$

と圧力のバランス方程式

$$\mathbf{j} \times \mathbf{B} = \nabla p \qquad 4.2.2$$

から計算される。
4.2.1式と $\mathbf{B}$ のベクトル積を取り，4.2.2式を使うとプラズマの磁力線を横切る流れ

$$\mathbf{v}_\perp = -\eta \frac{\nabla p}{B^2} + \frac{\mathbf{E} \times \mathbf{B}}{B^2} \qquad 4.2.3$$

が得られる。最初の項は衝突による輸送であり，第2項は，2章3節で述べられた粒子の $\mathbf{E} \times \mathbf{B}$ ドリフトである。温度が一定の場合，衝突による流束は，

$$n\,\mathbf{v}_\perp = -\frac{\eta \beta}{2\mu_0} \nabla n \qquad 4.2.4$$

で与えられ，拡散係数 D は $\eta \beta / 2\mu_0$ となる。ここで $\beta = p/(B^2/2\mu_0)$ 。

　勿論，拡散を酔歩としてとらえることも可能で，その時には歩幅が電子のラーマー半径 ρ_e であり，そのステップ時間は電子の衝突時間 τ_e であるので，拡散係数は

$$D \sim \frac{\rho_e^2}{\tau_e}$$

となる。
2章10節からわかるように $\eta \sim m_e/ne^2\tau_e$，$\beta \sim nm_e v_{Te}^2/(B^2/\mu_0)$ で $\rho_e \sim m_e v_{Te}/eB$ であるので，この表式は4.2.4式の流体近似の極限と等しい。

閉じ込め

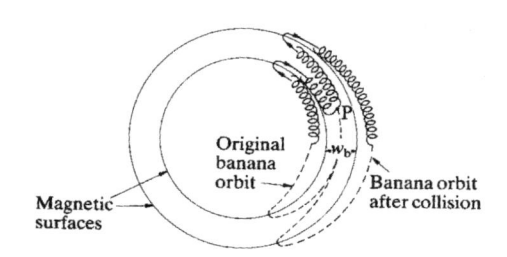

【図4.2.1】
図には点 P における衝突がいかに捕捉粒子の軌道をずらすか, バナナ幅 w_b とともに示してある。

さて, 新古典輸送に移ろう。これは次の節でも更に論ずるが, 粒子と熱の輸送が相当増大する。たとえば, 4.2.3式で与えられる粒子の流束は $(1+2q^2)$ 倍となる。q は安全係数である。抵抗性 MHD 理論によれば, この増大は4.2.3式の $\mathbf{E}\times\mathbf{B}$ の項にあらわれるポロイダル方向の電場の効果から生じる。

粒子的な描像では, 新古典効果による輸送の増大は酔歩の評価において歩幅が増加する結果生じる。つまり, トロイダル配位では, 磁気面を横切って動く距離がラーマー半径より大きくなるからである。
衝突過程では, 衝突頻度に応じて3つの領域にわけられる。

(i) **衝突領域, ピファーシュ・シュリューター** (Pfirsch-Schlüter) **領域**; ここでは粒子はコネクション長（つまりトーラスの内側と外側との磁力線に沿った長さで qR）だけ進む前に衝突してしまう。

(ii) **バナナ領域**; 無衝突に近く, 捕捉粒子は衝突する前に反射軌道を完結してしまう。
バナナ軌道に対する衝突の効果は図4.2.1にある。

(iii) **プラトー領域**と呼ばれるもの; 衝突頻度は(i)と(ii)の中間に位置する。

ピファーシュ・シュリューター領域は抵抗型 MHD 方程式を使って考えられるが, バナナ領域, プラトー領域では運動論的方程式が必要である。

全領域で, 粒子の流束は電子の輸送によって制限される。よって電子の粒子拡散係数 D と熱拡散係数 χ_e は同じオーダーである。一方, イオンの熱拡散係数 χ_i はずっと大きい。イオンの軌道から, ステップサイズは電子より $\sqrt{m_\mathrm{i}/m_\mathrm{e}}$ だけ大きく, またステップ時間（衝突時間）も $\sqrt{m_\mathrm{i}/m_\mathrm{e}}$ だけ長い。これらから,

$$\chi_\mathrm{i} \sim \left(\frac{m_\mathrm{i}}{m_\mathrm{e}}\right)^{1/2} \chi_\mathrm{e}, \quad \chi_\mathrm{e} \sim D$$

が言える。実際, プラズマ中の輸送はもっと複雑で, 多くの'非対角効果'がある。4つの力（密度勾配, イオンと電子の温度勾配, トロイダル電場）に対応して, 4つの流れ（粒子流束, イオンと電子のエネルギー流束, 平行電流）があり, 計16の輸送係数がある。オンサーガーの相反定理より, 独立な10の係数があるわけである。

4.3 ピファーシュ・シュリューター輸送

　衝突頻度の高い領域では，平均自由行程がトーラスの内側と外側とを結ぶ磁力線に沿っての結合長より短く，流体的な記述が適当である．抵抗性 MHD モデルからは，4.2.3式にあるように磁力線を横切った流れが導かれる．また $\mathbf{E}\times\mathbf{B}$ の速度から古典値と比較したピファーシュ・シュリューター増大率が生じる．この流れは対流型である．磁気面平均したものをピファーシュ・シュリューター拡散と呼ぶ．大アスペクト比のトカマクで円形断面の磁気面を考え，磁気面の素片は $(R_0 + r\cos\theta) r\,d\theta\,d\phi$ であり，半径方向の平均速度は，

$$v = \frac{1}{2\pi}\oint d\theta \left(1 + \frac{r}{R_0}\cos\theta\right)\left(\frac{\mathbf{E}\times\mathbf{B}}{B^2} - \eta_\perp \frac{\nabla p}{B^2}\right)_r \qquad 4.3.1$$

となる．ここで，誘導効果は無視するとして，電場をポテンシャル Φ で表現しておこう．オームの法則の平行成分より Φ に関する方程式として次式を得る．

$$-\frac{B_\theta}{r}\frac{\partial \Phi}{\partial \theta} = \eta_{//} j_{//} B \qquad 4.3.2$$

平行方向の電流 $j_{//}$ は，電荷の連続の式 $\nabla\cdot\mathbf{j}=0$ より計算できる．$\mathbf{j}$ を次のように書くと，

$$\mathbf{j} = j_{//}\frac{\mathbf{B}}{B} + \mathbf{j}_\perp$$

$\mathbf{j}_\perp$ は圧力のバランスから求まり，

$$\mathbf{j}_\perp = \frac{\mathbf{B}\times\nabla p}{B^2}$$

となる．一方，$j_{//}$ については $\nabla\cdot\mathbf{j}=0$ が成り立つので $\mathbf{j}_\perp$ が求まれば

$$\frac{B_\theta}{r}\frac{\partial}{\partial \theta}\left(\frac{j_{//}}{B}\right) = -\frac{B_{\phi 0}}{B_{\theta 0}}\frac{dp}{dr}\frac{B_\theta}{r}\frac{\partial}{\partial \theta}\left(\frac{1}{B^2}\right)$$

によって定まる．ここで $B_\phi = B_{\phi 0}(r)/(1 + r/R_0 \cos\theta)$ と $\nabla\cdot\mathbf{B}=0$ を使うと，

$$j_{//} = -\frac{B_{\phi 0}}{B_{\theta 0}}\frac{dp}{dr}\frac{1}{B} + K(r) B$$

と求まる．積分定数 $K(r)$ は4.3.2式の Φ が1価関数である条件から決まる．すなわち

$$\oint d\theta \frac{j_{//} B}{B_\theta} = 0$$

閉じ込め

が成立しなければならない。これから$K(r)$が定まり、いわゆるピファーシュ・シュリューター電流

$$j_{//} = -\frac{B_{\phi 0}}{B_{\theta 0}}\frac{\mathrm{d}p}{\mathrm{d}r}\left(\frac{1}{B} - B\oint \mathrm{d}\theta/B_\theta \Big/ \oint \mathrm{d}\theta B^2/B_\theta\right) \qquad 4.3.3$$

が得られる。4.3.1式は次のようにも書ける。

$$v = -\frac{B_{\phi 0}}{2\pi r}\oint \frac{\mathrm{d}\theta}{B^2}\frac{\partial \Phi}{\partial \theta} - \frac{\eta_\perp}{B_{\phi 0}^2}\frac{\mathrm{d}p}{\mathrm{d}r}$$

$\partial \Phi/\partial \theta$ を4.3.2式で書き、$j_{//}$ を4.3.3式で書くと、

$$v = -\frac{\eta_\perp}{B_{\phi 0}^2}\frac{\mathrm{d}p}{\mathrm{d}r}\left[1 + \frac{\eta_{//}}{\eta_\perp}\frac{B_{\phi 0}^4}{B_{\theta 0}^2}\frac{1}{2\pi}\left(\oint \mathrm{d}\theta/B_\theta B^2 - \left(\oint \mathrm{d}\theta/B_\theta\right)^2 \Big/ \oint \mathrm{d}\theta B^2/B_\theta\right)\right]$$

が得られる。大アスペクト比のトカマクで $\beta \sim \varepsilon^2$ (低ベータオーダリング) を仮定すると (ε は逆アスペクト比 r/R),

$$v = -\frac{\eta_\perp}{B_{\phi 0}^2}\frac{\mathrm{d}p}{\mathrm{d}r}\left(1 + \frac{2\eta_{//}}{\eta_\perp}q^2\right)$$

と評価できる。q は安全係数である。括弧内の第1項は、古典的拡散係数 $D^c = \eta p/B_{\phi 0}^2$ に対応し、第2項は、ピファーシュ・シュリューターの寄与 $D = 2\eta_{//}q^2p/B_{\phi 0}^2$ である。これは、トロイダル曲率に起因し、平行方向の抵抗値に関係していることがわかる。もし、誘導電場 E_ϕ がある場合には、v に対して付加項 $-E_\phi B_\theta/B^2$ があらわれる。また、オームの法則に熱による力が含まれれば $\mathrm{d}T/\mathrm{d}r$ に比例した別の付加項もあらわれる。

熱の輸送に関しても同類の効果がある。この場合は、ブラジンスキーの 2流体方程式の有限ラーマー効果による熱流束からピファーシュ・シュリューター型の増大が生じる。もし半径方向に温度勾配があれば、これは磁気面の中での温度の変化を誘起する。この付加的な温度勾配が同じ有限ラーマー半径による熱流束の項を通じて、付加的な径方向の熱流束をもたらす。そして熱拡散として、次式を得る。

$$\chi_{\perp j}^{PS} = \chi_{\perp j}^{c}(1 + \alpha_j q^2)$$

ここで、$\alpha_i = 1.6$、$\alpha_e = 0.7$ であり、$\chi_{\perp i}^c = \dfrac{2T_i}{m_i \omega_{ci}^2 \tau_i}$ および $\chi_{\perp e}^c = \dfrac{4.7T_e}{m_e \omega_{ce}^2 \tau_e}$ である。従って両者の関係は $\chi_{\perp i}^{PS} \sim (m_i/m_e)^{1/2}\chi_{\perp e}^{PS}$ となる。

4.4 バナナ領域の輸送

バナナ領域とは，一番衝突頻度の少ない領域で，$\nu < \varepsilon^{3/2} v_T / Rq$ である．速度空間におけるクーロン衝突による拡散から言えることは，$v_{//} \sim \varepsilon^{1/2} v_T$ の粒子が捕捉から脱離する実効的周波数は $\nu_{\text{eff}} = \nu / \varepsilon$ である（ν は 90° 散乱の衝突周波数）．バナナ領域は $\nu_{\text{eff}} < \omega_b$ で規定される（捕捉粒子のバウンス周波数は $\omega_b \sim \varepsilon^{1/2} v_T / Rq$）．その条件のとき捕捉された粒子は脱離するまで，そのバナナ軌道を一周する．

輸送の概略の評価は，捕捉粒子の酔歩により与えられている．粒子のラーマー半径が ρ とするとバナナ軌道の幅は $w_b \sim \varepsilon^{-1/2} q\rho$ で，これが酔歩幅となる．捕捉粒子が周回粒子に変わる頻度でこのステップを動く．捕捉粒子の割合は $\varepsilon^{1/2}$ であるから，輸送係数は

$$D^B \sim \varepsilon^{1/2} \nu_{\text{eff}} w_b^2 \sim \varepsilon^{-3/2} q^2 \nu \rho^2$$

となる．D^{PS} より $\varepsilon^{-3/2}$ だけ大きくなっている．詳細な結果を得るためには，粒子の旋回中心の分布関数 f に対するドリフト運動論的フォッカー・プランク方程式を解く．j 種の粒子に対してその方程式は

$$\frac{v_{//}}{B} \mathbf{B} \cdot \nabla f + \mathbf{v}_{dj} \cdot \nabla \psi \frac{\partial F_M}{\partial \psi} + e_j \frac{\mathbf{E} \cdot \mathbf{B}}{B} v_{//} \frac{\partial F_M}{\partial W} = C(f) \qquad 4.4.1$$

と書ける．F_M はエネルギー $W = \frac{1}{2} mv^2$ を変数としたマックスウェル分布を示す．密度や温度は，磁気面（ポロイダル磁束）$\psi = $ 一定の上で一定である．$C(f)$ はクーロン衝突項で，また軸対称な磁場の勾配や曲率に起因するドリフトは，次式で与えられる．

$$\mathbf{v}_{dj} \cdot \nabla \psi = \frac{m_j}{e_j} I \frac{v_{//}}{B} \mathbf{B} \cdot \nabla \left(\frac{v_{//}}{B} \right), \quad I(\psi) = RB_\phi \qquad 4.4.2$$

4.4.1式と4.4.2式を使って，粒子流束を磁気面上で積分することができ，

$$\Gamma = -\oint \frac{\mathrm{d}S}{|\nabla \psi|} \left[\frac{m_j}{e_j B} \int \mathrm{d}^3 v \, v_{//} C(f) + n_j \frac{\mathbf{E} \cdot \mathbf{B}}{B^2} \right] \qquad 4.4.3$$

の形となる．衝突に伴う運動量の保存則から，粒子の拡散を起こし得るのは別種の粒子との衝突であることがわかり，また拡散も自動的に両極性となる．

4.4.1式 - 4.4.3式はどの衝突領域でも使える式である．バナナ領域における4.4.1式の解は，弱い衝突及び平行電場に関する展開で求まる．4.4.2式をつかって，4.4.1式を磁力線に沿った長さ l について積分すると，0次では，

$$f^{(0)} = -\frac{m_j}{e_j} \frac{v_{//}}{B} I \frac{\partial F_M}{\partial \psi} + g^{(0)}(\psi, W, \mu, \sigma) \qquad 4.4.4$$

閉じ込め

を得る。ここで $g^{(0)}$ は、l に関係しない量で、$\mu = mv_\perp^2/2B$ は磁気モーメント、また $\sigma = \text{sign}(v_{//})$ である。次のオーダーは次式を与える。

$$\frac{v_{//}}{B} \mathbf{B} \cdot \nabla g^{(1)} + e_j \frac{\mathbf{E} \cdot \mathbf{B}}{B} v_{//} \frac{\partial F_M}{\partial W} = C(f^{(0)}) \qquad 4.4.5$$

捕捉粒子に対する分布関数 $g^{(1)}$ に対しては反射点の間のバウンス運動の周期性を示さなければならない。一方周回している粒子に対する分布関数は磁力線上を自由に巡回するので、ポロイダル角に対する周期性がなければならない。これらの条件は4.4.5式が $g^{(1)}$ に対して可解であるために必要な $g^{(0)}$ への拘束条件となる。その拘束条件は以下のような形式で与えられる。

$$\int \frac{dl}{|v_{//}|} \left\{ C\left[-\frac{m_j v_{//}}{e_j B} I \frac{\partial F_M}{\partial \psi} + g^{(0)} \right] - e_j v_{//} \frac{\mathbf{E} \cdot \mathbf{B}}{B} \frac{\partial F_M}{\partial W} \right\} = 0 \qquad 4.4.6$$

ここで磁力線に沿った積分は、周回している粒子に対しては、ポロイダル角全周分、また捕捉粒子に対しては反射点の間を積分し、速度の流れ符号 σ に対し和をとる。ここで、$g(\sigma=+1) = g(\sigma=-1)$ である。4.4.6式は $g^{(0)}$ の速度空間の依存性を決める方程式である。これが解かれると、$f^{(0)}$（4.4.4式）が決まり、その $f^{(0)}$ を4.4.3式に代入すると Γ が求まる。

捕捉粒子の数が少ない極限では、解 $g^{(0)}$ に対して変分原理が使える。それは $f^{(0)}$ が捕捉粒子のいる領域のピッチ角の所に局在しているという時である。その時の粒子束 Γ 及び熱流束 q_j は、

$$\Gamma = \frac{\varepsilon^{-3/2} q^2 \rho_e^2 n}{\tau_e} \left[-1.12 \left(1 + \frac{T_i}{T_e}\right) \frac{1}{n} \frac{dn}{dr} + \frac{0.43}{T_e} \frac{dT_e}{dr} + \frac{0.19}{T_e} \frac{dT_i}{dr} \right] - \frac{2.44 \varepsilon^{1/2} n E_{//}}{B_\theta},$$

$$q_e = \frac{\varepsilon^{-3/2} q^2 \rho_e^2 n T_e}{\tau_e} \left[1.53 \left(1 + \frac{T_i}{T_e}\right) \frac{1}{n} \frac{dn}{dr} - \frac{1.81}{T_e} \frac{dT_e}{dr} - \frac{0.27}{T_e} \frac{dT_i}{dr} \right] + \frac{1.75 \varepsilon^{1/2} n T_e E_{//}}{B_\theta},$$

$$q_i = -0.68 \frac{\varepsilon^{-3/2} q^2 \rho_i^2}{\tau_e} n \frac{dT_i}{dr}, \qquad 4.4.7$$

となる。ここで、逆アスペクト比 $\varepsilon = r/R \ll 1$ とし、q は安全係数である。τ_j は2章9節のものを使い、$\rho_j = (2m_j T_j)^{1/2}/e_j B$ である。

4.5 プラトー領域の輸送

図4.5.1に，拡散係数の衝突頻度による変化を，大アスペクト比の極限 $\varepsilon = r/R \ll 1$ でピファーシュ・シュリューター領域からバナナ領域まで示してある．その間に，

$$\varepsilon^{3/2} v_T / Rq < \nu < v_T / Rq \qquad 4.5.1$$

の衝突周波数帯のギャップがある．この領域における拡散は，ゆっくり周回する粒子の輸送が最も大きな寄与を持つ．これらの粒子は，$v_{//}$ が小さく，$\Delta v_{//} \sim v_{//}$ 程度の小さい角度の散乱をトーラスを1周する間にうける．クーロン衝突は速度空間における拡散であることを考慮すると，典型的な $v_{//}$ の値が求まる．実効的衝突周波数と粒子のトーラスを周回する周波数が同じ程度，$\nu (v_T / v_{//})^2 \sim v_{//} Rq$ であるとすればよい．そのようないわゆる共鳴速度は，

$$v_{//} / v_T \sim (\nu Rq / v_T)^{1/3} \qquad 4.5.2$$

で与えられる．衝突周波数領域はバナナ領域からピファーシュ・シュリューター領域まで領域 4.5.1におよぶので，この速度は捕捉領域 $v_{//} \sim \varepsilon^{1/2} v_T$ から $v_{//} \sim v_T$ へと変化する．対応する拡散の概略の評価は，この共鳴速度なるものを持った粒子が，磁気ドリフトをすることにより，半径方向に $\delta \sim v_d \tau$ だけの長さを通過時間 $\tau \sim Rq / v_{//}$ で移るとすればよい．粒子はそのような過程のうちに衝突を受けるので，これは酔歩による典型的な幅となる．共鳴粒子の占める割合は $\sim v_{//}/v_T$ 程度であるから，拡散係数は

$$D^P \sim \frac{v_{//}}{v_T} v_d^2 \frac{Rq}{v_{//}} \sim \frac{v_T q}{R} \rho^2$$

となる．これがプラトー拡散係数である．これは衝突周波数に依存しない量で，バナナ領域やピファーシュ・シュリューターの結果と，ある衝突周波数でつながることになる．大アスペクト比のトカマクで，この共鳴粒子に対する運動論的方程式は，

$$\frac{v_{//}}{qR} \frac{\partial f}{\partial \theta} + \frac{(v_{//}^2 + v_\perp^2 / 2)}{\omega_c R} \sin\theta \frac{\partial F_M}{\partial r} = \nu \frac{v^2}{2} \frac{\partial^2 f}{\partial v_{//}^2}$$

と書ける．ここで，フォッカー・プランク衝突項は，小さな $v_{//}$ に対して適当なピッチ角散乱からの寄与により近似される．この解は，

$$f(v_{//}, v_\perp, \theta) = \frac{q}{\omega_c} \frac{\partial F_M}{\partial r} v^2 \int_0^\infty dt \sin(v_{//} t - \theta) \exp\left(-\frac{Rq\nu^2 t^3}{6}\right)$$

半径方向の磁気ドリフト v_{dr} に起因する半径方向の流束 $\Gamma = r \int v_{dr} f d^3v \, d\theta$ は，この分布関数を用いて直接計算できる．4.5.2式を満足する粒子が真に大きい寄与を示す．

閉じ込め

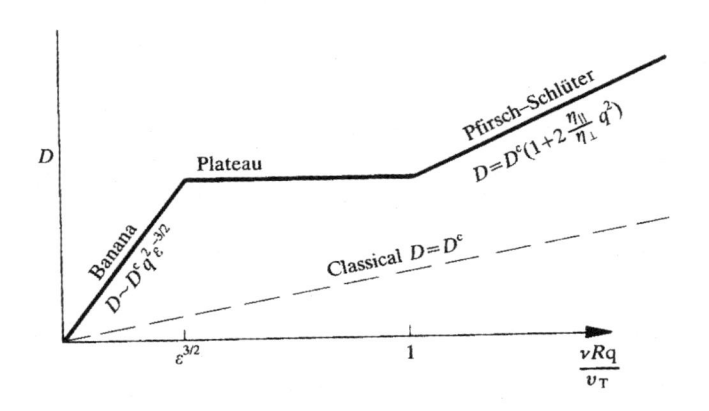

【図4.5.1】 衝突周波数に対しての拡散係数の変化

詳しい計算によれば, 粒子の流束は,

$$\Gamma = -\frac{\sqrt{\pi}}{2}\varepsilon^2 \frac{T_e}{eB_\theta}\frac{\rho_e n}{r}\left[\left(1+\frac{T_i}{T_e}\right)\frac{1}{n}\frac{dn}{dr}+\frac{3}{2T_e}\frac{dT_e}{dr}+\frac{3}{2T_i}\frac{dT_i}{dr}\right]$$
$$-1.6\sqrt{\pi}\varepsilon^2\frac{v_{Te}\tau_e}{r}\frac{nE_\parallel}{B}, \qquad 4.5.3$$

また, 電子の熱流束は,

$$q_e = -\frac{3}{2}\sqrt{\pi}\varepsilon^2\frac{T_e}{eB_\theta}\frac{\rho_e n T_e}{r}\left[\left(1+\frac{T_i}{T_e}\right)\frac{1}{n}\frac{dn}{dr}+\frac{5}{2T_e}\frac{dT_e}{dr}+\frac{3}{2T_e}\frac{dT_i}{dr}\right]-5.9\sqrt{\pi}\varepsilon^2\frac{v_{Te}\tau_e}{r}\frac{nT_e E_\parallel}{B},$$

イオンの熱流束は,

$$q_i = -\frac{3}{2}\sqrt{\pi}\varepsilon^2\frac{T_i}{eB_\theta}\frac{\rho_i}{r}n\frac{dT_i}{dr}$$

となる.

$$\rho_i \sim (m_i/m_e)^{1/2}\rho_e$$

であるので q_i は q_e より $\sqrt{m_i/m_e}$ だけ大きい.

4.6 ウェアーピンチ，ブートストラップ電流，新古典導電率

4.4.7式と4.5.3式からわかるように，トロイダル方向の電場が粒子の内向きの輸送を引き起こす。これはウェアー（Ware）ピンチ効果と呼ばれる。バナナ領域における結果は，簡単に捕捉粒子のトロイダル方向の正準運動量の保存から得られる。$\mathbf{A}$ を電磁場のベクトルポテンシャルとすると，一般に

$$\frac{d}{dt}(mv_\phi + eA_\phi) = 0$$

が成り立つので，捕捉粒子のバウンス運動に対して平均を取ると次式を得る。

$$\frac{\partial}{\partial t}A_\phi + v_r \frac{\partial A_\phi}{\partial r} = 0$$

これからわかるように半径方向の捕捉粒子の内向きのドリフトは $v_r \sim -E_\phi/B_\theta$ で捕捉粒子の割合は $\varepsilon^{1/2}$ であり $(\varepsilon = r/R)$，流束としては，

$$\Gamma \sim -\varepsilon^{1/2} n E_{//}/B_\theta$$

がバナナ領域で得られる。この効果がウェアーピンチとして知られているものである。プラトー領域では，この効果は v^{-1} で消えていく。

オンサーガーの相反定理より，密度勾配によって誘起される平行方向の電流が存在するはずである。4.4.3式に示される一般的な関係式つまり拡散と電子とイオンの平行の運動量の交換や，摩擦力の関係から，そのような電流の存在が示唆される。ピファーシュ・シュリューター領域では，ピファーシュ・シュリューター電流に伴う摩擦は，磁気面平均すると 0 となってしまい，それはピファーシュ・シュリューター拡散の特性と符合する。しかし，バナナ領域における拡散の増大に関与する付加的な摩擦は，1つの方向を持ったトロイダル電流成分の存在を示唆する。これは，ブートストラップ電流，もしくは拡散誘起型電流と呼ばれる。このような電流は，与えられた電場に対して流れる電流とは独立に存在しうる。この電流の由来は，トロイダル磁場を横切る定常な拡散が電流を作り，それがトカマクのポロイダル磁場を作るので，電場の手助けが要らないというので，ブートストラップ（bootstrap）電流という名がついた。

ブートストラップ電流の概略の説明をしよう。捕捉粒子の割合は，$\varepsilon^{1/2}$ で，典型的な平行方向の速度は $\varepsilon^{1/2} v_T$ 程度である。バナナ軌道を幅 $w_b \sim \varepsilon^{1/2} q\rho$ で動き，密度勾配 (dn/dr) があれば，それらは電流を流す。

$$j_T \sim -e\varepsilon^{1/2}(\varepsilon^{1/2} v_T) w_b \frac{dn}{dr} \sim -q\frac{\varepsilon^{1/2}}{B} T \frac{dn}{dr}$$

閉じ込め

　非捕捉（通過）電子の平衡速度は，捕捉電子や，静止したイオンとの運動量交換のバランスで決まる。捕捉粒子は速度空間のある限られた所に存在するので，通過電子との衝突は ν_{ee} を電子－電子の 90° 散乱の衝突周波数とすると実効的に ν_{ee}/ε となる。ここで電子・イオン衝突による散乱の周波数を ν_{ei} とすると，通過電子の運ぶ電流は，次のように評価できる。

$$j_p \sim \frac{\nu_{ee}}{\varepsilon \nu_{ei}} j_T \sim -\frac{\varepsilon^{1/2}}{B_\theta} T \frac{dn}{dr} \qquad 4.6.1$$

これがバナナ領域におけるブートストラップ電流である。

　一様なプラズマの場合，磁力線に沿ったプラズマの電気導電率は，スピッツァーによって与えられており，$\sigma_{Sp} = 1.96\, ne^2 \tau_e / m_e$ である。しかしながら捕捉粒子は，与えられた電場に対して磁力線に沿った自由運動をすることができない。捕捉粒子は，電流値を下げることになる。バナナ領域では，電気伝導率は，$\sigma = \sigma_{Sp} f(\varepsilon)$ となる。$f(\varepsilon)$ の割合を図 4.6.1 に示す。電気導電率は近似式

$$\sigma = \sigma_{Sp}(1-\varepsilon^{1/2})^2$$

によりうまく表現される。電気導電率は小半径方向に σ_{Sp} と ε の変化（$\varepsilon = r/R$）を通じ変化する。

　この結果とブートストラップ電流は，バナナ領域における新古典電流の表式（平行方向）に含まれている。$O(\varepsilon^{1/2})$ のオーダーまで正しい表式は次式で与えられる。

$$j_{//} = \sigma_{Sp}(1-1.95\varepsilon^{1/2})E_{//} - \frac{\varepsilon^{1/2} nT}{B_\theta}\left[2.44\left(1+\frac{T_i}{T_e}\right)\frac{1}{n}\frac{dn}{dr} + \frac{0.69}{T_e}\frac{dT_e}{dr} - \frac{0.42}{T_e}\frac{dT_i}{dr}\right]$$

プラトー領域では捕捉粒子の効果は ν^{-1} で消えていき，ピファーシュ・シュリューター領域では無視できる程小さくなる。

　これらの効果についての実験的な裏付けはほとんどない。実験で観測される内向きの流れの速度は，ウェアー効果で予測される値よりずっと大きい。ブートストラップ電流が観測されたという報告もあるが，まだ不確定要素が多い。抵抗値については，新古典値と矛盾がないという実験事実があるが，決定的ではない。[訳注: 2001年の現在では，ブートストラップ電流や抵抗値は新古典論の値に近いとの確証が得られている。補遺を参照。]

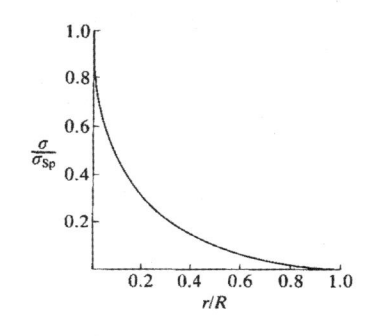

【図 4.6.1】
　電気導電率の値をスピッツァー値と比べて，その比を r/R の関数として示す。

4.7 リップルによる輸送

トカマクのトロイダル磁場を作るコイルの数 N が有限個であるため,閉じ込め装置としての完全な軸対称性は失われており,そのため衝突による輸送特性を大きく変化させる。トロイダルコイルによって磁力線がトーラスを1周するのにともない,磁場の強度にリップルと呼ばれる短波長の変化が生み出される。磁場は次式で与えられ,その結果生じた磁気井戸が図4.7.1に示されている。

$$B = B_0(1 - \delta(r, \theta) \cos N\phi - \varepsilon \cos \theta)$$

典型的な井戸の深さは,オーダーとして $O(\delta)$ であるが, $\phi = q\theta + \phi_0$ で与えられる磁力線に沿って,井戸は $\alpha|\sin\theta| > 1$ を満たす角度 θ で消える。ここで $\alpha = \varepsilon/Nq\delta$ 。この条件は $\alpha > 1$ の時に成立する。

この B の変化は2つの結果をまねく。(i) $v_\parallel \lesssim \delta^{1/2} v_T$ の粒子はこの新しい井戸により捕捉される。(ii) バナナ型捕捉粒子の軌道は大きく変わる。両方とも衝突による輸送を増大させる。**リップル捕捉による輸送**は前者の例であり,**リップルプラトー輸送**と**バナナドリフト輸送**が後者の例である。これらの効果は, $\delta \sim 1\%$ 位になると大きくなり,特に高エネルギー粒子への効果は重要である。

リップル捕捉輸送

リップルの井戸に捕捉された粒子は垂直方向に, $v_d \sim \rho v / R$ の速度でドリフトする。このドリフトはトロイダル磁場の勾配によるもので v は粒子の速度である。このドリフトは衝突によって井戸から粒子がはじき飛ばされるまで続く。すなわち時間として $\Delta \tau \sim \delta / \nu$ 程度である。従って半径方向の歩幅は $\Delta r \sim v_d \Delta \tau \sim \rho v \delta / R\nu$ となる。リップルに捕捉された粒子の割合は $\delta^{1/2}$ であるから,この過程に対する拡散係数は次式のように評価される。

$$D \sim \delta^{1/2} \left(\frac{\rho v \delta}{R\nu}\right)^2 \frac{\nu}{\delta} \sim \frac{\delta^{3/2} \rho^2 v^2}{R^2 \nu} \qquad 4.7.1$$

この式からわかるように電子よりイオンの損失が大きい。実際には,径方向の両極性電場が生じ,イオンの粒子拡散を減少させるように働くが,4.7.1式は χ_i の評価には有効である。この拡散は, $\nu > v_d \delta / a$ の衝突周波数帯に限定される。さらに ν が低くなると,プラズマ粒子が衝突する前にドリフトしてプラズマから外に逃げてしまい,拡散というよりは速度空間中にロスコーンを作ってしまう。この制約は D に対してエネルギーの大きい粒子からの寄与が多くなってくるとより顕著になる。この条件はそれらの粒子(たとえば5T程度のエネルギーをもつ粒子)に対しても満足する必要がある。また,図4.7.1からわかるように実効的なリップルの深さは, $\alpha > 1$ の時にずっと浅くなり,4.7.1式により D は減少することがわかる。それにもかかわらず,この損失機構は,しばしば軸対称トーラスのバナナ損失に比較して重要となりうるのである。

閉じ込め

リップルプラトー輸送

　軸対称性の欠如は, 閉じたバナナ軌道もまた変化させる。リップル磁場は, 全軌道を通じて $v_{//}$ の変化を与えるが, 特に反射点近傍における滞在時間も変化させることが重要である。最後のリップル井戸を超えた後, 反射点手前に滞在する時間の変化は, $\Delta \tau \sim (2\pi R / N)(\Delta v_{//} / v_{//}^2)$ で, この井戸にいる時の典型的な $v_{//}$ の値は $v_{//} \sim (\varepsilon/Nq)^{1/2} v$ であり, その変化は $\Delta v_{//} \sim v^2 \delta / v_{//}$ である。よって $\Delta \tau \sim (2\pi R \delta / Nv) \times (Nq/\varepsilon)^{3/2}$ となる。この結果バナナをバウンスする時間は, 反射点とリップル井戸との位相関係により長くなったり短くなったりするため, トロイダルドリフトによる半径方向の歩幅 $\Delta r \sim (\rho v / R) \Delta \tau$ が生じる。衝突が頻繁に起こる場合には, すなわち $v > \varepsilon^{3/2} v_T / (Rq(Nq)^2)$ の場合, 衝突によって粒子の磁気モーメントが変化するであろう。その結果, 1周する間に反射点におけるリップル井戸の位相は, ランダム化されてしまう。よって Δr は酔歩と考えてよい。バナナ粒子の割合は, $\sim \varepsilon^{1/2}$ でこれらの酔歩の頻度は $\varepsilon^{1/2} v / Rq$ であるので, 拡散係数の評価としては,

$$D \sim \varepsilon^{1/2} (\varepsilon^{1/2} v / Rq)(\rho v \Delta \tau / R)^2 \sim (\rho^2 v / R)(\delta^2 q^2 N / \varepsilon^2) \qquad 4.7.2$$

が与えられる。見てわかる通り, この式は v に依存しないので, リップルプラトー輸送と呼ばれる。

バナナドリフト輸送

　衝突頻度が低い時 (もしくは高エネルギー粒子にとって) 前パラグラフで出たステップ Δr は, 反射ごとにランダムにならず互いに相関が生じる。酔歩ではなく, 閉じた軌道が存在する。しかし, それはバナナ軌道に比べ大きく磁気面から離れてしまう。この大きな歩幅がバナナドリフト拡散と呼ばれる衝突周波数に比例する拡散係数となる。その値はバナナ拡散係数より大きい。

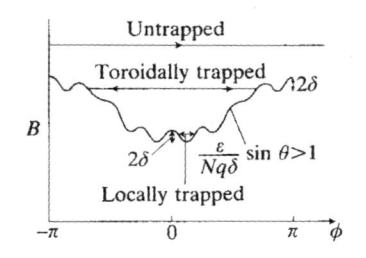

【図4.7.1】
リップルのあるトカマクの磁力線に沿っての磁場の強さの変化。これによって捕捉粒子の種が出る。

4.8 不純物輸送

不純物の輸送は新古典過程と異常輸送過程の両面から考えなければならない。というのも，実験的に両方の効果が明らかにされているから。

不純物輸送の新古典理論は，多数の種類の粒子があると一層複雑になるにもかかわらず，かなり発展した理論である。ここでは簡単のために1つの荷電準位を持った1種類の不純物イオンについて限定して考えよう。

不純物粒子の新古典輸送で特筆すべきことは，4.4.3式の関係，つまり粒子束と運動量の交換から導かれる。イオンと不純物との衝突周波数は，イオンと電子との衝突周波数よりずっと高いので，より大きな不純物フラックスと反対向きのイオンフラックスが作り出される。これにより摩擦力が消失するまで不純物の密度分布が変化する。その条件は次式で与えられる。

$$\frac{1}{n_Z}\frac{dn_Z}{dr} = \frac{Z}{n_i}\frac{dn_i}{dr} + \frac{\alpha}{T}\frac{dT}{dr} \qquad 4.8.1$$

ここで n_Z は電荷 Z の不純物の密度，n_i はプラズマのイオン密度，α は熱勾配力の詳細に依存する係数である。もし熱勾配力がない場合には，4.8.1式からわかるように不純物は磁気軸に向かって蓄積し，次の関係を満たす。

$$\frac{n_Z(r)}{n_Z(0)} = \left(\frac{n_i(r)}{n_i(0)}\right)^Z$$

この関係は，潜在的に重大な問題を含んでいる。まず，不純物による放射損失であり，次には融合反応によるヘリウム'灰'の除去に関してである。しかし，もし4.8.1式からわかるように，係数 α が負であれば問題は軽減され得る。この効果を温度スクリーニングと言う。α の符号は，プラズマのイオンや不純物の両方の衝突領域に依存する。

不純物イオンはプラズマイオンより重いことが多く，また，高い電離状態にあり，その多くはピファーシュ・シュリューター領域にいる。よって不純物イオンに対しては，一般的にはバナナプラトーの寄与はない。所謂，運動量の詳細バランスの原理から，バナナプラトーとピファーシュ・シュリューターからの粒子輸送の寄与は別々に両極性となる。このことから不純物との衝突に起因するプラズマイオンの輸送は，不純物がピファーシュ・シュリューター領域で決まることにより，ピファーシュ・シュリューター領域のものになる。しかしピファーシュ・シュリューター領域を領域分割して考える必要がある。

閉じ込め

まず第1にあらわれるのは，**中間**ピファーシュ・シュリューター領域と呼ばれるもので，衝突が少なくプラズマイオンの分布関数がマックスウェル分布にならない時である。普通これはプラズマイオンがバナナプラトー領域にいる時のみあてはまる。不純物の存在するプラズマでは，プラズマのイオン速度分布が，マックスウェル分布に緩和する時間は，90°散乱する衝突時間より長くかかり，このような状態はピファーシュ・シュリューター領域でも起こりうる。詳細な計算によれば，温度によるスクリーニングはこの中間ピファーシュ・シュリューター領域で起こる。プラズマの周辺部において，衝突が十分起こる場合にはマックスウェル分布が成立し，通常の流体的（ピファーシュ・シュリューター極限の）記述が適切となる。また，温度によるスクリーニングは消える。図 4.8.1には，不純物の半径方向の空間分布をこれらの帰結として示してある。

完全な新古典理論が輸送コードに組み込まれている。そこでは多くの不純物の種類や荷電準位をとり入れ，しかも色々な領域で使えるようになっている。実験的には，このような新古典的様相が現れる状況ではあるが，一般的に不純物もバックグラウンドのイオンと同じように異常輸送を示している。残念ながら，この異常輸送についての適切な理論はない。しかし驚くべきことに，実験的経験式が多くの場合，良く合う。磁気面で平均した半径方向の粒子の流束，Γ_Z は

$$\Gamma_Z = -D \left(\frac{dn_Z}{dr} + 2S \frac{r}{a^2} n_Z \right), \qquad 4.8.2$$

及び

$$D = 0.25 - 0.6 \ \mathrm{m^2 \, s^{-1}}, \qquad S = 0.5 - 2$$

で与えられる。この公式は，ほとんどの輸送コードで使用されている。式からわかるように，拡散係数 D とバックグラウンドのイオンの異常粒子フラックスをモデル化するのに一般的に使用されている内向きの速度を含んでいる。

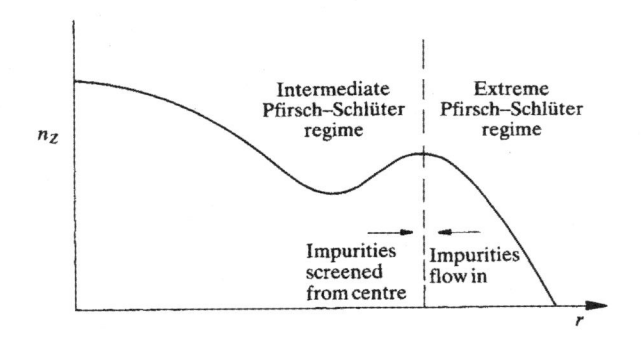

【図4.8.1】
新古典理論による不純物の流れの予測。周辺部に不純物蓄積が起こる。

4.9 放射損失

　純粋な水素プラズマは，電磁波を放出する。微視的に見ると荷電粒子の加速に基づくものである。電子は軽いので加速を受けやすく，イオンより強く放射する。従って電子についてのみ考えれば十分である。

　電子は2つの仕方で加速を受ける。1つは，衝突によるものでこの場合の放射は**制動輻射**と呼ばれる。第2には旋回運動によるもので，放射は**サイクロトロン**または**シンクロトロン**放射と呼ばれる。

　不純物が存在すると，制動輻射は増える。他に原子過程による放射として線スペクトルの放射や再結合によるものなどがあり損失を増やす。これらは4章10節で論じる。

制動輻射

　加速度 a を受ける電子の放射パワーは，

$$P = \frac{e^2}{6\pi\varepsilon_0 c^3} a^2 \qquad 4.9.1$$

で与えられる。衝突の際，電子はイオンからクーロン力 $Ze^2/4\pi\varepsilon_0 r^2$ を受けて加速される。r は電子とイオンの距離で Ze はイオンの荷電。P は r^{-4} に比例するために，近接の衝突によるものが大きい。量子力学の要請により，r は $d \simeq \hbar/mv$ より短く取れない。制動輻射の実効的断面積として $\sigma \simeq \pi d^2$ となる。衝突の継続時間は大体 $2d/\bar{v}$ 程度（$\bar{v}$ は電子の平均速度）である。1回の衝突当たりで電子の失うエネルギーは $\delta E = 2Pd/\bar{v}$ であり

$$\delta E \simeq \frac{Z^2 e^6}{6(2\pi\varepsilon_0 cd)^3 / m_e^2 \bar{v}}$$

となる。荷電 Z のイオンの密度を n_Z とすると実効衝突周波数は $n_Z \sigma \bar{v}$ であるので電子密度 n_e に対する制動輻射パワーは $P_{br} \sim n_e n_Z \sigma \bar{v} \delta E$ となる。ここに $\frac{1}{2}m_e \bar{v}^2 = \frac{3}{2}T_e$ を使い，完全な計算から得られた数値係数を代入すると，Z 荷電をもつイオンによる放射パワーは，

$$P_{br} = g \frac{e^6}{6(3/2)^{1/2}\pi^{3/2}\varepsilon_0^3 c^3 h m_e^{3/2}} Z^2 n_e n_Z T_e^{1/2} \qquad 4.9.2$$

となる。ここで g はガウント係数と呼び量子力学的修正を与える。興味の対象となる条件下において $g \simeq 2\sqrt{3}/\pi$ であり，具体値は

$$P_{br} = 5.35 \times 10^{-37} Z^2 n_e n_Z T_e^{1/2} \quad \text{W m}^{-3}, \quad T_e \text{ は keV 単位}$$

である。

閉じ込め

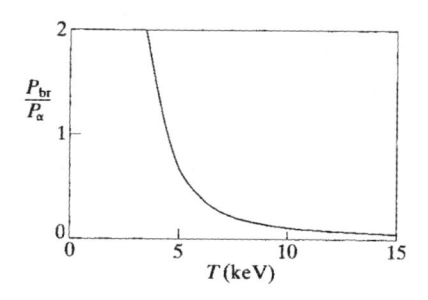

【図4.9.1】
D-Tプラズマにおける生成粒子の核融合出力と制動輻射によるパワー損失との比を示す（$T_e = T_i$の場合）。

図4.9.1は，純粋なD-Tプラズマの場合における制動輻射パワーを，1.5.1式により示されるα粒子エネルギーとして生じた熱核融合パワーに対して，その比を示したものである。これからわかるように，制動輻射による損失は大きいもののD-Tプラズマ自己点火条件の重大な障害とはならない。

サイクロトロン放射

サイクロトロン放射による損失の理論解析は複雑である。つまり磁場もプラズマも不均一であり，その中での高調波の放出と吸収過程がかかわる。しかし基本要素は簡単に記述できる。

非相対論的な1つの電子がサイクロトロン運動によって放出するパワーは，4.9.1式に$a = \omega_{ce}^2 \rho_e$を代入して得られる。$\rho_e = (T_e/m_e)^{1/2}/\omega_{ce}$であるから，

$$P_c = (e^4/3\pi\varepsilon_0 m_e^3 c^3)B^2 n_e T_e$$

が放射密度となる。このパワー損失は非常に大きく炉心条件では $1\,\mathrm{MW\,m^{-3}}$ ともなりうる。しかしこの値はプラズマからの損失量とはならない。プラズマは「光学的に厚い」ことが基本周波数ではわかっている。主たるエネルギー損失は，相対論的効果により生じたサイクロトロン周波数の高調波によるものである。それぞれの高調波のパワーは調波数nの増加とともに$(v_{Te}^2/c^2)^{n-1}$に比例して減少する。しかし基本波のような低い調波は吸収されてしまい，プラズマは，これらの周波数帯に対しては黒体のように振る舞い，レーリー・ジーンズの法則に従って放射する。パワーの損失の大部分は，光学的に厚い所から薄い所へ移る場所で起こり得る。その結果，全体の損失は吸収を考慮しない基本波のパワー損失（上記）に比較して$10^{-2} \sim 10^{-3}$倍程度である。炉心級の条件では，この損失は約$10^{-2}\,\mathrm{MW\,m^{-3}}$程度で無視し得る位小さい。

4.10 不純物放射

プラズマ中に不純物が存在すると，放射という形でエネルギーの損失をもたらす。2つの過程がある。1つは不純物のイオン電荷数がより高くなることによる制動輻射の増大である。2つ目は原子過程によるもので，線放射や再結合による放射である。

定常で輸送による効果が無視し得る時（コロナ平衡と呼ぶ），与えられた不純物からの放射パワーは，電子の密度 n_e，不純物の密度 n_I，に比例し，

$$P_\mathrm{R} = n_\mathrm{e} n_\mathrm{I} R \qquad 4.10.1$$

と書ける。ここで R は電子温度の関数であり，放射パラメータと呼ぶ。いくつかの元素に対して，図4.10.1に $R(T_\mathrm{e})$ のグラフを示してある。

$R(T_\mathrm{e})$ の曲線は主最大値を持ち，より高温側に副次的な極大値がある。軽元素の場合は，主最大値を低温度で取り，それ以上の温度での放射は相当減少する。温度が上昇するにつれ，不純物イオンから電子ははぎ取られていく。そしてイオンが完全電離した場合には，制動輻射のみが残る。炉心の場合，低 Z の原子は完全に電離する。ある温度を考えると，不純物はいろいろな荷電準位を持ち，それが分布を持つ。その平均値 $\bar{Z}$ は，次のように定義できる。

$$\bar{Z} = \Sigma n_Z Z / n_\mathrm{I}$$

ここで $n_\mathrm{I} = \Sigma n_Z$ であり n_Z は，あるイオンの荷電準位 Z にいるイオン密度である。図4.10.1に $\bar{Z}(T_\mathrm{e})$ のグラフも示そう。

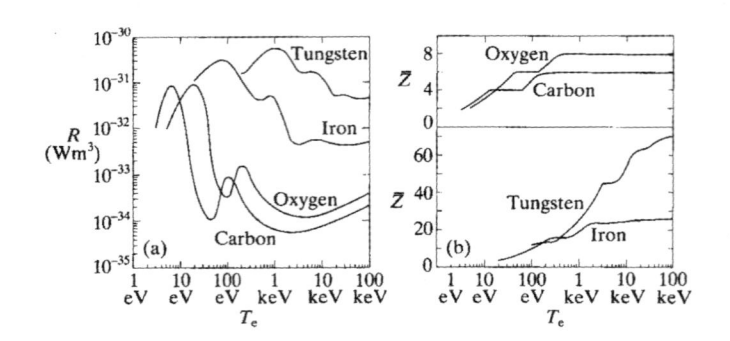

【図4.10.1】
(a) 放射パラメータ R (b) 平均荷電値 $\bar{Z}$ を電子温度の関数として，炭素，酸素，鉄，及びタングステンについて示す。

閉じ込め

カーボンや酸素のような低 Z 不純物は,非常に低い温度 (数10 eV のオーダー) で放射の最大値を持つ。これらの不純物は, 1 keV の温度では完全に電離してしまい,炉心中の高温プラズマでは,制動輻射を通じてのみ放射をする。プラズマのエッジ部では,不完全電離状態の不純物から放射損失が起こる。これらは,中性原子となってプラズマの中に入り込む。

高 Z の不純物(トカマクでは構造材として使用されている金属を含む)では,放射パワーの最初の最大値はもう少し高い温度で現れる。100 eV 以上の温度では, 1 つのイオン当たりの放射は,低 Z 不純物よりずっと大きくなる。炉心温度においてさえ,これらの高 Z イオンは完全には電離しないため,その放射パワー,つまり高 Z 不純物のレベルは炉心で非常に小さく抑える必要がある。

不純物のレベルへの要請の定量的評価は,熱核融合によるパワー(1.4.1式)に対する不純物の出す放射損失パワーの割合 F を計算して得られる。

$$F = \frac{n_e n_I R}{\frac{1}{4} n_H^2 \langle \sigma v \rangle \mathscr{E}} = \frac{(1+f\bar{Z})fR}{\frac{1}{4} \langle \sigma v \rangle \mathscr{E}}$$

ここで n_H は重水素と三重水素の和(水素イオンの全密度), f は不純物の水素イオン全密度に対する割合 n_I/n_H, $\mathscr{E} = 17.6$ MeV である。図4.10.2には, $T = 10$ keV において, $F = 0.1$ を示す放射パワーとなるような f の値を示してある。この値 $F = 0.1$ は,放射損失パワーが α 粒子のパワーの 50% にのぼることに相当する。

炉心において不純物に起因する他の問題は,全粒子密度を一定とすると不純物から放出された多くの電子によって核融合反応すべきイオンが置換してしまうことである。

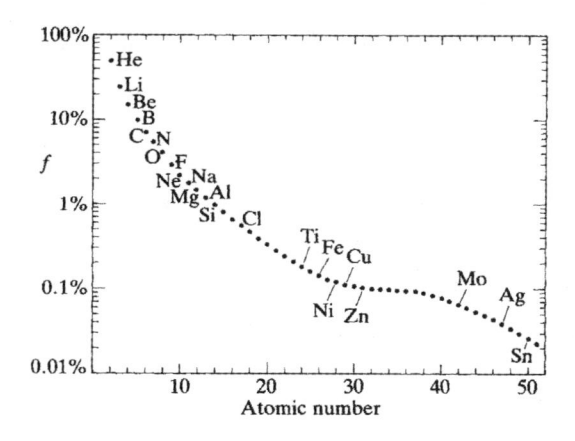

【図4.10.2】

全核融合出力の 10% の放射パワーをもたらしてしまう不純物レベルの割合

4.11 実験観測

トカマクにおける閉じ込め特性の実験的測定の中で一番単純なものがエネルギー閉じ込め時間である。その絶対値とプラズマの特性を示すパラメータ,例えば n, T, a, R, B_ϕ, q などに対する比例則は,炉心に必要なパラメータを評価し,エネルギー損失をもたらす物理的機構を洞察するために重要である。

閉じ込め時間の比例則は,1つのトカマクでいろいろなパラメータを変化させて得ることもできるし,また違ったサイズのトカマクの性能を比較しても得られる。幾種類もの比例則が提案されているが,オーミック加熱の場合と追加熱の挙動を記述するために必要であると一般に考えられている。

オーミック加熱の放電の場合,温度は独立のパラメータでないことに留意しなければならない。つまり,電気抵抗 —— ひいては加熱となるのだが —— は温度に依存する。だから,そのような実験においては,トカマクの閉じ込めの基本的な特性に対して限られた情報しか得られない。これらの装置では,表4.1.1に示されるようにグローバルな閉じ込め時間がべき乗則により記述できることがわかっている。最近のものを示そう。

$$\tau_E = 10^{-21} naR^2 q^{1/2} \text{ s} \qquad 4.11.1$$

一方で,追加熱のある実験の場合には閉じ込めの温度依存性を示すことが可能である。しかしながら,一般的にはその比例則を温度の依存性という形よりは,$\tau_E = \frac{3}{2} n(T_i + T_e)/P$ の関係式を使って加熱パワーで表している。トカマク,特にダイバータのない装置の追加熱時の放電では,オーミック加熱時に比べて閉じ込めが悪いことがわかっている。L-モード(低い閉じ込め特性)の n (密度), I (トロイダル電流値), P に対する比例則は,大体

$$\tau_E \propto IP^{-\gamma}, \qquad \tfrac{1}{3} \leq \gamma \leq \tfrac{1}{2} \qquad 4.11.2$$

で表されている。しかしダイバータ付きトカマクの場合,高い閉じ込め特性の放電が可能である。これは H-モードと呼ばれ周辺の温度が高い性質を持ち,閉じ込め時間はオーミック放電の値に近い。

〔訳注:最近の展開を補遺に示す。〕

エネルギー損失を支配する機構を知るためには,プラズマの半径方向の分布に及ぶエネルギー釣り合いに対し,電子とイオンのそれぞれの損失経路を解析しなければならない。この場合,イオンに対しては荷電交換によるエネルギー損失を,電子に対しては放射(主に線放射)を考えることができる。また($q=1$ 面の中の)鋸歯状振動緩和や,$q=2$ 面近傍の $m=2$ テアリングモードが飽和したものなどの巨視的 MHD 活動の結果を酌量してもよい。損失の残りの部分が電子とイオンによる伝導と対流に起因する。

閉じ込め

そのような解析による結果としては, 実験結果の広い範囲で, χ_i^{nc} を新古典イオンの熱伝導率とすると $\chi_i = \alpha \chi_i^{nc}$ ($1 \leq \alpha \leq 4$) でモデル化できるという考えもある。しかし, 電子に対しては, χ に新古典値に比較して大きい異常性を仮定する必要がある。オーミック加熱の場合, 実験の経験則

$$\chi_e^a = c 10^{19} n^{-1} \text{ m}^2 \text{ s}^{-1}, \qquad 1 < c < 5 \qquad 4.11.3$$

は観測されている電子の異常熱伝導率をかなりよく表現している。

粒子の輸送に対しては, 解析がもっと難しい。しかし, 観測される密度の分布は, 測定されている粒子源（中性粒子のイオン化）と実験的に得られている異常粒子束（下記）を用いるモデル化が一応成功している。

$$\Gamma = -D^a \left(\frac{dn}{dr} + 2S \frac{r}{a^2} n \right) \qquad 4.11.4$$

驚くべきことは, 多くの実験における密度分布がたったの 2 つの適合パラメータ D^a と S で再現できることである。$D^a \sim 0.25 - 0.6 \text{ m}^2 \text{ s}^{-1}$ の拡散係数であり, $S \sim 0.5 - 2$ の内向きの流れを示す無次元量である。この流れはウェアーピンチの値より大きい。似たような表現式, 4.8.2式は不純物の輸送を記述する。

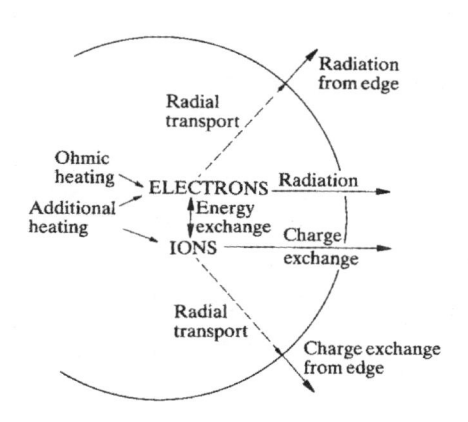

【図4.11.1】
トカマクにおけるイオンと電子のエネルギーバランス

4.12 乱流による対流

観測されている電子の異常熱伝導係数 χ_e^a を説明するために,通常,乱流となった微視的不安定性の飽和状態が実現されていることを仮定している。この乱流に伴う電場の揺動が入れ子状になったトロイダル磁気面を横切ったプラズマの流れを作るというものである。この考え方を以下に説明する。別の機構として,磁場の乱れがトロイダル磁気面を壊してプラズマがその変動を受けた磁力線に沿って外向きに流れ出してしまう可能性もある。これは次節(4章13節)で述べることとする。

トカマクプラズマは密度や温度の勾配により誘起される数多くの微視的なモードに対して不安定であることが示されている。電子の異常輸送を説明する特殊な種類として電子ドリフト波,たとえば散逸型捕捉電子不安定性によるものが提案されている。そのような不安定性は,非線形飽和レベルまで発達するであろう。乱流状態の電場揺動を $\tilde{E}$ とすると,それは乱流による半径方向の速度 $\tilde{v}_r = \tilde{E}/B$ を作る。乱流粒子束はその時,

$$\Gamma = \langle \tilde{n}\tilde{v}_r \rangle \qquad 4.12.1$$

で与えられる。ここで $\tilde{n}$ は密度揺動で $\langle \ \rangle$ は揺動に関するアンサンブル平均を示す。ドリフト波の線形理論では電子はほぼボルツマン分布をしているとしている。電子の密度変動分はそこからのずれを含んだ形として,

$$\tilde{n} = n\frac{e\tilde{\phi}_k}{T}(1 - i\delta_k) \qquad 4.12.2$$

と書ける。ここで $\tilde{\phi}_k$ は静電ポテンシャルのフーリエ成分で,$\delta_k \sim \gamma_k/\omega_{*e}$ である。成長率 γ_k はドリフト波の種類により不安定性の機構が違い,それに依存する。$\omega_{*e} = k_\perp T_e/eBr_n$ は電子反磁性周波数と呼ばれ,$k_\perp$ は磁場 B に垂直方向の波数,r_n は平衡時の密度のスケール長 $r_n^{-1} = d(\ln n_0)/dr$ である。4.12.1式と4.12.2式より次式を得る。

$$\Gamma = nr_n \left\langle \gamma_k \left(\frac{e\tilde{\phi}_k}{T}\right)^2 \right\rangle_k \qquad 4.12.3$$

乱流による熱流束も似た形,$q = n_0 \langle \tilde{T}\tilde{v}_r \rangle$ で書ける。$\tilde{T}$ は温度の揺動成分である。実験的に求まった $\tilde{\phi}_k$ の値を使ってこれらの流束は計算できる。図4.12.1には,測定された熱流束と,散逸型捕捉電子ドリフト波に対してそのような計算をしたものとを比較してある(TFRトカマクのデータ)。

閉じ込め

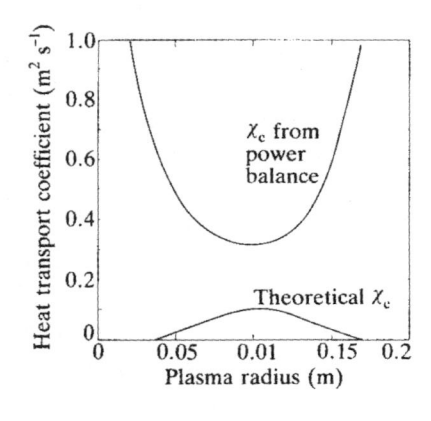

【図4.12.1】
測定された電子の熱輸送と, 準線形計算と測定値を使ったものとの比較。TFRトカマクで横軸はプラズマ半径を示す。

勿論, $\tilde{\phi}_k$ を理論的に評価する研究もなされている。例えば, 強い乱流理論は $\gamma \sim \omega_*$ 程度の不安定性に使えるが, この場合, 非線形飽和は, 不安定性を誘起するもとの密度勾配と密度勾配の摂動がバランスするときに起こると仮定している。つまり $k_\perp \tilde{n} = n/r_n$ とする。これらと4.12.2式から $e\tilde{\phi}/T \sim (k_\perp r_n)^{-1}$ が帰結され, 4.12.3式からは,

$$D^a \sim \left(\frac{\gamma_k}{k_\perp^2}\right)_{max} \qquad 4.12.4$$

という異常拡散係数を得る。ここで k スペクトラムの最大値を取って評価する。

似た結果が下のような別の議論から引き出せるのは興味深いことである。ドリフト波不安定性の成長率は短波長側の方が一般的に大きい。ドリフト波の流体的記述の範囲では, 垂直方向の波数 $k_\perp$ で特徴づけられる短波長揺動の乱流スペクトルが長波長モードへ及ぼす効果は, D を乱流による拡散係数とすると, 減衰 $k_\perp^2 D$ をもたらすことである。このモードは D があるレベルに達すると非線形的に安定となる。つまり,

$$\gamma_k - k_\perp^2 D = 0$$

この最大長波長に対する安定限界の条件は, 4.12.4式に似た結果を与える。ドリフト波がランダウ共鳴により不安定化された時, 共鳴粒子軌道の乱流拡散の効果は, 似たような飽和値を与える。

弱い乱流の場合, つまり $\gamma < \omega_*$, 不安定モードの安定化はそれら自身が減衰する異なった波長を持つモードに崩壊していくことにより生じる。この弱い乱流理論による飽和値の評価から次の拡散係数が得られる。

$$D^a \sim \left(\frac{\gamma_k^2}{\omega_* k_\perp^2}\right)_{max}$$

上記からわかるように, 4.12.4式の結果に比べて γ_k/ω_* の係数だけ小さい。

4.13 磁力線の乱れ

乱流状態の揺動としては，4章12節に述べられた電場のゆらぎの他に磁場のゆらぎもある。これがなぜ異常輸送として大事かというと，磁力線に沿って熱が非常に速く流れ出てしまうからである。衝突がない場合には，粒子はその熱速度で熱を持ち去るので電子の寄与の方がイオンより大きい。衝突が多い場合には，熱は磁力線に沿った熱伝導によって伝達されるので，これも電子によるものが主である。古典的には，電子の熱拡散係数の平行方向と垂直方向の比は，電子の自由行程を λ_e，ρ_e を旋回半径とすると，

$$\frac{\chi_{//e}}{\chi_{\perp e}} \sim \left(\frac{\lambda_e}{\rho_e}\right)^2 \qquad 4.13.1$$

となり，明らかに速い過程であるとわかる。もし，磁力線の変動成分として，もとの入れ子状のトロイダル磁気面を横切って，半径方向に δB_r が存在するとすれば（これは，例えば電気抵抗によって磁力線がつなぎ換えられると起こる），それが半径方向の速い熱損失を及ぼす。

この効果の簡単な例は，低いポロイダルモード数 m のテアリングモードによって与えられる。非線形領域でこれらは磁気島を作る。その半径方向の幅は

$$w \simeq 4\left(\frac{rL_s}{m}\frac{\delta B_r}{B}\right)^{1/2} \qquad 4.13.2$$

となる。ここでシアー長 L_s は $L_s^{-1} = (r/Rq^2)\,dq/dr$ で与えられる。磁気島の新しい磁気面に沿った熱の輸送のため半径方向に w の幅では急速に等温化してしまう。同様に微視的不安定性による磁場のゆらぎも小さいスケールの揺らいだ磁気島を作る。この磁気島は，微視的不安定性の成長率を γ とすると，$\tau \sim \gamma^{-1}$ の時間だけ持続する。そして，揺らいでいる磁気島の幅 w にわたって，平行方向のいちじるしい熱の伝導により半径方向の熱損失が生じる。

$$\chi \sim \gamma^{-1} w^2 \qquad 4.13.3$$

また，この過程による輸送は，磁場の振動（フラッター）による輸送とも呼ばれる。

しかし，もし微視的不安定性による磁気島の幅が次の条件を満たすと，

$$w > \frac{2q^2}{m^2}\bigg/\frac{dq}{dr}$$

隣り合った有理面のアイランドが互いに接近して，磁場の構造はエルゴード的になる。エルゴード的な磁場は磁力線の拡散係数 D_m を持つ。つまり，そのエルゴード的な磁力線がトーラスを回った時にその磁力線自体が半径方向に D_m で拡散するとする。よって，もし磁場の乱れの相関が平均的磁場に沿って l の長さだけ保たれるとすると，l の距離進む間に磁力線は半径方向に $\Delta r = \delta B_r l / B$ だけ動くことになる。酔歩の議論からは，

閉じ込め

$$D_\mathrm{m} \sim \frac{(\Delta r)^2}{l} = \left(\frac{\delta B_r}{B}\right)^2 l \qquad 4.13.4$$

を得る。乱れが弱い場合（準線形）には, l はシアー長 L_s で評価される。また逆に乱れが強い場合には $l \sim (k^2 D_\mathrm{m})^{-1}$ で評価される。

このようなエルゴード的な場に沿った熱の流れは, 速くなりうる。無衝突領域の場合, 粒子は拡散していく磁力線に沿って自由に動く。実効的には横切った方向の熱拡散となる。この過程は, 動きやすい電子により支配され,

$$\chi_\mathrm{e} = v_\mathrm{Te} D_\mathrm{m} \qquad 4.13.5$$

で与えられる。

衝突の多い場合, 粒子は衝突時間 λ/v_T の間に $\Delta r = (\delta B_r/B)\lambda$ だけ半径方向に動く。ここで λ は平均自由行程であり, 酔歩の考えから磁場を横切った輸送は,

$$\chi \sim \left(\frac{\delta B_r}{B}\right)^2 \lambda v_\mathrm{T}$$

で与えられる。これはまた, 電子の方が大きく, 次のようにも書ける。

$$\chi_\mathrm{e} \sim \left(\frac{\delta B_r}{B}\right)^2 \chi_{//\mathrm{e}} \qquad 4.13.6$$

4.13.5や4.13.6式は揺動のレベルがそれ程大きくなくても非常に速い熱損失を作る。つまり, 4.13.1式を思い出せば, 4.13.6式の結果は, $(\delta B_r/B) \geq 10^{-6}$ となれば $B = 3\,\mathrm{T}$, $n = 10^{20}\,\mathrm{m}^{-3}$, $T = 1\,\mathrm{keV}$ のプラズマでは古典的損失を超してしまうのである。

粒子の損失は, イオンの遅い損失率でおさえられよう。つまり電子は, その時の両極性の電場で閉じ込められるから。

抵抗性バルーニングモードの非線形理論からの $\delta B_r/B$ と l の評価では, 4.13.4や4.13.5の表式が使われ, ISX-Bトカマクの高 β_p 実験の熱損失を記述するとして提案された。

参考文献

輸送の一般的なレビュー

実験結果のレビュー

Hugill, J. Transport in tokamaks-a review of experiment. *Nuclear Fusion* 23, 331 (1983).

異常輸送の測定と理論のレビュー

Liewer, P. C. measurements of micro-turbulence in tokamaks and comparison with theories of turbulence and anomalous transport. *Nuclear Fusion* 25, 543 (1985).

新古典理論のレビュー

Hinton, F. L. and Hazeltine, R. D. Theory of plasma transport. *Reviews of Modern Physics* 48, 239 (1976); and

Galeev, A. A. and Sagdeev, R. Z. Theory of neo-classical diffusion. In *Reviews of Plasma Physics* (ed. Leontovich, M. A.) Vol. 7 p 257. Consultants Bureau, New York (1979).

新古典輸送

ピファーシュ・シュリューター輸送

Pfirsch, D. and Schlüter, A. Der Einfluss der elecktrischen Leitfähigkeit auf das Gleich-gewichtsverhalten von Plasmen niedrigen Drucks in Stellaratoren. Max-Planck-Institut, Report MP1/PA/7/62 (1962);

バナナ・プラトー輸送

Galeev, A. A. and Sagdeev, R. Z., Transport phenomena in a collisionless plasma in a toroidal magnetic system. *Zhurnal Experimentalnoi i Teoreticheskoi Fiziki* 53, 348 (1967) [*Soviet Physics JETP* 26, 233 (1968)].

ピファーシュ・シュリューター輸送

Solovev, L. S. and Shafranov, V. D., Effects of curvature on classical diffusion and thermal conductivity. *Reviews of Plasma Physics* (ed. Leontovich, M. A.) Vol 5, p.145. Consultants Bureau, New York (1970); and

Hazeltine, R. D. and Hinton, F. L. Collision dominated plasma transport in toroidal confinement systems. *Physics of Fluids* 16, 1883 (1973).

バナナ領域の輸送

発見的な議論

Kadomtsev, B. B. and Pogutse, O. P. Trapped particles in toroidal magnetic systems. *Nuclear Fusion* 11, 67 (1971).

変分原理によるフラックスの完全な解

Rosenbluth, M. N., Hazeltine, R. D., and Hinton, F. L. Plasma transport in toroidal confinement systems. *Physics of Fluids* 15, 116 (1972).

すべての領域を含む明快な解の導出

Rutherford, P. H. Collisional diffusion in an axisymmetric torus. *Physics of Fluids* 13, 482 (1970).

プラトー領域の輸送

完全な結果が導出された論文

Galeev, A. A. Diffusion-electrical phenomena in a plasma confined in a tokamak machine. *Zhurnal Experimentalnoi i Theoreticheskoi Fiziki* 59, 1378 (1970) [*Soviet Physics JETP* 32, 752 (1971)].

バナナからプラトー輸送への遷移

Hinton, F. L. and Rosenbluth, M. N. Transport properties of a toroidal plasma at low-to-intermediate collision frequencies. *Physics of Fluids* 16,836 (1973).

ウェアーピンチ，ブートストラップ電流と新古典導電率

これらの効果は完全なバナナ・プラトー輸送理論に包含されている。(上記参考文献)

Ware, A. A., Pinch effect for trapped particles in a tokamak. *Physical Review Letters* 25, 15 (1970).

Bickerton R. J. Connor, J. W. and Taylor, J. B. Diffusion driven plasma currents and bootstrap tokamak, *Nature Physical Science*, 229, 110 (1971).

Hinton, F. L. and Oberman, C. Electrical conductivity of plasma in a spatially inhomogeneous magnetic field. *Nuclear Fusion* 9, 319 (1969).

新古典導電率の低アスペクト比効果

Hazeltine, R. D., Hinton F. L., and Rosenbluth, M. N. Plasma transport in a torus of arbitrary aspect ratio. *Physics of Fluids* 16, 1645 (1973); and

Connor, J. W., Grimm, R.C., Hastie, R. J., and Keeping, P. M. The conductivity of a toroidal plasma. *Nuclear Fusion* 13, 211 (1973).

リップルによる輸送

Kovrizhnykh, L. M. Neo-classical theory of transport processes in toroidal magnetic confinement systems, with emphasis on non-axisymmetric configurations. *Nuclear Fusion* 24, 851 (1984).

リップル捕捉輸送

Stringer, T. E. Effect of the magnetic field ripple on diffusion in tokamaks. *Nuclear Fusion* 12, 689 (1972).

リップルプラトー輸送

閉じ込め

Boozer, A. H. Enhanced transport in tokamaks due to toroidal ripple. *Physics of Fluids* 23, 2283 (1980).

バナナドリフト輸送のよい説明を含む論文

Goldston, R. J. and Tower, H. H. Effects of toroidal field ripple on suprathermal ions in tokamak plasmas. *Journal of Plasma Physics* 26, 283 (1981).

不純物輸送

複雑で完全な新古典理論のレビュー論文

Hirshman S. P. and Sigmar, D. J. Neoclassical transport of impurities in tokamak plasmas. *Nuclear Fusion* 21, 1079 (1981).

不純物輸送の経験的フィッティングの例

Breton, C. de Michelis, C. Hecq, W. Mattioli, M. Ramette, J., and Saoutic, B. TFR discharges with low metal impurity radiation level. *Plasma Physics and Controlled Fusion* 27, 355 (1985).

放射損失

制動輻射損失の正確な計算を行っている論文

Karzas, W. J. and Latter, R. Electron radiative transitions in a coulomb field. *Astrophysical Journal* Supplement number 55, 6, 167 (1961);

もっと導入的な説明を行っている論文

Tucker, W. H. *Radiation processes in astrophysics*. MIT Press, Cambrigde, Mass. (1975).

高温プラズマの電子サイクロトロン放射の計算

Trubnikov, B. A., Magnetic emission of high temperature plasma. Thesis, Institute of Atomic Energy, Moscow (1958) [English transl.: USAEC Techn. Information Service AEC-tr; 4073, (1960)];

最近のレビュー論文

Barnatici, M. Caro, R. De Barbieri, O. and Engelmann, F. Electron cyclotron emission and absorption in fusion plasmas. *Nuclear Fusion* 23, 1153 (1983).

コロナ平衡での不純物の放射損失を扱った論文

Post, P. E. Jensen, R. V. Tarter, C. B. Grasberger, W. H. and Lokke, W. A. Steady-state radiative cooling rates for low-density, high-temperature plasmas. *Atomic Data and Nuclear Data Tables* 20, 397 (1977).

実験観測

エネルギー閉じ込め則の最近のレビュー論文

Goldston, R. J. Energy confinement scaling in tokamaks: some implications of recent experiments with ohmic and strong auxiliary heating. *Plasma Physics and Controlled Fusion* 26, No. 1A, 87 (1984).

粒子輸送の研究例を与える論文

Behringer, K. Engelhardt, W. Fussman, G. *et al.* in *Proc. IAEA Technical Committee on Divertors and Impurity Control*, Max Planck Inst. für Plasma-physik, Garching, 42 (1981).

乱流による対流

原理のいくらかは以下の本の4章で議論される。

Kadomtsev, B. B. *Plasma turbulence*. Academic Press, London (1965);

特定の不安定性に対する応用例

Kadomtsev, B. B. and Pogutse, O. P. Turbulence in toroidal systems. *Reviews of Plasma Physics* (ed. Leontovich, M. A.) Vol 5, Chap 2. Consultants Bureau, New York (1970).

磁力線の乱れ

ストキャスティックな磁場の輸送に及ぼす効果

Rechester, A. B. and Rosenbluth, M. N. Electron heat transport in a tokamak with destroyed magnetic surfaces. *Physical Review Letters* 40, 38 (1978);

より詳細な論文

Krommes, J. A., Oberman, C., and Kleva, R. G. Plasma transport in stochastic magnetic fields. Part 3, Kinetics of test particle diffusion. *Journal of Plasma Physics* 30, 11 (1983).

ISXB実験への応用

Carreras, B. A., Diamond, P. H., Murakami, M., Dunlap J. L. *et al.* Transport effects induced by resistive ballooning modes and comparison with high -β_p ISX-B tokamak confinement. *Physica Review Letters* 50, 503 (1983).

5 加熱

5.1 加熱

現在のトカマクの研究の目的は, 核融合反応による熱出力を豊富に生成しうるプラズマの条件を作り出すことである. より正確に言えば自己点火の条件を達成することである. このためにはプラズマを 10 keV 程度まで加熱する必要がある. いくつかの方法が提案されているが, その方法を示す前に, どの位の加熱が必要か調べよう.

D–T プラズマの点火条件は1.5.2式より与えられ,

$$\frac{n\tau_E \langle \sigma v \rangle}{T} > 3.5 \times 10^{-3} \quad \text{keV}^{-1}, \qquad T \text{ は keV 単位} \tag{5.1.1}$$

話を簡単にするために自己点火における温度を $10\,\text{keV} < T < 20\,\text{keV}$ とする. すると反応率は 10% 程度以内の誤差で次式で近似される.

$$\langle \sigma v \rangle \simeq 1.1 \times 10^{-24} T^2 \quad \text{m}^3\,\text{s}^{-1}, \qquad T \text{ は keV 単位} \tag{5.1.2}$$

この近似式を使って5.1.1式を書き直すと点火条件は,

$$n\tau_E T > 3 \times 10^{21} \quad \text{m}^{-3}\,\text{keV}\,\text{s}, \qquad T \text{ は keV 単位} \tag{5.1.3}$$

この条件はたとえば密度 $n = 10^{20}\,\text{m}^{-3}$, 温度 10 keV, 閉じ込め時間 $\tau_E = 3\,\text{s}$ によって満たせる. 一方 α 粒子による加熱量は1.5.1式で与えられ, 5.1.2の近似式と5.1.3の条件を満たすとすると点火時の α 粒子の加熱は次式のようになる.

$$P_\alpha \simeq \frac{1.4}{\tau_E^2} \quad \text{MW}\,\text{m}^{-3}$$

自己点火に持っていくための追加熱量は, この α 粒子の自己点火時の加熱量と同程度であるが少なくてすむとされる. 1章5節で述べた例では0.4倍である. この値を使って加熱量を評価してみると,

$$P_\text{add} \simeq \frac{0.6}{\tau_E^2} \quad \text{MW}\,\text{m}^{-3}$$

となる. τ_E がいかに大事かわかるだろう. もし τ_E が 3 s と仮定すると自己点火は追加熱として $0.06\,\text{MW}\,\text{m}^{-3}$ あれば達成でき, $100\,\text{m}^3$ のプラズマにたったの 6 MW 入力すればよいことになる. しかし, $\tau_E = 1\,\text{s}$ では 60 MW 必要となる.

加熱

　トカマクの場合,最初の加熱はトロイダル電流によるオーミック加熱となる。これで大体 1 keV 級の温度まで達成できる。しかし温度上昇に伴い,衝突が減少するため,プラズマの電気抵抗値は激減する。自己点火条件を満たすプラズマ温度では,強磁場を用いて高い電流密度を作り出す場合を除き,オーミック加熱量は無視できる程小さくなる。

　自己点火まで加熱する方法としては,主に 2 つの方法が考えられている。1つは,エネルギーの高い中性粒子ビームを入射する方法で,もう1つは,高周波の電磁波を共鳴吸収させる方法である。オーミック加熱で得られているプラズマの閉じ込め状態では,両方の方法とも必要な加熱量を提供できると考えられていて,低い加熱レベルの試験的実験では成功している。

　ビームで加熱する場合,ビームは中性粒子でなければならない。なぜならイオンはトカマクの磁場で反射されてしまうからである。中性粒子ビーム加熱というのは複雑なプロセスを取る。初めにイオン生成を行い,それを必要とされるエネルギーまで加速する。加速されたイオンはガスターゲット中で荷電交換によって中性化され,中性化されなかった残りのイオンはとり除かれる。プラズマ中では,中性粒子は再び電荷を帯び,磁場に閉じ込められる。その後それらの粒子はプラズマ中の粒子との衝突で減速しながら,エネルギーを引き渡す。

　RF による加熱にはいくつかのタイプがある。中心となる3つのものは,イオンサイクロトロン周波数帯の波動,電子サイクロトロン周波数帯の波動および低域混成波と呼ばれるものである。加熱システムは,波動がプラズマの中心まで伝播して,そこで吸収されるように設計する必要がある。このためには,不均一な磁場の中の不均一なプラズマ中の波動の伝播と,波のエネルギーのプラズマ粒子への変換が計算されなければならない。ある方法では波の吸収に別種のイオンを介在として使う。低周波のシアーアルベーン波を使用する考えもあるが,まだ開発が進んでいない。

　プラズマを急激に圧縮して一時的に加熱する方法もある。もし圧縮がプラズマのエネルギー閉じ込め時間より十分速ければ断熱的な圧縮となる。これを今度は,どれだけゆっくりできるかで系の自由度の中での分配が決まる。もし等分配が可能なら,断熱の式 $p \propto V^{-5/3}$ で圧力は上昇する。等分配しない場合には,加熱プロセスにかかわる自由度の数で加熱は変わる。小半径方向と大半径方向と両方の圧縮が可能である。

5.2　オーミック加熱

　トカマクで平衡を取るために必要な電流は一方で，電子-イオン間の衝突により生じた電気抵抗を通じて，プラズマへの加熱源となる。低い温度では，このオーミック加熱は非常に有効だが，高温になるとその抵抗値が電子温度 T_e の上昇とともに $T_e^{-3/2}$ で下がってしまうため有効でなくなってくる。

　オーミック加熱の加熱密度は η をプラズマの抵抗率，j を電流密度とすると，

$$P_\Omega = \eta j^2$$

となる。この加熱は一般にプラズマの中心部分に最大値を持つ。その大きさを評価するとき，7章6節で述べられるように鋸歯状振動が発生することによって中心での安全係数 q_0 が近似的に 1 であると仮定して進める。q は3.4.3式で与えられ，q_0 は

$$q_0 = \left(\frac{B_\phi r}{B_\theta R}\right)_{r \to 0} = \frac{2B_\phi}{\mu_0 j_0 R}$$

と書ける。ここで j_0 は中心軸での電流密度である。従ってオーミックによる加熱は，

$$\hat{P}_\Omega = \eta \left(\frac{2B_\phi}{\mu_0 R}\right)^2$$

となる（$\hat{P}_\Omega$ は中心軸で評価された加熱密度）。2.10.1式で与えられるスピッツァーによる抵抗値を代入すると，

$$\hat{P}_\Omega = 0.071 \frac{(B_\phi/R)^2}{\hat{T}_e^{3/2}} \text{ MW m}^{-3}, \qquad \hat{T} \text{ は keV 単位} \qquad 5.2.1$$

が得られる。$\hat{T}_e$ は中心の電子温度である。5.2.1式より温度が上昇するとオーミック加熱が著しく減少することがわかる。またもし高温でオーミック加熱を利用しようと考える場合には，強い磁場が必要なこともわかる。

　オーミック加熱を定量的に述べるには，閉じ込め比例則がわからなければならない。まだ閉じ込めに関する理解や知識は十分ではないが，オーミック加熱に対して一般的な傾向を示すために簡単なモデルを用いることは有益である。一般に受け入れられているエネルギー閉じ込め時間に対する経験則は，$\bar{n}$ を平均電子温度，a をプラズマ半径としてオーミック時では，

$$\tau_E = 0.5(\bar{n}/10^{20})a^2 \text{ s} \qquad 5.2.2$$

加熱

仮に電子温度とイオン温度が同じとして、平均値が $\hat{T}_e/2$ とすると、平均のパワー損失 $P_L = 3nT/\tau_E$ は、

$$P_L = 0.048 \hat{T}_e/a^2 \quad \text{MW m}^{-3}, \qquad \hat{T} \text{ は keV 単位} \qquad 5.2.3$$

で与えられる。

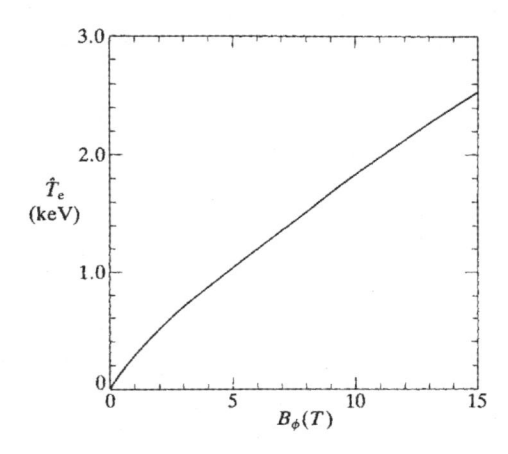

【図5.2.1】
オーミック加熱によって得られる温度を B_ϕ に対して示した。スピッツァー抵抗率と5.2.2式の経験則を使い $R/a = 4$ の場合を示す。

オーミック加熱の平均パワーを、5.2.1式で与えられるピーク値の半分としよう。すると加熱と損失が釣り合ったところ、つまり5.2.1式と5.2.3式を等しいとおくと、中心温度は、

$$\hat{T}_e = 0.89 \left(\frac{a}{R} B_\phi\right)^{4/5} \text{ keV} \qquad 5.2.4$$

となる。

$R/a = 4$ の時、5.2.4式から $\hat{T}_e = 0.29 B_\phi^{4/5}$ (keV) となり、図5.2.1に関係を示す。得られる温度があまり高くないことがわかるだろう。

温度は他に下に挙げる3つの要因で変わりうる。まず第1に比例則が違えば、違った現れ方になる。第2に4章6節でも述べたが捕捉粒子の効果で抵抗値が上がるという予見もある。もしそうならオーミック加熱率の上昇が考えられる。第3に、実際オーミック加熱時に得られる温度が、5.2.4式で与えられる値より、相当大きい場合がある。理由としては、不純物が存在して、その影響で、プラズマの実効電荷が上がり、抵抗値が上がると考えられる。任意の電流に対してオーミック加熱率は、抵抗値に比例する。実際、不純物がプラズマ抵抗値を純粋な値から数倍も上げている例が観測されており、オーミック加熱もその結果上昇している。勿論この場合不純物の影響で4章10節で述べたように放射損失も増加する。

5.3 中性粒子ビーム入射

トカマクプラズマに入射された中性粒子は，磁場の影響を受けることなく直線上に移動する。それが，プラズマの粒子との衝突によって電荷を帯びるとプラズマ中に捕捉される。その後，その捕捉を受けた場所や入射エネルギーや角度によって決まる軌道を描く。

この捕捉が高効率であり，それもプラズマの中心部で起こることが望まれる。言い換えるとビームの吸収が強すぎても弱すぎてもいけない。吸収が強すぎればプラズマのエッジ部を加熱してしまうし，弱すぎればビームはプラズマを突きぬけて壁に当たり，壁表面を加熱したり粒子をスパッタリングする。

ビームの吸収をもたらす3つの基本的な原子過程，すなわち荷電交換，イオンによる電離，電子による電離が存在する。H を原子種と代表してこの過程を書こう。炉では，ビームは D でプラズマは D–T の混合と考えられる。下添字に b と p を使うがビームとプラズマを意味する。

荷電交換　　　　　　　$H_b + H_p^+ \rightarrow H_b^+ + H_p$
イオンによるイオン化　$H_b + H_p^+ \rightarrow H_b^+ + H_p^+ + e$
電子によるイオン化　　$H_b + e \rightarrow H_b^+ + 2e$

ビームの吸収はこれらのプロセスの断面積に依存する。ビーム強度が

$$I(x) = N_b(x) v_b$$

とすると（ここで N_b は単位長さ当たりのビーム粒子の数で v_b は速度），強度 I の減衰は，次の方程式で記述される。

$$\frac{dI}{dx} = -n(x)\left(\sigma_{ch} + \sigma_i + \frac{\langle \sigma_e v_e \rangle}{v_b}\right)I$$

$n(x)$ は電子（及びイオン）の密度，σ_{ch} と σ_i は各々荷電交換とイオン化の断面積で $\langle \sigma_e v_e \rangle$ は電子によるイオン化の係数である。ここで電子によるイオン化の項の形が他のものと違うのは，電子の速度が一般にビーム粒子の速度より速いためである。勿論，プラズマ中のイオンはビームより遅い。

種々の断面積を図5.3.1に示す。電子によるイオン化断面積は実効値 $\langle \sigma_e v_e \rangle / v_b$ で示してある。90 keV 以下では，D ビームの場合は，荷電交換が一番大きい。これ以上のエネルギーの場合にはイオンによるイオン化が優位となる。

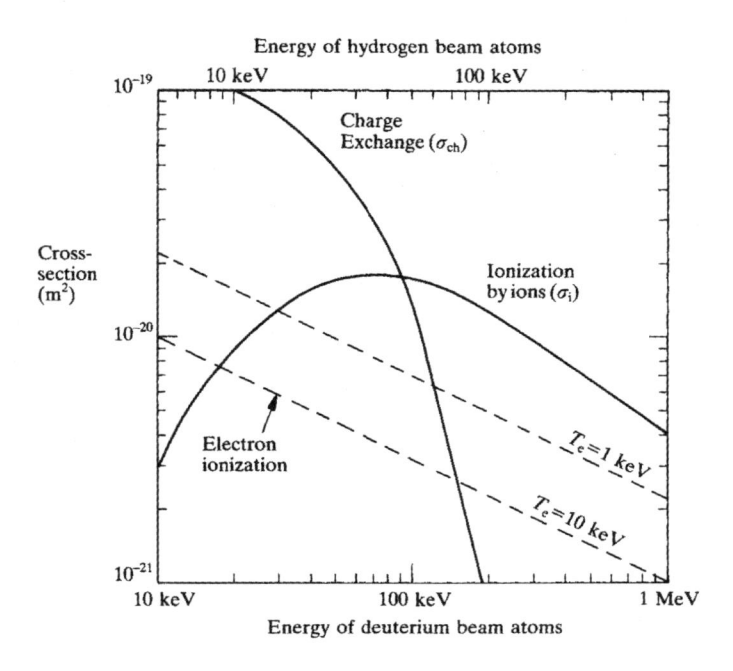

加熱

【図5.3.1】
プラズマのイオン（陽子，D-T）による荷電交換とイオン化の断面積と電子によるイオン化の実効断面積 $\langle\sigma_e v_e\rangle/v_b$ を中性粒子ビームのエネルギーの関数として示す。H ビームに対する断面積は D ビームのエネルギーの2倍として換算すればよい。

　炉心では，電子密度は $10^{20}\,\mathrm{m}^{-3}$ 位であろう。ビームのエネルギーを 60 keV とすると，荷電交換とイオンによるイオン化を加えた断面積は $4\times 10^{-20}\,\mathrm{m}^2$ で，その減衰長 $(\sigma n)^{-1}$ は 25 cm である。炉心プラズマは半径として，これより一桁程度大きいと考えられるから，プラズマ中心を加熱するためにこれは重大な問題となる。5章5節に述べられるように高エネルギーの中性粒子を作ることが困難になる。しかし，現在のところでは，プラズマの半径も小さいし，密度も変えられる自由度があるため，それほど深刻な問題になっていない。［訳注：大型装置では負イオンビームにもとづく中性粒子ビームが実験に用いられるようになった。］

5.4 中性粒子ビーム加熱

中性ビームの粒子が電荷を帯びると，その高速イオンはクーロン衝突によって減速していく。減速が起こるにつれ，エネルギーはプラズマの粒子（電子とイオン）に受け渡される。入射エネルギーが高いと最初，電子加熱が支配的である。そしてビームイオンが減速するに従い，イオン加熱へと移行する。

電子と衝突することによってビームが受ける摩擦力は，m_b をビームイオンの質量，v_b をその速度，τ_{se} を電子との衝突による減速時間とすると，

$$F_{be} = \frac{m_b v_b}{\tau_{se}}$$

となる。電子の質量は，イオンの質量よりずっと小さいので，電子との衝突によるビームエネルギーの損失，$F_{be} v_b$ は電子の加熱に使われる。よってプラズマ電子への加熱は，

$$P_e = \frac{m_b v_b^2}{\tau_{se}} \qquad 5.4.1$$

となる。ここで v_b が電子の熱速度より小さい場合を考えると τ_{se} は2.8.4式より

$$\tau_{se} = \frac{3(2\pi)^{3/2} \varepsilon_0^2 m_b m_e v_{T_e}^3}{ne^4 \ln\Lambda} = 1.17 \times 10^{18} A_b \frac{T_e^{3/2}}{n} \text{ s}, \qquad T_e \text{ は keV 単位} \qquad 5.4.2$$

で与えられる。ここで A_b は，ビームイオンの原子質量で $\ln\Lambda$ は 17 としてある。

一方，プラズマイオンとの衝突によって生じるビームイオンへの摩擦力は，

$$F_{bi} = \frac{m_b v_b}{\tau_{si}}$$

である。τ_{si} はイオンとビームイオンの衝突による減速時間である。ビームもイオンの方も同程度の質量を持つのでビームは衝突によって散乱する。従って，プラズマへの加熱は $F_{bi} v_i$ の一部分になり，その割合は $m_b / (m_b + m_i)$ である。プラズマのイオン加熱は，

$$P_i = \frac{m_b^2 v_b^2}{(m_b + m_i) \tau_{si}} \qquad 5.4.3$$

で与えられる。v_b はイオンの熱速度よりずっと大きいことを考えると（2.8.4式から）A_i をプラズマイオンの原子質量，$\mathscr{E}_b$ をビームイオンのエネルギーとすると，

加熱

$$\frac{(m_b + m_i)}{m_b} \tau_{si} = \frac{4\pi\varepsilon_0^2 m_b m_i v_b^3}{ne^4 \ln\Lambda}$$

$$= 2.06\times 10^{-16} \frac{A_i}{A_b^{1/2}} \frac{\mathscr{E}_b^{3/2}}{n} \text{ s}, \qquad \mathscr{E}_b \text{ は keV 単位} \qquad 5.4.4$$

ここで5.4.1式と5.4.4式を加えるとビームイオンからプラズマへの全加熱量，$P = P_e + P_i$ が下記のように求まる。

$$P = 1.71\times 10^{-18} \frac{n\mathscr{E}_b}{A_b T_e^{3/2}} + 0.97\times 10^{-16} \frac{nA_b^{1/2}}{A_i \mathscr{E}_b^{1/2}} \text{ keV s}^{-1}, \qquad T_e, \mathscr{E}_b \text{ は keV 単位} \qquad 5.4.5$$

上式からわかるように $\mathscr{E}_b$ が大きい場合には電子の加熱（第1項）の方が大きく，ビームイオンのエネルギーが下がればイオン加熱（第2項）が勝るようになる。5.4.5式を書き換えよう。

$$P = 1.71\times 10^{-18} \frac{n}{A_b T_e^{3/2}} \mathscr{E}_b \left(1 + \left(\frac{\mathscr{E}_c}{\mathscr{E}_b}\right)^{3/2}\right) \text{ keV s}^{-1}, \qquad T_e, \mathscr{E}_b, \mathscr{E}_c \text{ は keV 単位}$$

$$\mathscr{E}_c = 14.8 \frac{A_b}{A_i^{2/3}} T_e$$

ビームエネルギーがある値になると，$\mathscr{E}_b = \mathscr{E}_c$，電子への加熱とイオンへの加熱が等しくなる。$A_b = A_i = 2$ とすると，この臨界エネルギーは $19T_e$ となる。図5.4.1に電子とイオンへ行く加熱の割合を $A_b = A_i = 2$ の場合に $\mathscr{E}_b / T_e$ の関数として示した。電子，イオンへの全加熱量は，ビームイオンが減速しながら加熱をする積分値となる。典型的な入射エネルギーは大体この臨界エネルギー $\mathscr{E}_c$ 程度である。この時，イオン，電子を加熱する割合は同程度となる。

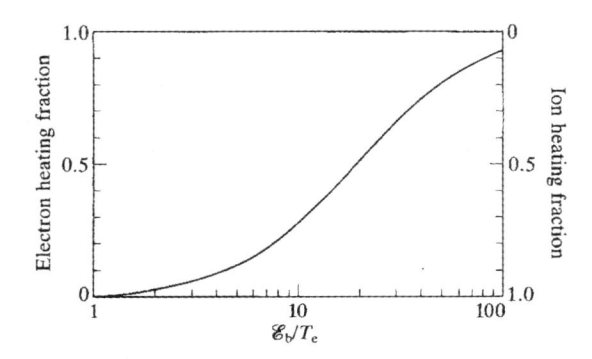

【図5.4.1】
エネルギー $\mathscr{E}_b$ を持つ D ビームによる電子とイオンへの加熱の割合を示す。全加熱量の割合を $\mathscr{E}_b / T_e$ の関数として示した（D プラズマ）。

5.5 中性粒子ビーム生成

プラズマ加熱のための中性粒子のビームの生成はいくつかの段階が含まれるが、基本要素は図5.5.1に示してある。

粒子を必要なエネルギーにまで加速するためには、粒子は荷電を持つ必要がある。まず、必要なイオン種のイオン源プラズマを作る。イオンが、イオン源から取り出され、必要なエネルギーまで加速される。こうして出来たイオンビームは、トカマクの磁場を通りぬけプラズマ中に入るために、中性化されなければならない。この中性化では、電子がビームイオンに移されることにより中性原子化される。こうして、高エネルギーの中性原子ができる。

複雑なプロセスがいくつかある。まず、イオンソースでは必要なイオン原子（例えば D^+ としよう）のみならずイオン分子 D_2^+ とか D_3^+ をも作ってしまう。これらのイオン分子は、同じ加速ポテンシャルに落ちこみ、同じエネルギーを得る。しかし、これらは質量が大きいため分子の速度としては低いものになる。分子は中性化装置内で解離され、できた原子は主たる成分のエネルギーの $1/2$ か $1/3$ のエネルギーを持つことになる。これらの粒子は、エネルギーが低くプラズマの中まで侵入できないため、プラズマの周辺部に多く加熱を起こす。

更に困難なことは、中性化装置の中でせっかく中性化された粒子がまた中性粒子と衝突してイオン化して、荷電を帯びてしまう。つまり2つの競合する過程がある。

荷電交換　　$D^+ + D_2 \rightarrow D + D_2^+$

イオン化　　$D + D_2 \rightarrow D^+ + D_2 + e$

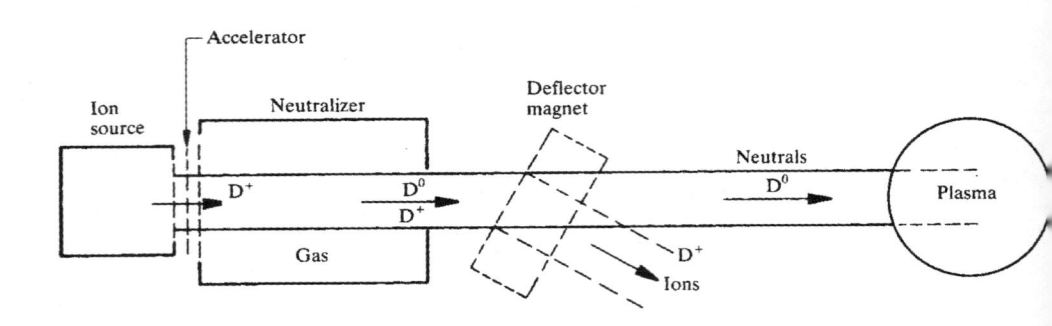

【図5.5.1】

中性粒子入射装置の配置

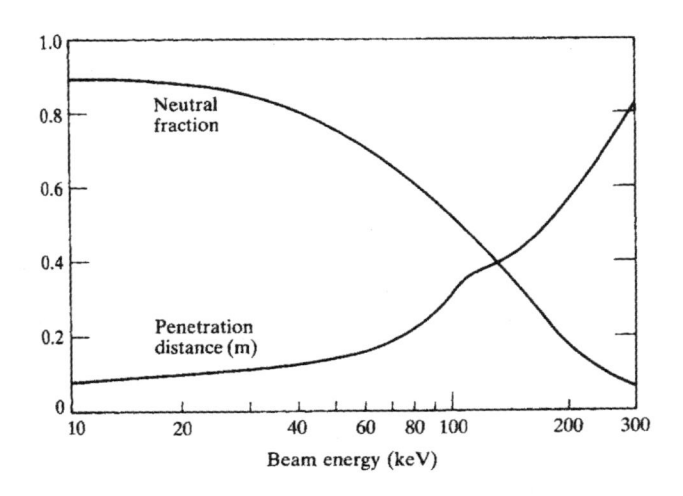

加熱

【図5.5.2】
グラフには，ビームの (i) D ビームの中の平衡中性粒子の割合 (ii) プラズマ密度 $n = 10^{20} \mathrm{m}^{-3}$ とした時の中性粒子の侵入長のエネルギー依存性を示してある。

十分に濃い中性ガスの標的だとすれば，そこでは荷電を持たない成分の比は，2つの過程の断面積の比で与えられるような平衡状態に達している。

$$\frac{N^0}{N^+} = \frac{\sigma_{\mathrm{ch}}}{\sigma_{\mathrm{i}}}$$

この比はビームのエネルギーの関数である。残念ながら，中性粒子である割合は，エネルギーの上昇にともない，急速に減少してしまう。図 5.5.2にこれを示した。また図面には，ビームがプラズマに侵入できる性能の1つとしてH，DもしくはD-Tプラズマへの侵入長を示してある。ここで断面積は図5.3.1のものを使い，$n = 10^{20}\ \mathrm{m}^{-3}$ を使って計算してある。これからわかるようにプラズマ半径が 2m という炉にとって，必要な侵入長を持つ中性粒子ビームを D^+ から作ることは不可能である。この困難を克服する方法としては負イオンから始めるものがある。例えば D^- を使う。余分な電子は弱い束縛状態にあるので，中性化装置内で高いエネルギー状態でも容易に取り去ることができ，1価のイオン種だけができるのである。

中性化装置に残っている不必要な荷電を帯びたビーム成分は，プラズマを加熱するのに使われる中性粒子ビームと同程度のパワーを持っている。荷電を帯びた粒子は磁場コイルでそれてしまい，トカマクの磁場に影響を受ける前に消える。もしくはそこで軌道をそらされ，入射ポートの壁に当たることになる。

5.6 高周波加熱

　高周波（radio frequency）加熱では，電磁波を使ってエネルギーを離れた源からプラズマへ運ぶ．プラズマ中を電磁波が伝播すると，電磁波の持つ電場が粒子を加速し，その後，衝突によってプラズマ加熱となる．しかし衝突による吸収はオーミック加熱の時と同様に $T_e^{-3/2}$ に比例するので電磁波の粒子衝突による吸収は高温プラズマに対する直接加熱機構としては効果的でない．

　しかし，電磁波はプラズマの中で，様々な粒子との相互作用を起こし，衝突がなくても減衰していく．これらは共鳴相互作用によるが，ランダウ減衰という機構に関係がある．これによるエネルギー変換は後述するように温度が上昇するとともに効果が上がる．高周波加熱はこれらの粒子と波動の相互作用が基本となっている．

　磁化されたプラズマでは色々な波のモードが可能で，多くの違った高周波加熱の手法が取られる．しかし一般論は全部同じで，プラズマから遠く離れた所で効率の良い大出力の発生があること，伝送系でのロスが少ないこと，プラズマに良く結合させるために効率の良いアンテナであること，などが技術的課題をなす．

　一旦波がプラズマに結合したら，そのエネルギーは損失がほとんどないまま，局在化した吸収領域まで伝播されなければならない．可能なら1回で吸収される方が望ましい．どの加熱手法にも共通だが，吸収領域の場所を外部から制御できることが必要である．プラズマ物理ではこの吸収領域までの伝播，吸収そして位置などに必要とされる事柄が研究対象である．

　エネルギーは電磁波に結合しているため，波の位相速度 v_{ph} （$v_{ph} \gg v_{Tj}$ を仮定しよう）で伝播する．吸収領域までの伝播は，多くは冷たいプラズマモデルで解析できる．そして共鳴領域への近接性を決めることができる．冷たいプラズマにおける波の分散関係に高周波加熱手法の3つの原理を見ることができる．平板状プラズマの近似をすると，関係式は

$$\varepsilon_\perp n_\perp^4 - \left[\left(\varepsilon_\perp - n_{//}^2\right)\left(\varepsilon_\perp + \varepsilon_{//}\right) + \varepsilon_{xy}^2\right]n_\perp^2 + \varepsilon_{//}\left[\left(\varepsilon_\perp - n_{//}^2\right)^2 + \varepsilon_{xy}^2\right] = 0 \qquad 5.6.1$$

加熱

で与えられる。z 方向に磁場の方向, 平板に垂直方向を y 方向に取ってある。ここで $n_{//}(=ck_{//}/\omega)$ は, 磁場に平行方向の屈折率で, c は光速度, $k_{//}$ は磁場に平行方向の波数, そして $n_{\perp}(=ck_{\perp}/\omega)$ は ($k_{\perp}$ を半径方向の波数として) 直角方向の屈折率である。冷たい誘導テンソルの要素は次式に与えられる。

$$\varepsilon_{\perp} = \varepsilon_{xx} = \varepsilon_{yy} = 1 - \sum_j \frac{\omega_{pj}^2}{(\omega^2 - \omega_{cj}^2)}, \qquad \varepsilon_{//} = 1 - \sum_j \frac{\omega_{pj}^2}{\omega^2},$$

$$\varepsilon_{xy} = \sum_j \frac{i\omega_{pj}^2 \omega_{cj}}{\omega(\omega_{cj}^2 - \omega^2)}, \qquad 及び \quad \varepsilon_{yx} = -\varepsilon_{xy},$$

他の要素は 0 である。$\sum_j$ は和で電子やあらゆる種のイオンの和である。ω_{pj} と ω_{cj} は j 種のプラズマ振動数と旋回周波数で, ω_{cj} は荷電の符号を含む。

ここで, $n_{//}$ はアンテナで決まり, ω は発振装置によって定まるので, 5.6.1式を $n_{\perp}^2$ について解く。解は半径方向に密度や磁場がゆっくりと変化するのに従うとして求めることができる。ある値の周波数, 密度, 磁場に対して, $n_{\perp} \to \infty$ となると共鳴が起こる。これは冷たいプラズマにおける共鳴というもので, 以下の意味で高温プラズマの波と粒子の相互作用による共鳴とは違う。冷たいプラズマの共鳴では, 冷たいプラズマモデル自体の近似が破れる。熱的効果を含めると共鳴点の近傍で冷たいプラズマ入射波が温かいプラズマ波へとモード変換を起こす。冷たいプラズマモデルの中でも, アルベーン共鳴と呼ばれる付近 ($\varepsilon_{\perp} = n_{//}^2$ の条件を満たす所) ではモード変換が起こりうる。この共鳴は低周波 $\omega \leq \omega_{cj}$ に限られて起こる。波のエネルギーが遅波に変換されると吸収される。遅波は熱速度の粒子と波-粒子の共鳴条件を満たし得るからである。

密度や磁場の値を変えてみると, $n_{\perp} = 0$ のところで $n_{//}$ カットオフと呼ばれるものがある。波がカットオフを横切るためには, そこの非伝播領域を起こして通りぬける (トンネル) 必要がある。この非伝播領域が大きすぎるとエネルギーは反射されてしまう。どの加熱手法にしろ, 明らかにアンテナと吸収領域の間にカットオフが現れない方が良い。

5.7 高周波加熱の物理

方程式5.6.1を使えば, $\varepsilon_\perp = 0$ となる共鳴が得られる。3つの基本的な電磁波があり,その中で一番周波数の低いものが,イオンサイクロトロンの共鳴加熱であり,周波数は $\omega \sim \omega_{ci}$ の領域である。共鳴周波数はイオン・イオン混成共鳴（ブックスバウム共鳴）と呼ばれるもので2種類以上の粒子が共存するときにのみ起こる。2種類のイオンに対して,

$$\omega_{ii}^2 = \omega_{c1}\omega_{c2}(1 + n_2 m_2 / n_1 m_1) / (m_2 Z_1 / m_1 Z_2 + n_2 Z_2 / n_1 Z_1) \qquad 5.7.1$$

で与えられ, 磁場やイオン種によるが大体 30 – 60 MHz 位である。

冷たいプラズマ中での2番目の共鳴は, 低域混成周波数と呼ばれるもので ω_{ci} より高く $|\omega_{ce}|$ より低い周波数である。トカマクプラズマの中心部では, $\omega_{pi}^2 \gg \Omega_i^2$ を満たす。また m_e/m_i に比例する項は1に比して無視すると,

$$\omega_{LH}^2 \approx \omega_{pi}^2 / (1 + \omega_{pe}^2 / \omega_{ce}^2) \qquad 5.7.2$$

が得られる。この低域混成共鳴加熱では大体 ~ 1 – 5 GHz 帯域を使う。

最後に一番周波数の高いのが高域混成共鳴で $\omega \sim |\omega_{ce}|$ 位の所の周波数で起こるものである。これは

$$\omega_{UH}^2 = \omega_{pe}^2 + \omega_{ce}^2 \qquad 5.7.3$$

と書けるが, トカマクの中心部では $\omega_{pe} \leq |\omega_{ce}|$ であるので, 電子サイクロトロン共鳴加熱と同一とみなせ, 周波数としては 100 – 200 GHz 位である。これら各々の共鳴に使われる入射電磁波は共鳴付近で縦波の性質を持つものである。これら3つの共鳴については各々の節で論じることにする。

図5.7.1に電磁波加熱の概略が示してある。垂直方向の屈折率を電子サイクロトロン波の異常波（Xモード）と呼ばれるもので $\omega \sim |\omega_{ce}|$ 程度の波がトロイダル磁場を横切って伝播する指標として示してある。図では右から左に向かって磁場が強くなる。$n_\perp^2$ をプラズマの大半径方向に切った形で書いてある。密度は両端で0で中心で最大となるよう変化するとし, 5.6.1式に $n_{//} = 0$ を代入し, イオンの寄与を無視して求めた。図には典型例がいくつかあり, まず $n_\perp^2 > 0$ だから波は両方の端から伝播可能であること。第2に, 高域混成共鳴 ω_{UH} には低磁場側から近接できない。つまり $n_\perp = 0$ となるカットオフが低密度側にあるからである。第3に, 共鳴へは高磁場側より近接可能で, 第4に, この共鳴に高磁場側から向かうと波は, $\omega = |\omega_{ce}|$ の電子のサイクロトロン基本高調波共鳴にぶつかるために強い減衰を受ける。

加熱

　上で述べたそれぞれの方法に対して，衝突のない場合に電磁波の吸収は波と粒子の相互作用がおこる条件

$$\omega - k_{//} v_{//j} - l |\omega_{cj}| = 0 \qquad 5.7.4$$

で決まる。ここで $l = 0, 1, 2, 3,...$ であり，特に $l = 0$ の場合は，ランダウ減衰と呼び，波のエネルギーは，その平行方向の電場を通じて粒子の平行方向の運動へ転換される。この効果は低域混成波やイオンサイクロトロン帯の周波数の時，顕著になる。一方 $l \neq 0$ の場合はサイクロトロン共鳴領域におけるイオンと電子の加熱となる。この時は垂直方向のエネルギーが増す。

　以上の無衝突性の吸収機構では，ちょうど共鳴条件に見合った粒子が波からエネルギーを受ける。これらの粒子がエネルギーを受けた後，それを他の非共鳴粒子に衝突で渡せるだけの衝突が必要である。これによって全体の粒子を加熱することができる。もし衝突が少ないと熱的平衡ではない分布関数が生まれ，全体への加熱率が下がるとか高温側に尾をひいた分布関数となる。熱平衡的な分布を維持するためには入力の閾値がある。それ以上になると加熱の性質が変わってしまう。しかし他の応用例，例えばRFによる電流駆動の際には，熱速度を超えた粒子の数の多い方が良い場合もある。

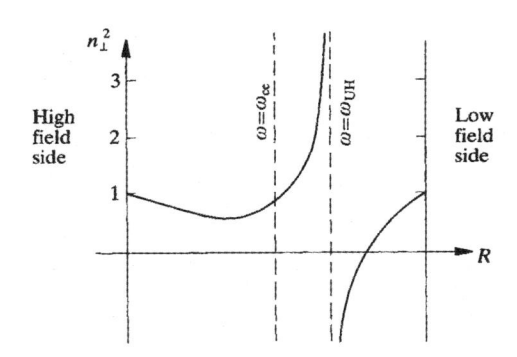

【図5.7.1】
電子サイクロトロン波のXモードで $n_{//} = 0$, $\omega \sim \omega_{ce}$ の時の $n_\perp^2$ を大半径方向に示す。

5.8 イオンサイクロトロン共鳴加熱

　磁場が 5 T の場合,重水素の共鳴周波数は約 38 MHz で,真空中の波長は大体 8 m 弱となる。つまりイオンサイクロトロン共鳴加熱法に使う真空波長は,現在のトカマクや計画中のもののサイズより大きいことになる。アンテナサイズも口径と似たサイズとなる。

　イオンサイクロトロン加熱の場合,トカマクでは,速波(磁気音波で圧縮性アルベーン波)をアンテナから吸収領域まで移送する必要がある。速波はこの周波数帯では唯一,磁場を横切って伝搬できる波で,ただカットオフの密度より密度が高いという条件が課せられる。イオンサイクロトロン波でもシアーアルベーン波はトカマクの加熱に適さない。なぜならシアーアルベーン波はサイクロトロン周波数より高周波側では伝搬できず,またプラズマ端より中に浸透しないで静電波にモード変換してしまうからである。

　速波の伝搬を分散関係の近似的な表現を使って説明しよう。

$$n_\perp^2 = (\varepsilon_\perp - i\varepsilon_{xy} - n_{//}^2)(\varepsilon_\perp + i\varepsilon_{xy} - n_{//}^2) / (\varepsilon_\perp - n_{//}^2) \qquad 5.8.1$$

この式は,5.6.1式において $\varepsilon_{//} \gg n_\perp^2$ を仮定することにより導出できる。物理的には, $E_{//}$ を $E_\perp$ に比して無視することに対応し, $\omega_{\mathrm{pe}}^2 \gg \omega^2$ の条件では良い近似となる。速波のカットオフの条件は,5.8.1式より $\varepsilon_\perp + i\varepsilon_{xy} = n_{//}^2$ で与えられる。重水素のみのプラズマで周波数 $\omega \sim 2\omega_{\mathrm{cD}}$ の波に対して,この条件は $\omega_{\mathrm{pD}}^2 > 0.75 c^2 k_{//}^2$ となる。ここで ω_{pD} と ω_{cD} は重水素イオンのプラズマ周波数とサイクロトロン周波数である。大型トカマクの場合, $k_{//}$ の典型的な値は約 $\sim 5\ \mathrm{m}^{-1}$ であって,そのような実験の場合には $n_0 > 2 \times 10^{18}\ \mathrm{m}^{-3}$ で速波は伝搬できる。重要な点は,速波はアンテナの所で減衰波となることである。そのためカットオフ密度の位置とアンテナの間を数 cm 以内にしなければ良い結合効率は得られない。

　1種類のみのイオンのプラズマでは速波の基本共鳴による減衰は非常に小さい。それは波の電場の回転している方向がほとんどイオンと反射方向であるからである。同方向に回転する偏波成分がイオンとの結合を可能にする。これらのことから,イオンサイクロトロン周波数帯の主な加熱のシナリオは,第2高調波によるものか,少数イオン法によるものとなっている。

　少数イオン法には,主に2つの領域がある。軽い少数イオンが少量(5 % 以内)ある場合,低磁場側のアンテナを使い,少数イオンの基本共鳴の近くで直接,速波と少数イオンを結合させてしまう。この結合は,望みの偏波成分のある共鳴面の強磁場側で強く起こる。

加熱

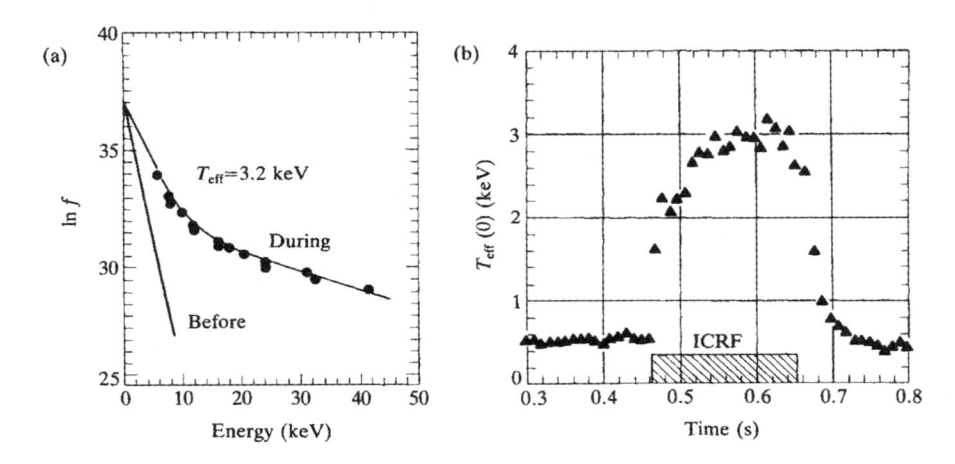

【図5.8.1】

PLTにおける水素を用いたイオンサイクロトロン第2高調波加熱（高周波パワー ~1 MW, 平均密度 $\bar{n} = 8 \times 10^{19}\,\mathrm{m}^{-3}$）

(a) イオンのエネルギー分布（荷電交換法による測定）

(b) 平均エネルギーの時間変化　$T_{\mathrm{eff}} = \dfrac{2}{3} \dfrac{\int E^{3/2} f(E)\mathrm{d}E}{\int E^{1/2} f(E)\mathrm{d}E}$

さらに少数イオンの量が増えると（≥5%），イオン・イオン混成共鳴が起こる。この程度の量において速波から遅波へのモード変換が，アルベーン共鳴と呼ばれる $\varepsilon_\perp = n_{//}^2$ 付近で起こる。この共鳴は，第2番目のイオン種が混在していることで，プラズマの中心部で起こり得る。少数イオンの量がこの領域の条件を満たす場合には，モード変換領域と呼ばれる。また波動入力は強磁場側からする必要がある。弱磁場側のモード変換領域に $\varepsilon_\perp - i\varepsilon_{xy} = n_{//}^2$ のカットオフが存在するからである。

イオンサイクロトロン減衰機構は，イオンが静止系においてイオンサイクロトロン波の電場を感じることに依っている。共鳴条件は $j = i$ とした5.7.4式で与えられる。トロイダル磁場は，主半径 R に反比例するので，ドップラー広がりによる共鳴の幅 δx は $\delta x / R \approx k_{//} v_{\mathrm{Ti}} / l\omega_{\mathrm{ci}}$ である。図5.8.1には，PLTの実験結果を示している。弱磁場側でポロイダル方向に半ターンするループアンテナを使い第2高調波法で行った。最後に，イオンサイクロトロン波加熱の良い点を挙げると，吸収領域（これはトカマクの小半径の断面に対して垂直な線に沿ったものになるが）をトロイダル磁場強度に応じ，周波数を合わせて場所を決められる点である。大型トカマクの場合，この垂直な線の中心に入力パワーを集中させることも可能である。

5.9 低域混成共鳴加熱

低域混成共鳴加熱は，1 – 5 GHz 帯の電磁波を使う。3 GHz は真空波長として 0.1 m 位であり，従って基本モードで動作する導波管を用いてエネルギーを伝送し印加することができる。これがこの方法の1つの利点である。他の利点は，パワーソースの開発がほとんどいらないことである。

低域混成領域の周波数は $\omega_{ci} \ll \omega \ll |\omega_{ce}|$ に位置し，この周波数の波の伝播は5.6.1式で良く記述できる。ここで，誘導テンソルの要素は近似的に，

$$\varepsilon_\perp \approx 1 + \omega_{pe}^2/\omega_{ce}^2 - \omega_{pi}^2/\omega^2, \qquad \varepsilon_{//} \approx 1 - \omega_{pe}^2/\omega^2,$$
$$\varepsilon_{xy} \approx -\omega_{pe}^2/\omega|\omega_{ce}|$$

となる。低域混成共鳴（5.7.2式）がプラズマ中で起こる条件は，

$$n_{res} = 2.3 \times 10^{19} A_i f^2 / (1 - 2.3 A_i f^2 / B_0^2) \quad m^{-3} \qquad 5.9.1$$

で与えられ，n_{res} は低域混成共鳴点での密度，A_i はイオンの原子量，f は GHz で測った周波数，B_0 はテスラで測った磁場である。トカマクは密度を $10^{19} \sim 5 \times 10^{20}$ m^{-3} の範囲で運転するので，n_{res} がこの範囲に入るように周波数を選ばなければならない。それゆえ，イオンによる吸収を支配する共鳴位置を実験では完全に制御することはできない。

低域混成波が共鳴密度まで到達するためには $n_{//} > 1$ である必要がある。波はプラズマの周辺部で減衰波となるため，アンテナはプラズマに接近して置かなければならない。アンテナは電磁的遅波を速波に優先して誘起する必要がある。速波は共鳴を持たない。遅波の方は磁場に沿った **E** の成分を持っているので，導波管の短い方をトロイダル磁場に向かせた導波管アンテナを並べて励起する。また適当なTEモードを使って誘起できる。

遅波がプラズマ周辺部の減衰領域を通過したら，それが共鳴まで邪魔されずに伝播する必要がある。しかし，$n_{//} < n_c$ の場合，共鳴とカットオフの間で遅波と速波の合流が起こる。遅波は後進波（群速度が位相速度と反対を向いている）であるので，遅波から速波への変換はエネルギーの反射となってしまう。このような状況では，遅波にとっては共鳴への到着をさまたげる無伝播領域が新たに現れる。これは図5.9.1(a), (b)に示してある。最初の図は $n_{//} < n_c$ の場合の速波と遅波の合流を示し，次の図に $n_{//} > n_c$ の場合には波が共鳴まで自由に伝播することを示している。この条件 n_c はスティックス・ゴーラントの近接条件と呼ばれ，次式で与えられる。

$$n_{//}^2 > 1 + (\omega_{pe}^2/\omega_{ce}^2)\Big|_{res} \qquad 5.9.2$$

加熱

　この条件を満足する $n_{//}$ のスペクトラムを励起するために、グリルアンテナが開発された。これは導波管が横ならびになっているもので、隣接の導波管同士の位相を適切な値に設定したものである。この配列方式によって、パワーの反射率を 10 ％ 以下におさえることができる。

　低域混成加熱の他の重要な性質は、遅波が $v_{g\perp}/v_{g//} = k_{//}/k_\perp$ の特性を持っていることである（$v_{g\perp}$ と $v_{g//}$ は垂直方向及び平行方向の群速度）。この意味するところは、（ $k_{//} \ll k_\perp$ なので $v_{g\perp} \ll v_{g//}$ となることから）エネルギーは磁力線を直接横切って行くのではなく、トーラスを何遍もまわってから共鳴に到達することである。遅波が低域混成共鳴条件に近づくにつれ、直角方向の波数が増え、それに伴ってバーンスタイン波の高調波との結合が増える。この波は、低域混成共鳴で全部吸収されて、イオンを加熱する。また、遅波は平行方向の電場を持ち、磁力線に斜めに伝播するため、電子も電子のランダウ減衰機構で加熱をうける。このランダウ減衰が起きる条件は $n_{//}T_e^{1/2} \sim 5$ で、ここで T_e は keV 単位である。これに起因する電子加熱は、$T_e > 5$ keV のプラズマに対しては、共鳴領域付近だけでなく、周辺部まで拡がって起こる。低域混成波の $n_{//}$ スペクトラムを低い値にしぼって超熱速度電子に結合させることもできる。これが低域混成波による電流駆動の基本概念である。PLTトカマクにおいて低域混成波のパワー 100 kW で3分間放電を維持した。その時の電流値は 175 kA であった。

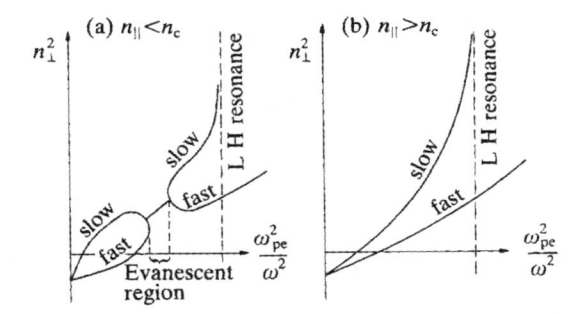

【図5.9.1】
垂直方向の屈折率の2乗に対する密度依存性 (a) $n_{//} < n_c$ 及び (b) $n_{//} > n_c$ に対して示す。

5.10 電子サイクロトロン共鳴加熱

電子サイクロトロン共鳴加熱は，電磁波による加熱の中で一番単純な方法である。イオンサイクロトロン加熱や低域混成加熱とは対照的にプラズマとアンテナの間には減衰領域がない（プラズマ中にはカットオフはあるが）。つまりアンテナを遠ざけることができ，他の方法より危険が少ないことにある。

周波数は 100－200 GHz 帯で対応する真空波長は 1－2 mm である。このように高周波であると電子のみが直接に加熱される。しかし，炉の条件下においては，イオンも電子との衝突過程をへて加熱される。密度が増加すると電子サイクロトロン波がトカマクプラズマの中心まで到達できなくなるという限界がある。伝播は5.6.1式より，

$$n_\perp^2 = 1 - \omega_{pe}^2/\omega^2 \qquad 5.10.1$$

$$n_\perp^2 = \left(1 - \omega_{pe}^2/\omega^2 - |\omega_{ce}|/\omega\right)\left(1 - \omega_{pe}^2/\omega^2 + |\omega_{ce}|/\omega\right) / \left(1 - \omega_{pe}^2/\omega^2 - \omega_{ce}^2/\omega^2\right) \qquad 5.10.2$$

で与えられる。ここでは $n_{//} = 0$ としている。5.10.1式は $\mathbf{E}\,//\,\mathbf{B}_0$ の直線偏光波であり O モードと呼ばれる。5.10.2式で示されるのは，楕円偏光波で $\mathbf{E} \perp \mathbf{B}_0$ であり，これは X モードと呼ばれる。

冷たいプラズマの近似的記述によれば，O モードは共鳴がなく，X モードは $\omega = \omega_{UH}$ に共鳴があることは5章7節で述べた。しかし，高温プラズマの効果を考慮すると両方のモードともに $\omega = l|\omega_{ce}|$ で共鳴することがわかる。ここで l は整数である。高域混成をあわせもつこれらの共鳴が加熱に使われる。

O モードと X モードの近接条件は，5.10.1式と5.10.2式で与えられる。$\omega \simeq l|\omega_{ce}|$ の場合には O モードの条件は $\omega_{pe}^2/\omega_{ce}^2 = l^2$ であり，X モードの条件は $\omega_{pe}^2/\omega_{ce}^2 = l(l \pm 1)$ となる。2つの X モードのカットオフ（低密度と高密度）の意味や一般的な近接性の情報は，クレモー・ムラリー・アリス（CMA）ダイアグラム（図5.10.1）によって端的に表現される。このダイアグラムは与えられた ω に対して，磁場の 2 乗 ω_{ce}^2/ω^2 に対する 密度 ω_{pe}^2/ω^2 依存性をプロットしている。

3つの波の軌跡（ラベル1-3）がダイアグラム上に示してある。第1番目は弱磁場側から印加された基本 X モードで，どこの共鳴にも到達することなく，低密度側のカット・オフにぶつかってしまう。第2は $l = 2$ の X モードの第2高調波で，第2高調波共鳴（高域混成ではない）には弱磁場側から到着できる例である。

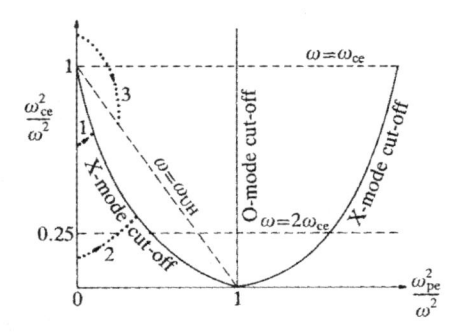

加熱

【図5.10.1】
　CMAダイアグラム（磁場の2乗: 密度のプロット）。XモードとOモードの共鳴への近接性を示している（実線: カットオフ, 波線: 共鳴, 点線: Xモード軌跡）。

　第3は, 強磁場側からの基本Xモードに対応し, 基本波と高域混成共鳴の両方まで伝播できる。最後にOモードであるが, 印加のし方によらず, 密度がカットオフより低ければ共鳴まで自由に到達することができる。

　OモードもXモードもカットオフの条件は $n_0/B_0^2 =$ 一定となる。このことは, 電子サイクロトロン加熱では, 局所的な $\beta_e (= p_e(B^2/2\mu_0))$ の値として $0.004\alpha T_e$ (keV) 以上の値を超えられないことに対応する。ここでOモードに対し, $\alpha = l^2$ で, Xモードの低磁場側からと強磁場側でそれぞれ $\alpha = l(l \mp 1)$ となる。

　吸収を考えれば, 高調波の高いものの方が吸収が弱くなり, 発振器の開発に問題が大きい。だいたい電子サイクロトロン波では, 基本, 第2, 第3までと考えられている。

　共鳴条件は5.7.4式で $j = e$ として与えられるが, これは吸収領域を決めるものである。電子サイクロトロン波は, この領域の外側では減衰せずに, この共鳴領域を横切るたびにエネルギーが $\exp(-\tau)$ 倍に減る。ここで τ は光学的深さと定義される。イオンサイクロトロン加熱と同様に電子サイクロトロン加熱も, 吸収領域をその周波数と真空磁場を合わせることによって制御できるという大きい利点がある。波は小半径断面上の垂直線上の共鳴を持つからである。磁場に垂直に伝播する波に対して, 共鳴線（弦）の幅 δx は, 相対論的な質量の変化分, つまり $\delta x/R \approx v_{Te}^2/c^2$ で与えられ, エネルギーは強磁場側に蓄積される。磁場に対して斜めに伝搬する波に対しては共鳴は $\delta x/R \approx v_{Te}/c$ で与えられるドップラー広がりに支配される。この場合は共鳴線の両側でエネルギー吸収がある。基本Oモードと第2高調Xモードに対する光学的深さとしては, その最大吸収率の場合, $\tau = \gamma_{O,X} R(m) f(GHz) T_e(keV)$ で与えられる。ここで $\gamma_O = 0.025$ であり, $\gamma_X = 0.15$ である。

参考文献

オーミック加熱

オーミック加熱が重要な役割を果たす実験提案 (Ignitor)

Coppi, B. Compact experiment for α-particle heating. *Comments on Plasma Physics and Controlled Fusion* Vol. III, 47,(1977).

中性粒子ビーム加熱

導入的解説

Sweetman, D. R., Cordey, J. G., and Green, T. S. Heating and plasma interactions with beams of energetic neutral atoms, *Philosophical Transactions of the Royal Society* A 300, 589 (1981); and

Hemsworth, R. S. In *Plasma physics and nuclear fusion research* (ed. Gill, R. D.). Academic Press, London (1981).

ビーム・プラズマ相互作用の物理

Trapping and thermalization of fast ions, by

Cordey, J. G. *Applied atomic and collision physics* Vol 2 (eds. Barnett, C. F. and Harrison, M. F. A.). Academic Press, Orlando (1984).

技術的観点

Neutral-Beam formation and transport, by

Green, T. S. *Applied atomic and collision physics* Vol 2 (eds. Barnett, C. F. and Harrison, M. F. A.) Academic Press, Orlando (1984).

初期の実験結果

Bol, K. *et al*, Neutral beam heating in the Adiabatic Toroidal Compressor. *Physical Review Letters* 32, 661 (1974).

かなりの加熱に成功した実験結果

Eubank, H., Goldston, R. J. *et al.* PLT neutral beam heating results. *Plasma physics and controlled nuclear fusion research* (Proceedings 7th International Conference, Innsbruck, 1978) Vol. 1 167. I.A.E.A. Vienna (1979); and

Kitsunezaki, A. Angel, T. *et al*, High pressure plasma with high-power NBI heating in Doublet III *Plasma physics and controlled nuclear fusion research* (Proceedings 10th International Conference, London, 1984) Vol. 1, 57. I.A.E.A. Vienna (1985).

高周波加熱

2つの到達水準に関するまとめ

Porkolab, M. Review of RF heating. In *Theory of magnetically confined plasmas*. Proceedings of the International School of Plasma Physics, Varenna 1977, p.339. Pergamon Press, Oxford (1979); and Hwang, D. Q. and Wilson, J. R. Radio frequency wave applications in magnetic fusion devices. *Proceedings of IEEE* 69, 1030 (1981).

第1の論文は理論と実験結果を概観し、第2の論文は技術に関する情報を含む。

高周波加熱の物理

高周波加熱の物理の大部分を含んでいるプラズマの波に関する標準的な研究

Stix, T. H. *The theory of plasma waves*. McGraw-Hill, New York (1962).

核融合における線形モード変換を初めて説明した論文

Stix, T. H. Radiation and absorption via mode conversion in an inhomogeneous collision-free plasma. *Physical Review Letters* 15, 878 (1965).

磁気プラズマの線形波の理論の詳細で最新情報を取り入れた解説

Akhiezer, A. I., Akhiezer, I. A., Polovin, R. V., Sitenko, A. G., and Stepanov, K. N. *Plasma electrodynamics* Vol. I. Pergamon Press, Oxford (1975).

イオンサイクロトロン共鳴加熱

2種のイオンの混成共鳴を初めて説明した論文

Buchsbaum, S.J. Resonance in a plasma with two ion species. *Physics of Fluids* 3, 418 (1960).

速波によるイオンサイクロトロン加熱の基礎を完璧に詳細に説明した論文

Stix, T. H. Fast-wave heating of a two component plasma. *Nuclear Fusion* 15, 737 (1975).

イオンサイクロトロン加熱を用いた初期の結果

Equipe, T. F. R. ICRF heating in TFR 600. *Proceedings of the 8th International Conference on the Physics of Plasmas and Controlled Nuclear Fusion* (Brussels 1980) Vol.2, p. 75, I.A.E.A., Vienna (1981).

低域混成共鳴加熱

低域混成波の近接性の条件の2つの最初の議論の1つ

Golant, V. E. Plasma penetration near the lower hybrid frequency. *Zhurnal Technicheskoi Fiziki* 41, 2492 (1971) [*Soviet Physics-Technical Physics* 16, 1980 (1972)].

加熱

低域混成波用アンテナとして整相列の導波管(格子)を使用する最初の提案

Lallia, P. A LHR heating slow wave launching structure suited for large toroidal experiments. *Proceedings of 2nd Topical Conference on RF Plasma Heating* (Texas Tech. Univ., Lubbock, Texas) Paper C3 (1974).

トカマクのすべてのプラズマ電流を低域混成波により駆動することに成功した初めての実験

Bernabei, S. *et al.* Lower hybrid current drive in the PLT tokamak. *Physical Review Letters* 49, 1255 (1982).

電子サイクロトロン共鳴加熱

ジャイロトロンによる高出力電子サイクロトロン加熱を利用した最初の実験

Alikaev, V. V., Bobrovskii, G. A., Poznyak, V. I., Razumova, K. A., Sannikov, V. V., Sokolov, Yu. A., and Shmarin, A. A. ECR plasma heating in the TM-3 tokamak in magnetic fields up to 25 kOe, *Fizika Plasmy* 2, 390 (1976) [*Soviet Journal of Plasma Physics* 2, 212 (1976)].

電子サイクロトロン吸収に関する相対論的効果を最初に完全な形で取り扱ったものの1つ

Shkarofsky, I. P., Dielectric tensor in Vlasov plasmas near cyclotron harmonics. *Physics of Fluids* 9, 561 (1966).

読む価値の高い電子サイクロトロン加熱概論レビュー

Manheimer, W. M. *Electron cyclotron heating in tokamaks, infra-red and millimeter waves* Vol. II (ed. Button K. J.). Academic Press, New York (1979).

CMA線図の記述された本

Stix, T. H. *The theory of plasma waves*. McGraw-Hill, New York (1962).

6 MHD安定性

6.1 MHD安定性

トカマクの中で,一番危険な不安定性はプラズマの電磁流体モデル(これが一番単純な記述法である)で記述される。基本的な不安定性の源は,

(i) 電流の勾配
(ii) 圧力勾配と反対方向の磁場の曲率

である。これらによって誘起される不安定性は,2つのカテゴリーに分類される。

(i) **理想型モード** —— プラズマが完全導体であっても起こる不安定性
(ii) **抵抗性モード** —— プラズマの電気抵抗率に依存する不安定性

である。

理想型であれ,抵抗型であれ誘起される不安定性のモードのスペクトラムは無限個あり,それぞれモード数で性質づけられる。円形断面で,大アスペクト比をもつトカマクの場合,モードは $\exp i(m\theta - n\phi)$ という形を取る。ここで m と n は,ポロイダル及びトロイダルのモード数である。

電磁流体(MHD)モードに対する安定化効果は,図6.1.1に示されている。それらは,次のように説明できる。

(i) **磁力線の曲がり** —— 平衡磁場と垂直方向に摂動磁場を作り出す。この安定化効果は,短波長モードにより効く。つまり m とともに増加する。
(ii) **磁力線の圧縮** —— 平衡磁場と平行方向に摂動磁場を作り出す。
(iii) **磁力線の良い曲率** —— 曲率の中心が圧力勾配と逆方向を向いていること。

磁力線の曲がりによる安定化効果は,螺旋状の磁場が,モードのピッチと同じになる磁気面で一番小さくなる。この共鳴は,$m = nq$(q は安全係数)となるような有理面で起こる。高 m モードには安定化効果は強いにもかかわらず,もしモードが有理面近傍に局在する場合には,不安定性が起こる。

m と n が無限大の極限では,モードは十分局在することとなり,安定性は磁気面の性質に対応することになる。この場合には,安定化条件は全磁気面で満足されなければならない。

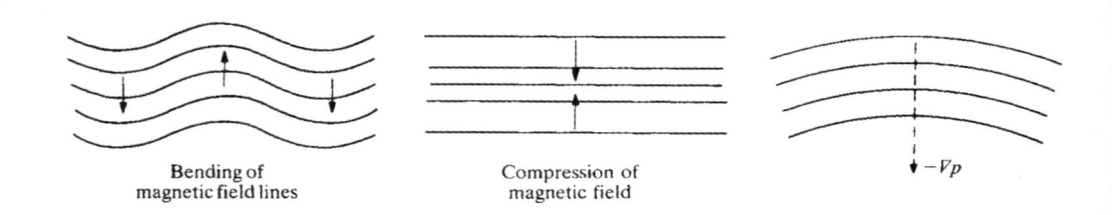

【図6.1.1】
磁力線の曲がりや磁場の圧縮は MHD モードに対して安定化効果がある。磁力線の曲率は,圧力の負勾配が曲率の中心に向いている時に安定化に効く。

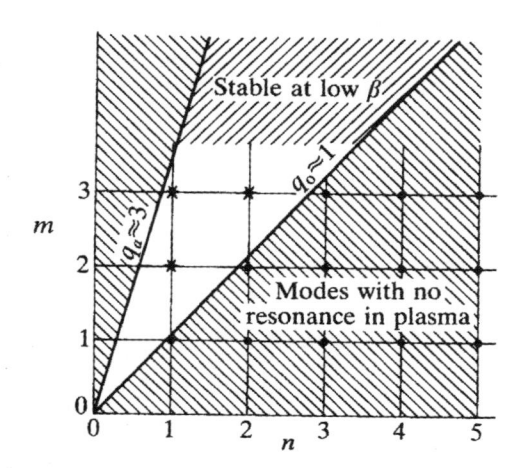

MHD安定性

【図6.1.2】
　トカマクプラズマから有理面をとり除くことによって，不安定になり得るモード数を減らしていることを示す。モードは $q_0 < m/n \leq q_a$ に限られ＊（アステリスク）で示してある。低 β では高 m モードは磁力線の曲げと良い曲率とで安定化される。

　低いモード数 m のモードは局在しない。しかし不安定性が起こるためには，m/n なる有理面がプラズマの内部，もしくはすぐ表面に存在しなければならない。トカマクの安定性は，プラズマコラムにわたって q 値の範囲が限られているために，数個の低 m モード以外の共鳴を除いていることに部分的に起因する。このことを，図6.1.2には，q 値の一番大きい値が 3 で，最低値がちょうど 1 より少し大きい場合について示してある。

　この章では線形の安定性理論を取り扱う。主な目的は，パラメータ空間において，安定，不安定領域の境界を決めることである。安定領域で運転することが必要と思われるかもしれないが，話はもっと込み入っていて，あるモードに対しては，他の良い条件を達成するために少しぐらいの不安定性のレベルがあってもよいという場合もある。実験的には通常，トカマクはMHD不安定性の兆候を示している。第7章で紹介されるように，非線形理論は，それらの不安定性の飽和値や，また，どの程度有害であるか計算するために必要となる。

　安定性を決めるのに3つの主だった理論的手段がある。

(i) **エネルギー原理**。そこではプラズマの変位 $\xi(x)$ に対して，ポテンシャルエネルギーの変化を見る。

(ii) 周波数 ω に対する**固有値**および**固有関数**を計算する。ω の虚数部分の符号が安定性を決める。

(iii) **安定限界**の方程式($\omega_i = 0$) を解く。この解は，安定境界にある配位が，要請された境界条件を満足している。

6.2 エネルギー原理

　理想型 MHD のエネルギー原理は，もし平衡に対して物理的に許される摂動を加えポテンシャルエネルギーが低くなったとすれば，その平衡は不安定であるという概念による。これによって記述される不安定性は，理想型（アイデアル）モードと呼ばれる。ある任意の変位に対してのポテンシャルエネルギーの変化分は，2章13節で与えられる方程式から計算する。

　プラズマがある変位 $\xi(\mathbf{x})$ をしたときのエネルギー変化分は，体積積分値として，

$$\delta W = -\frac{1}{2}\int \boldsymbol{\xi}\cdot\mathbf{F}d\tau \qquad 6.2.1$$

で与えられる。ここで $\mathbf{F}(\mathbf{x})$ はその変位によって誘起された力である。2.13.2式より，線形化された力は，

$$\mathbf{F} = \mathbf{j}_1\times\mathbf{B}_0 + \mathbf{j}_0\times\mathbf{B}_1 - \nabla p_1 \qquad 6.2.2$$

で与えられる（添字0と1は平衡と摂動を示す）。変位にもとづく圧力の変化 p_1 は，線形化された断熱の式2.13.4より

$$p_1 = -\gamma p_0\nabla\cdot\boldsymbol{\xi} - \boldsymbol{\xi}\cdot\nabla p_0 \qquad 6.2.3$$

また，磁場の摂動分は，2.13.6式のファラデーの誘導方程式と，2.13.7式の完全導体であるという式を使って，次式となる。

$$\mathbf{B}_1 = \nabla\times(\boldsymbol{\xi}\times\mathbf{B}_0) \qquad 6.2.4$$

電流密度の摂動は，2.13.5式のアンペールの式より

$$\mathbf{j}_1 = \nabla\times\mathbf{B}_1/\mu_0 \qquad 6.2.5$$

となる。6.2.2〜6.2.5式を6.2.1式に代入して，ξ に対する δW の表式を得る。

$$\delta W = -\frac{1}{2}\int\left(\boldsymbol{\xi}\cdot\nabla(\gamma p_0\nabla\cdot\boldsymbol{\xi} + \boldsymbol{\xi}\cdot\nabla p_0) + \frac{1}{\mu_0}\boldsymbol{\xi}\cdot\left[(\nabla\times\nabla\times(\boldsymbol{\xi}\times\mathbf{B}_0))\times\mathbf{B}_0 + (\nabla\times\mathbf{B}_0)\times\nabla\times(\boldsymbol{\xi}\times\mathbf{B}_0)\right]\right)d\tau$$

また，12章1節のベクトル公式3，および5を使い，ガウスの定理を適用すると，

$$\delta W = \frac{1}{2}\int\left(\gamma p_0(\nabla\cdot\boldsymbol{\xi})^2 + (\boldsymbol{\xi}\cdot\nabla p_0)\nabla\cdot\boldsymbol{\xi} + \frac{1}{\mu_0}B_1^2 - \mathbf{j}_0\cdot(\mathbf{B}_1\times\boldsymbol{\xi})\right)d\tau + \frac{1}{2}\int\left(p_1 + \frac{1}{\mu_0}\mathbf{B}_0\cdot\mathbf{B}_1\right)\boldsymbol{\xi}\cdot d\mathbf{S}$$

$$6.2.6$$

MHD安定性

を得る。もし，表面で垂直方向の変位がゼロであれば，表面積分値は消える。これは，完全導体に接していれば成り立つ。もしプラズマの外側に真空部分があれば（また平衡配位において表面電流がないものとする），この表面項は，真空部分に移送するエネルギー分を示す。このエネルギーは $\int B_V^2/2\mu_0 d\tau$ であり，$\mathbf{B}_V$ は変動を受けた磁場であり，積分は真空全部分である。6.2.6式は書きなおすと，

$$\delta W = \frac{1}{2} \int_{plasma} \left(\gamma p_0 (\nabla \cdot \boldsymbol{\xi})^2 + (\boldsymbol{\xi} \cdot \nabla p_0) \nabla \cdot \boldsymbol{\xi} + \frac{B_1^2}{\mu_0} - \mathbf{j}_0 \cdot (\mathbf{B}_1 \times \boldsymbol{\xi}) \right) d\tau + \int_{vacuum} (B_V^2 / 2\mu_0) \, d\tau$$

となる。ここで $\mathbf{B}_1(\boldsymbol{\xi})$ は，6.2.4式で与えられ，$\mathbf{B}_V$ は条件 $\nabla \times \mathbf{B}_V = 0$ とともに $\boldsymbol{\xi}$ に依存する境界条件を満足するものとする。

もし δW が物理的に許される変位 $\boldsymbol{\xi}$ に対して負となれば，不安定となる。一方，もしあらゆる許される変位 $\boldsymbol{\xi}$ に対して正ならば安定である。

エネルギー原理を用いて安定性の十分条件を求めることが可能でしばしば使われる。つまり，δW の形を変形して，ある条件が満足されればどのような変位に対しても正になることを示す。もっと一般的方法は，δW を負とするような試行関数を使い，不安定性を示すことである。

もし，問題の固有関数や固有値 ω が必要な時には，運動エネルギー

$$K = \int \frac{1}{2} \rho \omega^2 \boldsymbol{\xi}^2 \, d\tau$$

を導入する必要があり，また次のラグランジアンの極値を求める必要がある。

$$L = K - \delta W$$

これは，線形化された理想型MHD方程式の全方程式を解くことに等しい。解の一例を図6.2.1に示そう。

【図 6.2.1】
トカマクにおけるある理想型MHD不安定性の変位 $\boldsymbol{\xi}$ のポロイダル面状の成分を示す。

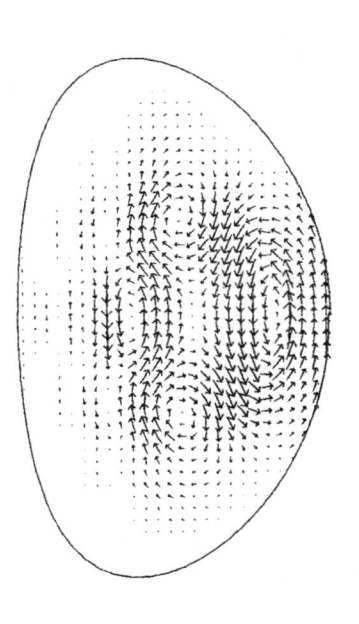

6.3 キンク不安定性

潜在的に最も強い理想型 MHD 不安定性はキンクモードである。プラズマの境界と磁気面が折れ釘型（kink）に変形することから名付けられている。トロイダル電流の半径方向の勾配が不安定性を起こす力となる。

円形断面で，大アスペクト比のトカマクの低 $\beta(\sim \varepsilon^2)$ の場合，半径方向に $\xi(r)e^{i(m\theta-n\phi)}$ の変位を持つ摂動に対するポテンシャルエネルギーは，

$$\delta W = \frac{\pi^2 B_\phi^2}{\mu_0 R_0}\left\{\int_0^a \left[\left(r\frac{d\xi}{dr}\right)^2 + (m^2-1)\xi^2\right]\left(\frac{n}{m}-\frac{1}{q}\right)^2 r\,dr \right.$$

$$\left. + \left[\frac{2}{q_a}\left(\frac{n}{m}-\frac{1}{q_a}\right) + (1+m\lambda)\left(\frac{n}{m}-\frac{1}{q_a}\right)^2\right]a^2\xi_a^2\right\} \quad 6.3.1$$

ここで

$$\lambda = (1+(a/b)^{2m})/(1-(a/b)^{2m}),$$

a はプラズマ半径，b は完全導体壁の半径，q は安全係数，添字 a は $r=a$ の時の値である。$m=1$ のモードは特殊であるので，6章4節で述べる。

もし，プラズマ表面に導体壁があった場合には，$\xi_a=0$ が境界条件となる。6.3.1式より，この場合は $\delta W > 0$ であり，プラズマは安定である。$m/n < q_a$ であるようなモードは，どこに導体壁があろうとも（$b \to \infty$ でもよい）δW は正である。もし q が r の増加関数であれば，共鳴面をプラズマの中に持つようなモードはいつも $m/n < q_a$ であるから安定である。

プラズマの外側では，$q \propto r^2$ が成り立つ。共鳴面をプラズマの外側に持つようなモードは $m/n > q_a$ であり，これらは不安定になりうる。安定性を決める特殊な例としてだが，直接的な方法は固有モードの方程式を解くことである。

$$\frac{d}{dr}\left[(\rho\omega^2 - F^2)r\frac{d}{dr}(r\xi)\right] - \left[m^2(\rho\omega^2-F^2) - r\frac{dF^2}{dr}\right]\xi = 0$$

ここで ρ はプラズマの密度，$F=(m-nq)B_\theta/r\mu_0^{1/2}$，モードは時間的に $\exp(-i\omega t)$ の依存性を持つものとする。境界条件として，原点付近で変位は $\xi \propto r^{m-1}$ の形を持ち，プラズマの表面では下式を満足するものとする。

$$\frac{d}{dr}(r\xi) = \frac{m(m-nq_a)^2}{(\mu_0\rho\omega^2 a^2/B_\theta^2)-(m-nq_a)^2}\left(\lambda - \frac{2}{m-nq_a}\right)\xi, \qquad (r=a)$$

MHD安定性

この条件は,圧力の釣り合いの要請とプラズマ境界で磁気面が存在する条件とを示している。図6.3.1には,その成長率 $\gamma(=\omega_i)$ を放物型電流分布の場合に示してある。図6.3.2には電流分布が $j = j_0(1-(r/a)^2)^\nu$ である場合の安定領域を示す。この図の上半面にある広い帯状の不安定領域は電流分布が平坦であることに起因し,表面近傍の電流の勾配が不安定効果を及ぼすためである。図下方の突起した不安定領域(ここでは電流分布はもっと尖頭化しているが)の出現は,色々なモードの共鳴面がプラズマの表面に接近(つまり電流の勾配のきつい所に接近)することから起こる。

共鳴面がプラズマ表面に外側から到達してくる時に(つまり $q_a \to m/n$)安定化すると考えるのは理想型 MHD モデルからの帰結であり,誤解を招きやすい。6章7節のテアリングモードの場合でもわかるように,抵抗の影響を入れるとこの安定性の境界が変わり,プラズマ中に共鳴面があると不安定性が起こる。

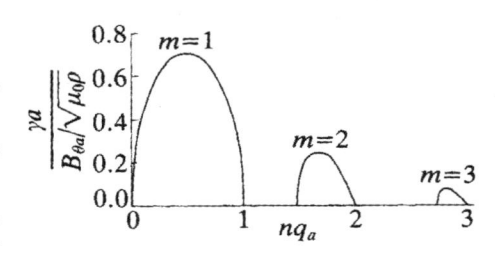

【図6.3.1】

$m = 1, 2, 3$ モードの成長率の放物型電流分布。$j = j_0(1-(r/a)^2)$ に対し nq_a の関数として示す。

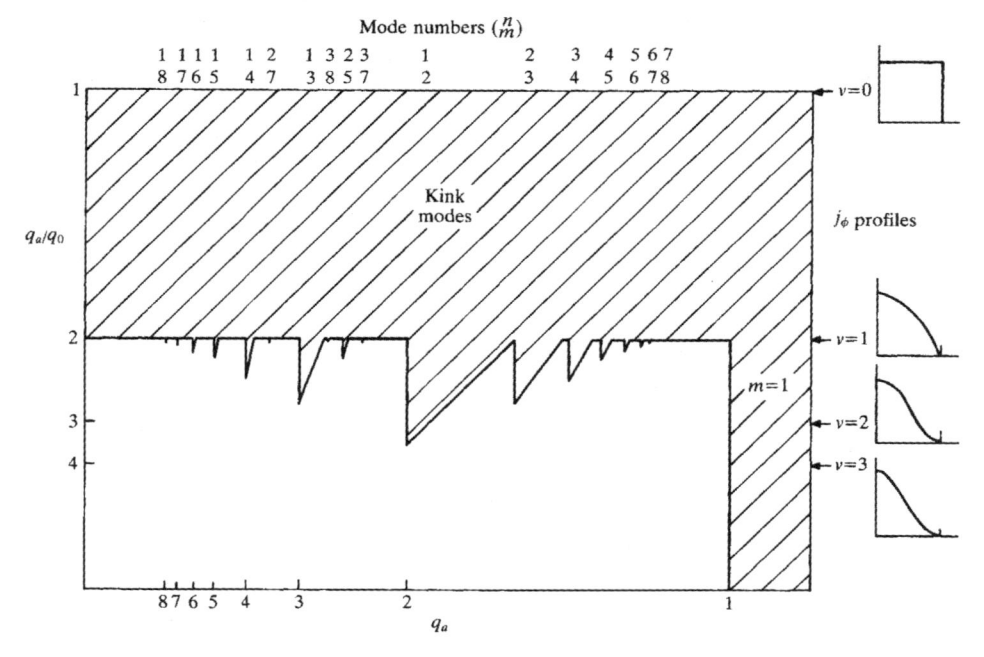

【図6.3.2】

キンクモードの安定性のダイアグラムを電流分布 $j = j_0(1-(r/a)^2)^\nu$ の場合に示す。縦軸は電流分布の尖頭度を測る $q_a/q_0 (= \nu+1)$ で取り,横軸は $1/q_a$ に比例,それゆえ全電流値に比例する量を取っている。

6.4 内部キンクモード

この不安定性は, ポロイダルモード数 $m=1$ である。これらのモードでもっとも重要なものはトロイダルモード数 $n=1$ であるモードである。共鳴面は $q=1$ であり, プラズマの中に $q=1$ 面が存在する時にのみ起こる。つまり安定化のための十分条件は q の最小値が1より大きいことである。スキン(表面)電流がない場合には最小の q 値は q_0 (つまり軸での値)である。$q_0>1$ なら内部キンクモードは安定である。

内部キンクモードは $m=1$ モードであるということから半径方向の変位の方位角方向の変化は $\cos(\theta-\phi)$ という形に書け, 図6.4.1に示すようにそれぞれの磁気面が単純に変位する点が他のモードと異なる点である。大アスペクト比の近似で, この意味は明らかになる。内部モードのポテンシャルエネルギーは,

$$\delta W = \frac{\pi^2 B_\phi^2}{\mu_0 R_0} \int_0^a \left[\left(r\frac{d\xi}{dr}\right)^2 + (m^2-1)\xi^2\right]\left(\frac{n}{m}-\frac{1}{q}\right)^2 r \, dr \, (1+O(\varepsilon^2)) \qquad 6.4.1$$

であり, ξ は半径方向の変位である。

$m=1$ モードの場合, 剛体的変位, $\xi=$ 一定 が積分核の最小値, つまり 0 を与える。6.4.1式は内部モードの式であり, $\xi_a=0$ として δW の表面項は無視している。よって $0\leq r\leq a$ の全てで $\xi=$ 一定 となる解は許されない。図6.4.1には, $\delta W = 0$ を満たし完全に内部に集中した $\xi(r)$ を示す。$q=1$ 面の内側では変位は剛体的で, 外側では 0 である。この2つの領域間では変形はまぬがれないが, それは $q=1$ 面にしわよせされる。この面では磁場のヘリカルピッチと摂動ピッチが同じであるので, $d\xi/dr$ が局在していてもエネルギーの変化が起きない。$d\xi/dr$ が局在する領域の幅を δ とし6.4.1式より結果として起こるエネルギー変化は

$$\int_{-\delta}^0 \left(\frac{\xi}{\delta}\right)^2 (q'x)^2 \, dx$$

に比例する。これはオーダーとして $O(\delta)$ であり, $\delta\to 0$ につれ 0 となる。

つまり ε のオーダーで δW の最小値は 0 であることがわかる。このモードはこのオーダーでは安定/不安定の境界にあり, 安定性は $O(\varepsilon^2)$ で決まる。6.4.1式の $O(\varepsilon^2)$ の計算は非常に複雑であるが, 結果としては大アスペクト比の場合で, 単純な電流分布を考えて, 安定条件は $\beta_p \leq 0.3$ が得られる。

MHD安定性

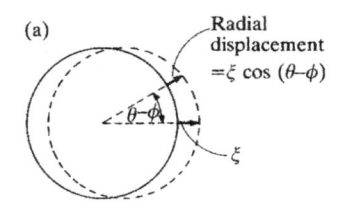

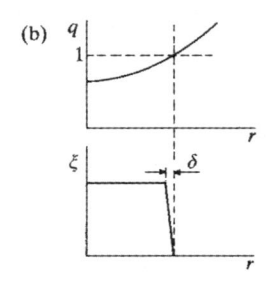

【図6.4.1】
(a) 円形の磁気面の $m=1$ の摂動に対する変位, (b) 不安定な変位 ξ の半径方向

ここで β_p は下のように定義される（r_1 は $q=1$ 面の半径）。

$$\beta_p = \frac{2\mu_0 R_0^2}{r_1^4 B_\phi^2} \int_0^{r_1} \left(-\frac{dp}{dr}\right) r^2 \, dr$$

$m=1$ モードが不安定の場合には安定性ダイアグラム6.3.2は図6.4.2のように変わる。内部キンクモードが高 β の場合安定になるという可能性も知られている。これは, 有限 β 効果のトロイダル平衡への影響によるものから来る。抵抗値が有限であると, 抵抗性の内部キンクもあり得る。このモードの線形成長率は $q=1$ 面におけるプラズマの抵抗値に依存する。

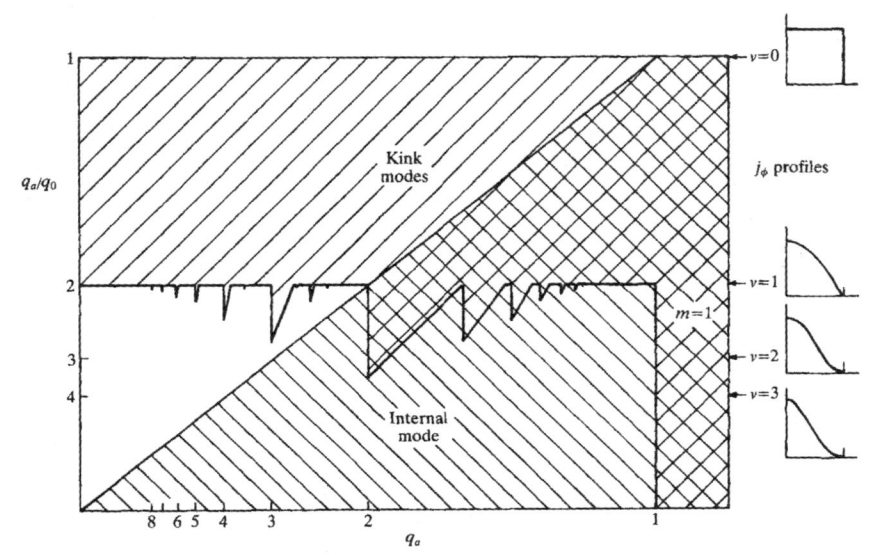

【図6.4.2】
キンクの安定性ダイアグラム 図6.3.2 に内部キンクの安定境界を付加したもの。

6.5 テアリングモード

トカマクのテアリング（ちぎれ型）不安定性は，平衡を保つ電流分布が径方向に勾配を持つことにより引き起こされる。この名前は，不安定が起きると，電気抵抗のために磁力線のつなぎ換えが起きることに由来している。

この不安定性の成長する速さは十分ゆっくりしているので，プラズマの大部分では慣性の効果は無視されるほど小さい。その結果，変動を受けるプラズマも力の釣り合い状態にある。すなわち平衡状態の $\nabla \times (\mathbf{j} \times \mathbf{B}) = 0$ という関係式が成り立つ。アスペクト比の大きい場合には，この式は $\mathbf{B} \cdot \nabla \mathbf{j} = 0$ と変形できる。この式を線形化し，アンペールの法則を用いると，

$$\frac{B_\theta}{\mu_0 r^2}\left(1 - \frac{nq}{m}\right)\left[\frac{d}{dr}\left(r\frac{d}{dr}(rB_r)\right) - m^2 B_r\right] = \frac{dj}{dr} B_r \qquad 6.5.1$$

という方程式が得られる。ここで B_r は径方向の磁場の摂動部分，j と B_θ は平衡のトロイダル電流密度とポロイダル磁場である。左辺の項は磁力線が曲げられるのに伴う安定化の効果をあらわす。有理面 $r = r_s$ では，$m = nq$ の関係が成り立つので，そこではこの安定効果は働かない。右辺の項は，電流勾配による不安定効果をあらわす。有理面の近くを除いて，6.5.1式は不安定モードの空間構造を決定する。そして以下に示すように，その解が安定性を決める。

6.5.1式が成立する領域（いわゆる外部領域）では電気抵抗の効果は小さい。そこでは不安定性が成長する速さは抵抗による磁場の拡散より速く，拡散は重要ではない。しかし，有理面（共鳴面）の近くでは事情が異なる。オームの法則 $\mathbf{E} + \mathbf{v} \times \mathbf{B} = \eta \mathbf{j}$ に $\nabla \times$（回転）を乗じ，線形化した方程式を求める。そしてファラデーの法則とアンペールの法則を用いると，

$$\gamma B_r - \frac{B_\theta}{r}(m - nq)\mathrm{i}v_r = \frac{\eta}{\mu_0 r}\nabla^2(rB_r) \qquad 6.5.2$$

という式になる。ここで γ は成長率である。共鳴面では左辺第2項（$\mathbf{v} \times \mathbf{B}$ から現れた項）が 0 になるのがわかる。この面の近くでは，6.5.2式右辺の抵抗による拡散が重要になる。摂動磁場のプラズマ全体での解 $B_r(r)$ の形を図6.5.1に示す。

成長率は，外部領域の解と（共鳴面近傍の抵抗が重要な）内部領域での解を整合させて求めることができる。6.5.1式を外部領域で解くと，内部の抵抗層の左右での dB_r/dr の飛びを示すパラメータ

$$\Delta' = (dB_r/dr)\Big|_{r_s-\varepsilon}^{r_s+\varepsilon} / B_r(r_s), \qquad \varepsilon \to 0$$

が求められるが，その値は，

$$\Delta'_{in} = \delta(dB_r/dr) / B_r(r_s)$$

に等しくなければならない。ここで $\delta(dB_r/dr)$ は，dB_r/dr の内部領域を横切った変化を表す（その計算法は6章6節で説明）。方程式 $\Delta' = \Delta'_{in}$ によって，$\Delta' > 0$ の時不安定になること，成長率が

MHD安定性

$$\gamma = 0.55 \left(\left(\frac{\eta}{\mu_0}\right)^{3/5} \left(\frac{B_\theta}{(\mu_0\rho)^{1/2}} \frac{nq'}{r}\right)^{2/5} \right)_{r=r_s} \Delta'^{4/5} \qquad 6.5.3$$

となることが示される。抵抗拡散時間 $\tau_R = \mu_0 a^2 / \eta$ とアルベーン通過時間 $\tau_A = a(\mu_0\rho)^{1/2}/B_\phi$ を用いて表すと, 成長率は

$$\gamma = \frac{0.55}{\tau_R^{3/5} \tau_A^{2/5}} \left(\frac{a}{R}\frac{naq'}{q}\right)^{2/5} (a\Delta')^{4/5}$$

となる。Δ' を計算する手順は6章7節で説明する。

$B_\phi = 5$ T, $n_e = 10^{20}$ m^{-3}, $T_e = 1$ keV, $a = 0.5$ m の重水素プラズマでは, 特徴的な時間は $\tau_R = 11$ s 及び $\tau_A = 0.06$ μs である。成長時間は, $\gamma^{-1} \sim \tau_R^{3/5} \tau_A^{2/5} \sim 5$ ms となる。この時の内部領域の厚さは6章6節に示すように 1 mm 以下であり, イオンラーマー半径より小さい。従って, このパラメータの場合には, 抵抗層の理論の妥当性には疑問が残る。しかし, 7章3節でわかるように外部領域の6.5.1式や, それが与える Δ' の値は, もっと一般的な場合にも妥当である。

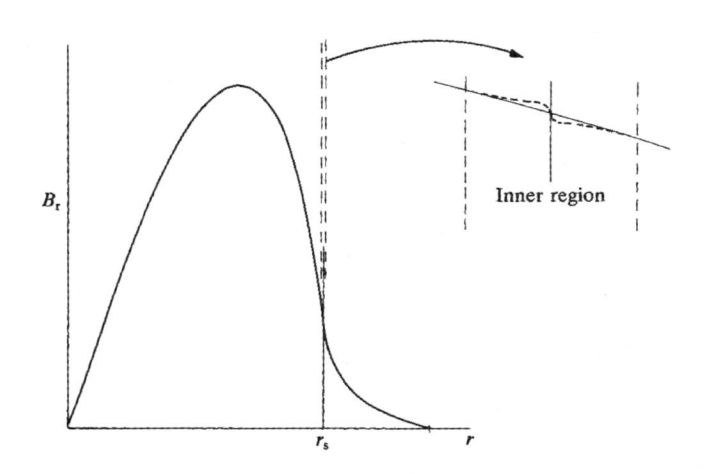

【図6.5.1】
$B_r(r)$ の典型的な様子を示す。拡大図の実線は, 内部領域の実際の (抵抗を考慮に入れた) 解を示す。点線は外部領域の (完全導体近似の) 解を延長したもの。

6.6 抵抗層

　テアリングモードの空間構造は、プラズマほとんどすべての場所にわたって理想 MHD 方程式で決定される。しかし、$r = r_s$ の共鳴面の近くでは、抵抗と慣性の双方ともが重要である。この領域の解が6章5節で用いられた量 Δ'_{in} を決め、それから成長率が計算される。

　アスペクト比の大きい場合、オームの法則から近似式 6.5.2 が導かれた。抵抗が重要になる抵抗層は薄いので、オペレータ ∇^2 のうち、重要な径方向微分だけ残せばよく、次式が得られる。

$$\frac{d^2 B_r}{dr^2} = \frac{\mu_0 \gamma}{\eta} B_r - \frac{\mu_0 B_\theta}{\eta r}(m - nq) i v_r \qquad 6.6.1$$

抵抗層で6.6.1式の解 B_r はほとんど一定である。そのため Δ'_{in} （その層の左右での $(dB_r / dr) / B_r(r_s)$ の変化）は、

$$\Delta'_{in} = \frac{\mu_0 \gamma}{\eta} \int \left(1 + \frac{B_\theta}{\gamma r} nq's \frac{i v_r}{B_r}\right) ds \qquad 6.6.2$$

となる。ここで積分は抵抗層にわたって行う。 $m - nq$ は $r = r_s$ のまわりに展開して $-nq's$ （ここで $s = r - r_s$ は有理面からの距離）と置き換え、平衡分布の量は共鳴面での値を用いている。

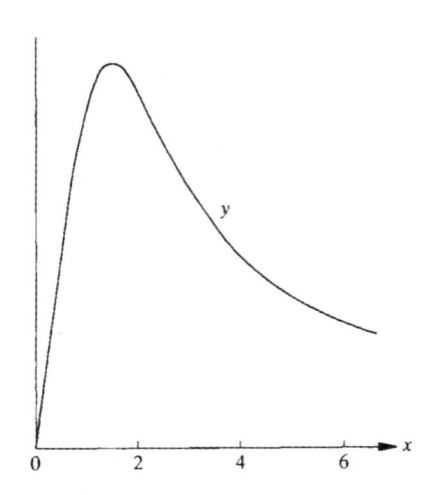

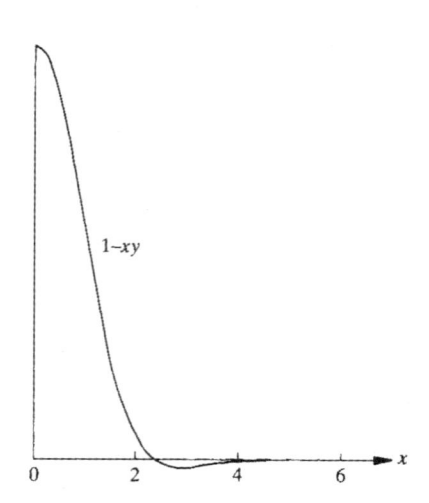

【図6.6.1】
抵抗層内での解 y と $(1 - xy)$ を示す。

　今度は v_r / B_r の値を、運動方程式の $\nabla \times$ （回転）を取った式の軸方向成分から決めることが必要になる。6.5.1式で $\nabla \times (\rho \partial \mathbf{v} / \partial t)$ を含めることに相当する。非圧縮性の運動を考え、同様に主要な径微分だけ残すと

MHD安定性

$$\frac{i\gamma\rho r}{m}\frac{d^2 v_r}{dr^2} = -\frac{B_\theta}{\mu_0}\left(1 - \frac{nq}{m}\right)\frac{d^2 B_r}{dr^2} + \frac{dj_\phi}{dr}B_r$$

という方程式を得る。6.6.1式を用いて $d^2 B_r/dr^2$ を消去すると

$$\frac{d^2 v_r}{ds^2} - \left(\frac{B_\theta^2 n^2 q'^2}{\rho\eta\gamma r^2}\right)s^2 v_r = -\frac{iB_\theta nq'}{\rho\eta r}sB_r - \frac{im}{\rho\gamma r}\frac{dj_\phi}{dr}B_r \qquad 6.6.3$$

を得る。B_r は s によらぬ定数と考えているので、この式は v_r に関する非斉次方程式である。v_r の解は s について対称成分と反対称成分の和で書ける。6.6.3式の右辺第1項から生まれる反対称成分のみが 6.6.2式の積分に寄与する。

特徴的な長さ d と新しい関数 y を導入し、6.6.3 式を便利な形に書き直す。d と y はそれぞれ

$$d = \left(\frac{\rho\eta\gamma r^2}{B_\theta^2 n^2 q'^2}\right)^{1/4} \qquad 及び \qquad y = -\frac{\rho\eta r}{B_\theta^2 nq' d^3}\frac{iv_r}{B_r} \qquad 6.6.4$$

と定義する。ただし、ここで v_r は6.6.3式の解のうち反対称成分のみを用いる。そうすると、6.6.2式と 6.6.3式の反対称成分は

$$\Delta'_{\text{in}} = \frac{\mu_0 \gamma d}{\eta}\int_{-\infty}^{+\infty}(1-xy)\,dx \qquad 及び$$

$$\frac{d^2 y}{dx^2} = -x(1-xy) \qquad 6.6.5$$

と書き直すことができる。ここで $x = s/d$ であり、積分の上下限は実際的には $\pm\infty$ となる。

6.6.5式の解 y と被積分関数 $1-xy$ を図6.6.1に示す。6.6.5式の積分の値は 2.12 となるので Δ' を Δ'_{in} と等しいと置いて

$$\Delta' = 2.12\frac{\mu_0 \gamma d}{\eta} \qquad 6.6.6$$

が得られる。d の定義6.6.4式を代入すると成長率6.5.3式が導かれる。

6.6.4式と6.6.6式から、代表的な幅 $d \sim a(\tau_A/\tau_R)^{2/5}$ が得られる。重水素プラズマで $n_e = 10^{20}\,\text{m}^{-3}$、$T_e = 1\,\text{keV}$、$a = 0.5\,\text{m}$、$B_\phi = 5\,\text{T}$ とすると、この幅は概略 0.3 mm となる。これはイオンのラーマー半径より小さく、従ってこの単純な抵抗層のモデルは、適用範囲が限られるものと考えられる。

6.7 テアリング安定性

テアリングモードの安定性を決めるのは、6.5.1式の解とその結果求まる Δ' の符号である。変数 B_r はしばしばポロイダル磁束関数 ψ で置き換えられる $(B_r = -(1/r)\partial\psi/\partial\theta = -im\psi/r)$。すると6.5.1式は

$$\frac{1}{r}\frac{d}{dr}\left(r\frac{d\psi}{dr}\right) - \frac{m^2}{r^2}\psi - \frac{dj/dr}{\frac{B_\theta}{\mu_0}\left(1 - \frac{nq}{m}\right)}\psi = 0 \qquad 6.7.1$$

となる。
Δ' の値は、次のように表現される。

$$\Delta' = \frac{\left.\frac{d\psi}{dr}\right|_{r_s-\varepsilon}^{r_s+\varepsilon}}{\psi(r_s)}, \qquad \varepsilon \to 0$$

共鳴面では、B_r も ψ もいずれの解も特異性を持つ。$s = r - r_s$ と定義すると、級数展開して求めた解は

$$\psi = 1 + \kappa s \ln|s| + \ldots + A^- s + \ldots, \quad s < 0$$
$$\psi = 1 + \kappa s \ln s + \ldots + A^+ s + \ldots, \quad s > 0 \qquad 6.7.2$$

の形を持つ。ここで $\kappa = -(\mu_0 j'/B_\theta)(q/q')$ と定義し、$r = r_s$ での値を用いる。$s \to 0$ とすると微分は発散して $\psi' \to \infty$ となるものの、ψ' の飛びは有限の値に止まり、

$$\Delta' = A^+ - A^- \quad \text{となる。}$$

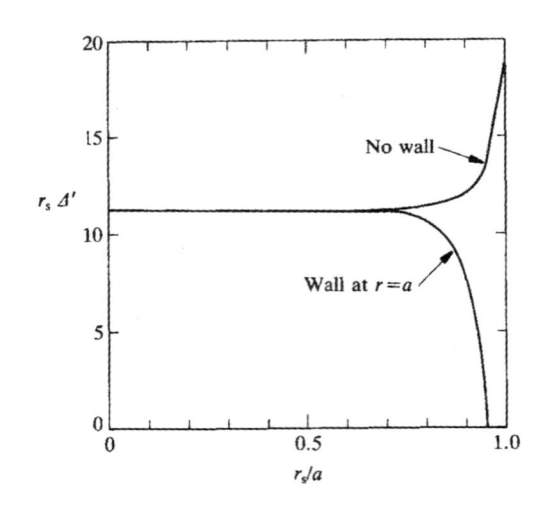

【図6.7.1】
トロイダル電流分布 $j = j_0(1-(r^2/a^2))$ の場合、$m = 2$ モードに対し、$r_s\Delta'(r_s)$ をプロットしたもの。$\Delta' > 0$ の時、不安定になる。下側のグラフから、$r = a$ の所に置かれた導体壁による安定化効果がわかる。

MHD安定性

そこで Δ' を数値的に計算する手順として次のような手法が考えられる。s 値の小さな領域で ψ を 6.7.2式のように表して ψ を解き，$r=0$ と表面での境界条件を満たすように A^- と A^+ を定める。

電流分布にもよるが m が大きくなると，テアリングモードは安定になる。6.7.1式で安定化の項として説明した磁力線の曲がりの効果が m^2 に比例するからである。

$m=2$ モードに対して $r_s\Delta'$ の値を放物線型の電流分布の場合に図6.7.1に示す。図6.7.2には，$j=j_0(1-(r/a)^2)^\nu$ という電流分布の場合の，$m=2$ モードの不安定領域を示す。共鳴面がプラズマ境界を越えると，テアリングモードからキンクモードへ移ることがわかる。ここで考える分布の場合，普通のトカマクの運転状況 ($q_0 \geq 1$) では，$q=2$ の面がプラズマ中に存在するとテアリングモードが不安定になる。$r_s \to 0$ の極限では，$r_s\Delta'$ の値は次のようになる。

m	$r_s\Delta'$
2	11.22
3	2.46
4	-2.01

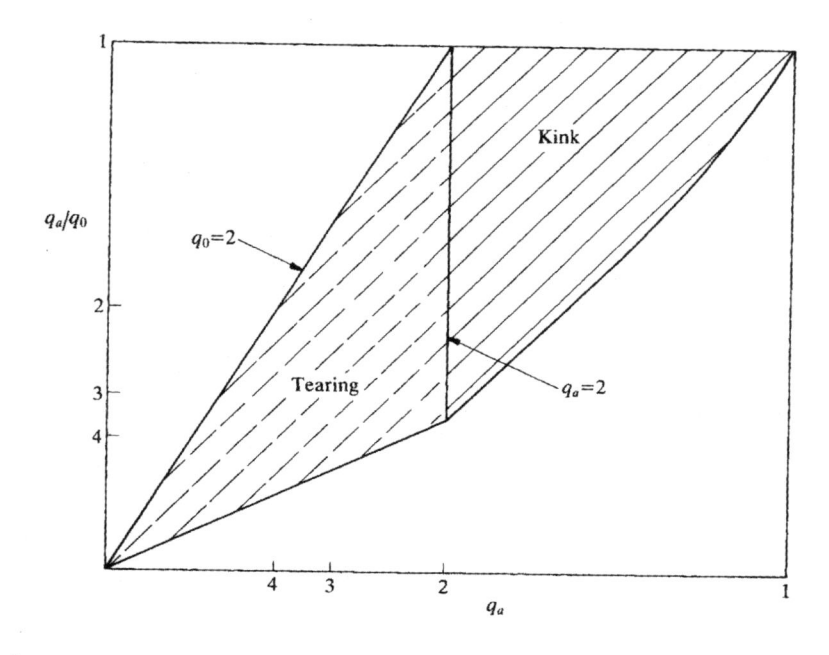

【図6.7.2】
電流分布が $j=j_0(1-(r/a)^2)^\nu$ の場合の，$m=2$ テアリング及びキンクモードの安定・不安定領域。$q_0 > 2$ となると安定なのは，$q=2$ の共鳴面がなくなるからである。

6.8 メルシエ条件

メルシエ条件は，トロイダルプラズマに対して，局在した摂動が理想 MHD 安定性を満たすための必要条件である。この条件が破れると，圧力勾配と磁場の悪い曲率の双方の効果が結びついて，不安定性が起こる。この不安定性に伴うポテンシャルエネルギー δW を求めると，プラズマが非圧縮性の運動をする場合に最小になる。すなわち，プラズマの内部エネルギーではなく磁場のエネルギーから，このポテンシャルエネルギーが生まれるわけである。トロイダルモードが数 n の高いモードは，磁力線を曲げるために必要なエネルギーが高くなるため安定化され易い傾向を持つ。しかし，その安定化に有効な平衡磁場は波数ベクトル方向の成分であるので，共鳴面ではゼロとなる。その結果，不安定モードは共鳴面の近くに集中する。

円柱形のプラズマでは，ポテンシャルエネルギー δW のうち考慮すべきものは，

$$\delta W = \pi \int \frac{1}{k^2} \left[\frac{1}{2\mu_0} \left(\mathbf{k} \cdot \mathbf{B} \frac{d\xi_r}{dr} \right)^2 + \frac{k_z^2}{r} \frac{dp}{dr} \xi_r^2 \right] r\, dr$$

である。ここで $k = (m/r)\mathbf{i}_\theta + k_z \mathbf{i}_z$ である。安定化に有効な第 1 項が，不安定化項（第 2 項）より大きくなるための必要条件は，サイダム条件

$$\frac{rB_z^2}{8\mu_0}\left(\frac{q'}{q}\right)^2 > (-p')$$

で与えられる。ここで $q'/q = (B_z/rB_\theta)'/(B_z/rB_\theta)$ である。

トカマクでは状況はずっと複雑である。主たる違いは，磁力線の曲率が（円柱の場合と異なり）磁力線に沿って符号を変えることである。トーラスの内側では，その曲率はプラズマから遠ざかる向きを向いており，安定化の効果を持つ。それに対し，外側ではプラズマの方を向いており，不安定化の効果がある。安定性を計算するためには，最も不安定な摂動に対し曲率の適切な平均値を求めなければならない。

アスペクト比の大きい円形断面のトカマクでは，メルシエ条件から安定性のための必要条件が次のように与えられる。

$$\frac{rB_\phi^2}{8\mu_0}\left(\frac{q'}{q}\right)^2 > (-p')(1-q^2) \qquad \qquad 6.8.1$$

MHD安定性

$p'q^2$ の項はトロイダル磁場の平均曲率による安定化の寄与を示す。$q>1$ の場合これは十分大きくて曲率は全体として良い向きであり，負の値をとる圧力勾配は安定化の効果を持つ。

プラズマ断面とアスペクト比が任意の場合，メルシエ条件から与えられる安定性のための必要条件を $Q>0$ と書くと Q は，

$$Q = \frac{1}{4\mu_0 \oint \left(\frac{B}{B_p}\right)^2 \frac{J}{R^2} d\chi} \left[\frac{\partial}{\partial \psi} \oint \frac{Jf}{R^2} d\chi - 2\frac{dp}{d\psi} \oint \frac{J}{R^2 B_p^2/\mu_0} d\chi\right]^2$$

$$+ \frac{dp}{d\psi} \oint \frac{dJ}{d\psi} d\chi - \left(\frac{dp}{d\psi}\right)^2 \oint \frac{J}{B_p^2/\mu_0} d\chi$$

と定義される。R はトーラス主軸からの距離，B_p はポロイダル磁場，$f(\psi)$ と $p(\psi)$ は3章2節で出てきた平衡を定める関数であり，J は磁場に基づく座標 (ψ, ϕ, χ) のヤコビアンである（ψ は3章2節の磁束関数，ϕ はトロイダル角，χ 軸は等 ϕ 面上で $\nabla \psi$ ベクトルに直交する方向に取る）。

電気抵抗を考慮に入れると，条件はより厳しくなる。アスペクト比の大きい円型断面の場合，安定条件は

$$(-p')\left(\frac{q^3 q'}{r^3} \int_0^r \left(\frac{r^3}{q^2} + \frac{2R_0^2 r^2}{B_\phi^2/\mu_0}(-p')\right) dr + (q^2 - 1)\right) > 0 \qquad 6.8.2$$

となる。この場合もまた，$q>1$ ならば，圧力勾配が負になると安定となる。

6.8.1式と6.8.2式で示す通り，局在した不安定性は $q>1$ となると安定化されるため，電流分布を平坦化して $q_0>1$ とすれば安定となる。磁気軸付近で $q<1$ となったとすると，図6.8.1に示すように，そこで圧力分布を平坦化することで安定化される。しかし，β 値が十分高くなると，バルーニングモードに関する6章9節で示すように，局在化した不安定性が現れる。

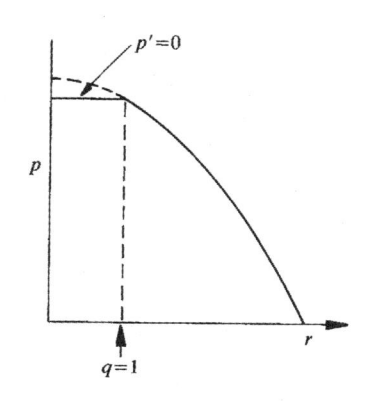

【図6.8.1】
圧力分布を平坦化すると，$q_0<1$ であっても，局在したモードが不安定になることを抑えられる。

6.9 バルーニングモード

圧力勾配に関して適当に平均化された磁場の曲率が，十分な安定化効果をもつ場合には，6章8節に述べた局在モードは安定である．トーラスの内側（R の小さい側）では曲率は安定化の向きであり，外側では不安定化の向きである（6.9.1式参照）．圧力が低いと，$q \gtrsim 1$ では曲率は平均として安定化の向きである．しかし，圧力勾配が余り大きくなると，状況が変わる．その場合，不安定化の曲率の場所に局在した摂動が不安定になる．その摂動により解放されるエネルギーが，（摂動が磁力線に沿って変動すると磁力線を曲げることになるが）その曲げのエネルギーよりも大きくなる．こうして生まれる不安定性はバルーニングモードと呼ばれる．

この不安定性は複雑ではあるものの，単純化した描像でバルーニング効果が重要になる条件を評価できる．圧力勾配に起因する不安定化のエネルギーは，

$$\delta W_\mathrm{d} \sim \frac{-\mathrm{d}p/\mathrm{d}r}{R_\mathrm{c}} \xi^2$$

（R_c は磁力線の不安定化に効く曲率，ξ は半径方向の変位）となる．磁力線を曲げるために必要なエネルギーは，

$$\delta W_\mathrm{s} \sim k_\parallel^2 (B_\phi^2/\mu_0) \xi^2$$

ここで $2\pi/k_\parallel$ は，変位が磁力線に沿って変化していくときの特徴的な長さである．この長さはトーラス内側から外側までの磁力線に沿った長さで与えられ，$k_\parallel$ は $1/qR$ のオーダーである．そこで R_c をトロイダル磁場の曲率（$\sim R_0$）とすると，バルーニング効果が重要になるのは，圧力勾配が十分大きく

$$-\frac{\mathrm{d}p}{\mathrm{d}r} \sim \frac{B_\phi^2/\mu_0}{q^2 R_0}$$

となる場合であり，$\beta \sim \varepsilon/q^2$ の程度（ε は逆アスペクト比）に対応する．

バルーニングモードの安定性を決めるには，モード数の大きい極限での δW の表式から出発する．

$$\delta W = \frac{\pi}{\mu_0} \int \left[\frac{B^2}{R^2 B_\mathrm{p}^2} |k_\parallel X|^2 + R^2 B_\mathrm{p}^2 \left| \frac{1}{n}\frac{\partial}{\partial \psi} k_\parallel X \right|^2 \right.$$
$$\left. - 2\mu_0 \frac{\mathrm{d}p}{\mathrm{d}\psi} \left(\frac{\kappa_\mathrm{n}}{R B_\mathrm{p}} |X|^2 - \frac{if B_\mathrm{p}}{B B_\phi} \kappa_\mathrm{s} \frac{X}{n} \frac{\partial X^*}{\partial \psi} \right) \right] J \,\mathrm{d}\chi\, \mathrm{d}\psi \qquad 6.9.1$$

MHD安定性

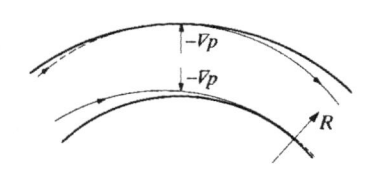

【図6.9.1】
トーラス内側の曲率は安定化効果を持ち，外側では不安定効果を持つ。

ここで ψ 座標は磁気面を規定し，χ はポロイダル角，J はヤコビアンである。κ_n と κ_s は磁力線の曲率の主成分と従成分，n はトロイダルモード数，$ik_{//} = (JB)^{-1}(\partial/\partial\chi + in\nu)$，$\nu = JB_\phi/R$，$X = RB_p\xi_\psi$（$\xi_\psi$ は ψ 方向の変位）である。右辺第1項と第2項は磁力線の曲がりの効果，第3項と第4項は圧力勾配と主曲率 κ_n 及び従曲率 κ_s との結合を示す。

6.9.1式を最小化するとオイラー方程式が導かれる。この方程式は，周期変数 χ を無限領域 $-\infty < y < \infty$ に拡張し，アイコナール変換

$$X = F \exp\left(-in\int^y \nu \, d\chi\right)$$

を用いて解くことができる。すなわち

$$\frac{1}{J}\frac{d}{dy}\left\{\frac{1}{JR^2B_p^2}\left[1 + \left(\frac{R^2B_p^2}{B}\int^y \frac{\partial\nu}{\partial\psi}d\chi\right)^2\right]\frac{\partial F}{\partial y}\right\} + \frac{2\mu_0}{RB_\phi}\frac{dp}{d\psi}\left(\kappa_n - \frac{fRB_p^2}{BB_\phi}\kappa_s\int^y \frac{\partial\nu}{\partial\psi}d\chi\right)F = 0 \qquad 6.9.2$$

となる。この方程式は $-\infty < y < \infty$ の変域で解く。中立安定な状況では，6.9.2式の解は $y \to \pm\infty$ においてのみ 0 となる。不安定条件は，$y \to -\infty$ で 0 となる6.9.2式の解が，有限の y の値で 0 となる，と言い換えられる。中立安定な場合の解を図6.9.2に示す。

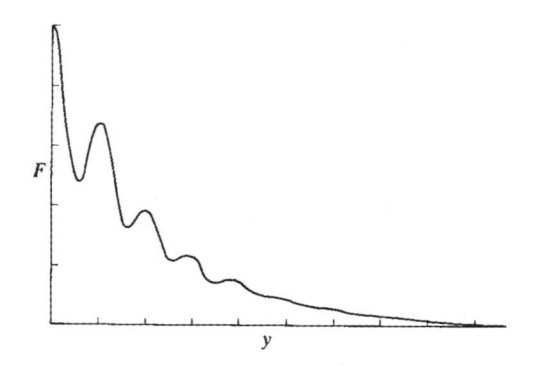

【図6.9.2】
安定・不安定境界にあたる配位に対する6.9.2式の解

6.10 バルーニング安定性

バルーニングモードに対する安定性を判定するためには,各々の磁気面で6.9.2式を解く必要がある。代表的な磁気面に対する安定性解析は,たいていの場合数値計算によって行われている。

アスペクト比の大きい円形断面トカマクに対しては,簡単なモデル方程式から重要な結果を導くことができる。この場合, 6.9.2式は

$$\frac{d}{d\eta}\left[1+(s\eta-\alpha\sin\eta)^2\right]\frac{dF}{d\eta}+\alpha\left[\cos\eta+\sin\eta(\sin\eta-\alpha\sin\eta)\right]F=0 \qquad 6.10.1$$

となる。ここで

$$s=(r/q)(dq/dr) \qquad 及び \qquad \alpha=-(2\mu_0 Rq^2/B^2)\,dp/dr$$

と定義され,s は磁気シアー,α は不安定性の原因となる圧力勾配の指標である。

6.10.1式が解かれ,(s,α) 面内の安定領域の境界が図6.10.1に示すように得られている。

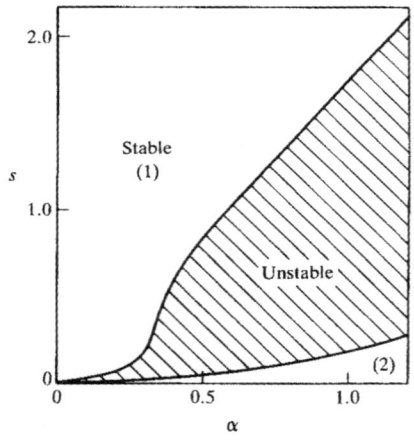

【図6.10.1】
円形断面の場合のバルーニングモード安定領域。(1), (2)は第1,および第2安定領域を示す。

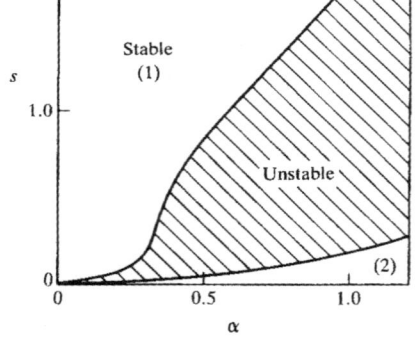

【図6.10.2】
放物線型の電流分布の場合,安定限界での圧力分布。q と s の分布もあわせて示す。

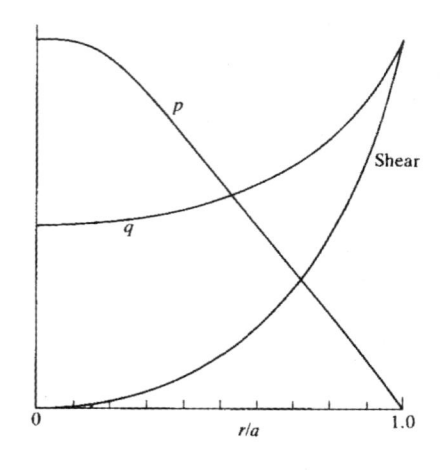

MHD安定性

驚くべき結果は圧力勾配の高い所に現れる第2安定領域である。高い β において平衡がトロイダル効果により修正を受けるためである。第2安定領域のプラズマの電流分布は，トーラス赤道面上で内外に強く非対称になっていることがわかる。そのためキンクモード不安定が起きてしまう危険性がある。

図6.10.1に示す (s, α) 面上の点は，プラズマのある磁気面に対応している。プラズマの構造全部は，この面上の一本の線で表される。(s, α) 面上でこの線は原点から出発し，プラズマ表面で圧力勾配と電流密度が 0 となるような実際の状況では，$(\alpha = 0, s = 2)$ の点が終点になる。

電流分布を与えるとシアーが決まる。そこで，図6.10.1からプラズマ中の全ての半径で第1安定化領域において安定限界となる圧力分布を求めることができる。図6.10.2は放物線型の電流分布の場合でありそのときシアーの分布は，$s = 1 / ((a/r)^2 - \frac{1}{2})$ となる。

第2安定領域を得るには，普通の断面形のトカマクの q 分布と圧力分布を調節するか，または図6.10.3に示すように断面を'そら豆型'に変形すればよい。

電気抵抗を考慮に入れると，抵抗性バルーニングモードが現れる。有限ラーマー半径の効果や粘性などの物理的機構が働かなければ，このモードは常に不安定になる。しかし成長率は小さい。

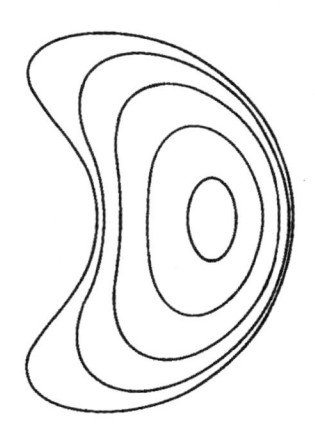

【図6.10.3】
第2安定領域を達成するための'そら豆型'配位

6.11 軸対称モード

上下に引き伸ばされたトカマクプラズマでは，プラズマが垂直方向に動く軸対称不安定性が起き易い。固有モードはトロイダル角依存性 $e^{-in\phi}$ を持つので，この不安定性は $n=0$ モードとも呼ばれる。

導体壁がない場合，円形の円柱プラズマは，形を変えない変位に対しては中立安定である。しかし，プラズマ断面が引き伸ばされると，引き伸ばした方向への変位に対し不安定になる。導体壁があると，不安定性が起きるのは，ある限界値を超えて伸ばした時である。

現実では話は複雑である。第1にトロイダル効果のためである。第2にプラズマ近くに様々な電気導電率を持ったものが置かれているためである。

プラズマは引き伸ばされるのは外部導体に電流を流すことによる。簡単な例を図6.11.1に示す。プラズマが動くと垂直方向の力が生まれる。その原因はプラズマの位置が変わったことと，プラズマに（場合によっては導体にも）生じる電流のためである。もし変位を増す向きに力が向いていれば，プラズマは不安定である。

単純な場合には，外部電流が作る平衡磁場によって不安定性を記述することができる。ほぼ円形でアスペクト比の大きいプラズマで，安定化の導体壁がない場合，磁場の減衰指数 $n=-(R/B_z)\,dB_z/dR$ により安定性が決まる。ここで B_z は垂直磁場であり，R は主半径方向の座標である。安定条件は，$n>0$ で与えられる。

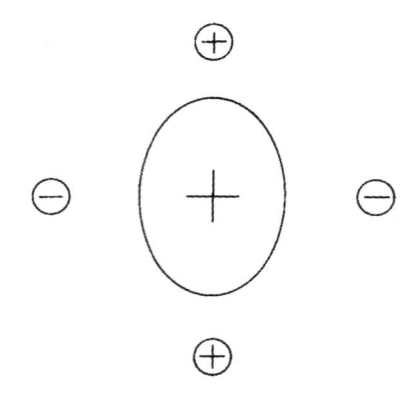

【図6.11.1】
外部導体と上下に引き伸ばされた平衡

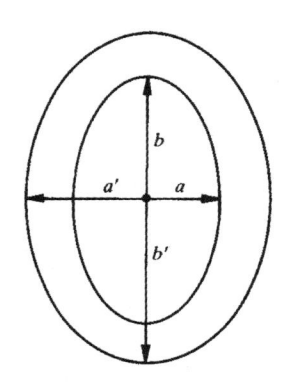

MHD安定性

【図6.11.2】
楕円断面プラズマと導体壁

　実際の解析には数値計算が必要である。しかし,解析的に扱える単純な場合からも,ある程度の理解は得られる。図6.11.2は楕円断面のプラズマ柱(短軸と長軸が a と b)が同軸の楕円断面の完全導体壁(短軸と長軸を a' 及び b' とする)に囲まれている場合を示す。プラズマ中の電流は均一である。垂直方向の運動に対する安定条件は

$$\frac{b+a}{b-a} < \left(\frac{b+a}{b'+a'}\right)^2 \qquad 6.11.1$$

となるこの条件が破れると,慣性で決まるタイムスケールで不安定性が起きる。

　導体壁の電気抵抗が 0 でない場合,6.11.1式が満たされないと,同様に慣性で決まるタイムスケールの不安定性が起きる。しかし,もし6.11.1式が満たされたとしても,不安定性が残ることになる。この場合,その不安定性のタイムスケールは,導体壁を磁束がしみこむ時間 τ_R で与えられる。τ_R が長くなると,成長率は $\gamma = (D\tau_R)^{-1}$ で与えられ,係数

$$D = \frac{b+a}{b-a}\left(\frac{b+a}{b'+a'}\right)^2 - 1$$

は条件6.11.1式の満たされる度合いを示す。

　数値計算の結果,トロイダル効果は安定化に働くことが見いだされている。これにより上下伸延度の限界値(そこでは慣性で決まる速い成長から抵抗時間スケール τ_R の遅い成長への遷移が起こる)が増加する。

6.12 ベータ値限界

1章9節に述べた通り,トカマク核融合炉の条件に,十分高い β 値を達成すべき要請がある。β 値が高くなると,不安定性が生じることが予言されている。仮に安定限界を超えて β 値を高くすることが出来ないとすると,β 値の限界はどうなるだろうか。

β 値が低い時は,6章3節に示すように電流分布を十分中心にピークさせると表面キンクモードを除くことができる。内部の $m=1$ キンクモードを排除し,メルシエ条件を満たすために $q_0 \geq 1$ に保つ必要がある。そのような安定化された配位に対して β 値を増していくと,どこかの磁気面でバルーニングモードが不安定になる所に達する。圧力と q 値の分布を調整して,全ての磁気面でバルーニングモードが安定限界にある(キンクモードは安定に保ったまま)ようにする。するとこの状態が線形理想 MHD 安定性の許す最大 β 値を与える。

しかしながら,この手順は固定したプラズマの形状での話である。プラズマの断面を引き伸ばし,形を調節することで,更に最適化を続けることができる。この最適化には計算機コードが必要である。まず単純な円形プラズマ(アスペクト比の大きい場合を近似的に扱うことができる)の場合を見ることが理解を助ける。アスペクトが大きい場合の近似では,バルーニングモードに対する限界 β 値を求める手順は次の通り。β の定義は,

$$\beta = 2\pi \int_0^a pr\,\mathrm{d}r / (\pi a^2 B_\phi^2 / 2\mu_0)$$

であり,部分積分で次の表式を得る。

$$\beta = (2\mu_0 / a^2 B_\phi^2) \int_0^a \frac{\mathrm{d}p}{\mathrm{d}r} r^2\,\mathrm{d}r \qquad 6.12.1$$

6章10節で求めた安定限界での圧力勾配の簡単化した近似式は,

$$-\frac{\mathrm{d}p}{\mathrm{d}r} = 0.30 \frac{B_\phi^2}{\mu_0 R} \frac{r}{q^3} \frac{\mathrm{d}q}{\mathrm{d}r}$$

となる。与えられた $q(r)$ 分布に対し,全ての磁気面でこの条件を満足する平衡は,6.12.1式によって決まる β 値をもつ。すなわち,

$$\beta = 0.30 \frac{1}{Ra^2} \int_0^a \frac{\mathrm{d}}{\mathrm{d}r}\left(\frac{1}{q^2}\right) r^3\,\mathrm{d}r \qquad 6.12.2$$

である。

MHD安定性

$q>1$ の場合, この β 値を最大とする $q(r)$ 分布は, 中心付近のある半径の内側で一様の電流分布を持ち, その外では電流密度が 0 となるような配位である. これでは, この2つの領域の境界で電流勾配がたいへん大きくなり, テアリングモードが不安定になるので実際には受け入れ難い. 妥当な β 限界の評価をするには, もっとなめらかな電流分布について解析すべきである.

6.12.2式からは, 最適化された β 値は, $\beta \propto (a/R)f(q_a)$ という関係が導かれる. 一見すると6.12.2式の中で $1/q^2$ という依存性があるので, $f \propto 1/q_a^2$ と思えるが, 被積分関数が大きい領域自体が q_a によっているのである. この依存性まで考慮すると, f の形が $1/q_a$ に近いことがわかり, 近似的 β 限界値

$$\beta_m = c \frac{a}{R} \frac{1}{q_a}$$

が得られる.

係数 c は放物線型の電流分布と $q_0 = 1$ の条件から得られる $q(r)$ 分布 $(q = (1 - \frac{1}{2}(r/a)^2)^{-1})$ を6.12.2式に代入して評価できるだろう (この電流分布では, 弱いキンク不安定性が残っているが, 分布を少々変更することでそれは安定化できる). その結果 $\beta = 0.077 a/R$ が得られる. この場合 $q_a = 2$ なので, 6.12.2式の中の c は 0.15 となる. β_m の値を% で表すと,

$$\beta_m\% = 15 \frac{a}{R} \frac{1}{q_a}$$

プラズマ電流の値でこの結果を表現すると, $q_a = (B/R)(2\pi a^2/\mu_0 I)$ なので, この限界 β 値は,

$$\beta_m\% = 3 \frac{I}{aB_\phi}, \qquad (q_a \leq 2), \qquad I \text{ は MA 単位} \qquad 6.12.3$$

計算機による数値計算によって, この結果はプラズマが上下に伸びた場合や D 型の場合を含む広く一般的な場合に有効であることがわかった. ただし, 6.12.3式は配位にもよるが, ある限界電流値までしか成立しない. 低アスペクト比 $(R/a \sim 2.5)$ の場合, $\beta_m \sim 10\%$ が計算で得られている. より常識的なアスペクト比 $(R/a = 4)$ では低くなり, $\beta_m \sim 6\%$ となる. 更に最適化するには, 6章10節で述べたように'そら豆型'プラズマでバルーニングモードの第2安定領域に入る方法が考えられる.

実験では β 値に限界があり, それが 6.12.3式に良く一致することがわかった. β 値として $\beta_m \sim 5\%$ が得られている. β 値限界を超えようとすると, 閉じ込めが悪くなったり, プラズマディスラプションが起きたりする. ［訳注: 最近の実験では $\beta_m \sim 10\%$ が得られ, 球状トカマク (ST) では $\beta_m \sim 40\%$ に達している.］

参考文献

トカマクの安定性が詳細に議論されている本

MHD instabilities by Bateman, G. MIT Press (1978).

MHD安定性のレビュー記事

Wesson, J. A. Hydromagnetic stability of tokamaks. *Nuclear Fusion* 18, 87 (1978).

役立つ転載記事を含んだ本

Jeffrey, A. and Tanuiti, T. *Magnetohydrodynamic stability and thermonuclear containment.* Academic Press, New York (1966).

磁気核融合装置の理想MHD理論

General articles are the review on ideal mhd stability by Freidberg, J. P. Ideal magnetohydrodynamic theory of magnetic fusion systems. *Reviews of Modern Physics* 54, 801 (1982).

及び以下の本の章

Kadomtsev, B. B. Hydromagnetic stability of a plasma, in *Reviews of Plasma Physics* (ed. Leontovich, M. A.) Vol. 2. Consultants Bureau, New York (1966).

MHD安定性

初期の安定性の研究では扱いやすいように大アスペクト比展開が用いられた。これらの寄与に対する参考文献は以下の適当な表題のもとに与えられている。一般形状に対する安定性は数値計算により可能となり以下の論文で紹介されている。

Sykes, A. and Wesson, J. A. Two-dimensional calculation of tokamak stability. *Nuclear Fusion* 14, 645 (1974).

Later developments of computational methods are described in

Grimm, R. C., Greene, J. M., and Johnson, J. L. Computation of the magnetohydrodynamic spectrum in axisymmetric toroidal confinement systems. *Methods of computer physics* Vol. 16 p. 253. Academic Press, New York (1976); and

Gruber, R., Troyon, F., Berger, D., Bernard, L. C., Rousset S., Schreiber, R., Kerner, W., Schneider, W., and Roberts, K. V. Erato stability code. *Computer Physics Communications* 21, 323 (1981).

エネルギー原理

エネルギー原理の原論文

Bernstein, I. B., Frieman, E. A., Kruskal, M. D., and Kulsrud, R. M. An energy principle for hydromagnetic stability problems. *Proceedings of the Royal Society* A 223, 17 (1958).

Hain, K. Lüst, R., and Schlüter, A. Zur stabilität eines plasmas. *Zeitschrift für Naturforschung* 12A, 833 (1957).

キンク安定性

トカマクに対する基本的な論文

Shafranov, V. D. Hydromagnetic stability of a current-carrying pinch in a strong longitudinal magnetic field. *Zhurnal Technicheskoi Fiziki* 40, 241 (1970) [*Soviet Physics-Technical Physics* 15, 175 (1970)].

いろんな場合の結果をまとめた論文

Wesson, J. A., Hydromagnetic stability of tokamaks. *Nuclear Fusion* 18, 87 (1978).

内部キンクモード

円柱の問題を取り扱った論文

Shafranov, V. D. Hydromagnetic stability of a current carrying pinch in a strong toroidal field. *Zhurnal Technicheskoi Fiziki* 40, 241 (1970) [*Soviet Physics-Technical Physics* 15, 175 (1970)].

Rosenbluth, M. N., Dagazian, R. Y., and Rutherford, P. H., Non-linear properties of the internal kink instability in the cylindrical tokamak. *Physics of Fluids* 16, 1894 (1973).

トロイダルの問題を解析した論文

Bussac, M. N., Pellat, R., Edery, D., and Soule, J.L. Internal kink modes in toroidal plasma with circular cross-section. *Physical Review Letters* 35, 1638 (1975).

抵抗性の場合を扱った論文

Coppi, B., Galvao, R., Pellat, R., Rosenbluth, M., and Rutherford, P. Resistive internal kink modes. *Fizika Plasmy* 2, 961 (1976) [*Soviet Journal of Plasma Physics* 2, 533 (1976)].

テアリングモードと抵抗層

抵抗性不安定性の基礎的な論文

Furth, H. P., Killeen, J., and Rosenbluth, M. N. Finite resistivity instabilities of a sheet pinch. *Physics of Fluids* 6, 459 (1963).

数値計算による論文

Wesson, J. A., Finite resistivity instabilities of a sheet pinch. *Nuclear Fusion* 6, 130 (1966).

テアリング安定性

トカマクに対する方法論と結果

参考文献

Furth, H. P., Rutherford, P. H., and Selberg, H. Tearing mode in the cylindrical tokamak. *Physics of Fluids* 16, 1054 (1973).

テアリングモードの最適化

Glasser, A. H., Furth, H. P., and Rutherford, P. H. Stabilization of resistive kink modes in a tokamak. *Physical Review Letters* 38, 234 (1977).

メルシエ条件

メルシエ条件の原論文

Mercier, C. Un critère nécessaire de stabilité hydromagnetique pour un plasma en symétrie de révolution *Nuclear Fusion* 1, 47 (1960).

詳細な導出

Mercier, C. and Luc, H. *The magnetohydrodynamic approach to the problem of plasma confinement in closed magnetic configurations* EUR 5127e. Commission of the European Communities, Luxembourg (1974).

局在化した抵抗性モードの条件

Mikhajlovskij, A. B. The stability criteria for the g-mode in a toroidal plasma. *Nuclear Fusion* 15, 95 (1975).

サイダム条件

Suydam, B. R. Stability of a linear pinch, *Proceedings of Second United nations international Conference on the Peaceful Uses of Atomic Energy*, Geneva 1958, Vol. 31, p. 157. Columbia University Press, New York (1959).

バルーニングモード

トカマクのバルーニングモードの問題を扱った論文

Todd, A. M. M., Chance, M. S., Greene, J. M., Grimm, R. C., Johnson, J. L., and Manickam, J. Stability limitations on high-beta tokamaks. *Physical Review Letters* 38, 826 (1977); and

Coppi, B. Topology of ballooning modes. *Physical Review Letters* 39, 939 (1977).

バルーニングモード条件の精密な導出

Connor, J. W., Hastie, R.J., and Taylor, J. B. Shear, periodicity and plasma ballooning modes. *Physical Review Letters* 40, 396 (1978).

抵抗性バルーニングモード不安定性

Bateman, G. and Nelson D. B. Resistive-ballooning-mode equation. *Physical Review Letters* 41, 1804 (1978).

バルーニング安定性

大アスペクト比バルーニングモード方程式6.10.1の導出

Connor, J. W., Hastie, R. J., and Taylor, J. B. Shear, periodicity and plasma ballooning modes. *Physical Review Letters* 40, 396 (1978).

図6.10.1の曲線を与えている論文

Lortz, D. and Nührenberg, J. Ballooning stability boundaries for the large aspect-ratio tokamak. *Physics Letters* 68A, 49 (1978).

第2安定化領域を議論した論文

Greene, J. M. and Chance, M. S. The second region of stability against ballooning modes. *Nuclear Fusion* 21, 453 (1981).

軸対称モード

単純なモデル

Laval, G., Pellat, R., and Soule, J. L. Hydromagnetic stability of a current-carrying pinch with noncircular cross-section. *Physics of Fluids* 17, 835 (1974).

主題のレビュー

Wesson, J. A., Hydromagnetic stability of tokamaks. *Nuclear Fusion* 18, 87 (1978)

and calculations for a practical case are given in Perrone, M. R. and Wesson, J. A., Stability of axisymmetric modes in JET. *Nuclear Fusion* 21, 871 (1981).

β 限界

理想MHD β 限界は2次元の計算コードとバルーニングモード条件を用いて決定される。これは以下の論文で初めてなされた。

Bernard, L. C., Dobrott, D., Helton, F. J., and Moore, R. W. Stabilization of ideal mhd modes. *Nuclear Fusion* 20, 1199 (1980).

詳細な計算に基づく β 限界スケーリング

Troyon, F., Gruber, R., Sauremann, H., Semenzato, S., and Succi, S. Mhd limits to plasma confinement. *Plasma physics and controlled fusion* 26 (1A) 209 (1984) (Proc. 11th European Physical Society Conference, Aachen, 1983); and

Sykes, A., Turner, M. F., and Patel, S. Beta limits in tokamaks due to high-n ballooning modes. *Proc. 11th European Conference on Controlled Fusion and Plasma Physics* II, 363 (Aachen, 1983).

MHD安定性

β 限界の実験結果

Troyon, F. and Gruber, R. A semi-empirical scaling law for the β -limit in tokamaks. *Physics Letters* 110 A, 29 (1985); and

McGuire, K. M. *Observation of finite-β mhd in tokamaks*. Report PPPL-2134, Plasma Physics Laboratory, Princeton, N. J. (1984).

高 β を達成するために空豆型の整形を使用すること を記述した論文

Miller, R. L. and Moore, R. W. Shape optimization of tokamak plasmas to localized magnetohydrodynamic modes. *Physical Review Letters* 43, 765 (1979).

広範囲の研究

Grimm, R. C. *et al.* Mhd stability properties of bean-shaped tokamaks. *Nuclear Fusion* 25, 805 (1985).

7 不安定性

7.1 不安定性

　実験が始まった最初の頃から，トカマクは種々の巨視的不安定性に支配されていることが明らかになった。これらの不安定性は完全に理解されたわけではないが，MHD モードとして同定できるだろう。主たる不安定性には，ミルノフ振動，鋸歯状振動とディスラプションの3種類がある。

　電流が上昇する時に，磁場の振動がバースト状に発生することがしばしば観測される。このプラズマの活動度は，周囲にならべた磁気コイルにより，ミルノフとセメノフにより初めて観測された。磁場の振動の周方向の変化は，整数 m で特徴づけられ，バーストごとに順々に m が減っていく。これらのモードは，プラズマ表面近くに，$q=m$ の共鳴面を持つテアリングモードと考えられる。磁場の振動は放電中，継続的に発生することもあり，例を図7.1.1 に示す。

　プラズマからは温度と密度に依存した強度の軟 X 線が放射されている。電流が十分大きくなると，この放射に振動が現れ，時間変化が図7.1.2に示すような鋸歯のようになる。この振動は，プラズマ中心部に起きる $m=1$ 不安定性に起因すると信じられている。鋸歯状に X 線放射が観測されるのは，この不安定性が緩和を引き起こして安定な状態へと戻る，その緩和が繰り返し起きるためである。

　上記 2 種の不安定性が存在してもトカマクを十分運転することが可能である。それにひきかえ，ディスラプションでは閉じ込めが突然失われ，全電流が急速に減少して放電が終わってしまう。電流崩壊の例を図 7.1.3に示す。ディスラプションは色々な条件で発生し，複雑な過程がからみあっており，個々の過程の一部しか理解されていない。一般には，$m=2$ テアリングモードが本質的にかかわっていると考えられている。

　観測されている多くの不安定性の中で，テアリングモードが重要な働きをしていることがわかっている。非線形発展の結果，プラズマの磁場のトポロジーが本質的に変化する。すなわち，軸対称のトロイダル磁気面が層状になっていたものが壊れ，いわゆる磁気島が現れる。

　異なったモードの磁気島が相互作用すると，磁気面は破壊される。磁力線はひとつの面を織りなすのではなく，空間全体を埋めつくすような軌跡を描く。その状況を磁力線がエルゴディックになったと呼ぶ。エルゴード性が現れると，磁場による閉じ込め性格は明らかに変わってしまうし，輸送が増大することになる。

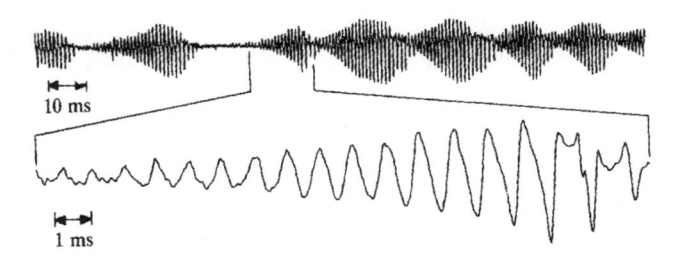

不安定性

【図7.1.1】
ポロイダル磁場の振動をプラズマで測ったもの（JET）

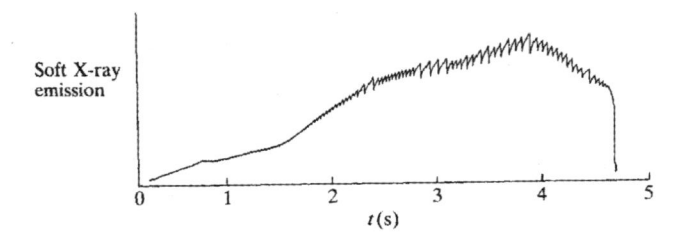

【図7.1.2】
軟X線放射の鋸歯状振動（JET）

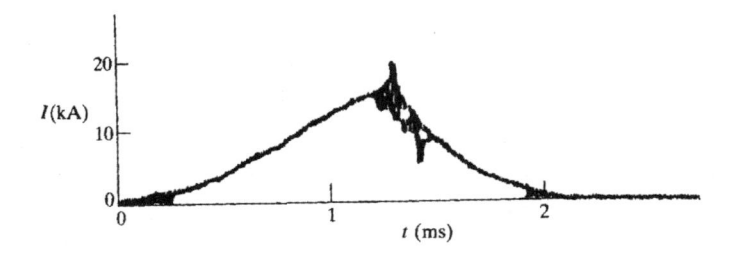

【図7.1.3】
プラズマディスラプションの結果起きる電流崩壊に関する初期の実験結果

7.2 磁気島

プラズマ中にMHD不安定性が起きると，大抵の場合，磁場のトポロジーが変化する。この変化はqが有理数になる磁気面で起きる。こうした磁気面で磁力線が切れてつなぎ換わり，図7.2.1に示す磁気島を形成する。磁気島の形成は，一般には抵抗性不安定性，特にテアリングモードに伴う。しかし，プラズマは完全導体ではないので，プラズマ中に共鳴面を持つ全てのMHD不安定性が非線形発展する場合にも，多かれ少なかれ磁気島が形成される。

共鳴面s近傍の平衡配位を考えてみよう（$q=q_s=m/n$とする）。この共鳴面上の磁力線は，らせんを形づくっている。この面に共鳴する摂動は，$\exp(im\chi)$という依存性を持っており，

$$\chi = \theta - \frac{n}{m}\phi$$

は，このらせんに直交する方向の座標である。この直交方向の平衡磁場は

$$B^* = B_\theta\left(1 - \frac{n}{m}q(r)\right)$$

で与えられ，共鳴面近傍では，

$$B^* = -\left(B_\theta \frac{q'}{q}\right)_s z \qquad 7.2.1$$

と書かれる。ここで$z = r - r_s$である。

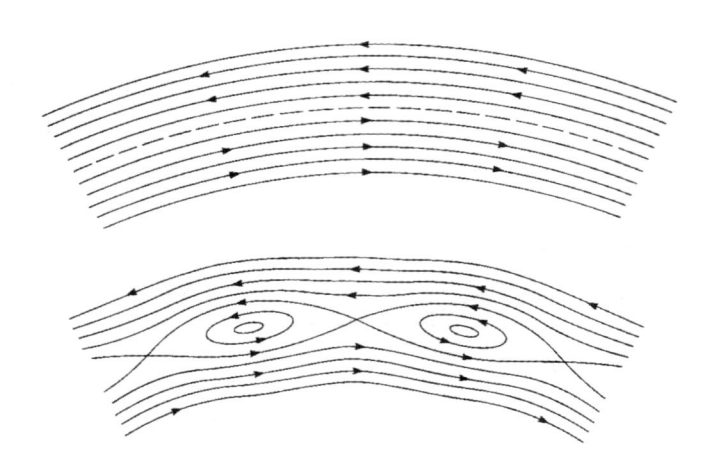

【図7.2.1】
磁力線のつなぎ換えが磁気島を作る。

不安定性

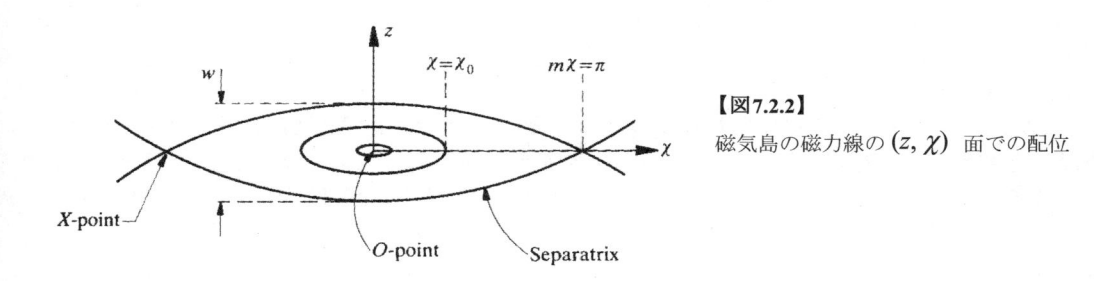

【図7.2.2】
磁気島の磁力線の (z, χ) 面での配位

共鳴する摂動によって出来た磁場トポロジーの変化の構造を図7.2.2に示す。磁力線の軌跡を、方程式

$$\frac{dr}{r_s d\chi} = \frac{B_r}{B^*} \qquad 7.2.2$$

によって解くことで、この構造を解析することができる。径方向の磁場摂動を

$$B_r = \hat{B}_r(r) \sin m\chi \qquad 7.2.3$$

の形にとることができるだろう。すると7.2.1式と7.2.3式を7.2.2式に代入し、磁力線の満たす微分方程式が定まる。

$$-\left(B_\theta \frac{q'}{q}\right) z\, dz = r_s \hat{B}_r \sin m\chi\, d\chi \qquad 7.2.4$$

磁気島程度の半径方向の範囲では、$\hat{B}_r$ を一定と見做して、7.2.4式の積分を実行すると、7.2.4式から磁力線の方程式

$$z^2 = \frac{w^2}{8}(\cos m\chi - \cos m\chi_0)$$

が得られる。ここで w は、

$$w = 4\left(\frac{rq\hat{B}_r}{mq'B_\theta}\right)_s^{1/2} \qquad 7.2.5$$

で与えられ、磁気島の幅を表し、χ_0 は磁力線が $z=0$ の面を通る時の χ の値である。

磁気島上の磁力線は、らせん状の磁気面上にあり、そのらせん面には固有の磁気軸がある。図7.2.2に O 点と印されているのが、それである。磁気島の境界はセパラトリックスであって、X 点で隣り合っている。X 点同士の距離は1波長である。

7.3 テアリングモード

　トカマクでは,テアリングモードは磁気島となって現れる。磁気島の成長は,線形テアリングモードと同様に,プラズマ電流の勾配によって駆動される。しかし,成長速度は抵抗による拡散で抑えられ,大抵は慣性の効果は無視できる。

　7.2.5式からわかるように磁気島の幅は $B_r^{1/2}$ に比例しているので,磁気島の増大は径方向摂動磁場の増大を意味する。磁気島の成長は,この摂動磁場の拡散で抑えられている。B_r の抵抗による拡散の方程式から磁気島の成長を簡単化して記述することができる。2.13.5式と2.13.6式のマックスウェル方程式とオームの法則 $(E=\eta j)$ から,

$$\frac{\partial \mathbf{B}}{\partial t} = \frac{\eta}{\mu_0} \nabla^2 \mathbf{B} \qquad 7.3.1$$

が導かれる。磁気島の領域では,径方向微分の方が主要なので,7.3.1式の r 成分は,

$$\frac{\partial B_r}{\partial t} = \frac{\eta}{\mu_0} \frac{\partial^2 B_r}{\partial r^2} \qquad 7.3.2$$

となる。磁気島上で B_r がほぼ一定と考えると,7.3.2式の積分を実行し,

$$w \frac{\partial B_r}{\partial t} = \frac{\eta}{\mu_0} \frac{\partial B_r}{\partial r} \bigg|_{r_s - w/2}^{r_s + w/2} \qquad 7.3.3$$

となる。7.2.4式から,$B_r \propto w^2$ を用いて,7.3.3式を

$$\frac{dw}{dt} \simeq \frac{\eta}{2\mu_0} \frac{1}{B_r} \frac{\partial B_r}{\partial r} \bigg|_{r_s - w/2}^{r_s + w/2} \qquad 7.3.4$$

と書き直すことができる。6章5節の線形理論のときに定義された Δ' を一般化し

$$\Delta'(w) = \frac{1}{B_r} \frac{\partial B_r}{\partial r} \bigg|_{r_s - w/2}^{r_s + w/2}$$

という量を導入しよう。ここで $\Delta'(w)$ は外部解で与えられる。すると7.3.4式は

$$\frac{dw}{dt} \simeq \frac{\eta}{2\mu_0} \Delta'(w) \qquad 7.3.5$$

となる。7.3.5式は定性的な評価であるが,より精密な計算の結果

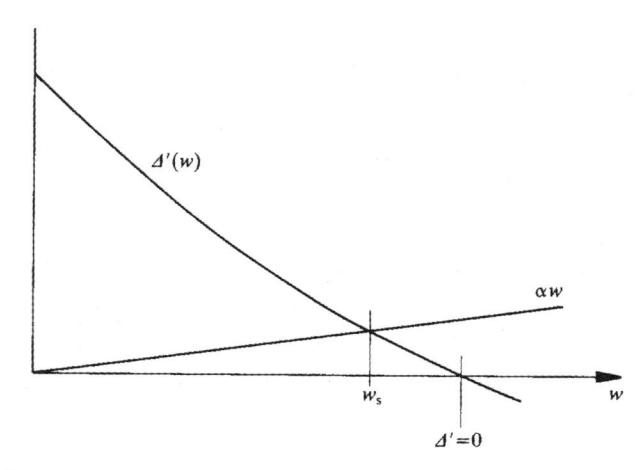

不安定性

【図7.3.1】
$\Delta'(w)$ と αw の図。テアリングモードと磁気島の成長と飽和を定める。

$$\frac{dw}{dt} = 1.66 \frac{\eta}{\mu_0} (\Delta'(w) - \alpha w) \qquad 7.3.6$$

が得られる。数係数が変わったのは，プラズマの流れを考慮したことによる。また，αw という項が現れたのは磁気島内をより精細に解析したためである。α はプラズマの局所的な性質に関係づけられる。

磁気島の飽和振幅 w_s が次の式で与えられることがわかる。

$$\Delta'(w_s) = \alpha w_s$$

典型的な場合の $\Delta'(w)$ と αw を図7.3.1に示す。近似的に w_s を評価するのに $\Delta'(w_s) = 0$ という簡単化した式がよく使われる。

不安定性が最も強くなるのは普通 $m=2$ のモードである。代表的な値は $r_s \Delta'(0) \sim 10$ である。その時7.3.6式から評価される特徴的な成長時間が $\tau_g \sim 0.1(w/a)\tau_R$ となる。ここで τ_R は抵抗性拡散時間 $(\mu_0/\eta)a^2$（a はプラズマ半径）である。スピッツァー抵抗（2.10.1式）を用いると，この値は

$$\tau_g \sim 4 \left(\frac{w}{a}\right) a^2 T_e^{3/2} \quad \text{s}, \qquad T_e \text{ は keV 単位}$$

となる。

小型プラズマで，$a = 0.25$ m，$T_e = 500$ eV とし，半径の 10% 程度の幅の $m=2$ 磁気島では，代表的な成長時間は 10 ms 程度となる。もっと大型プラズマで $a = 1$ m，$T = 1$ keV の場合は，この時間は 0.4 s である。いずれの場合も放電継続時間より短く，実際の磁気島の大きさは飽和値に近いだろう。しかしディスラプションの起きる時には，7章7節に述べる通り状況は全く異なったものになる。

7.4　ミルノフ不安定性

電流が増加している時に発生する磁場の摂動とその空間構造の測定結果を図7.4.1に示す。プラズマ表面の q 値が低下するのに伴って，モード数 m が低下する。定義 $q_a = B_\phi a / B_{\theta a} R$ と $\mu_0 I = 2\pi a B_{\theta a}$ の関係式から得られる次式から，電流の増加に伴う q の低下が算出される。

$$q_a = \frac{2\pi a^2 B_\phi}{\mu_0 R I}$$

電流が増加している時に，表面近くで電流勾配が負になる所が生じるであろう。この期間中に q が整数になる磁気面は表面に向かって外へと動いていく。共鳴面が不安定化にきく負の電流勾配の場所に出くわした時，$m \simeq q_a$ のテアリングモードが不安定になるだろう。

こうした不安定性の証拠は，他にも電流増加時のプラズマの高速撮影で得られている。図7.4.2に画面を順に示すが，プラズマ表面の変形がわかる。それぞれのモード数は $m \simeq q_a$ を満たすことが見出された。

電流の増加が十分速いと，表面に集中した電流分布が生まれる。この場合，q 分布がどこかに極小値を持つようになる。そのような q 分布では，同じ m と n の値に共鳴する2つの共鳴面が生じうる。その配位では，2重テアリングモードが起きる可能性がある。2つの共鳴面の間の領域ではシアーが弱く，その間隔が狭いと不安定性が起きる。こうした機構によって，表面に集中した電流が抵抗による拡散で促されるより速く，内部へとしみ込むという実験事実を説明できるかもしれない。

磁場のミルノフ振動は，電流の増加が終わった後にも残り，図7.1.1に示したように連続振動として観察される。m の低い程，特に $m = 2$ の場合に強く起きる。プラズマ表面の外に置かれたピックアップコイルで磁場揺動は観測されるが，内部の磁場揺動も反映する。そして $q = m/n$ の磁気面上に磁気島があることを意味している。

この振動の周波数は，$1-10\mathrm{kHz}$ が代表的であり，伝播速度は通常電子のドリフト速度と同符号の向きである。イオンラーマー半径が 0 でないことを考慮し，テアリングモードの理論を拡張すると，周波数がドリフト周波数 $\omega_{*e} = (mT_e / eBrn_e) dn_e/dr$ の程度であることが予言される（m はモード数）。この値は観測結果に概略一致している。

不安定性

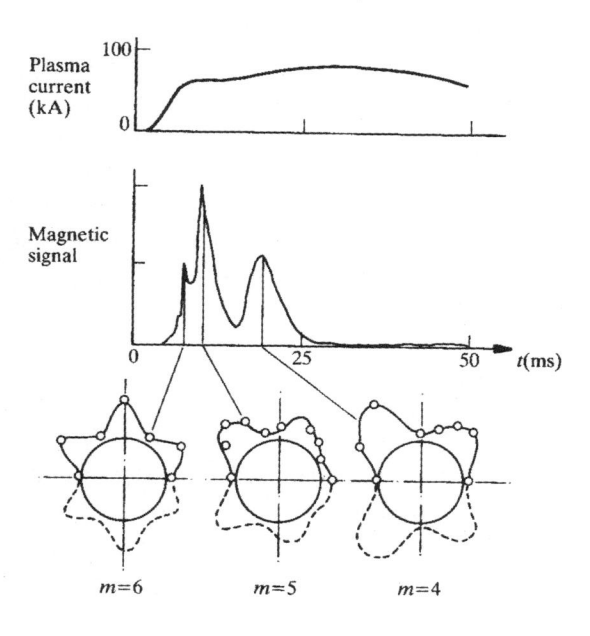

【図7.4.1】

電流増加中の磁場揺動の時間発展。空間構造をあわせて図示するが，順に $m = 6, 5, 4$ のモードであることが示されている。(Mirnov, S.V. and Semenov, I., *Soviet Atomic Energy* 30,22(1971), from Atomnaya Energiya 30,20 (1971).)

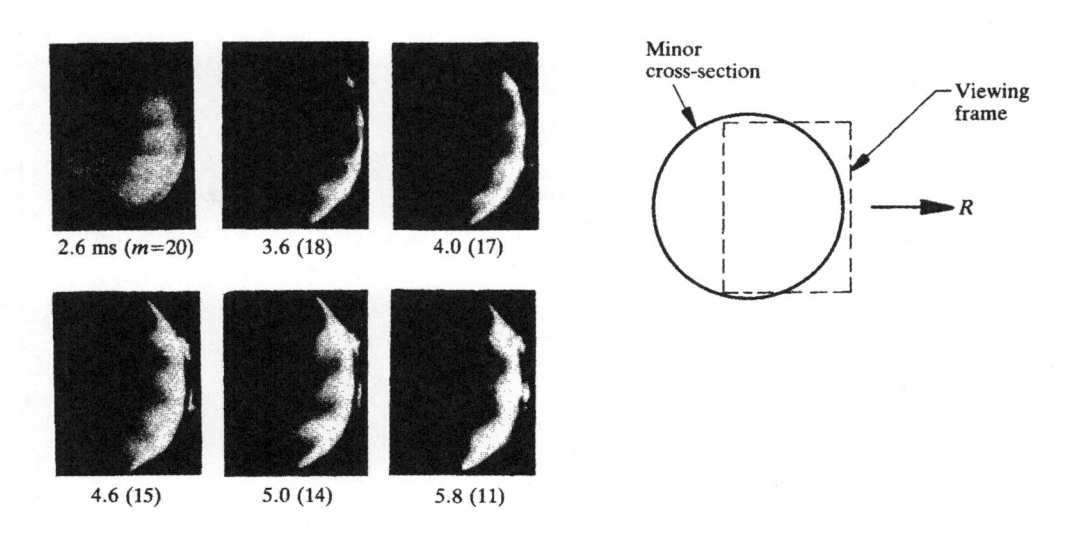

【図7.4.2】

DITEトカマクの電流増加時の不安定性の高速写真。放電開始後の時間とポロイダルモード数を示す。(Goodall, D.J.H. and Wesson, J.A. *Plasma Physics* 26 789 (1984))

7.5 電流のしみ込み

電流の上昇中に見られるミルノフ不安定性は，電流勾配によって不安定化されるものと信じられている．電流の立ち上がりが十分速いと，これらの不安定性は，電流の異常しみ込みを引き起こすと予想される．そうした電流のしみ込みが起き得るという実験的根拠がある．

もし不安定性がなければ，通常の電流しみ込み時間は $\mu_0 a^2/\eta$ の程度である．電流の立ち上がりがこの時間より十分遅ければ，電流分布はプラズマ中心付近に集中する．それに対し，立ち上がり速度の方がより速ければ，図7.5.1に示すような表面に集中した電流分布が現れる．対応する q 分布には極小値がある．すると共通の m/n 値を持つ2つの共鳴面が，q の極小付近に可能になる．2つの面の間隔が十分近いと，この配位は不安定になる．その理由は，テアリングモードの方程式6.7.1式

$$\nabla^2 \psi = \frac{\mathrm{d}j/\mathrm{d}r}{\frac{B_\theta}{\mu_0}\left(1-\frac{nq}{m}\right)} \psi$$

を考えれば，すぐにわかる．右辺の項は電流勾配の効果を表し，ψ の係数が負の時に不安定化に寄与する．共鳴面の間の領域では，不安定化勾配と小さい $1-(nq/m)$ の値とをもつ．

この不安定性は電流のしみ込みを助長する可能性が大きい．その過程を記述するための単純化したモデルを，考えている共鳴面の近傍のらせん磁束によって作ることができる．らせん磁束というのは，7章2節に定義したらせん方向の磁場 B^*

$$B^* = B_\theta\left(1-\frac{nq}{m}\right)$$

の持つ磁束である．B^* に付随する磁束 ψ^* は，

$$\frac{\mathrm{d}\psi^*}{\mathrm{d}r} = B^* \qquad\qquad 7.5.1$$

で定義される．共鳴面では ψ^* は極大値かあるいは極小値をとることがわかる．一例が図7.5.2(a)に示されている．この結果生まれる不安定性は，最初，両方の共鳴面上に磁気島を作る（図7.5.2(b)）．

最終的には，不安定性の結果，磁束の一部が抵抗による再結合を起こす．不安定領域の電流密度が下がり，q 分布が平坦になる（図7.5.3）．この結果，電流のしみ込みが増大したことになる．

不安定性

【図7.5.1】
表面に集中した電流分布とそれに伴う q 分布

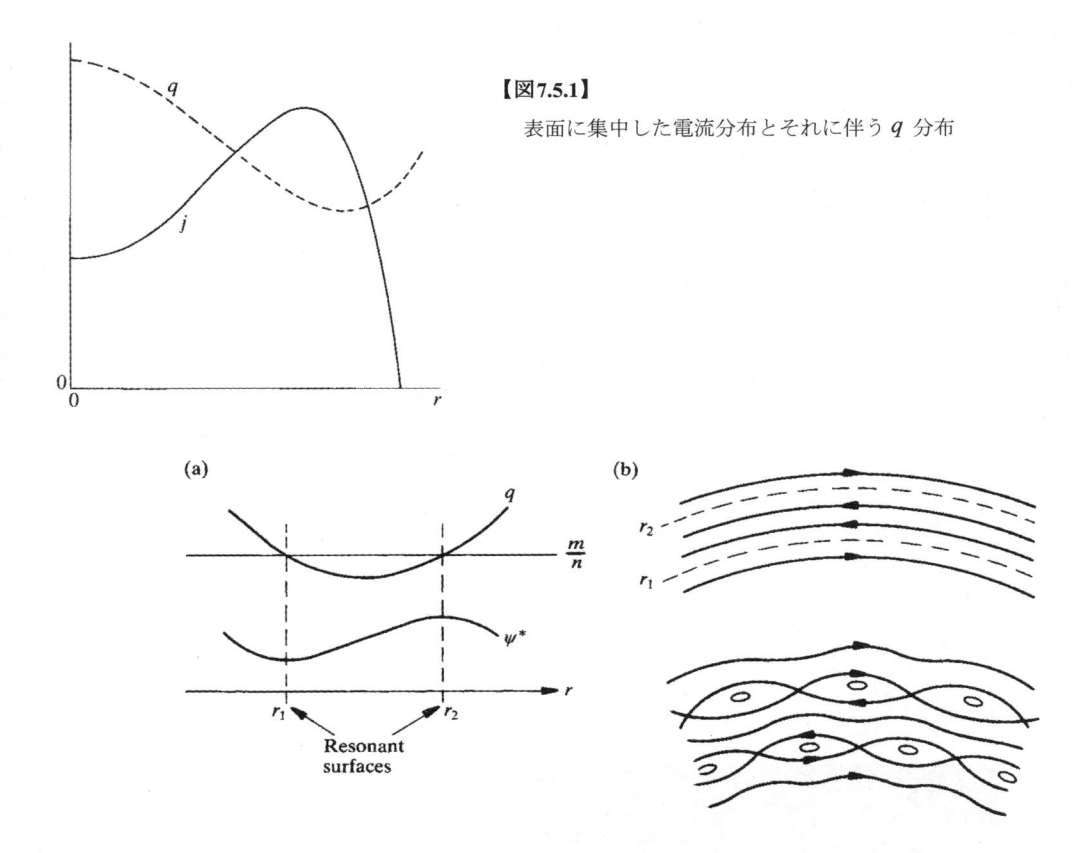

【図7.5.2】
(a) q に極小が現れると，共通の m と n に対し，2つの共鳴面が許される。ψ^* は対応するらせん磁束である。
(b) 2つの有理面が存在すると2つの磁気島が作り出される。

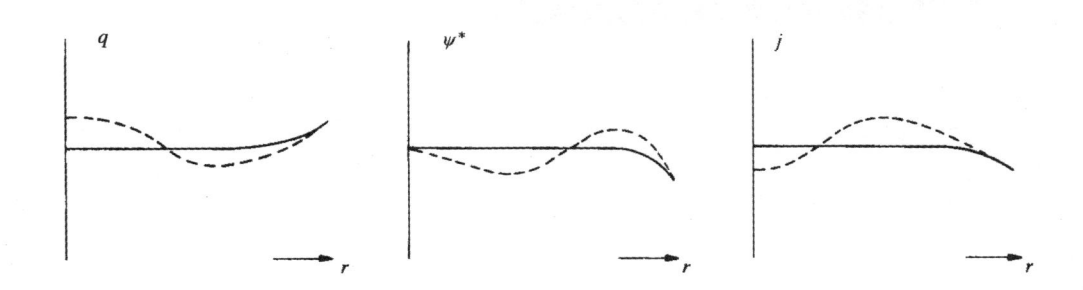

【図7.5.3】
$q(r)$，$\psi^*(r)$ 及び $j(r)$ に対し，不安定性発生前（破線）と発生後（実線）を示す。不安定性により，q は平坦化され，電流のしみ込みを助長する。

7.6 鋸歯状振動

通常の状況のトカマクでは，プラズマ中心からの軟 X 線の放射に図7.6.1に示すような鋸歯状振動が見られる。X 線放射の変動は主として電子温度の変化によっている。この鋸歯状振動の振る舞いは，他の計測器にも観測される。

X 線放射を外側の磁気面で観測すると，鋸歯状の歯の形が反転している。これは，プラズマ中心部で温度が急減少する時に，外部では同時に上昇していることを意味している。

完全な理解はまだ得られていないが，この緩和振動は $m=1$ の不安定性（$q=1$ 面がプラズマ内部に現れると起きる）に起因するものと信じられている。この描像では，鋸歯状振動の上昇期には，中心軸上の電流密度は増大し，電気抵抗のバランスで定まる電流分布に近づこうとしている。磁気軸上の q 値は，$q(0) = 2B_\phi / R\mu_0 j(0)$ を満たすので，中心部の電流密度の増大は $q(0)$ の値の低下をもたらす。ある限界の時刻に $m=1$ 不安定性が起き，急速に $q(0)$ を 1 より大きい値に引き戻す。プラズマは安定状態に戻り，次のサイクルが再び始まる。磁気面の発展のダイアグラムを図7.6.2に示す。

磁場の振る舞いは，カドムツェフによって $q=1$ 面近傍のらせん磁束を使って説明された。この磁束 ψ^* は，以下で定義されるらせん磁場成分

$$B^* = B_\theta - (r/R)B_\phi = B_\theta(1-q)$$

に付随する磁束であり，7.5.1式で与えられる。これらの関数の様子は図7.6.3に示されている。不安定性によって正と負のらせん磁場成分が急速に再結合し図に描かれたような磁場と磁束の変化をもたらす。

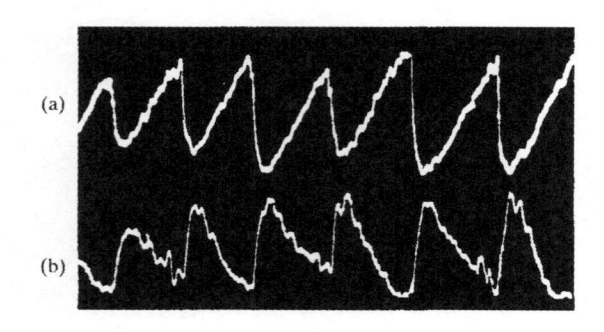

【図7.6.1】
(a)プラズマ中心部，および(b)周辺部からの X 線放射の時間変化（TFR）

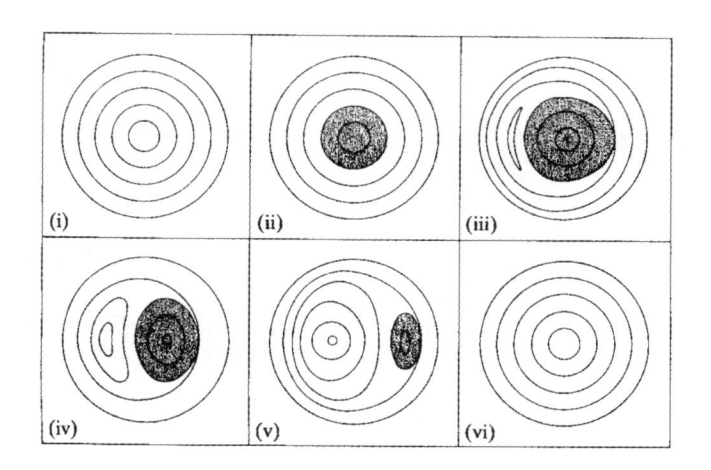

不安定性

【図7.6.2】
鋸歯状不安定性中の，急速な減少フェーズでの磁場発展の模式図。$m=1$ の不安定性により，$q<1$ の領域（影を付けた部分）が移動し，q_0 が1より大きい値に回復する。

　磁力線の再結合と磁束の消滅は，プラズマの小さいが 0 ではない抵抗によって可能となる。しかし，鋸歯状崩壊の時間の実測値は，単純な抵抗による再結合の時間 $\mu_0 r^2/\eta$ よりずっと短い。カドムツェフのモデルで，より速い再結合が起きるのは，$q=1$ 面の周囲の狭いところで進行するからである。

　観測されている中心温度と密度の減少は，不安定性によって生じている。その結果，熱が $q=1$ 面を横切って運ばれ，その面の外側での温度を上昇させる。この温度上昇は熱伝導でプラズマの外部へと伝わり，X線放射に見られる反転した鋸歯状波をもたらす。

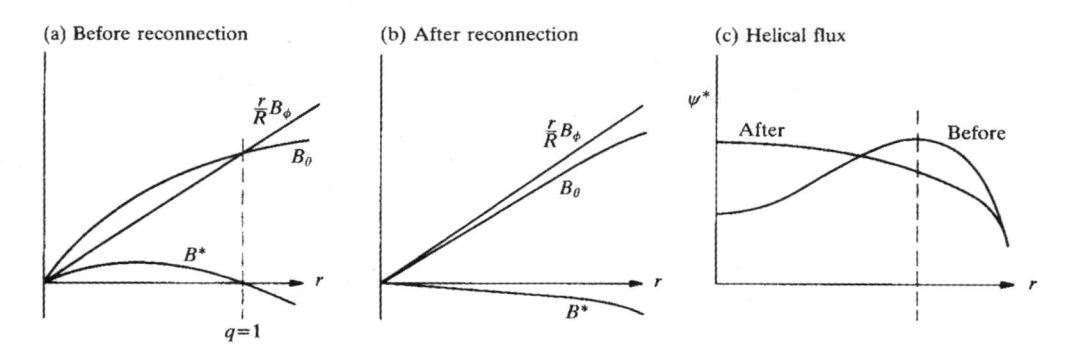

【図7.6.3】
ヘリカル磁場成分 B^* の推定分布を，(a) 再結合前，(b) 再結合後について示す。(c) ヘリカル磁束 ψ^* のそれに伴う変化。

7.7 ディスラプション

トカマクのディスラプションは，プラズマの閉じ込めが突如破壊される劇的な現象である。主ディスラプションでは，図7.7.1に示すように，電流が完全に失われてしまう。トカマクが発展していくために，ディスラプションは深刻な問題を課している。その理由は，まず第1に，電流や密度といった運転領域が制限されるためである。第2に，それが起きると大きな力や強い熱負荷が装置にかかるためである。

ディスラプションで起きる現象の系列を図7.7.2に示す。本質的には，4つの状態に区分でき，それを以下に述べる。物理的機構は7章8節に説明する。

前駆現象以前期（プレ・プレカーサフェイズ）

プラズマの諸条件に変化が起き，より不安定な状態へと移行する。たとえば全電流や密度の増加など，しばしば明確に把握できる。しかし，場合によっては条件の変化が確認されぬままディスラプションに至ることもある。

前駆現象期（プレカーサフェイズ）

変化が進み，ある限界条件に達すると MHD 不安定性が発生する。最も明白なものは，低い振幅に飽和していた $m=2$ モードの磁場振動が成長を始めることである。この成長が起きる時間はいろいろ変わるものの，中型の装置では ~ 10 ms 程度である。他の m の低いモードも見られる。

【図7.7.1】

電流の増加時，平坦時，及び減少時に起きたディスラプションを示す電流の時間変化（JET）

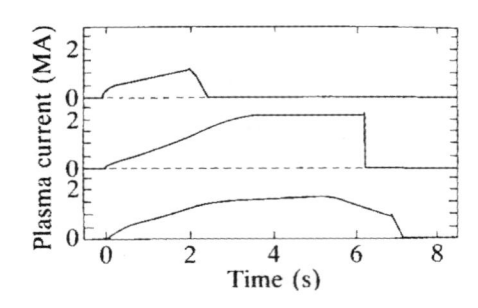

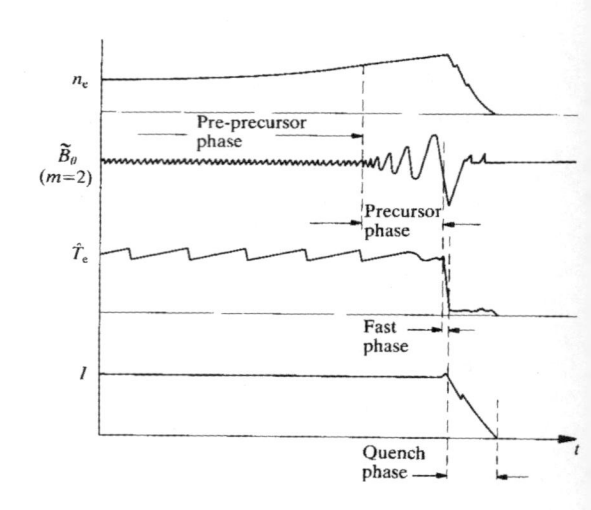

【図7.7.2】

ディスラプション時の典型的な時間変化を，$m=2$ 磁場揺動，中心温度，プラズマ電流について示す。この例では密度の上昇によってディスラプションが起きている。

不安定性

急速変動期（ファーストフェイズ）

　MHD 不安定性が発達していくと，第2の限界状況に達し，より急激な発展が起きる。中心温度が典型的に 1 ms 程度の時間で崩壊する。電流分布も急に平坦化することが観測されている。これにより特徴的な負の一周電圧のパルス（通常の正の一周電圧の 10 – 100 倍大きい）が発生する。

消滅期（クエンチフェイズ）

　最後はプラズマ電流は減衰し，0 となる。減衰時間は個々の状況やプラズマ位置制御にもよるが，電流減衰率が 50 MA s^{-1} に達するものもある。

　ディスラプションについては十分納得いく理論がないので，実験結果の解析は運転条件で整理されている。実験結果からパターンを読み取るためヒュジルにより導入された経験的手法ではディスラプションで決まる運転限界を，$1/q_a$ と $\bar{n}R/B_\phi$ を座標軸とする面上に描くものである（後者の変数は村上により導入された）。例を図7.7.3に示す。ディスラプションによって，運転領域は一般的に $q_a \geq 2$ に制限され，密度では $(10^{-19}\bar{n}R/B_\phi)q_a$ が 10 – 20 の範囲の限界値以下に制限される。追加熱により密度の限界は多少改善される。

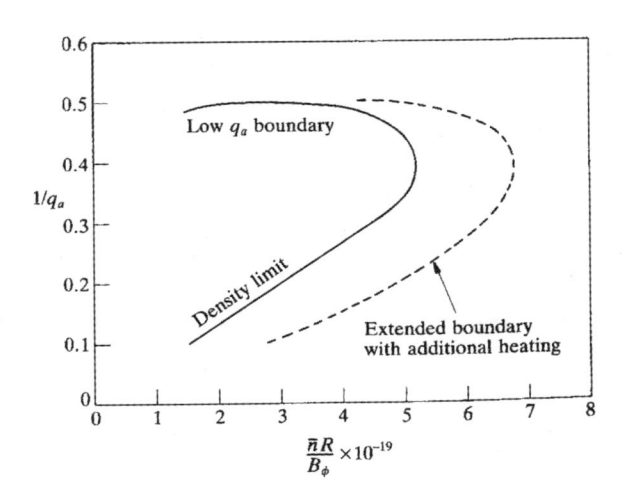

【図7.7.3】

　典型的なヒュジルダイアグラム。ディスラプションで制限された運転領域を示す。q_a は表面での安全係数，$\bar{n}$ は平均電子密度，パラメータ $10^{-19}\bar{n}R/B_\phi$ は村上係数と呼ばれる。

7.8 ディスラプションの物理

　7章7節に説明した実験的観測の物理的機構はよくわかっていない。多くの理論的説明が提案されているが，どれも不確定要素を含み，問題の一部に答えるに止まっている。

　もしディスラプションを制御したり，除去しなければならないとすると，前駆現象以前期の理解が最も重要になるだろう。この期間についてのもっともらしいモデルとしては，ゆっくりした変化が積み重なり，たいへん不安定な配位が形成され，それが限界条件に達した所で不安定性がスイッチオンする，という考え方である。観測されている MHD 不安定性がテアリング モードであり，テアリング モードは電流分布の勾配により駆動されるのだから，より不安定な電流分布をもたらすような機構に注目するのが自然である。

　6.7.1式からわかるように，負の電流勾配は，共鳴面の内側で不安定化に寄与し，その面に近づく時，特に強く不安定化する。こうした性質を持つ分布を図7.8.1に示す。プラズマ中心部で電流分布が平坦化することが必要であるが，それは鋸歯状振動が軸上の電流密度を抑える機構や，高い荷電数Zを持った不純物が集中して電気抵抗を増やしたりすることによってもたらされるだろう。外部の電流を減らすのは不純物の放射など原子過程で冷却されたり　$m=2$ モード自体の作る磁気島が輸送を増大させたりして温度を下げる，といった機構があり得るだろう。

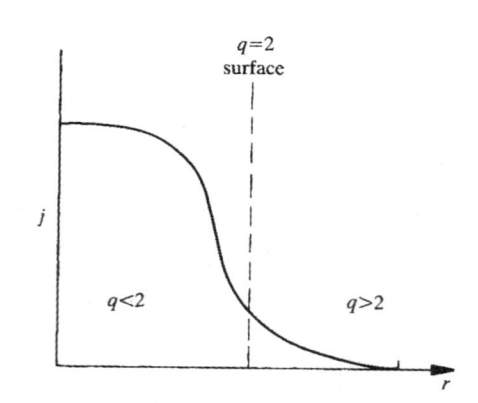

【図7.8.1】
　$q=2$ 面付近に急な勾配を持つ電流分布。この勾配が $q<2$ 領域にあるので，強い不安定効果を持つ。$q>2$ 領域の電流勾配は小さいので，弱い安定化効果しか持たない。

不安定性

　図7.7.3に示したディスラプションのダイアグラムを考えると，基本的に2つの境界がある。第1に，電流が増大し q_a が低い所で起きるディスラプションがある。それは多分，鋸歯状振動領域が拡がって $q=1$ 有理面の外の電流勾配が急峻になったこと，及び $q=2$ 有理面が電流増大とともに表面に近づき，$m=2$ 磁気島とプラズマ表面の相互作用が強くなったこと，その双方に起因するだろう。第2に，高い密度の所で起きるディスラプションがある。これらは，周辺部分が不純物や粒子リサイクリングにより冷えて，電流分布が急勾配を持つようになったためであろう。

　$m=2$ 磁場振動の成長が前駆現象期に観測されるが，$m=2$ テアリングモードの成長の結果，次のうちのどれか（またはいくつか）との相互作用が起きるに違いない。

(i)　$m=1$ の鋸歯状振動領域
(ii)　他の $m=3$ （$n=1, 2$）などのテアリングモード
(iii)　周囲の構造物，特にリミター
(iv)　冷たいプラズマの外部領域

そして，その相互作用が急速変動期をひき起こす。

　急速変動期には，電子温度の速い低下が起きる。電流の平坦化とその結果内部インダクタンスの低下も起きる。この電流の再配分は，その直前までの抵抗拡散時間よりずっと短時間に起きるので，実効的電気抵抗が大幅に増していることを示唆している。考えられる機構としては，テアリングモードの結果生まれる MHD 乱流と摂動を受けた磁力線に沿って急速な冷却を受けることなどがある。

　消滅期のタイムスケールは，L/R（L は全インダクタンス，R はプラズマ抵抗）で決まっている。消滅が速いことは抵抗が高いことを示唆する。これは少なくとも或る場合には，不純物の流入によって温度が下がったことにより起こる。その場合，高い抵抗のため増大したオーミック加熱パワー I^2R は，不純物による放射損失によって失われていく。

　ディスラプションは，高いプラズマ密度達成を妨げているので，そうしたディスラプションを除去することが望ましい。追加熱により密度限界は少し上昇するがやはりディスラプションは起きる。もしディスラプション除去の方法が見つからなければ，その替わりとして不安定性を制御する必要がある。これは，電流形やあるいは $m=2$ テアリングモードと同じらせん度をもった磁場のフィードバック制御を行うことで可能となろう。つまり，その位相関係と振幅によって不安定性とそれに伴う磁気島を除去したりまたは減少させるのである。

7.9 エルゴード性

或るらせんピッチを持った不安定性がプラズマ中に発生すると，その不安定性と共鳴する任意の磁気面上で磁場のトポロジーが変化する．磁場摂動により磁気島が生まれるのは，7章2節に説明した通りである．

もし摂動が2種類以上のらせんピッチを含むとすると，振幅が小さい時には，個々のピッチ成分がそれぞれの共鳴面のそばに狭い磁気島を作る．磁場のトポロジーは変化するが各々の磁気島は磁気面を作っているし，磁気島の間の場所には層状の磁気面が保たれている．しかし，多種のらせんピッチの摂動振幅が増大すると根本的な変化が生じる．セパラトリックス近傍の磁力線は磁気面上にとどまらなくなる．磁力線を追跡すると，軌跡は或る領域の中に限られるものの，その領域すべてをくまなく動く．磁力線に沿って十分長く進めば，領域内の任意の点にいくらでも近づく．極限では，磁力線は考える領域を'埋めつくす'．この空間を埋める磁力線の性質をエルゴード性と呼ぶ．

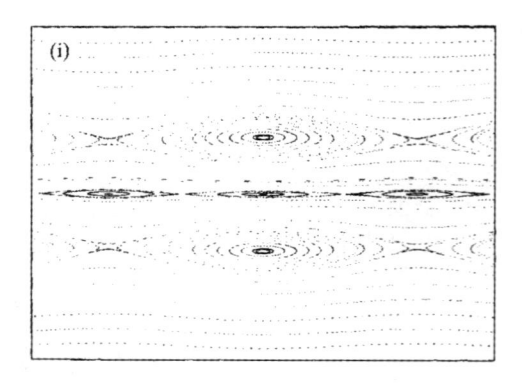

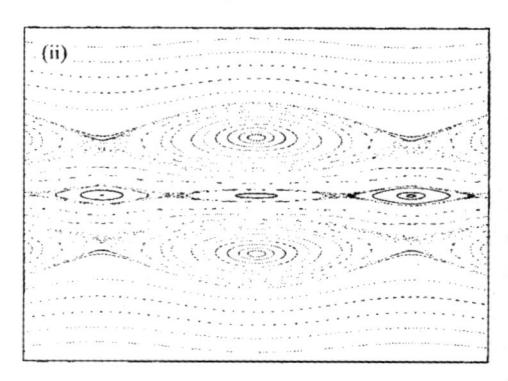

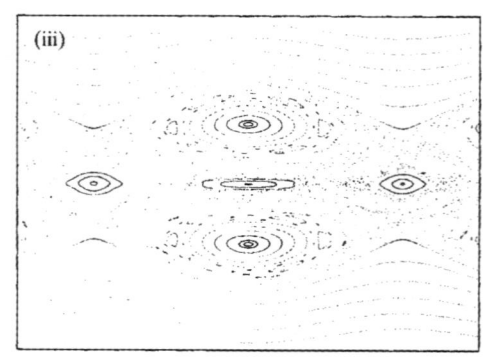

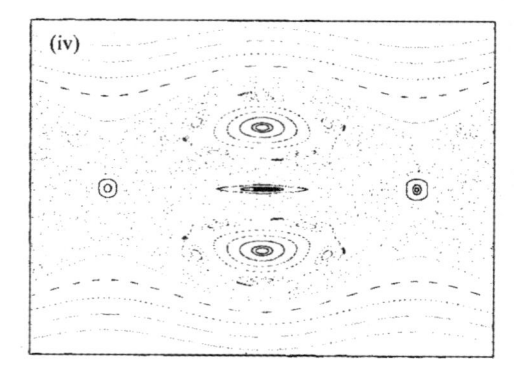

【図7.9.1】
摂動磁場強度が増大するにつれ，磁場のトポロジーが変化していく様を示す．

不安定性

この振る舞いの一例を図7.9.1に示す。平板状のモデルをとり，磁場を

$$B_x = B'_x y,$$
$$B_z = B_0 = 一定,$$
$$B_y = \hat{B}_y(\cos(k_z z + k_x x) + \cos(k_z z - k_x x))$$
$$\quad = 2\hat{B}_y \cos k_z z \cos k_x x$$

と選んでいる。これはシアーのある磁場に，互いに或る角度を持った2つの摂動が加わったものである。摂動はそれぞれ，

$$y = \pm \frac{k_z}{k_x} \frac{B_0}{B'_x}$$

の共鳴面を持っている。磁場はz方向に周期的で，波長は$2\pi/k_z$である。

磁力線の軌跡は，当然ながらこの周期を持たない。軌跡は，方程式

$$\frac{dx}{dz} = \frac{B_x}{B_z}, \qquad \frac{dy}{dz} = \frac{B_y}{B_z},$$

によって決まり，その位置 (x, y) を周期的な面 $z = n(2\pi/k_z)$ にプロットする（トカマクの場合では，$\phi = $ 一定 のひとつの面に相当する）。図7.9.1は摂動振幅の4つのレベルについて，そうしたプロットを示している。図7.9.1 (i)では，摂動振幅$\hat{B}_y$は，磁気島の幅が共鳴面間隔の半分になるように選んでいる。図7.9.1 (ii), (iii), (iv) では振幅をそれぞれ2倍，3倍，4倍と増している。

　(i)では，2つの磁気島は十分離れており，磁力線は層状の磁気面をなしている。(ii)の場合は，セパラトリックス近くの領域がエルゴディックになっている。(iii)と(iv)では，もとの共鳴面の間の領域の相当部分がエルゴディックになり，磁力線がもとの2つの共鳴面をつなぎ合わせるようになっている。

　エルゴディック領域が合体する条件は，本質的にはアイランドの幅が間隔程度になる ── いわゆる磁気島の重なりあいの条件 ── である。もし多数の共鳴面を巻き込んでエルゴード領域が拡がると，磁力線の振る舞いはますます確率論的（ストキャスティック）になり，磁力線の拡散という考え方で記述できるようになる。実験でこのような磁力線の振る舞いを直接観測するのは，もちろんむずかしい。しかし，プラズマの応答の中で，輸送を増やす役割を果たしているにちがいないと広く考えられている。

7.10 魚骨型不安定性

プラズマ加熱のために高エネルギー中性粒子ビームを入射すると，不安定性を誘起してエネルギー損失を引き起こすことがあることが知られている。この不安定性は，種々の計測法で明らかになった。普通の鋸歯状振動に加えて軟 X 線放射にバーストが現れている様子が，図7.10.1 (a)に示されている。そのバーストの間に磁場の振動が現れる様を図7.10.1 (b)と(c)に図示する。図のように振動が生じる様子から，この不安定性は魚骨型（フィッシュボーン）不安定性と名付けられた。

この不安定性は，入射された粒子と $m=1, n=1$ MHD 摂動との相互作用によって引き起こされると考えられる。この相互作用は，ランダウ減衰に代表される共鳴型のものであるが，ここでは波の成長をもたらす。不安定性の波のトロイダル方向の速度と，捕捉粒子（この場合，入射ビームにより生まれる）のトロイダルドリフトとの共鳴である。粒子が捕捉粒子になるためには，速度がほとんど磁場と垂直方向を向いている必要がある。そこで，この不安定性は，磁力線と平行方向に入射する場合には起きないだろう。

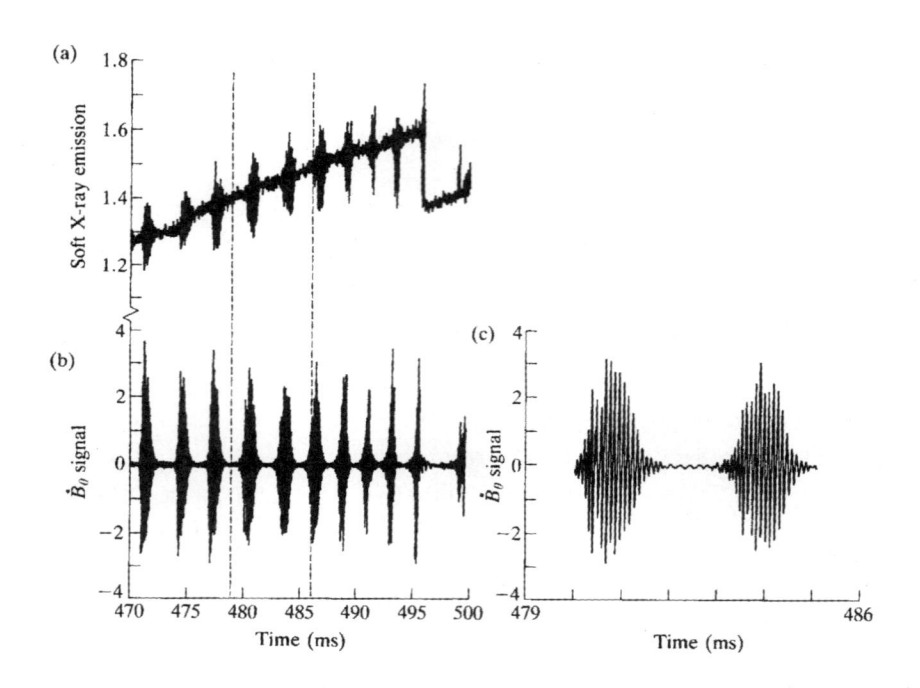

【図7.10.1】
魚骨型不安定性　(a) 軟 X 線放射　(b) ポロイダル磁場揺動　(c) その拡大図

不安定性

トロイダルドリフトを理解するには，捕捉粒子のバナナ軌道のドリフトを考えるのがわかり易い。軌道の反射点は次々にトロイダル方向に動く。深く捕捉された粒子（$v_\perp \gg v_\parallel$）をとると，垂直方向のドリフト速度は，8.8.2式から $v_d = \frac{1}{2}v_\perp^2 / \omega_c R$ となる。一周のバウンス時間 τ_b の間に，ポロイダル方向に $r\Delta\theta = v_d \tau_b$ 移動する。$d\phi/d\theta = q$ の関係があるので，このバウンス運動の間にトロイダル方向に動く距離は，$R\Delta\phi = (qv_d R/r)\tau_b$ となる。従ってバナナ軌道のトロイダルドリフト速度 $R\Delta\phi/\tau_b$ は，

$$v_{d\phi} = \frac{qv_\perp^2}{2\omega_c r}$$

となる。深くは捕捉されていない粒子の軌道は，もっと複雑である。

安定性解析によると，ω に関する分散関係が導かれ，

$$-\frac{i\omega}{\omega_A} + \delta\tilde{W}_p + \omega \int \frac{\phi(\omega,v)}{\omega_d - \omega} d^3v = 0 \qquad 7.10.1$$

となる。ここで $\omega_A = (B_\phi/R)/(\mu_0\rho)^{1/2}$ であり，$\delta\tilde{W}_p$ は，MHD 理論でのポテンシャルエネルギーを規格化したものである。最後の項が入射された捕捉粒子の寄与である。関数 ϕ は粒子の速度分布関数に依存する。速度積分は，$\omega_d = v_{d\phi}/R$ と書くと，$\omega = \omega_d(v_\perp)$ を満足する速度における共鳴を含む。

7.10.1式の最初の2つの項は，MHD $m=1$ 内部キンクモードを記述する。新たに加わった項から，分散関係の新しい根が生じる。この根が不安定になるためには，捕捉粒子のエネルギー密度が十分高くなければならない。エネルギー密度は，捕捉粒子の実効的ベータ値 β_h で表される。詳細な安定条件は捕捉粒子の分布関係に依存するが，図7.10.2に不安定性に必要な β_h の典型的な形を δW_p の関数として示す。不安定性が最も起き易いのは，MHD $m=1$ モードの限界安定条件に近い，$\delta W_p \simeq 0$ の場合であることがわかる。不安定性の周波数は ω_d に近く，成長率もその程度である。

実験結果を振り返ると，観測された周波数は予言されたものに大変良く一致している。魚骨型不安定性のバーストが起きると，それに伴って捕捉されたビーム粒子が不安定性の摂動電磁場と共鳴し，はき出されるものと考えられている。そうすると，次にまた不安定な捕捉粒子分布が形成されるまで，この不安定性は消える。

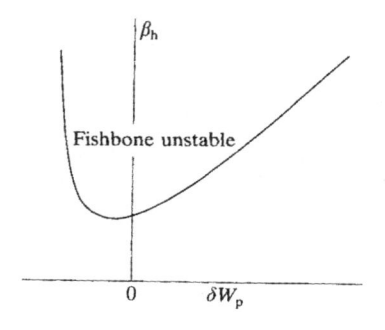

【図7.10.2】

不安定性を起こすために必要な高温の捕捉粒子の β 値の代表的なグラフ。MHD 理論の δW_p の関数として示す。

参考文献

この章で記述された不安定性は広範囲にわたる実験研究に従属しているが含まれる現象の理解は不完全で不正確である。従ってレビュー記事も不足している。以下の本の11章に理論と実験の比較がある。

Bateman, G. *MHD instabilities*. MIT Press, Cambridge, Mass. (1978).

より広範囲にわたる理論的取り扱い

White R. B. Resistive instabilities and field line reconnection, in Section 3.5 of *Handbook of plasma physics* (eds. Galeev, A. A. and Sudan, R. N.) Vol. 1. North Holland, Amsterdam (1983).

テアリングモード

非線形テアリング不安定性に関する最初の論文

Rutherford, P. H. Nonlinear growth of the tearing mode. *Physics of Fluids* 16, 1903 (1973).

準線形理論によるより詳細な取り扱い

White, R. B., Monticello, D. A., Rosenbluth, M. N., and Waddell, B. V. Saturation of the tearing mode. *Physics of Fluids* 20, 800 (1977).

トカマクにおける飽和したキンクおよびテアリング不安定性の2次元計算

Sykes, A. and Wesson, J. A. Saturated kinks and tearing instabilities in tokamaks. *Plasma physics and controlled nuclear fusion research* (Proc. 8th International Conference, Brussels 1980) Vol. 1, 237. I.A.E.A. Vienna (1981).

ミルノフ不安定性

Mirnov, S. V. and Semenov, I. B. Investigation of the instabilities of the plasma string in the Tokamak-3 system by means of a correlation method. *Atomnaya Energiya* 30, 20 (1971) [*Soviet Atomic Energy* 30, 22 (1971)].

電流のしみ込み

ダブルテアリングモードによる電流のしみこみのアイデアを記述した論文

Stix, T. H. Current penetration and plasma disruption. *Physical Review Letters* 36, 521 (1976).

ダブルテアリングモードの非線形発展の数値計算

Carreras, B., Hicks, H. R., and Waddell, B. V. Tearing mode activity for hollow current profiles. Oak Ridge National Laboratory Report ORNL/TM6570, Oak Ridge, Tennessee (1978).

不安定性の実験による観測

Granetz, R. S., Hutchinson, I. H., and Overskei, D. O. Disruptive mhd activity during plasma current rise in Alcator A tokamak. *Nuclear Fusion* 19, 1587 (1979).

鋸歯状振動

軟X線放射の鋸歯状の振る舞いに関する実験的観測

von Goeler, S., Stodiek, W., and Sauthoff, N. Studies of internal disruptions and $m=1$ oscillations in tokamak discharges with soft X-ray techniques. *Physical Review Letters* 33, 1201 (1974).

速いリコネクションモデル

Kadomtsev, B. B. Disruptive instability in tokamaks. *Fizika Plasmy* 1, 710 (1975) [*Soviet Journal of Plasma Physics* 1, 389 (1976)].

リコネクションの数値計算

Danilov, A. F., Dnestrovsky, Yu. N., Kostomarov, D. P. and Popov, A. M. *Fizika Plasmy* 2, 187 (1976) [*Soviet Journal of Plasma Physics* 2, 93 (1976)].

緩和振動の振る舞いを示した数値計算

Sykes, A. and Wesson, J. A. Relaxation instability in tokamaks. *Physical Review Letters* 37, 140 (1976).

より詳細な最近の数値計算

Park, W., Monticello, D. A., and White, R. B. Reconnection rates of magnetic field including the effects of viscosity. *Physics of Fluids* 27, 137 (1984).

ここで記述したモデルに従わないような鋸歯状振動が報告されている論文

Edwards, A. W. *et al.* Rapid collapse of a plasma sawtooth oscillation in the JET tokamak. *Physical Review Letters* 57, 210 (1986).

ディスラプション

ディスラプション現象の観測

Gorbunov, E. P. and Razumova, K. A. Effect of a strong magnetic field on the magnetohydrodynamic stability of plasma and the confinement of charged particles in the 'Tokamak' machine. Atomnaya Energaya 15, 363 (1963) [*Journal of Nuclear Energy*, Part C, 6, 515 (1964)].

重要な実験的研究

Sauthoff, N. R., von Goeler, S., and Stodiek, W. A study of disruptive instabilities in the P.L.T. tokamak using X-ray techniques. *Nuclear Fusion* 18, 1445 (1978).

村上パラメータ nR/B_ϕ を導入した論文

不安定性

Murakami, M., Callen, J. D., and Berry, L. A. Some observations on maximum densities in tokamak experiments. *Nuclear Fusion* 16, 347 (1976).

ヒュージル線図を導入した論文

Fielding, S. J., Hugill, J., McCracken, G. M., Paul, J. W. M., Prentice, P., and Stott, P. E. High-density discharges with gettered torus walls in DITE. *Nuclear Fusion* 17, 1382 (1977).

テアリングモードの相互作用によってディスラプションの速い段階へ至るという数値シミュレーションがオークリッジ国立研究所で行われ，以下の論文を含む数多くの論文に記述されている。

Carreras, B., Hicks, H. R., Holmes, J. A., and Waddell, B. V. Nonlinear coupling of tearing modes with self-consistent resistivity evolution in tokamaks. *Physics of Fluids* 23, 1811 (1980).

前駆現象期のモデルがカラム研究所で発展し以下の論文にまとめられた。

Wesson, J. A., Sykes, A. and Turner, M. R., Tokamak disruptions. *Plasma physics and controlled fusion research* (Proc. 10th Int. Conf., London, 1984) Vol 2, 23. I.A.E.A. Vienna (1985).

ディスラプションの促進における放射の役割を議論した論文

Rebut, P. M. and Green, B. J. Effect of impurity radiation on tokamak equilibrium. *Plasma physics and controlled nuclear fusion research* (Proc. 6th Int. Conf., Berchtesgaden 1976) Vol. 2,3. I.A.E.A., Vienna (1977).

Ohyabu, N. Density limit in tokamaks. *Nuclear Fusion* 9, 1491 (1979); and

Ashby, D. E. T. F and Hughes, M. H. The thermal stability and equilibrium of peripheral plasmas. *Nuclear Fusion* 81, 911 (1981).

ディスラプション中の内部計測の結果を与える論文

Hutchinson, I. H. Magnetic probe investigation of the disruptive instability in LT-3. *Physical Review Letters* 37, 338 (1976).

エルゴード性

導入記事

White, R. B. Resistive instabilities and field line reconnection. *Handbook of plasma physics* (eds. Galeev, A. A. and Sudan, R. N.) Vol 1, Section 3.5. North Holland, Amsterdam (1983).

魚骨型不安定性

魚骨型不安定性の実験的観測

McGuire K. *et al.* Study of high-β magnetohydrodynamic modes and fast ion losses in PDX. *Physical Review Letters* 50, 891 (1983).

理論的解釈の提案

Chen, L., White, R. B., and Rosenbluth, M. N. Excitation of internal kink modes by trapped energetic beam ions. *Physical Review Letters*, 52, 1122 (1984).

8 微視的不安定性

8.1 微視的不安定性

理想型 MHD や抵抗性 MHD の解析から予言される不安定性の他に,トカマクプラズマには多くの不安定性がある。これらの不安定性を起こすエネルギー源は,速度空間におけるマックスウェル分布からのずれによるものや,局所的にはマックスウェル分布であるが,密度や温度の勾配があり,それによるものがある。一般的には,1つの電荷を持った種,つまり電子かイオンが不安定性源となり,別の種が減衰させる機構を持つ。

これらの不安定性の予言は,ブラソフ方程式の解析によって始められた。そして,一群の新しい不安定性として,その波長が荷電粒子のラーマー半径程度と小さいものが見つけられた。これは,平衡量の変化するスケールよりずっと小さく,微視的不安定性と呼ばれている。

通例,抵抗型不安定性は,巨視的流体型不安定性と見なされるが,6章6節でも述べたように,線形テアリングモード理論による狭い抵抗層は,典型的トカマクのパラメータに対して,イオンのラーマー半径より小さくなりうる。このように,巨視的流体型の不安定性と微視的不安定性の間は単純な区別はつかない。ここでは微視的不安定性として,抵抗性1流体 MHD 方程式から予言できない不安定性を取り扱う。

トカマクにおける微視的不安定性は,不均一プラズマを伝播できる基本的な波動によって,もっともよく分類できる。これらは,シアーアルベーン波,音波,電子ドリフト波や,エントロピーモードである。表8.1.1に,よくトカマクで言われる微視的不安定性をこの方法で分類してみた。

【表8.1.1】 微視的不安定性の分類

電子ドリフト波	アルベーン波	音波とエントロピーモード
ユニバーサル	微視的テアリング	イオン温度勾配
捕捉電子		捕捉イオン不安定
トロイダル効果により誘起された電流駆動ドリフト		捕捉粒子

微視的不安定性

　微視的不安定性のほぼ普遍的な2つの特徴は，(a) 電子とイオンの質量の差が大きく，それによって熱速度や衝突周波数も違うので，モードの線形成長時におけるイオンや電子の動的応答がまったく違う。また，(b) 不安定性の機構として衝突による散逸かランダウ共鳴現象を伴う。

　微視的不安定性と言えども本来的には，反応型の性質を持つ。理想型 MHD 不安定性のように反応型の不安定性というのは散逸がなくても不安定になるものを指す。表8.1.1の捕捉粒子不安定性は，この種に属す。またイオン温度勾配型不安定性も，この性質を持ち得る。その条件は，イオンの温度勾配が密度勾配より大きくなった時で，正確に言えば $\eta_i \gg 1$ の場合にそうなる。ここで

$$\eta_i = \frac{d \ln T_i(x)}{d \ln n(x)}$$

散逸が不安定性の機構である場合には，モードは衝突性のプラズマであれ（ブラジンスキーの2流体方程式で記述される），無衝突性のプラズマであれ（ブラソフ方程式で記述される），存在し得る。しかし一方の極限で不安定であるモードが必ずしももう一方の極限で不安定である必要性はない。例えば，ミクロテアリングモードは無衝突プラズマ中では安定であるが，衝突が十分多いと不安定である。

　幾何学的形状の効果は，ミクロ不安定性を誘起する機構を複雑化する。磁場のシアーや，粒子を捕捉する磁場の強さの変化は重要である。

　トカマクプラズマにおいて，微視的不安定性が起こっているという実験的な検証は，2つある。(i) 直接的な証拠としては，マイクロ波やレーザー散乱による観測によるもので，プラズマの密度のゆらぎが広い幅の周波数帯で見つかっている。また，(ii) 観測されている電子の磁場を横切る輸送が，古典的な衝突過程による機構では説明できないという事実からも，乱流による説明が要求されている。またこの乱流は，微視的不安定性に由来すると考えられる。なぜなら MHD 安定領域でトカマク放電をおこなっても依然として異常輸送は存在するので。

8.2 ドリフト不安定性

磁場に捕捉された電子が存在しない場合に一番重要となるドリフト不安定性は，**ユニバーサル不安定性**（別名，**無衝突ドリフト不安定性**）と，**電流駆動型ドリフト不安定性**，及び**トロイダル効果により誘起されるドリフト不安定性**である。β 値の小さいプラズマ中で，これらの不安定性に静電波でありドリフト波を散逸効果が不安定化するものである。

ドリフト波の基本的な性質は，スラブプラズマの2流体的記述で引き出せる。磁場を z 方向に取り，x 方向に密度変化があり，温度はイオンおよび電子とも一定とする。

イオンと電子に対する連続の方程式と運動量の方程式を次のような形に線形化する。

$$n_j = n + \delta n_j \exp(-i\omega t + iky + ik_{//}z)$$

また流体の速度 v_j や摂動電場 $\mathbf{E} = -\nabla\delta\phi$ も同様な形で考える。速度の摂動部分 δv_j を消去すると（平衡の電場 = 0 とする座標で）密度の摂動が求まる。

$$\frac{\delta n_j}{n}\left(1 - \frac{k_{//}^2 T_j}{m_j\omega(\omega - \omega_{*j})}\right) = -\frac{e_j\delta\phi}{T_j}\left(\frac{\omega_{*j}}{\omega} - \frac{k_{//}^2 T_j}{m_j\omega(\omega - \omega_{*j})}\right) \qquad 8.2.1$$

（$j = $ i または e）。ここで周波数 ω_{*j} は次式で与えられる。

$$\omega_{*j} = \frac{T_j k}{e_j B n}\frac{dn}{dx} = k v_{*j} \qquad 8.2.2$$

イオンと電子の熱速度 $v_{Tj} = (T_j/m_j)^{1/2}$ の値は，m_i/m_e 倍違うので，波動として，磁場に沿った位相速度が，イオンの熱速度と電子の熱速度の中間に位置するものの存在が可能となる。これがドリフト波であり，$v_{Ti} \ll \omega/k_{//} \ll v_{Te}$ を満足する。この近似を8.2.1式に代入すると，

$$\frac{\delta n_i}{n} \simeq -\frac{e\delta\phi}{T_i}\frac{\omega_{*i}}{\omega}, \qquad \frac{\delta n_e}{n} \simeq \frac{e\delta\phi}{T_e} \qquad 8.2.3$$

微視的不安定性

プラズマの準中性条件は，$\delta n_i = \delta n_e$ であり，これが波の周波数 $\omega = \omega_{*e}$ を与える。よって磁力線に直角方向の位相速度 ω/k は8.2.2式で定義される v_{*e} となる。この v_{*e} は電子の磁場を横切る流体としてのドリフト速度であって，プラズマ中の反磁性電流の電子部分をになうものである。周波数 ω_{*e} は，電子の反磁性周波数と知られ，波は電子のドリフト速度で伝播することからドリフト波と呼ばれる。

無衝突性プラズマの場合，プラズマとドリフト波のエネルギー交換は，ランダウ減衰と呼ばれる現象によって支配される。イオンとの相互作用で波は減衰するが，位相速度（平行方向の）$\omega/k_{//}$ がイオンの熱速度より大きいために，共鳴しうるのはイオンの速度分布関数のテイル部分のみである。そのため減衰率は低い。電子とのランダウ共鳴は，ドリフト波を不安定にするエネルギー入力となる。この不安定性をユニバーサル不安定性というのは，不均一で無衝突性のプラズマ中では磁場にシアーがない時に，イオンの有限ラーマー効果が，短波長のドリフト波を不安定にするという事情をさす。

磁気シアーがドリフト波安定条件に重要である点は，シアーがあると $k_{//} = (kB'_y/B)x$ となり，有理面から離れた大きい x の値の所で，$k_{//}$ が大きくなるからである。一旦，$k_{//}v_{Ti}/\omega$ がオーダーとして1となれば，イオンのランダウ減衰が強い安定化を示す。

スラブプラズマで磁気シアーがあると，電子ドリフト波は安定となってしまう。しかし磁場に沿った方向に十分大きい電流が流れている場合は別で，これは電流駆動型ドリフト不安定性を誘起する。トカマク中ではトロイダル電流の値は小さく，一般にはこの不安定性は起きない。

トロイダル配位の場合，シアーによる安定化効果は弱められてしまい，たとえ $j_{//} = 0$ でも不安定となり得る。これはトロイダル効果により誘起されるドリフト不安定性として知られる。理論的には，トカマクのトロイダル形状はドリフト波を不安定にするだけ強い効果があるとされている。

8.3 捕捉電子不安定性

捕捉電子不安定性は電子ドリフト波の不安定性である。これは他のドリフト波と違い，平衡時の電子のバナナ軌道,つまり磁場に捕捉された電子が存在することに起因する。不安定化機構は,逆ランダウ減衰または捕捉粒子の衝突性散逸である。磁場によって捕捉された一部の電子は磁力線に沿った動きが阻害されるので，密度摂動が摂動のポテンシャル $\delta\phi$ に対して，ボルツマン分布 $\delta n_e = en\delta\phi/T_e$ を満たせなくなってしまう。その結果,電子密度の変化分としては,次の形を取る。

$$\frac{\delta n_e}{n} \simeq \frac{e\delta\phi}{T_e} - \frac{e}{T_e}\int_{tr}\frac{F_{Me}}{n}\frac{\omega-\omega_{*e}\left[1+\eta_e\left(\frac{mv^2}{2T}-\frac{3}{2}\right)\right]_e}{\omega+\frac{i\nu_e}{\varepsilon}}\langle\delta\phi\rangle\,d^3v \qquad 8.3.1$$

ここで,F_M は,密度 n，温度 T_e を持つマックスウェル分布で，$\eta_e = d\ln T_e/d\ln n$，$\varepsilon = r/R$ は，逆アスペクト比，ν_e は電子の衝突周波数で，積分は捕捉電子に対してのみ行う。〈 〉は，バナナ軌道に対しての平均を示す。捕捉粒子は衝突によって粒子数，エネルギー，運動量を保存しないので，それらは90°散乱（その衝突周波数は ν_e）から捕捉粒子が捕捉からのがれるために必要な小角度散乱する周波数まで高められた実効的衝突周波数 ν_e/ε で代表される。8.3.1 式の右辺第2項の複雑な項は，磁場に捕捉された電子は摂動電場に対して磁力線に沿った運動をしないことを示している。捕捉電子は，大きな慣性を持つ第3の流体のように振る舞う。イオン流体のようではあるが，電子の負の荷電を示す。

イオンの磁場方向の運動は $\omega/k_{//} > v_{Ti}$ であるドリフト波にとってあまり重要ではなく，磁場によるイオンの捕捉は，$\delta\phi$ への線形応答に対して何ら変化をおよぼさない。イオンの運動は，他のドリフト波の場合と同じで，δn_i は 8.2.3 式で与えられる。

微視的不安定性

　散逸型捕捉電子不安定性とは，衝突による励起機構が不安定化に重要な場合のモードを記述する名前である。この不安定性の存在は，局所的な分散関係，すなわち8.2.3式で示される。8.3.1式で与えられる δn_e を $\langle\delta\phi\rangle \simeq \delta\phi$ として評価し，それを δn_i と等式で結べば得られる。$\omega \ll \nu_e/\varepsilon$ の場合には，分散関係は

$$\omega = \omega_{*e} + 6\left(\frac{2}{\pi}\right)^{1/2}\varepsilon^{3/2}i\omega_{*e}^2\eta_e/\nu_e \qquad 8.3.2$$

と書ける。

　不安定性は，次の2つの条件に依存している。(i)電子温度の勾配，しかも $\nabla n \cdot \nabla T_e > 0$ の存在と，(ii)クーロン衝突の速度依存性，$\nu \propto v^{-3}$ 。

　高温の場合には，捕捉電子モードの衝突による励起はランダウ共鳴の効果によるものより弱くなる。このドリフトランダウ共鳴は，波の成長を促し，無衝突の極限でもモードを不安定にし続ける。

　トロイダル効果や磁場のシアーを取り入れた一貫した理論から固有値方程式が得られ，それは計算機解析に適した1次元の方程式にまで落とせる。数値解析によって，不安定性を示す簡単な局所分散関係8.3.2式の予測は確認され，また，捕捉電子不安定性と他のドリフト不安定性との統一的解析もなされている。トカマクでは，これらは別々の不安定性として独立に共存するのではない。かわりに，いくつかの励起機構が一緒になって不安定性に寄与するような不安定なドリフト波があり，プラズマパラメータによって種々の機構の重要度が変化するのである。

　スラブ理論の特徴である電子の逆ランダウ減衰とイオンの減衰が微妙に釣り合い，ほぼ成長率を 0 とする状況は捕捉電子モードでは成り立たない。十分な量の捕捉電子が保持されるような高温のトカマクではこのモードが不安定になることが示されている。

　磁場を横切る電子の熱伝導の評価がこの非線形飽和したモードのスペクトルを使ってなされ，オーミック加熱時のトカマクのエネルギー閉じ込めのスケーリング（経験則）を説明できる可能性を示している。非線形の電子熱伝導率 χ_e の評価式は，

$$\chi_e \simeq \frac{\varepsilon^{3/2}\omega_{*e}^2\eta_e}{\nu_e k_\perp^2} \frac{1}{1+c\left(\frac{\nu_e R}{\varepsilon^{3/2}v_{Te}}\right)^{-1}}$$

及び $0.1 < c < 0.2$ と与えられ，8.3.2式の成長率で与えられる散逸領域から，無衝突領域への遷移を記述している。

8.4　低周波イオンモード

　この題目では3つの不安定性について論ずる。それらは、(i) **イオン温度勾配不安定性**（**イオンミキシングモード**としても知られる），(ii) **捕捉イオン不安定性**，(iii) **捕捉粒子不安定性** である。これらに共通な性質は，低周波で成長も遅いこと，またモードの線形ダイナミックスにイオンの磁力線方向の運動が重要な役割を示すことである。

　イオン温度勾配不安定性（別名　イオンミキシングモード）は，イオン音波 $\omega^2 = k_\parallel^2 c_s^2$ とイオン反磁性熱的モード $\omega \approx \omega_{*i}\eta_i$ とが結合した静電的不安定性である。ブラジンスキーの2流体方程式から出発し，磁気シアーのないスラブモデルで $\nabla n \to 0$ とすると，

$$\omega^2 = k_\parallel^2 c_s^2 \left[1 - \omega_{*i}\eta_i / \omega \left(1 + \frac{5}{3}\frac{T_i}{T_e}\right)\right] \qquad 8.4.1$$

という静電的分散関係が得られる。8.4.1式から $k_\parallel c_s \ll \omega_{*i}\eta_i$ の時，不安定モードが存在することがわかる。磁気シアーの効果は不安定性をイオンのラーマー半径と同等程度に局在化させる働きがある。詳しい解析からは，無衝突性の極限で低い周波数と成長率（$\omega \sim \gamma \sim \omega_{*e}/20$）を持つ不安定性が見つかっている。これは，イオンの逆ランダウ減衰によって励起され，イオン温度勾配が十分大きい時 $\eta_i \geq 1$ に起こる。たいへん大きな温度勾配 $\eta_i \gg 1$ に対して，不安定性は反作用型の流体的モードとなり，成長率も8.4.1式で与えられたものになる。比較的低周波で低成長率であるという特性のため，この不安定性は高温プラズマにおいて捕捉イオンの影響を受けやすく，捕捉イオン不安定性と合流する。

　捕捉イオンの効果は，任意の波や不安定性に対して，その周波数や成長率が捕捉イオンの磁気ミラーの周回周波数より小さい時に出てくる（$\omega \leq \varepsilon^{1/2} v_{Ti}/Rq$，$\varepsilon = r/R$ は 逆アスペクト比，v_{Ti} はイオンの熱速度）。その時，イオンの磁力線方向の運動は十分速く，通過イオンが静電ポテンシャル摂動に合わせてボルツマン分布 $n = n_0 \exp(-e\delta\phi/T)$ を取ることができる。しかし磁気ミラーによる捕捉効果は，捕捉イオンに対して磁力線方向の運動を拘束してしまう。

微視的不安定性

つまり,摂動イオン密度は

$$\frac{\delta n_i}{n} = -\frac{e\delta\phi}{T_i} + \frac{e}{T_i}\int_{tr}\frac{1}{n}F_{Mi}\frac{\omega - \omega_{*i}\left[1+\eta_i\left(\frac{mv^2}{2T}-\frac{3}{2}\right)\right]_i}{\omega+\frac{i\nu_i}{\varepsilon}}\langle\delta\phi\rangle d^3v \qquad 8.4.2$$

と書ける。ここで速度空間の積分は捕捉イオンについてのみ行い,通過イオンのランダウ減衰の効果は無視した。この項は,イオン温度勾配モードを励起する応答部分である。

8.4.2式は,添字をiからeへ変えれば,電子成分にも使える。電子の衝突周波数は,イオンの衝突周波数より$(m_i/m_e)^{1/2}$倍大きいので実効的なイオンおよび電子の捕捉離脱周波数の間 ($\nu_i/\varepsilon < \omega < \nu_e/\varepsilon$) の周波数 ω,を持つモードが存在し得る。これが捕捉イオンモードである。準中性条件 $\delta n_i = \delta n_e$ から分散関係が得られ,$T_e = T_i$ に対して

$$\omega \simeq \varepsilon^{1/2}\omega_{*i} + i\frac{\omega_{*i}^2\varepsilon^2}{\nu_e}(1+\tfrac{3}{2}\eta_e) - i\frac{\nu_i}{\varepsilon}(1-\tfrac{3}{2}\eta_i)$$

という近似的な表式が得られる。

捕捉イオン不安定性は,電子の衝突による散逸で励起され,イオンの衝突による散逸によってη_iの値に応じて,励起または減衰する。

線形成長率があまりに強い温度依存性($\gamma \propto T^{7/2}$)を示すので,散逸型捕捉イオンモードは一時,トカマクのプラズマ閉じ込めを脅かすものと考えられていた。しかしPLTにおける高温度(~7 keV)の放電では,密度揺動は増加したが,異常輸送 $\chi_{anomalous} \sim \gamma/k_\perp^2$ から予言される明瞭な閉じ込めの劣化は観測されなかった。

捕捉イオンモードは,無衝突性捕捉粒子モードと関連している。後者は,イオンと電子の旋回中心のドリフトによる荷電分離に起因する不安定性である。初歩的な分散関係としては,8.4.2式をイオンと電子に対して使い,衝突効果を無視し,分母にドップラーシフトした周波数 $\omega - k v_g$ を使う,ここでv_gはバウンス平均された旋回中心の磁気ドリフト速度である。

8.5 微視的テアリングモード

微視的（ミクロ）テアリング不安定性は，短波長のテアリングモードである。巨視的な（グロス）テアリングモードとの違いは，そのエネルギー源にある。微視的テアリングモードの源が，テアリング層の電子の温度勾配であるのに対して巨視的テアリングモードの源は電流分布に起因する磁気エネルギーであり，理論において Δ' という量で表される。実際，短波長のテアリングモードに対して，Δ' に伴う磁気エネルギーは，安定化に効く。微視的テアリング不安定性は，この安定化効果を乗り越えて起こるものである。

このモードは，次の点で電子ドリフト波と異なる。まず磁場の半径方向の摂動を含む電磁的なもので，固有関数は有理面に対して偶関数の構造を持つ。つまり，微視的テアリング不安定性に伴う磁場の変動はトカマクの磁場構造の中に磁気島を作る。これは8章2節や8章3節で述べたドリフト不安定性と異なるところである。ドリフト不安定性は，たとえアルベーン波と結合して磁場の小さい摂動を伴った時でも，トカマク内の軸対称な磁気面を壊すほどではない。なぜなら半径方向の磁場の変動分は，モードの中心の有理面で0となるからである。

微視的テアリング不安定性は，はじめ，巨視的テアリングモードの理論的研究から見つかった。それは電子とイオンに対してドリフト運動論方程式を使って解析された。散逸型捕捉電子不安定性や衝突型のドリフト波と同様に，クーロン衝突周波数のエネルギー依存性が不安定性の機構に対して大きい役割を果たす。無衝突性のプラズマでは，微視的テアリングモードは安定である。

微視的テアリング不安定性の全体的な性質を，2流体方程式からもまた得ることができる。2流体方程式で解析する意味は，この不安定性が一般化されたオームの法則中の時間に依存する熱的な力の項に起因することを示せる点である。この項は，ブラジンスキーの2流体方程式には含まれていない。なぜなら ω / ν_{ei} のオーダーであり無視されている項であるから。

不安定性の条件として2つ満足されなければならない。1つは，電子の温度勾配がある程度大きくなくてはならず，$d \ln T_e / d \ln n_e > 0.3$ また，十分衝突が多く $\nu_e > \omega_{*e}$ を満足する必要がある。ここで ν_e は電子の衝突周波数，ω_{*e} は電子の反磁性周波数である。モードの成長率を図8.5.1に比 $\nu_* = \nu_e / \omega_{*e}$ の関数として示す。

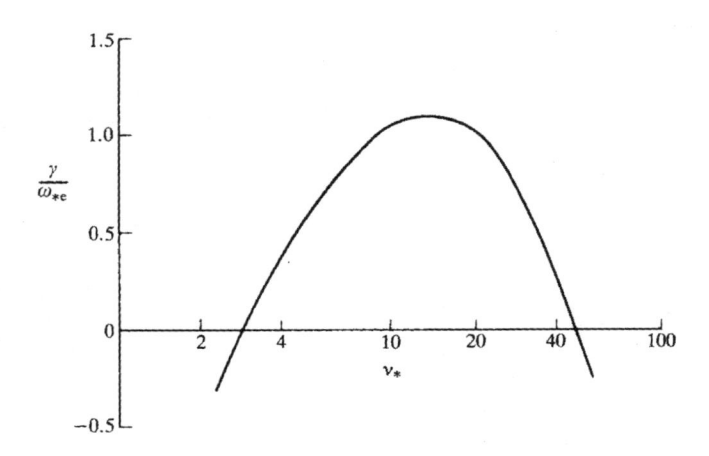

微視的不安定性

【図8.5.1】
微視的テアリング不安定性の成長率を衝突周波数の関数として示す。

　微視的テアリング不安定性がトカマクにおける電子の異常熱輸送の原因だろうと，示唆されている。モードのパリティ（共鳴有理面上で $\delta B_r \neq 0$）から考えれば，磁場の構造の中に小さな磁気島を作り，それが隣りの有理面の磁気島と重なれば磁場のエルゴード性を誘起しうるのである。電子は磁力線に沿って速い熱伝導をもたらし，その結果として半径方向の熱輸送を増加させる。しかし，図8.5.1に示されるように，高温プラズマでは $\nu_* < 1$ であってこのモードは安定であり，この説明では通らない。つまり，小さいトカマクでも keV を超えた温度の場合，このモードは安定だと予言されるからである。しかしながら，捕捉電子はこのモードの安定性を変形させる。捕捉電子励起型の微視的テアリングモードはトカマクでも相当高温領域まで不安定であるかもしれない。

参考文献

微視的不安定性

微視的不安定性の最初の研究

Tserkovnikov, Yu. A. Stability of plasma in a strong magnetic field, *Zhurnal Experimentalnoi i Teoreticheskoi Fiziki* 32, 69 (1957) [*Soviet Physics JETP* 5, 58 (1957)].

トカマクにおける微視的不安定性の一般的概観

Kadomstsev, B. B. and Pogutse, O.P. Turbulence in toroidal plasmas. In *Reviews of Plasma Physics* (ed. Leontovich, M. A.). Consultants Bureau, New York, Vol.5, 249 (1975); and by

Tang, W. M. Microinstability theory in tokamaks. *Nuclear Fusion* 18, 1089 (1978).

ドリフト不安定性

ドリフト不安定性を示した初期の解析

Rudakov, L. I. and Sagdeev, R. Z. Microscopic instability of an inhomogeneous plasma in a magnetic field. *Nuclear Fusion* supplement, Part 2, 481 (1962).

簡単な平板形状における不安定性のユニバーサルな性質を論じた論文

Galeev, A. A., Oraevskii, V. N., and Sagdeev, R. Z. 'Universal' instability of an inhomogeneous plasma in a magnetic field. *Zhurnal-Experimentalnoi i Teoreticheskoi Fiziki*, 44, 903 (1963) [*Soviet Physics JETP* 17, 615 (1963)].

トロイダル性により駆動されるドリフト不安定性を見いだした論文

Taylor, J. B. Does magnetic shear stabilize drift waves? *Plasma physics and controlled nuclear fusion research* (Proc. 6th Int. Conf., Berchtesgaden 1976) Vol. 2, 323. I.A.E.A. Vienna (1977).

より詳細な解析

Cheng, C. Z. and Chen, L., Unstable universal drift eigenmodes in toroidal plasmas. *Physics of Fluids* 23, 1771 (1980).

捕捉電子不安定性

捕捉電子不安定性を初めて指摘した論文

Kadomtsev, B. B. and Pogtse, O. P. Plasma instability due to particle trapping in a toroidal geometry, *Zhurnal Experimentalnoi i Teoreticheskoi Fiziki*, 51, 1734 (1966) [*Soviet Physics JETP* 24, 1172 (1967)].

非常にすばらしい探求と議論

Manheimer, W. M. *An introduction to trapped-particle instability in tokamaks*. ERDA, Critical Review Series, TID 27157, National Technical Information Service, U. S. Department of Commerce, Virginia, USA (1977).

トカマクにおける捕捉電子不安定性と他のモードのより完全な探求は以下の論文の数値計算結果に見いだされる。

Rewoldt, G., Tang, W. M., and Chance, M. S. Electromagnetic kinetic toroidal eigenmodes for general magnetohydrodynamic equilibria. *Physics of Fluids* 25, 480 (1982).

低周波イオンモード

イオン温度勾配不安定性の初期の解析はドリフト不安定性で引用したGaleev, Oraevski, and Sagadeevの論文に与えられている。磁気シアーをもつ系におけるイオン温度勾配不安定性のより完全な取り扱いは以下の論文を参照。

Linsker, R, Integral-equation formulation for drift eigenmodes in cylindrically symmetric systems. *Physics of Fluids* 24, 1485 (1981).

ここではシアーをもつ磁場中でのドリフト不安定性が議論されている。

捕捉イオン不安定性は微視的不安定性のところで引用したTang and by Kadomtsev and Pogutseらの論文で議論されており参考文献はそこにある。

微視的テアリング不安定性

微視的テアリング不安定性はDrakeらによる一連の論文で調べられている。例えば以下の論文参照。

Gladd, N. T., Drake, J. F., Chang, C. L., and Liu, C. S. Electron temperature gradient driven microtearing mode. *Physics of Fluids* 23, 1182 (1980).

参考文献もそこにある。

電子熱伝導の計算は以下の論文に記述。

Tang, W. M. *et al.* Anomalous transport and confinement scaling in tokamaks. *Plasma physics and controlled nuclear fusion research*. (Proc. 10th Int. Conf., London 1984) Vol. 2, 213. I.A.E.A. Vienna (1985).

9 プラズマ・壁相互作用

9.1 プラズマ・壁相互作用

　不純物は，トカマクプラズマの多くの問題を引き起こす。放射エネルギー損失をもたらし（不純物原子には多数の電子が含まれており，プラズマは準中性を満たさねばならないので），燃料を薄めてしまう。不純物濃度が高くなると，プラズマの加熱が困難になる。特に，温度の低い，放電開始時期に問題になる。不純物の放射が最も強いのは，高い電荷にイオン化してしまう以前の，プラズマ温度の低い時である。各種不純物イオンに対して，許される濃度を温度の関数として図9.1.1に示す。原子価の低い不純物は，高いものに比較し明らかに危険度が低い。

　不純物はすべて，容器壁から各種のプラズマ・表面相互作用を通じて入ってくる。壁から最も容易に放出される不純物は，例えば水や一酸化炭素のように，低い結合エネルギーで表面に吸着されているものである。その他に，塩素や硫黄のように固体内を表面まで移動してくる不純物もある。これらは，昇温脱離したりイオン，原子，電子，または光子の衝突で脱離される。通常これらのものは，真空容器のベーキングや放電洗浄により装置外へと除去される。しかし，壁やリミターをなす元素も，スパッタリング（弾き出し），アーキング，蒸発などの過程をへて，プラズマ中に入り込むことが可能である。

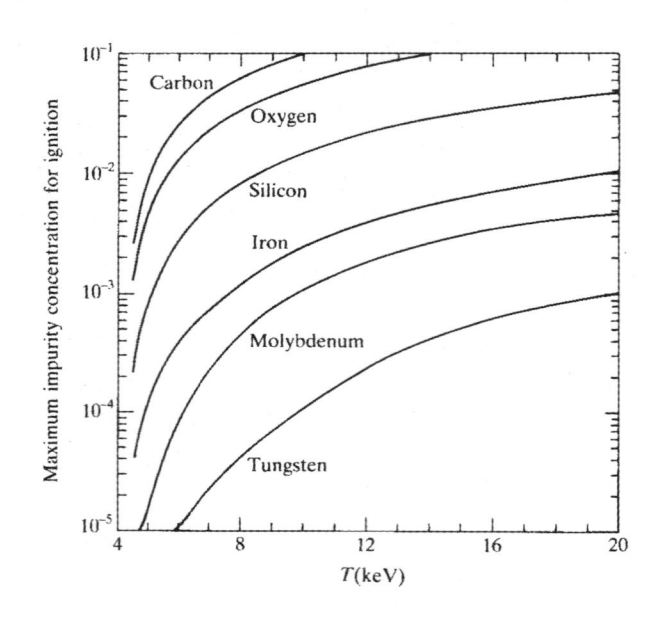

【図9.1.1】
　D-T プラズマの点火のために許容される不純物の最大蓄積量を，プラズマ温度の関数として示す（放射の他の損失が 0 のとき）。

プラズマ・壁相互作用

　スパッタリングは水素や不純物の高エネルギーイオンがリミターに到達すると起きる。壁材がスパッタされるのは、プラズマの高温イオンと低温中性粒子が荷電交換して出来た荷電交換中性粒子による。アークは、プラズマと壁またはリミターの間で、シースポテンシャルに駆動されて発生する。蒸発が起きるのは単純で、熱負荷が大きいため壁やリミターの温度が上がって融点に近づくと起きる。こうした過程の詳細を本章の以下の節に説明する。

　壁へ粒子が流れるのは、根本的には磁場閉じ込めが完全でないからである。プラズマ中心部の粒子は、ある特徴的な閉じ込め時間をかけて周辺部へと拡散して来る。境界層（スクレイプ・オフ層）では、イオンは磁力線に沿って動き、固体表面と相互作用する。固体表面に衝突したイオンは、後方散乱やその他の機構でプラズマ中にふたたび入る。これはリサイクリングとして知られている。壁から出た中性粒子がプラズマに達すると、プラズマとの相互作用で励起され電離される。

　磁力線がリミターなどの固体と交差すると、電子の方がイオンより速く表面に達する。固体表面はプラズマに対して負に帯電し、電子は反発を受けることになる。ポテンシャルの差は、イオンと電子の流速が等しくなるように出来る。電場は、静電シースとしてデバイ長の数倍の厚さ位の領域に存在する。もし冷たいイオンの近似が成り立つと、シースポテンシャルの差は次式で与えられる。

$$V_s = 0.5 T_e \ln\left[\frac{2\pi m_e}{m_i}\right]$$

ここで T_e は電子温度（eV）、m_i と m_e はイオンと電子の質量である。水素プラズマの場合、$V_s \simeq 3 T_e$ である。イオンが高温であると2次電子の放出があり、表式は、

$$V_s = 0.5 T_e \ln\left[\frac{2\pi m_e}{m_i}(1+ T_i / T_e)(1 - \delta)^{-2}\right], \quad T_e \text{ は eV 単位}$$

（δ は二次電子放出係数）とあらわせる。T_e は境界層の中で変わり得るので、それに伴いプラズマのポテンシャルも変化する。その結果、径方向の電場が生成される。そのためリミターに対してのプラズマの平衡ポテンシャルというのは評価がむずかしい。現在のところ、境界におけるポテンシャルについてほとんど実験的な検証例はない。

9.2 境界層

トカマクのプラズマ端は，リミターまたは磁気ダイバータで決められる。プラズマの境界や'セパラトリックス'の内側では，磁気面は閉じている。その外側では開いており，固体の表面と相互作用している。境界の外（スクレイプ・オフ層，SOL）では，粒子バランスは，図9.2.1に示すように，磁場を横切る拡散と，磁力線に沿ったリミターやダイバータへの損失により決まっている。磁力線方向の損失を一様な消滅項として，1次元の径方向の拡散方程式の形に粒子バランスを定式化すると，電離がない場合，密度分布は

$$n(r) = n(a) \exp\left(-(r-a)/\lambda_n\right)$$

と解ける。ここで $\lambda_n = (D_\perp L_c / c_s)^{1/2}$ ，c_s はイオン音速，a はリミターの半径，$D_\perp$ は磁場を横切る拡散係数，L_c はリミターやダイバータへの接続長である。リミター端に接する位置でのプラズマ密度は，リミターや壁への粒子流を積分し，それをプラズマ表面から外へ流れ出す流束と等しくおくことにより求められる。

エネルギー損失が対流による場合は，エネルギーバランスを考えることから，電子温度も同様に指数的な減衰を示すことがわかる（1/e 長を λ_e とする）。実験では，しばしば $\lambda_e > \lambda_n$ という結果が得られている。即ち，境界領域では温度勾配は弱い。パワー（エネルギー流）は温度と密度の関数なので，スクレイプ・オフ層におけるパワーの1/e 長さは，λ_e と λ_c より短いに違いない。パワーの1/e 長の，実験での代表的な値は，5–20mm である。プラズマ境界温度 $T_e(a)$ は原理的には，プラズマ表面へ対流および伝導で伝わる熱と，リミターへの粒子流を関連づけることで求められる。

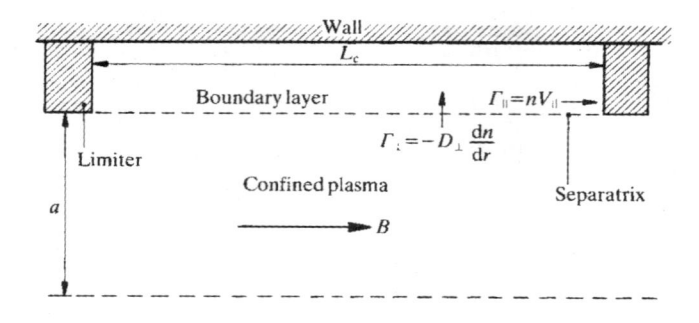

【図9.2.1】
トカマクの周辺領域の1次元構造の模式図。磁場を横切る流れ $\Gamma_\perp$ と沿った流れ $\Gamma_\parallel$ を示す。

プラズマ・壁相互作用

　プラズマ表面での密度が上がると，境界領域（SOL）でイオン化が起きる確率が増す。壁から内側へ向かう原子の流束 F の減衰は，

$$F = F_0 \exp\left(-\int_{r_\mathrm{w}}^{r_\mathrm{a}} n(r)\langle \sigma v \rangle \, \mathrm{d}r / v_0\right)$$

で表される。ここで r_w は壁の半径，$\langle \sigma v \rangle$ は電離のレート係数，v_0 は原子の速度である。周辺で起きるイオン化のため，密度温度の分布が変化する。矛盾ない答えを得るには通常，数値計算が必要である。実際イオン化が周辺で起きると，粒子の入れ換え時間は急激に低下する。なぜなら，原子はイオン化すると磁力線に沿ってリミターへと c_s といった速度で戻るからである。境界層に局在したこのリサイクリングが起きるとエネルギーが多くの粒子に分配されることになり端を実効的に冷却することを意味する。リミターのスパッタリング率を大幅に減らすことが出来る。周辺でのイオン化は，不純物にも重要な影響を持つ。例えば，荷電交換中性粒子により壁から原子がスパッタされ，主プラズマに入る前にイオン化したとしよう。すると，磁力線に沿ってリミターへと運ばれる。このことは遮蔽効果として知られる。ダイバータの持つ機能の1つは，十分な密度と厚みのスクレイプ・オフ層を作り，不純物がセパラトリックスを横切るまえに電離させることである。しかしながら遮蔽効果は，ダイバータを使わなくても，FTや ALCATOR のような高密度トカマクにおいても得られることが知られている。電離が起きるときには原子は励起されるので，放射損失によりエネルギーバランスも大きな影響を受ける。周辺プラズマの温度が十分高く，原子の電離や励起を起こすためには，それ相応の熱が周辺に伝達される必要がある。

　固体表面と交差する磁束管がもたらすものには，他にもプラズマポテンシャルへの効果がある。表面でのシースポテンシャルのため，周辺層のプラズマは，リミターより高いポテンシャルを持つ。

9.3 リサイクリング

　大半のトカマクでは，放電時間が粒子の閉じ込め時間より少なくとも1桁以上長い。よって，平均すると放電時間の間に，プラズマのイオンは何回も壁やリミターに行ったり，プラズマへと戻ったりを繰り返す。この過程をリサイクリングと呼ぶ。

　プラズマからのイオンや中性粒子が壁に到達すると，固体原子と何回も弾性衝突や非弾性衝突する。1度（または何回か）衝突した後で後方散乱されたり，固体中で減速され捕捉されたりする。この捕捉された原子は，しばらくすると拡散によって表面に戻ることが可能である。入射粒子束に対する再帰粒子束の比を，リサイクリング係数と呼ぶ。更に，プラズマ粒子流や放射光によって，（9章5節に述べるように）壁にあらかじめ吸収されていたガスが壁から離れることもある。この追加の粒子流入があると，実効なリサイクリング率が大幅に 1 を超えることも可能になる。イオンの照射条件下では，大量の水素が壁材に蓄積されうる。定常になる濃度は，入射流速，イオンのエネルギー，壁の素材と温度に依存する（9章12節参照）。

　表面に入射したイオンの後方散乱は，第1に，入射イオンのエネルギーと壁の素材に依存する。換算エネルギー ε への依存性という形で，普遍的スケーリング則が得られている。それは，軽いイオンがすべての材料に入射する場合に対する，粒子後方散乱率 R_p の近似値を与える。エネルギーの反射係数 R_E に対しても，似通った一般的な法則が得られる。比 R_E/R_p は，後方散乱される粒子の平均エネルギーの目安である。この比は，エネルギーが増すのに従い，単調に減少する。換算エネルギーの関数として，R_E と R_p の値を図9.3.1 に示す。実験データの大半は，$\varepsilon = 10^{-2}$ 以上のエネルギー領域にある。モンテカルロ法を用いた計算結果は，この実験結果と良い一致を示しており，これらの計算を用いてデータを $\varepsilon = 10^{-3}$ の低いエネルギー領域まで外挿する。20 eV 以下のエネルギーでは，表面での結合エネルギーが計算では無視されているので，信頼できないことがある。入射イオンは通常，固体原子から電子をはぎとるので，後方散乱される粒子の大半は中性粒子である。

　固体内にある粒子は，格子間サイトや，空格子点のような金属の欠陥に落ち着く。しかし，水素に対しては格子間拡散のエネルギーや捕捉エネルギーが十分低いので，多くの材質では 300 K 以上の温度でたやすく拡散する。素材のうち，炭素，炭化物，酸化物は，この一般的結論の注意すべき例外である。

プラズマ・壁相互作用

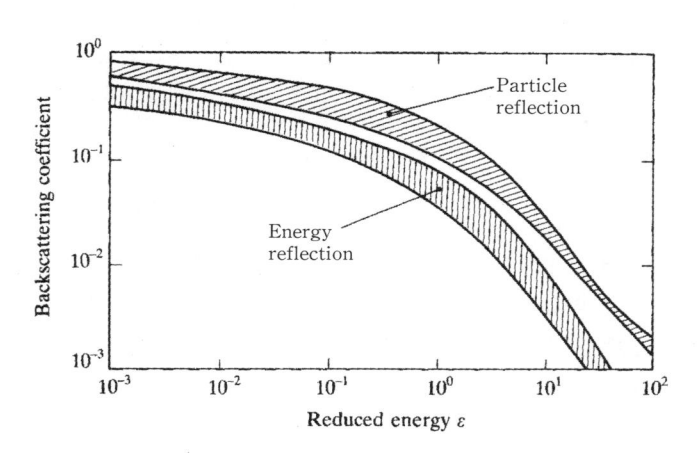

【図9.3.1】
　粒子とエネルギーの反射係数。入射イオンと壁材の広いバラエティのため結果がばらつく範囲を帯で示す。換算エネルギーはイオンと表面の元素の組み合わせだけで決まり，$m_1 \ll m_2$ の場合，
$\varepsilon = 32.5 \dfrac{m_2}{m_1+m_2} \dfrac{E}{Z_1 Z_2 (Z_1^{2/3}+Z_2^{2/3})^{1/2}}$ と与えられる。m_1, m_2, Z_1, Z_2 は，入射イオン(1)と標的原子(2)の質量数と原子番号であり，E は入射イオンエネルギーをkeV で測ったもの。[訳注：原図の誤植を修正した。]

　拡散が起きる時，水素の振る舞いは，その材質に対する溶解熱に依存する。発熱性の場合は，表面に実効的なポテンシャル障壁があって，水素原子が解放されるのを妨げる。吸熱性の場合は，表面まで拡散した水素原子は再結合し，分子になって逃げ出す。固体中で減速していく入射イオンの侵入長は普通，固体の厚みより短いので，実際上多くの場合において濃度勾配は（従って拡散流は）主としてプラズマに面した方の表面に向いて大きな値をとる。この場合，表面に達した原子は熱放出される前に分子を形成しなければならない。ある場合は，この分子結合過程が放出の律速段階になる。固体中で減速された水素イオンは，固体表面の代表的温度を持つ分子として放出される。

　実際多くの場合において，動力学的平衡が達成され，リサイクル粒子の半分は $5 T_e$ 程度のエネルギー（シースポテンシャルを考慮にいれて）を持った後方散乱粒子であり，もう半分は 0.03 eV 程度のエネルギーを持った分子となる。原子番号 Z の低い固体では，原子としてリサイクルする割合が下がり，30% 程度である。

9.4 原子・分子過程

　リサイクリングや給気のため境界層に入射する水素の同位体は，高エネルギーのイオンや電子と出合い，そこでは多様な原子・分子過程が起きる。スパッタリングやその他のプラズマ・表面相互作用で生じる不純物もプラズマと作用しあう。気相での主たる反応は励起と電離である。励起により輻射が発生し，表面付近のプラズマが冷やされる。この過程は，不純物の発生の低下につながるので役に立つ。

　まず，水素同位体の壁からのリサイクリングを考えると，重要な反応は，励起，電離，荷電交換，そしてより込み入った分子反応

$$H_2 + e \rightarrow H^+ + H + e + e \quad \text{解離型電離}$$
$$H_2 + e \rightarrow H_2^+ + 2e \quad \text{分子の電離}$$
$$H_2^+ + e \rightarrow H + H \quad \text{解離型再結合}$$
$$H_2^+ + e \rightarrow H^+ + H^+ + e + e \quad \text{解離型電離}$$

である。異なった反応の相対的反応率はプラズマの温度と密度の関数である。幾つかのレート係数を図9.4.1に示す。複雑ではあるものの，原子・分子過程は，幅広く研究されて来ている。反応断面積はよく知られているし，実験と理論の一致が良い。従って，もしプラズマ物理が十分上手に表現されれば，境界層での原子物理過程の良いモデルが作れるだろう。

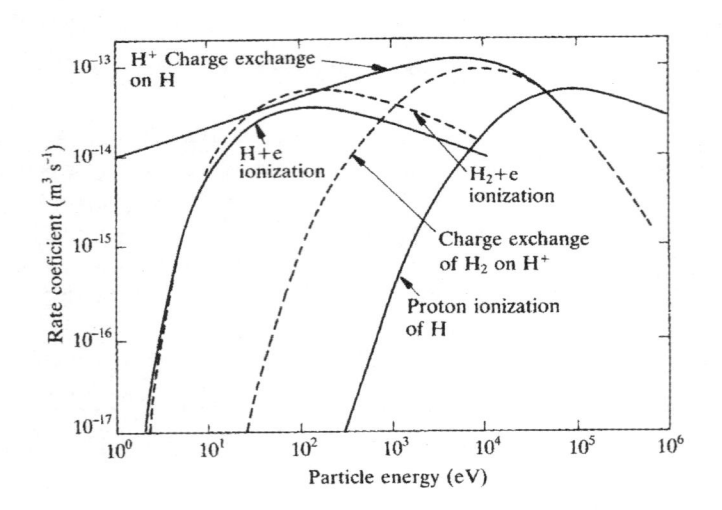

【図9.4.1】
種々の原子過程に対する水素原子と分子のレート係数

プラズマ・壁相互作用

　原子がプラズマ中に入ると，プラズマ種との衝突頻度は，$nn_0\langle\sigma v\rangle$となる。ここで$n$はプラズマ密度，$n_0$は原子密度，$\langle\sigma v\rangle$はマックスウェル分布をした速度分布で平均した反応率である。簡単化した1次元モデルを考え，位置の関数で表現した中性粒子の流束は，衝突によって減っていく。だから，プラズマの密度分布が分かれば，リサイクルした粒子や不純物のプラズマへの侵入を，原理的には決めることができる。しかし，境界層での電離は直ちに密度や温度を変えてしまうので，一貫性ある解を得るには，通常数値計算コードを必要とする。

　不純物の場合も，同じ電離のモデルが適用される。しかし，最初の電離現象が起きると，不純物はイオンになるので，磁場で閉じ込められ，電子との衝突をつぎつぎに起こしながら多価電離する。ある場所のイオンの主たる荷電状態は，その場所の電子温度により概略決定される。中性粒子が入射して起きるプラズマのエネルギー損失は，主として励起による。ある与えた電子温度に対して，1回の電離現象当たりの平均エネルギー損失を計算することが出来る。中程度の密度のプラズマ中で，水素原子に対するこの値は，$T_e > 2\,\mathrm{eV}$のときの150 eVという値から$T_e > 20\,\mathrm{eV}$の場合の$25-30\,\mathrm{eV}$に変化する。不純物については，完全電離になるまでに多くの電離状態があり，その各々が励起されうるので，状況はもっと複雑である。図9.4.2には，酸素イオンの平均荷電状態をT_eの関数として表す。この値はイオンがプラズマ中に或る時間滞在していることを仮定して求められた。実際には，イオンは磁力線に沿ってダイバータやリミターに流れることが可能なので，滞在時間が大変短くなってしまうこともある。

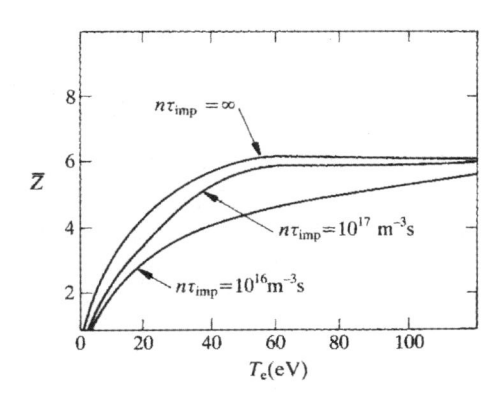

【図9.4.2】
　酸素イオンの平均電荷 $\bar{Z}=\Sigma n_z Z / \Sigma n_z$ を，幾つかの $n\tau_{\mathrm{imp}}$ の値に対し，電子温度 T_e の関数として表す。イオン滞在時間 τ_{imp} は Z と独立に選んでいる。$n\tau_{\mathrm{imp}}\to\infty$ の状況は，コロナ平衡に対応する。

9.5 脱離と壁洗浄

　脱離という言葉は，吸着されていたガス種を壁から取り除くことを表現するのに使う。通常，固体表面には周囲の大気中に由来するガスの層が吸着されている。吸着された原子の持つ束縛エネルギーの範囲は，(0.3 eV 程度の) 弱い結合エネルギーの物理吸着から，(3 eV 程度の) 強く結合した化学吸着の範囲にある。弱く束縛された成分は熱的に取り去られる。どんな温度に対しても，吸着する頻度と脱離の頻度が釣り合う，動力学的平衡になるだろう。単層のガス ($\sim 10^{19}$ m^{-2}) が小半径 1 m の円柱またはトーラスから脱離すると，10^{19} m^{-3} 程度の不純物をもたらし得る。従って，吸着されたガスの脱離は潜在的に大きな不純物源になりうる。不純物は壁にやって来るイオン・中性粒子・電子・光子などによっても脱離される。電子と光子による過程は，主として電子的性質を持つので，脱離の生成量は少なく，特に光子の場合少ない。電子の場合の発生量は，イオンに比べ，2桁から3桁低い。イオンと中性粒子は通常同じ程度の寄与を持つ。この場合，スパッタリング過程と同様，脱離は運動量の伝達で起き，10^{-8} m^2 程度という大きな反応断面積 σ を持つ。生成量 Y の時間依存性の簡単な近似式は，

$$Y = \sigma c J \exp(-J\sigma t)$$

で与えられる。ここで J は入射するイオン流束密度であり，c は表面濃度である。

　イオンによる脱離の実験データは少ない。水素やヘリウムなどの軽い元素の収率はよく知られていないが，利用できる実験データのいくつかを 図9.5.1 に示す。固体中のイオンの軌道をモンテカルロ法で求める理論は，実験結果と妥当な一致を示しており，外挿値のおおよその推定を行うのに用いられる。しかし，断面積が分かったとしても，発生率は表面での濃度に依存し，それは簡単に決められない。

　トカマクの放電の開始直後，壁が吸着されたガスで覆われている時には，各種の脱離過程の結果，酸素や炭素など低い原子番号の不純物密度が高くなる。こうした不純物が，大半のエネルギーを放射し，エネルギーバランスを支配することがある。吸着されたガスは，ベイキング（容器の加熱）と放電洗浄により取り除かれるだろう。300 °C にベイキングするのは，水などの物理吸着された成分を取り除くのに有効である。放電洗浄は吸着した成分を壁から取り除き，その結果それらは系外に排気されるだろう。放電洗浄としては，グロー放電洗浄，パルス放電洗浄，電子サイクロトロン放電洗浄が行われ，洗浄速度を最適にするため，色々なパラメータを経験的に変えている。パルス放電洗浄は，通常のトカマク放電をしばしば電流が低く短時間にしたものであり，磁場を極端に低くし，$q<1$ としてプラズマを不安定にしている。

プラズマ・壁相互作用

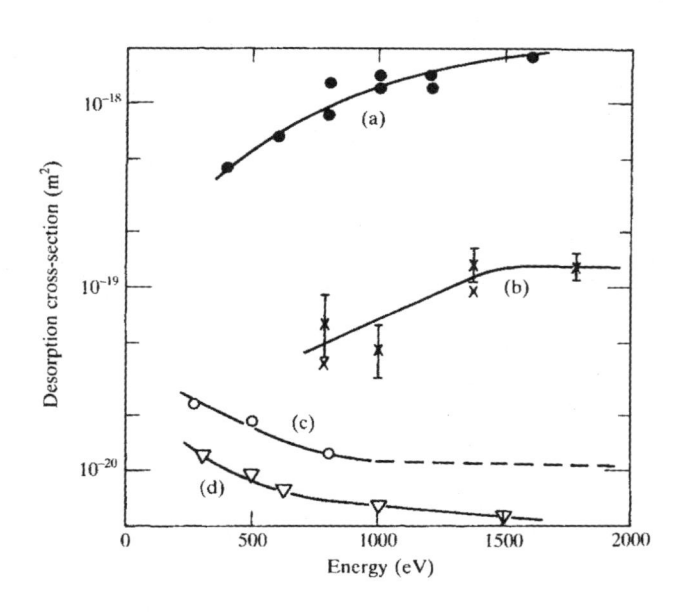

【図9.5.1】
脱離断面積のエネルギー依存性の実験結果。(a) ニッケル上の一酸化炭素に $^4\text{He}^+$ が入射。(b) タングステン上の水素に $^3\text{He}^+$ が入射。(c) モリブデン上の水素に $^4\text{He}^+$ が入射。(d) ニッケル上の重水素に He^+ が入射。

　放電洗浄は水素，ヘリウム，酸素，アルゴン，クリプトンなどのガスを使って行われてきた。重いガス種を使う理由は，スパッタリング率が高いことである。しかし重いガス種を使うと，スパッタリングが多いので，窓や絶縁物などを金属で覆ってしまうという副作用がある。近年の傾向は，水素を放電洗浄に使っている。洗浄過程は主として化学的過程である。水素は，炭素と結合してメタンを，酸素と結合して水を形成する。両方の生成物とも，かなり容易に脱離され，真空ポンプで排気される。酸素を取り除くのは炭素より少々困難であるが，真空容器を高温にして放電洗浄することで大幅にスピードアップすることができる。

9.6 スパッタリング

　高エネルギーのイオンや中性粒子が固体表面に入射すると，格子原子との衝突により，次々に衝突が引き続く。スパッタリングはこの継続的衝突の間に，ある表面の原子が表面の結合エネルギーより高いエネルギーを受けると起きる。従って，スパッタリング量は固体の昇華エネルギーの逆数に依存し，入射イオンから格子原子へ伝達されるエネルギーに依存する。水素やヘリウムのような軽い元素が入射した場合，エネルギーの伝達が小さく，スパッタリング量は低い。

　普通，入射イオンのエネルギーに閾値 E_T があり，それより低くては，格子原子に伝達されるエネルギーが不十分で，スパッタリングが起きない。このエネルギーの閾値は理論的に，

$$E_T = E_s / \gamma(1-\gamma) \qquad 9.6.1$$

と与えられる。ここで E_s は固体の昇華エネルギー，$\gamma = 4m_1 m_2 / (m_1 + m_2)^2$ であり，m_1 と m_2 はそれぞれ入射原子と標的原子の質量である。正面衝突の場合，E_s を伝達するためには E_s / γ だけのエネルギーが必要である。更に $(1-\gamma)$ の部分は反射過程を考慮するもので，軽いイオンの場合，大切である。

　図9.6.1 は，スパッタリング量の幾つかの実験結果である。最大生成の点が，標的の質量が増すにつれ，高いエネルギーに移ることがわかる。同じ入射イオンに対して異なった標的のスパッタリング量の絶対値を決めるのは，標的の束縛エネルギーが主たるものである。名目的に同じ場合であっても，スパッタリング量には相当の開きが現れる。開きが生まれる理由の一部には，2つの実験の間に制御できない差があり，それで本当に変化があることもある。例えば表面の構造や不純物のレベルの違いがあって，スパッタされる原子の束縛エネルギーが実効的に変わり得る。

　実験結果は，パラメータ E / E_T でプロットすることによりまとめることができる。E_T は9.6.1式で与える理論的エネルギー閾値である。すべてのイオンの広い範囲にわたる振る舞いを記述する半経験式がある。スパッタリング量は，

$$S(E) = Q S_n(E / E_{TF}) g(E / E_T) \qquad 9.6.2$$

という形で与えられる。ここで Q は生成係数で，入射イオンと標的原子の種類の組み合わせだけで決まる。$S_n(E / E_{TF})$ は原子核阻止断面積であり，$g(E / E_T)$ は閾値関数である。

プラズマ・壁相互作用

代表的なトーマス・フェルミエネルギー E_{TF} とエネルギー閾値 E_T を用いることにより，$S_n(E/E_{TF})$ と $g(E/E_T)$ の解析的な表式が得られている。どんなイオンと固体の組み合わせについても，Q と E_T と E_{TF} の知られている値から，垂直入射のスパッタリング量はまずまず正確な予測ができる。スパッタリング量は，入射方向が垂直となす角度 θ が増すにしたがって増える。最低次の近似では，この変化は $\cos^{-1}\theta$ と表される。しかし軽いイオンが重い基材に入射する場合，$S(\theta)$ は $\cos^{-1}\theta$ という依存性より速く増加し，$dS(\theta)/d\theta$ は入射エネルギーとともに増す。今のところ，この現象を説明する満足いく理論はない。しかし定性的には入射イオンが表面と垂直に後方散乱される確率で説明できる。数値計算コード（輸送理論とモンテカルロ計算）の結果と，実験とは良い一致を示している。

300 eV 程度の低いエネルギーでは，入射角によるスパッタリング量の変化がほとんどない。このあたりは多くのプラズマと表面の相互作用で，最も興味あるエネルギー領域である。

単結晶が標的だと，強い結晶の効果が見られるものの，方向性がランダムな標的原子からスパッタされる原子の角度分布は，単純な $\cos\theta$ 分布でよく近似される。スパッタされた原子のエネルギー分布は，大変広範囲にわたって調べられている。典型的には，最も高い確率で $0.5E_s$（～2–3 eV）のエネルギーを持ち，エネルギーの高い所ではカットオフエネルギー γE_0（E_0 は入射エネルギー）まで E^{-2} という依存性を持っている。

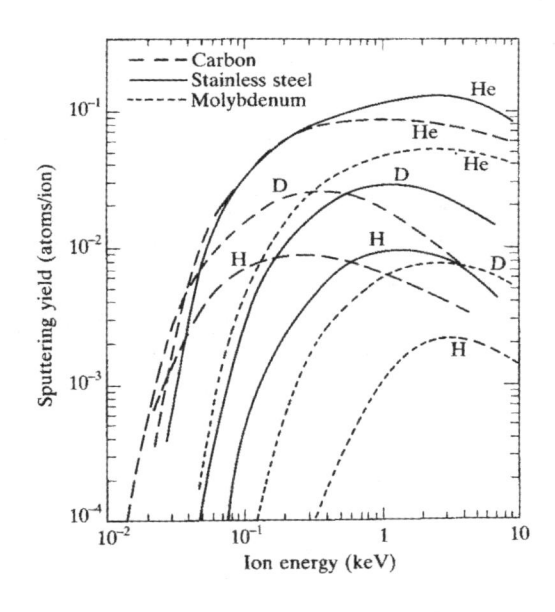

【図9.6.1】

H, D, He イオンが衝突する場合における炭素，ステンレス鋼，モリブデンのスパッタリング量のエネルギー依存性

9.7 スパッタリングのモデル

9章6節のデータから明らかなように，スパッタリングはどんなイオンにしろ，それが水素であれ不純物であれ，あるエネルギー閾値を超えていれば，壁やリミターにぶつかり不純物を生成する。突入するイオンのエネルギーは，その熱エネルギーとシースポテンシャルで加速されたエネルギーの和である。不純物イオンは普通多重な電荷にイオン化されているので，シースポテンシャルによる加速で100 eV 以上のエネルギーを得る。つまり，不純物による自己スパッタリングや逃走過程の可能性が出てくる。スパッタリング過程の物理は，よく知られているので，プラズマ閉じ込めの全体的なモデルにすぐ取り入れることができる。少なくとも簡単なモデルの範囲内では，慣例的に，大部分の1次元輸送コードに取り込まれている。

重要な相互作用の効果を示すために，簡単な大局的なモデルで起こることを示そう。不純物の定常的な蓄積は，入り込む流れと出る流れのバランス方程式から出せる。つまり，

$$\frac{n_\mathrm{m}}{\tau_\mathrm{m}} = \eta \left\{ \frac{n_\mathrm{p}}{\tau_\mathrm{p}} S_\mathrm{p} + \frac{n_\mathrm{m}}{\tau_\mathrm{m}} S_\mathrm{m} \right\} \qquad 9.7.1$$

であり，その結果

$$\frac{n_\mathrm{m}}{n_\mathrm{p}} = \frac{\eta \frac{\tau_\mathrm{m}}{\tau_\mathrm{p}} S_\mathrm{p}}{1 - \eta S_\mathrm{m}} \qquad 9.7.2$$

となる。ここで n_m と n_p は不純物とプラズマの蓄積量で，τ_m と τ_p は各々の閉じ込め時間で，S_m と S_p は各々のスパッタリング係数である。また η はスパッタされた原子がプラズマの閉じ込め領域に入り込む確率である。すぐわかるように，もし $\eta S_\mathrm{m} > 1$ ならば定常解はない。これは周辺の温度の上限値を定める。第2に $\eta S_\mathrm{m} \ll 1$ とすれば，不純物の割合は，プラズマのスパッタリング係数 S_p に直接決められてしまうことである。全体的なスパッタリングのモデルは9.7.1式と入出力のエネルギーバランスの式と一緒にして，統一的な形で求められる。それは，全入力パワーを P_H とし，放射損失パワーを P_R，輸送による損失パワーを P_T として

$$P_\mathrm{H} - P_\mathrm{R} = P_\mathrm{T} = \gamma T_\mathrm{ed} n_\mathrm{p} V / \tau_\mathrm{p} \qquad 9.7.3$$

で与えられるもので，T_ed は周辺の温度，V はプラズマの体積，そして γT_ed はイオンと電子の対当たり表面に輸送するエネルギーである。P_R をコロナ平衡と仮定して計算しまた密度や温度の分布を仮定すれば，周辺の温度は計算できる。そしてスパッタリング係数，ひいては9.7.1の解が密度とか加熱パワーの関数として求まる。その時は η や τ_m，τ_p は仮定するものとする。一例が図9.7.1に示されている。

プラズマ・壁相互作用

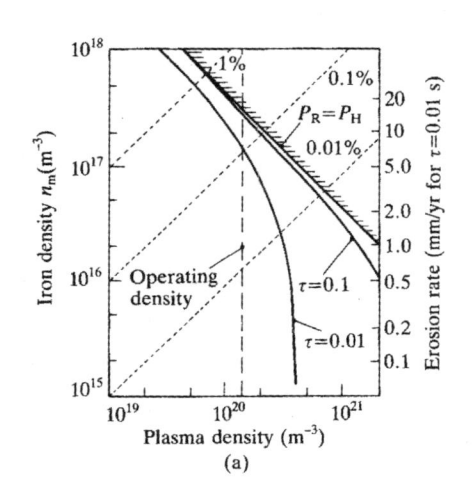

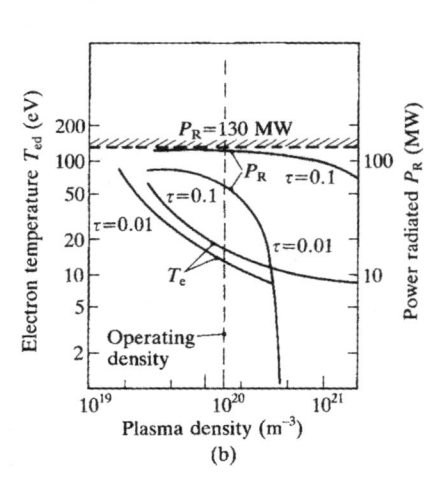

【図9.7.1】
(a) 炉サイズのトカマクで 130 MW の加熱がある時の鉄イオンの蓄積の定常値を密度の関数として示す。グラフは 2 つの閉じ込め時間 τ に対して，不純物とプラズマの閉じ込め時間の値が同じと仮定してプロットしてある。点線は不純物の蓄積一定のラインで，シールディング係数 η は 0.1 を使用。(b) 周辺（エッジ）温度 T_{ed} と放射される全パワーを(a)と同じパラメータで示す。

これは粒子閉じ込め時間を一定とし，$\tau_m = \tau_p$ の場合である。密度が下がるにつれ，不純物原子1個当たりの放射パワーが減り，エッジの温度が上昇する。するとスパッタリング率が上昇し，不純物の蓄積量を増加させ，全部のパワーを放射させるまでになる。密度が上昇するにつれ，伝導や対流によるパワー損失が増加していく。そうすればエッジの温度は下がり，スパッタリング率も下がり，放射によるパワーも低下する。ある程度の限界値以上なら不純物レベルは 0 に落ちる。残念なことにほとんどの炉設計では，この限界密度は，ディスラプションによって規定される密度上限値より大きく，通常は達成することができない。

このようなスパッタリングのモデルは勿論単純化されすぎており，もっと詳しい理解や信頼のおける評価を η やイオンの荷電準位に対してするためには，数値計算が必要である。もっとも，簡単なモデルを使って，色々なパラメータの重要性や，放射パワーと輸送パワーの相互関連性や違った材料の優位性の比較を知ることはできる。スパッタリングは頭痛の種である。まず，不純物を生成してしまい，それは放射パワーを増加させ，点火条件を難しくする。次に壁のエロージョンを引き起こし，その率は工学設計の拘束条件となってしまう。

9.8 アーク放電

アークは真空中の2つの電極間に外部からポテンシャルが印加されたときに起こる。このアークの本質的なところは，材質がカソードから蒸発して電離し，そして電流が流れることである。アークの初めはしばしば，印加ポテンシャルによる場が強められる，鋭くとがった点や端で起こる。アークがつく電圧は表面状態に強く依存するが，ひとたびアークがつくと電極間の電圧は 10～20 V のレンジとなり，またその性質は電極の材質にのみ依る。固体の表面の或る局在した点に電流が流れると，ジュール加熱が起こり，電子が電界放出や熱電子放出により発生する。外部から印加されたポテンシャルの結果として起こるアークはパワーアークとして知られている。プラズマがある場合には，'ユニポーラーアーク'を作り出すことができる。ここでは必要とされる印加ポテンシャルがプラズマシースにより生成される。シースポテンシャルは大体 $3T_e$ 程度であるので，その電子温度がわずか 5～10 eV でアークを維持できる。一旦アークが始まると，カソードスポットからの電子は，シースポテンシャルで加速を受ける。電流は局部的にシースポテンシャルを下げ，それゆえ，アークのまわりのシースを横切った方向に，マックスウェル分布のテイルによる電子の流れを増加させる。電子の流れのバランスが循環する電流 I を決める方程式を与える。

$$I = Ane\left(\frac{T_e}{2m_e}\right)^{1/2}\left\{\exp\left(-\frac{eV_c}{T_e}\right) - \exp\left(-\frac{eV_s}{T_e}\right)\right\}$$

ここで A は電極の面積，V_c はアークを維持する臨界ポテンシャル，V_s はシースポテンシャル，n は電子密度で，T_e は電子温度である。アークを維持する最小電流値は ～10 アンペアであり，ユニポーラーアークを維持するためには，与えられたプラズマ密度に対して，表面積の最小値があることになる。

アークによる損耗（エロージョン）はカソードのアークの点からの蒸発によって引き起こされる。ある種の材質では，表面に対してかすめるような角度でアークのくぼみの端から小さな溶滴も放出されている。真空の2極間のアーク放電による表面のエロージョンは多くの材質で違った条件下で測定されている。わかっていることは，エロージョンは電流には余りよらず，伝達される全電荷に比例することである。表9.8.1 からわかるように，エロージョン率はモリブデンで 0.5×10^{-7} kg C^{-1} から錫の場合には 2.2×10^{-7} kg C^{-1} と変わる。カソードの条件が似ている理由から，一般的に，ユニポーラーアークのエロージョン率も同程度と仮定している。妥当な仮定ではあるが，ユニポーラーアークに対する信頼のおける実験データはない。

プラズマ・壁相互作用

　磁場があるとアーク柱に大きな力がかかる。真空でもユニポーラーアークでも共通に，$j \times B$ の力と反対向きに動く（逆行方向 retrograde direction と呼ばれる）。つまり，局所磁場に直角に流れている電流を伴うアークは磁場に直角に直線運動をする。そのようなアークはトカマクの壁やリミター上でよく見られる。2つのタイプのアークがよく見られる。これらは'速いアーク'と'遅いアーク'と言われる。'速いアーク'は表面上になんらかの汚れがある場合に起こる。アークは不純物の蒸気の中を走り表面には比較的大きな損傷を与えない。アークは表面がきれいにコンディションされている場合には起きにくいが，一旦アークが起きると，深いくぼみやひどいエロージョンを表面に作ることになる。

　トカマクではアーク放電はよく見られる。普通電流立ち上げ時のプラズマが不安定な時に起こる。アークによって作られる不純物のレベルを評価することは難しい。なぜなら，アークの初期過程は統計的であるし，またユニポーラーアーク内の電流を測定することも難しい。幸いなことに，アーク放電は普通，放電のごく初期に起こり，またトカマクの放電時間は着々と延びている。アーク放電は将来において重要度が比較的減るだろう。

【表9.8.1】アークによるエロージョン

元素	エロージョン率 10^{-7} kg C^{-1}
カドミウム	6.55
亜鉛	2.15
アルミニウム	1.2
銅	1.15
ニッケル	1.0
銀	1.5
鉄	0.73
タングステン	0.62
チタン	0.52
クロム	0.4
モリブデン	0.47
炭素	0.17

9.9 リミター

　リミターとはプラズマのエッジを規定するための固体表面である。リミターは図9.9.1に示すように色々な幾何学的な形を持つ。一番簡単なのが，円形の穴の絞りの形をしたものでトロイダル磁場に対して垂直をなし，また穴の直径は真空容器よりも小さい。これはポロイダルリミターとして知られる。トカマクでは磁力線はらせん状に巻いているので，たとえ局所的だったり，一点だったりする相互作用でも原理的には境界が決まる。どちらの場合でも，リミターの外側のプラズマ密度の半径方向の変化は，減衰長 λ_n で減少する。完全なポロイダルリミターの場合には，連結長 L はトーラスの1周つまり $2\pi R$ となる。トロイダルリミターの場合には連結長は q を安全係数として $2\pi Rq$ となる。周辺プラズマは 9 章 2 節で示すように $\lambda_n = (D_\perp L/c_s)^{1/2}$ であるのでかなり広がるであろう。局在して置かれるリミターはサイズに依存するが，連結長はさらに長くなる。

　リミターはトカマク運転に対して多くの役割を示す。まず最初に，壁をプラズマのディスラプションや逃走電子や他の不安定性などから守ることである。このため，一般には溶解しにくい材質，たとえばモリブデンとかタングステンで作られ，高熱負荷に耐えられるようになっている。第2にプラズマと表面の相互作用をリミターに集中させる。リミター表面における高パワーや高粒子密度は，吸着されたガスや酸化物膜や他の簡単に脱離する不純物を速く取り除くことになる。もし，きれいな金属のみが残っていれば，プラズマの不純物レベルを低く維持することが可能である。第3にリミターは粒子のリサイクリングを集中させる。リミター付近の領域では通常，中性粒子の密度が高く，多くの放射が観測される。しかし，この局在化が利点なのかどうかはよく理解されていない。

　トカマクにおける入力パワーの増加に伴い，特に追加熱によるが，リミターに対する熱負荷は大きくなり結果として多くの場合に表面の大きな溶融が生じている。これは，トロイダル方向の表面積を増加させたり，パワーの密度を均一化するようにリミターの形状を変えることによってある程度制御できる。実際上は，このパワーの減衰長を計算することは容易ではなく，事前に評価することは難しい。

　リミター材は，いくつもの条件を満足しなければならない。まず，熱ショックに耐えられなければならない。なぜならディスラプション時には高いパワー蓄積率となるから。第2に，不純物流入量ができるだけ少ないものにしなければならない。第3に作られた不純物は原子数 Z の小さいものである必要がある。そうでないとプラズマからの放射損失が増えてしまう。最後に材質は熱を伝達するために高い熱伝導率である必要がある。これらの条件を同時に満足するのは実際困難である。低 Z 材では唯一カーボンかベリリウムが熱負荷に対して適している。タングステンやモリブデンなどの高 Z 材は，良い熱特性とスパッタリング量の小さい特質を持つ。特にこれらは，スパッタリングに対して高いエネルギー閾値を持つ。しかし，高 Z 材であるのでプラズマ中の蓄積率は非常に小さくなくてはならない。炉設計の一部では，これらを材料問題の解決案と考えているものもある。

プラズマ・壁相互作用

　最近まで，トカマクプラズマの放電持続時間は短く，リミターの熱容量は蓄積された全エネルギーを散逸することができた。しかし長パルスの装置の場合には，もはや定常的にパワーをとり出すことを考えなければならない。そのようなシステムのデザインの設計は主たる工学的な試作研究である。

　リミターの面積を延ばすことは，図 9.9.1(c) に示すようなトーラスを1周するトロイダルリミターのアイデアにつながる。しかし，この上に均一にパワーが運ばれるようにするには，プラズマの位置制御が非常に正確でなければならない。トロイダルリミターを使った経験は今までほとんどない。

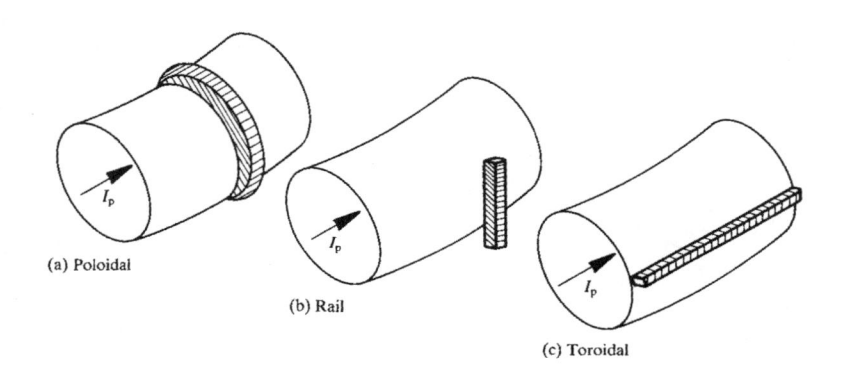

【図9.9.1】
色々なタイプのリミターの模式的な表示

9.10 ダイバータ

　プラズマと表面の相互作用の基本的問題は，原理的にはダイバータによって避けられるだろう。この装置では，逃げ出して来るプラズマが別の容器に排出されるように，磁力線が配列されている。そこでプラズマは中性化し，生成物がプラズマに戻って汚すことのないように排気される。3種類の基本的なダイバータ配位があり，図9.10.1に模式図を示す。(a) 軸対称（またはポロイダル磁場）ダイバータでは，プラズマ電流と同心状に，1つまたはそれ以上の導体が並べられ，ポロイダル磁場のヌル点が作られる。トカマクの本質的対称性が保たれるという長所があり，D型や楕円型のプラズマ断面と組み合わせて用いられる。(b) トロイダル磁場ダイバータでは，トロイダル磁場コイルと逆向きの電流が流れるダイバータコイルが用いられ，それでトロイダル磁場のヌル点が作られる。このタイプのダイバータはアスペクト比の低いトカマクでは成立せず，トロイダル磁場の好ましからざる大きな摂動をもたらす。(c) バンドルダイバータでは，比較的小型のコイルを1組トーラスの外に置き，トロイダル磁場を局在して変形させる。長所としては，トーラスの外側にしかないことや，スイッチを切ればプラズマ断面に影響しないことがあげられる。欠点は，軸対称ではないことである。

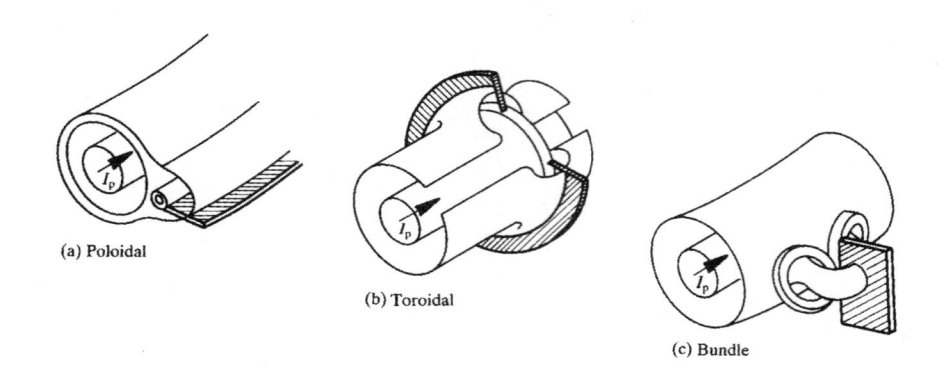

【図9.10.1】
3種類のダイバータの模式図

プラズマ・壁相互作用

　これらのダイバータは，3つの効果によってプラズマの純度を改善する。まず第1に，ダイバータではリミターとは異なり，潜在的不純物源を使用することなく，磁気面を変えることでプラズマの大きさを制御できる。第2に，プラズマの排気が直接不純物を取り去り，間接的にもリサイクル粒子による壁やリミターへの衝撃が減るので，不純物の流入を減らせる。第3に，プラズマの外の'スクレイプ・オフ層'で不純物を電離し，外へ導くというスクリーニング効果がはたらき，プラズマに入っていく不純物の流れを減らすことが出来る。

　軸対称なポロイダルダイバータがトカマクでは最も広く用いられている。DIVAの単一ヌル点ダイバータから始まって，主たる機能は実証され，プラズマ純度が大いに改善された。ポロイダルダイバータの大型実験では，2台の装置 ASDEX と PDX が建設され，上下の2つのヌル点を持つ実験に成功している。これらの場合，いずれも別途ダイバータ室を備えている。しかし DoubletⅢ ではオープンダイバータ配位を採用するといった興味深い進展が見られている。その場合，磁気リミターやセパラトリックスが形成され，上下に引き伸ばされた真空容器の底へと磁束を引き出してきているだけである。プラズマの汚染を減らすにはプラズマと表面の相互作用を引き離すだけで十分である。バンドルダイバータは，DITEトカマクで成功裏に実証された。

　ダイバータ技術の重要な発展は，高密度ガスターゲットの発見である。密度を上げることにより，ダイバータ室での放射損失が増え，標的板（中性化板）に運ばれるパワーを減らすことが出来る。トーラス部とダイバータ室とのプラズマ密度の差は，流出する粒子から，戻ってきた粒子へ運動量が渡されることで支えられる。圧力のバランスが成り立つため，標的板近傍の密度の高い所で温度が下がる。重要な要素は，ダイバータ部の密度が上がり，そこで密度と厚みの積が $nd \sim 10^{18}$ イオン m^{-2} 程度になることである。そのようなプラズマは，ターゲット板から戻ろうとする中性粒子にとって高い不透明度を持つ。これらの中性粒子は，ダイバータ板の所でのリサイクリングを局所的に増やし，運ばれてくるエネルギーを分配して，ターゲット板に到達するイオンの温度を下げる。

　ダイバータ配位を核融合炉に外挿すると，どれにも手強い技術的問題がある。この問題に今後直面せねばならぬかどうかは，不純物を制御しプラズマを排気する別の方法が成功するかどうかに懸かっている。［訳注：ITERの設計がポロイダルリミターでなされていることを補遺に説明する。］

9.11 熱流束, 蒸発, 熱伝達

オーミック加熱や追加熱法（高周波や中性ビーム），または核融合反応などによってプラズマ中に生まれるエネルギーは，輻射やプラズマの輸送によって，閉じ込め容器の壁で損失する。輻射はパワーの負荷を一様にする傾向がある。熱輸送は対流にしろ伝導にしろ磁力線に沿って，リミターやダイバータへ局在したエネルギーの負荷を生む。高エネルギー入力のトカマクでは，リミターに輸送されるパワーが固体の耐えられる限界値に近づくのが普通である。固体の信頼性を決める要因は，まず第1に蒸発であり（その結果表面は消耗し，プラズマは不純物で汚れる），第2には熱ショックであり，それは部品の構造強度を損なう。

パルスの短い（$t \leq 1\,\mathrm{s}$）システムでは，表面は半無限の固体と見做してよい。表面に来るパワーは，まず大部分への熱伝導と釣り合う。P というパワー流入によって起きる表面温度の上昇 ΔT は，

$$\Delta T = 2P(t/\pi KC\rho)^{1/2}$$

となる。ここで K は固体の熱伝導係数，C は比熱，ρ は密度である。

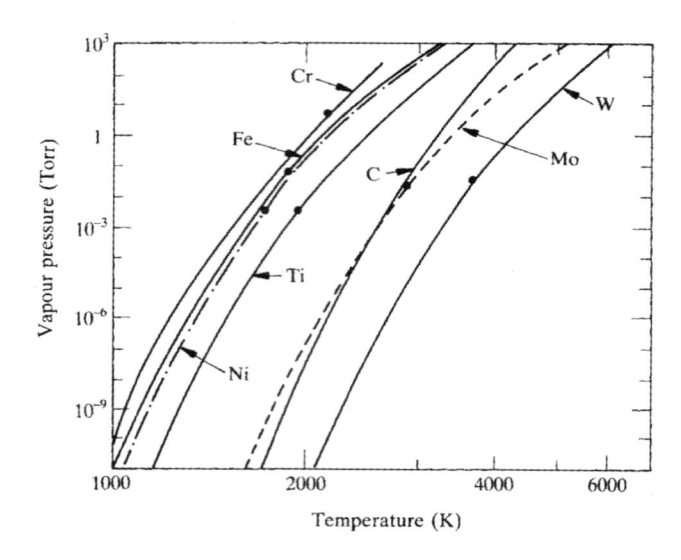

【図9.11.1】
トカマクに使われる代表的材料の蒸気圧曲線。黒丸は融点を示す。

プラズマ・壁相互作用

　最大の熱流束に耐えられる材料は，タングステンやモリブデンといった大きな熱伝導率を持つ耐火金属である。表面温度は，蒸発が無視できる程の低い温度に保たなければならない。ある金属を考えると，その蒸発率は，

$$\frac{dn}{dt} = 3.5 \times 10^{26} (AT)^{-1/2} p \quad \text{atoms m}^{-2}\text{s}^{-1}$$

で与えられる。ここで A は原子番号，T は表面温度をケルビンで測った値，p は蒸気圧を torr で測った値である。蒸気圧のデータはよく分かっている。リミターや壁の候補になる材料の結果を図9.11.1に示す。

　定常状態の最高熱負荷は，加熱された表面と冷媒の間の温度差によって生まれるストレスによって決まる。高い熱伝導率が重要である。こうした部分の設計は複雑であり，個々の構造に対し有限要素法を用いる必要がある。しかし定常状態の熱伝達として今日までに達成された最高値は $10-20 \text{ MW m}^{-2}$ であり，信頼性を高くするためには $2-5 \text{ MW m}^{-2}$ といった値が普通である。周期的な熱ストレスが長期にわたる場合のパワー限界を決める。こうした部分の設計は材料の基本的性質に依っているので，ここで述べた限界値が将来大幅に改善されるとは考えにくい。

　リミターやダイバータの表面を設計するのに重要な要素は，パワーの分布である。流入するパワーはリミター端の外側では半径とともに指数的に減衰するので，磁力線とリミター表面の交差する角度を変化させることで，単位面積当たりのパワーを一定値に近づけることができる。しかし，逃走電子やディスラプションといった異常が起きる時にも，高いパワーが蓄積されうる。ディスラプション時に表面に運ばれるエネルギーを計算する試みがなされているが，問題となる領域の面積を評価するのが難しく，結論はまとまっていない。パワー密度を与えたとしても，問題は壁から蒸発した不純物の放射損失の評価が難しいことである。この放射は，パワーの負荷分布をもっと広い領域に一様化し，直接の負荷を減らす。こうした過程を取り入れた理論モデルが展開されているが，実験結果と信頼性良く比較されるには到っていない。異常運転時には，その他にも表面に溶解した金属の薄い層ができることも問題である。この層に，平衡磁場を横切る向きに電流が流れる場合，安定性が問題になる。しかし，これについてもはっきりした問題設定ができていない。

9.12 トリチウムインベントリー

　トリチウムは核融合炉の燃料の1つである。天然には見出されないので，炉の中で増殖しなくてはならない。炉の壁の中にトリチウムが失われていくのは，経済的にも不利なことであるし，放射能の危険の潜在的な源にもなる。核融合装置の壁の中に高い濃度のガスが存在することは，Cステラレータのような初期の閉じ込め装置で見出されている。同様の結果が，広い範囲のトカマク実験でも得られている。ガスはイオンとして磁力線に沿って動き，シースポテンシャルで加速され，リミターに注入される。さらに，壁は荷電交換中性粒子の衝撃を受けている。注入されたガス種は格子中で減速され，飛程分布に従って配置される。多くの金属の中では，水素は高い拡散係数を持つので，格子中で熱化した後，格子の中を濃度勾配に従って，表面方向およびその反対方向へと拡散する。平衡分布は表面での境界条件に依存する。水素が発熱性の溶解をする金属では，表面にポテンシャルバリアが出来る。吸熱性の溶解をする金属の場合は，エネルギーから考え，水素は原子ではなく分子としてしか解放されないので，解放される割合は表面での再結合係数で決まる。金属中の水素の分布の模式図は，図9.12.1に示されている。水素同位体の壁の中での平衡濃度は，壁の材質，温度，負荷の周期に依存する。温度を十分高くすると，水素は壁から熱的に脱離する。水素の同位体の金属中での高い拡散係数は，容器構造材の中でのトリチウムの吸蔵を一般的には低くするが，トリチウムが外界へ逃げるという観点からは不利である。この問題は，容器を二重構造にし，その空隙をポンプで引くということで解決できる。

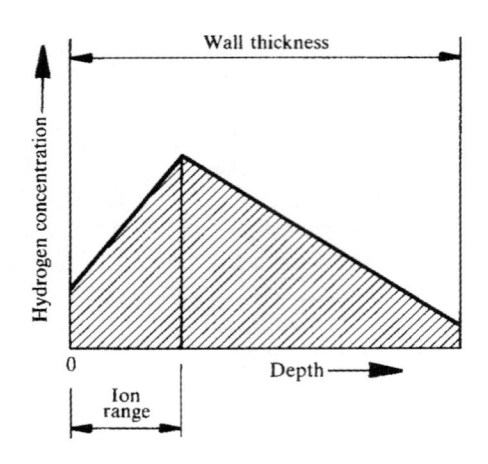

【図9.12.1】
固体中に注入された水素原子の定常濃度分布の概念図

プラズマ・壁相互作用

　金属でない材質への水素の注入を理解することは，より難しい問題である。炭素や，多くの炭化物のなかでの水素の拡散係数は大変小さい。注入が進むにつれ，濃度分布は入射された種の持つ飛程分布に従い増えていく。与えられた水素の濃度のもとで，飽和が局所的に起きる。似た現象が，低温（≤ 200 K）の金属でも起きる。深さ分布の他の場所が飽和レベルに近づくにつれ，飽和領域が拡がっていく。広くリミター材として使われるグラファイトでは飽和レベルは炭素原子1つ当たり0.44個の水素原子である。単位面積当たりの飽和レベルは，入射イオンのエネルギーによる。それは高いエネルギーのイオン程奥へ侵入し，深い層で飽和するからである。

　単位面積当たりの飽和レベル F_s に関する炭素の実験結果は，入射フルエンス（incident fluence）が 10^{22} イオン m^{-2} の場合，入射エネルギー E の関数として，

$$F_s = 3.5 \times 10^{18} E^{0.9} \text{ atoms m}^{-2}, \qquad E \text{ は eV 単位}$$

という経験式が広い範囲で成り立つ（入射エネルギーが単一の場合）。エネルギー分布がマックスウェル分布であると，分布のテイルが際限なく蓄積していくので，本当の意味の飽和はない。

　実験を信頼性良く再現するモデルが炭素には存在する。このモデルをより高いフルエンスの場合に外挿すると，捕捉される量はゆっくりとしか増えない。すなわち，500 eV の温度の原子の入射フルエンスが 10^{24} atom m^{-2} の場合，10^{22} atom m^{-2} になる。10^{22} atom m^{-2} というトリチウムの捕捉レベルは，5×10^{-5} kg m^{-2} と等価である。核融合炉の熱出力を 5000 MW (Th) とし，壁の熱負荷を 5 MW m^{-2} とすると，壁の面積が 1000 m^2 であることになるが，そうするとトリチウムの吸蔵が 50 グラムに過ぎないことになる。水素原子は 600 - 800 度に加熱することで炭素から取り除ける。拡散係数が小さい材質からトリチウムを取り除く別の方法は，水素または重水素の放電を繰り返し，トリチウムと置き換えてしまうことである。

　チタン，ジルコニウム，ニオビウムのように，水素が発熱性の溶解をする材質は，トリチウム吸蔵の観点からは多分許容できないであろう。しかし，吸熱性の溶解をする金属は多くの場合満足のいく結果を与える。

9.13 周辺プラズマ診断

　壁との相互作用の影響を評価するために，周辺領域のプラズマパラメータを測定する診断法が必要である．同時に，表面の損耗や堆積を直接測定したり，パワーの負荷を測定するための診断法も必要とされる．周辺プラズマの多くのパラメータには，通常の診断法が役に立つ．それには分光や，トムソン散乱，レーザー共鳴蛍光等が含まれる．エネルギーの低い荷電交換中性粒子は直接測定可能である．表面計測法としては，表面の温度やそこへの入射パワーを測定するのに，赤外線カメラやボロメーターが使われ，表面への不純物流束や損耗を測定するために表面プローブが使われることがある．プラズマに影響を与えない範囲内であれば，静電プローブがプラズマ密度や温度を測定するのに用いられる．もっと凝ったプローブでは，電子とイオンのエネルギー分布関数が測定できる．使用される計測法と，測定されるパラメータを表9.13.1にまとめて示す．

【表9.13.1】 プラズマ周辺計測

診断法	計測されるパラメータ
1．静電プローブ 　ラングミュアプローブ	$n_e(\leqslant 10^{19}\,\mathrm{m}^{-3})\,T_e \leqslant 50\,\mathrm{eV}$.
熱流束プローブ	堆積された熱流束
エネルギー分析器 　（グリッド，E×B）	イオンと電子のエネルギー分布関数
2．コレクタープローブ	イオン流束と平均エネルギー 不純物流束と質量 表面のエロージョンと堆積 アルファ粒子流束とエネルギー
3．活性ビーム 　（たとえば中性リチウム）	$n_e(T_e)$.
4．トムソン散乱	$T_e(\geqslant 10\,\mathrm{eV})\,n_e(\geqslant 5\times 10^{18}\,\mathrm{m}^{-3})$.
5．レーザー共鳴蛍光	不純物フラックス（1種類の） 速度分布関数
6．赤外線カメラ	表面温度 堆積された熱流束

プラズマ・壁相互作用

　不純物流束を測るために，表面プローブがコレクターとして広く使われている。ある一定の時間の間プラズマに晒し，その後オージェ分光やラザフォード後方散乱などの表面分析法で解析される。この方法では，磁力線に沿った不純物の流れに関し，感度の良い，時間分解された計測ができる。表面の損耗率は，前もってわかっている薄い層の厚さの変化を測定することで調べられる。放射化法及び注入された同位体のマーカーによって，~10 nm から 100 μm 以上の範囲の損耗が測定される。コレクタープローブは，水素や重水素の流束を測定するのにも使用される。水素同位体は，炭素やシリコンのような材質のなかに容易に捕捉される。試料を晒し，捕捉された数を数えることで，入射流束と平均エネルギーを評価できる。こうした計測は，水素同位体のインベントリーを評価するのにも役に立つ。コレクタープローブは，D-T 反応が起きているプラズマ中では，アルファ粒子の流束と，エネルギーを計測するために使用が可能である。核融合反応によって直接放出されるアルファ粒子と，プラズマの中で熱化されたものとは，トーラスの壁付近に置かれた固体のコレクターのなかの飛程の比較から，簡単に区別できる。

　プラズマパラメータの電気的計測は，主に標準的なラングミュアプローブに依存している。密度と電子温度，および浮遊ポテンシャルが測定できる。好ましい状況では，磁場に平行方向の流束と垂直方向の流束の比から，プラズマの流れのマッハ数を求めることができる。グリッドを使ったエネルギー分析や，$\mathbf{E}\times\mathbf{B}$ ドリフトを利用する速度分析が可能である。しかし，その場合電子とイオンを分離することが必要で，それは普通デバイ長くらい小さなサンプリングの穴を用いる。この場合はサンプリングの誤差や，スリットやグリッドへの大きな熱負荷といった問題が生まれる。イオンのラーマー半径（典型的な値は~1 mm）を決定するために，電気的コレクターや表面コレクターを使った様々な方法が可能である。

　プローブの利用限界は，まず，リミター同様負荷の限界である。次に，プローブによるプラズマの撹乱がある。後者は，もし計測の目的がリミター近傍のパラメータを測ることであるなら問題とならない。プローブを小さな補助のリミターのように作ればいいからである。プローブの撹乱による影響（例えば接続長の変化がもたらされる）を解釈するのに注意が必要である。

参考文献

プラズマ・壁相互作用に関するいくつかのレビューの中でもっとも総合的なもの

(A) McCracken, G. M. and Stott, P. E. Plasma surface interactions in tokamaks. *Nuclear Fusion* 19, 889 (1979).

(B) Langley, R. A., Bohdansky, J., Eckstein, W., Mioduszewski, P., Roth, J., Taglauer, E., Thomas, E. W., Verbeek, H., and Wilson, K. L. Data compendium for plasma surface interactions. *Nuclear Fusion* Special Issue, 9-117 (1984).

(C) Behrisch, R. and Post, D. E. (ed.) *Physics of plasma wall interactions in controlled fusion*, Proceedings of a NATO Advanced Study Institute. Plenum Press, New York (1985).

加えて2年おきにプラズマ壁相互作用に関する会議が開かれておりより詳細な情報源である。

これらの会議録は *plasma surface interactions in controlled fusion devices* の表題で*Journal of Nuclear Materials* に出版されている。

会議は

Argonne	Vol. 53	1974
San Francisco	Vol. 63	1976
Culham	Vols. 76 and 77	1978
Garmisch Partenkirchen	Vols. 93 and 94	1980
Gatlinburg	Vols. 111 and 112	1982
Nagoya	Vols. 128 and 129	1984
Princeton	Vols. 145 and 146	1987

境界層

境界層の包括的な記述は欠如している。その複雑性のためモデルの多くは数値計算されている。しかし解析的な基礎の概要は以下の論文に与えられる。

Ogden, J. M., Singer, C. E., Post, D. E., Jensen, R. V., and Seidl, G. G. P. One-dimensional transport code modelling of the divertor limiter region in tokamaks *I.E.E. Transactions of Plasma Science* 59, 274 (1981).

もっと詳細な議論

NATO Institute Proceedings, Reference C.（上述）

リサイクリング

基礎過程の説明

Reference A.（上述）

後方散乱に関するデータ

Eckstein, W. and Verbeek, H. Data on light ion reflection. Report IPP 9/32, Max Planck Institut für Plasmaphysik, Garching bei München (1979);

Tabata, T. Ito, R. Itikawa, Y. Itoh, N. and Morita, K. Data on the backscattering coefficients of light ions from solids. Report IPPJ-AM-18, Nagoya University (1981).

原子・分子過程

物理の総合的説明

Harrison, M. F. A. The plasma boundary region and the role of atomic and molecular processes in *Atomic and molecular physics of controlled thermonuclear fusion* (eds. Joachaim, C. J. and Post, D. E.). Plenum Press, New York (1983).

原子・分子編集データ

Freeman, R. L. and Jones, E. M. Atomic collision processes in plasma physics experiments I. Culham Laboratory Report R137 (1974).

Jones, E. M. Atomic collision processes in plasma physics experiments II. Culham Laboratory Report R175 (1977).

脱離と壁洗浄

脱着データはまだ点在している。もっとも最新のデータをまとめたもの

Reference Bの4章（上述）及び

Koma, A. (ed.), Desorption and related phenomena relevant to fusion devices. Report IPPJ-AM-2, Nagoya University (1982).

壁洗浄に関する十分なレビューはないがいろんな論文が上述の会議録に見いだされる。

スパッタリング

数多くの文献が存在するが最近の包括的解説記事としては

Behrisch, R. (ed.), *Sputtering by particle bombardment*. Springer-Verlag, Berlin, Vol. I (1981), Vol. II (1983).

順序正しくまとめられたデータ

Roth. J. Bohdansky, J. and Ottenberger, W. Data on low energy light ion sputtering. Report IPP 9/26, Max-Planck-Institut für Plasmaphysik, Garching bei München (1979); and

Matsunami, N., Yamamuta, Y., Itakawa, Y., Itoh, N., Kazumata, Y., Mujagawa, S., Morita, K., Shimizu, R., and Tawara, H. Energy dependence of the yields of ion induced

プラズマ・壁相互作用

sputtering of subatomic solids. Report IPPJ-AM-32, Nagoya University (1983).

スパッタリングのモデル

これに関する総合的な解説はないがスパッタリングはプラズマの数値モデルに含められている。例えば

Reference C.

アーク放電

Mioduszewski, P. Unipolar arcing. Ch. 10 of Reference B.

リミターとダイバータ

これらのいずれに関しても総合的な解説はないが現在考えられている妥当なまとめとして

Cecchi, J. L., Cohen, S. A., Dylla, H. F., and Post, D. E. (eds), Energy removal and particle control in fusion devices. Proceedings of a symposium in Princeton N. J. *J. Nuclear Materials* 121 (1984).

熱流束, 蒸発, 熱伝達

蒸発に関するデータ

Langley, R. A. Evaporation. Ch.5 of Reference B.

トリチウムインベントリー

これに関する総合的な解説はないが核融合条件下での水素の浸透性と可溶性に関するよい研究

Moller, W. , Reference C.

周辺プラズマ診断

プローブを用いた端の診断

Manos, D. M. and McCracken, G. M. Probes for plasma edge diagnostics in magnetic fusion devices. In Reference C.

無摂動診断

Bogen, P. and Hintz, E. Plasma edge diagnostics using optical methods. In Reference C.

10 診断法

10.1 トカマク診断法

トカマクプラズマの診断法はトカマク研究の特別な問題を研究するために発展してきた。4つの大きな分野は以下の通りである。

(i) 巨視的に安定なプラズマをセットアップするための方法
(ii) プラズマのエネルギーと粒子の閉じ込め時間を決めること
(iii) 付加的なプラズマ加熱法の開発
(iv) プラズマ不純物の研究と制御

この章で論じられる診断法はこれらの分野の各々に関連したものである。

電流の流れているプラズマは通常不安定な配位であり，トカマク研究の初期には，プラズマ放電を巨視的な MHD や位置不安定性が起きないように生成し，制御する方法を確立することが最優先であった。このために一連の電磁診断法が開発された。それはプラズマ電流や，位置や，MHD の性質を測定するためである。

たとえプラズマの巨視的な安定性が満たされてもまだ MHD 活動は存在する。これはプラズマの外側におかれたコイルで外部の磁場揺動を測定することによって研究されている。内部の MHD の効果は，X 線ダイオードでプラズマの中心部からの X 線放射を測定することによって詳しく調べられている。これらの測定は，鋸歯状振動やディスラプションを調べるために特に重要である。これらの不安定性は，しばしばトカマク放電を急激に停止させてしまうからである。巨視的に安定なトカマクプラズマを作る方法は今や確立されているが，まだ運転領域を拡張する必要があるし，また MHD の効果に対しては引き続き注意が注がれている。まだ新しい現象が発見されているのである。

トカマクの研究プログラムは熱核融合による自己点火をめざすもので，これには長いエネルギー閉じ込め時間 τ_E が必要である。従って，トカマク放電において τ_E を決めることに特別の注意が払われている。初期の研究では，この測定は反磁性ループを作って行われた。しかし，この方法はプラズマのエネルギー W を求めるには信頼のおけるものではない。プラズマの密度と温度分布を測って，W を求め，P_{in} をプラズマへの入力とし $\tau_E = W/P_{in}$ として τ_E を決める方が良い。電子密度はマイクロ波の位相シフトから測定する方法が取られている。また電子温度は，ルビーレーザー光のプラズマ電子からの散乱光のスペクトルから測るという大きな進歩があった。

診断法

　イオン温度は荷電交換した中性粒子の放出や不純物線のドップラー拡がりから決められている。重水素プラズマに対し中性子による方法も用いられている。現在は，T_e は電子サイクロトロン放射（ECE）とか，軟 X 線の制動輻射のスペクトラムから決められている。

　実験では，RF や中性粒子入射による加熱の際，粒子の分布関数はマックスウェル分布からしばしば外れている。加熱機構を理解するために，電子の分布関数が，X 線のパルス波高スペクトロスコピー（分光学）で，またイオンの分布関数は，高エネルギー成分の中性粒子を分析することなどで測定されている。

　トカマクプラズマの初期のころより，不純物が重要な役割を示していることは認識されていた。つまり，真空容器が十分きれいでないと，安定なトカマク放電は得られなかったからである。プラズマ中の不純物は強い放射損失があり，τ_E を減少させて自己点火をさまたげることになる。また再現性のよい放電を得るためには不純物の制御が重要であることが認識された。これらの問題意識から，不純物の生成や振る舞いについて調べるため，分光による計測の重点的開発が行われた。現在の実験では，分光によって可視から X 線までの波長の放射をみている。不純物原子はトカマクの真空容器の壁やリミターから来るので，その不純物生成を理解するためのプラズマ・壁相互作用の研究のために多くの重要な計測が開発された。

　この章で述べられる診断法の他に多くの幅広い診断法が開発されている。たとえば中性粒子や荷電粒子のビームを使ったり，その他の方法でプラズマの内部磁場を決める方法などもある。

　また，新しい技法を開発するという引き続く要請もある。例えば，D-T プラズマで核融合反応が達成されれば，高エネルギーのアルファ粒子が作られる。この減速過程や閉じ込めは重要であるにもかかわらず，今のところその研究に適した診断法はない。大型トカマクの実験の発展により，中性子束の非常に多い状況が予想される。このような場合には，照射に耐えられる診断法が必要であり，その方面の開発が重要視されている。

10.2 電磁的診断法

　トカマクプラズマの巨視的な性質の多くは,プラズマ表面より外部での電気的な測定で推定される。それは,プラズマのループ電圧 V_1,プラズマの総電流 I,プラズマの反磁性,MHD の性質及び位置と形状などである。図10.2.1にこれらの測定に使われる電気的な測定の配置を示す。

　全電流はロゴスキーコイルで測られる。これは,ソレノイドコイルをループ状にまげたもので,一端はソレノイドの中心部を通してもとに戻し,完全なポロイダルループは作らないようにしてある。そうしないとトロイダル磁場の変化に感応してしまう。全電流はアンペールの法則より,

$$I = \int \mathbf{j} \cdot d\mathbf{S} = \frac{1}{\mu_0} \oint B_\theta \, dl \qquad 10.2.1$$

である。ソレノイドのひとつのループの面積を A とすると,それを貫く磁束は $N_i = AB_\theta$ であり,電圧として $V_i = dN_i/dt$ を誘起する。これを上式に代入してソレノイド全部を足し合わせると,

$$I = \frac{2\pi a}{nA\mu_0} \int V \, dt \qquad 10.2.2$$

となる。ここで a はロゴスキーコイルの半径(コイルは巻き数 n)であり,V はコイルに生じる電圧である。電気的な積分回路を介して,コイルの信号がプラズマ電流値として読み取れるようにする。

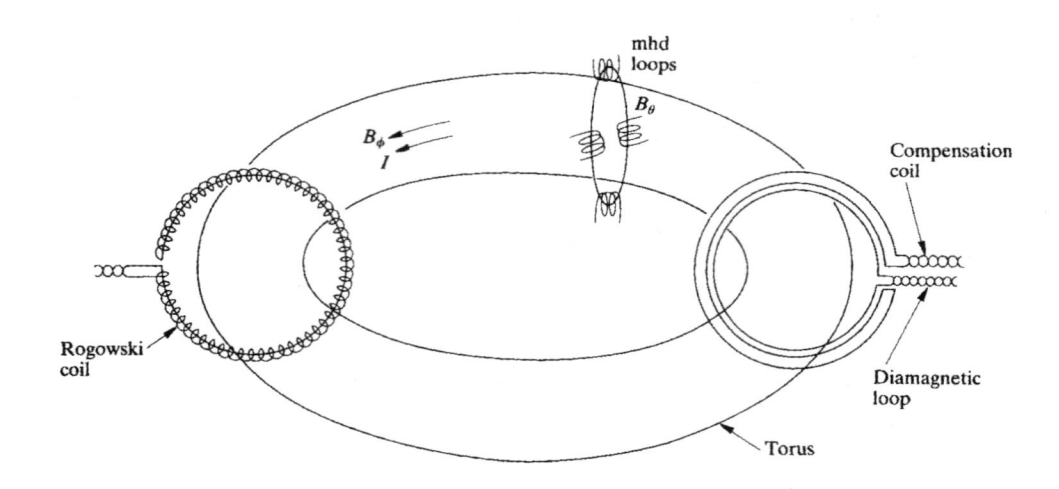

【図10.2.1】 電磁的計測法の配置

診断法

　ループ電圧 V_1 はトロイダルの方向に1回りした1本の線で測られる。定常の場合には，$V_1 = IR$ となる。R はプラズマの抵抗値であり，プラズマの温度と不純物の量に依存する。

　プラズマの反磁性を測定することでトロイダル磁場の磁気圧がわかり，ポロイダルベータ値 β_p が求まる。円形断面を考え，アスペクト比の大きい例を取ると，圧力のバランス方程式 $\nabla p = \mathbf{j} \times \mathbf{B}$ は，

$$\mu_0 \frac{dp}{dr} + \frac{d}{dr}\left(\frac{B_\phi^2}{2}\right) + \frac{B_\theta}{r}\frac{d}{dr}(rB_\theta) = 0 \qquad 10.2.3$$

となる。ここで p はプラズマの圧力，B_ϕ と B_θ はトロイダル及びポロイダル磁場を表す。この10.2.3式に r^2 をかけて 0 から r_1 まで部分積分すると次式となる。

$$2\pi\mu_0 \int pr\, dr - \frac{\pi}{2}(r^2 B_\phi^2)_{r_1} + \pi\int (B_\phi^2 r\, dr) - \frac{(\mu_0 I)^2}{8\pi} = 0 \qquad 10.2.4$$

　真空中におけるトロイダル磁場の値 $B_{\phi 0}$ とプラズマ中における値 B_ϕ との差 δB_ϕ を小さいと仮定し（$\delta B_\phi \ll B_\phi$），10.2.4式でプラズマによる差の項を残すと

$$2\pi\mu_0 \int pr\, dr = \frac{(\mu_0 I)^2}{8\pi} - B_\phi \Delta\Phi \qquad 10.2.5$$

となる。ここで $\Delta\Phi$ は，反磁性ループを通る磁束の変化である。もうひとつの表現として，β_p の定義 $\beta_p = 8\pi\mu_0 \int p 2\pi r\, dr / (\mu_0 I)^2$ を使うと，次式を得る。

$$\Delta\Phi = \frac{(\mu_0 I)^2}{8\pi B_\phi}(1 - \beta_p) \qquad 10.2.6$$

　プラズマの位置や MHD 効果は外部の磁場の変化となってあらわれるので，ソレノイドコイルを使ってポロイダル磁場を測定して調べる。MHD モードのモード数は，トロイダル方向やポロイダル方向の違った場所におかれたコイル間の位相の差を読み取って決めることもできる。円形プラズマの実験においては，プラズマの位置は，各個所におかれたコイルからの信号で推定できるにもかかわらず，ポロイダル角のサインまたはコサインに比例するさまざまな巻き線ピッチをもったコイルが使用される。それにより，プラズマ位置のより直接的な計測が可能となる。

10.3 レーザー診断法

　プラズマの能動的計測の源としてマイクロ波やレーザービームが使用されるようになり，計測は精度の上でも多様さの上でも向上した。これらのものは計測すべきプラズマからの放射源を離れた所から測定するものであり，プラズマを乱すことが少なく，時間，空間的な解像度が高い上にその相互作用も理論的によく知られている。レーザーは特にスペクトルの明るさについても優っている。

　レーザービームは，吸収，反射，透過，屈折や散乱などプラズマと色々な相互作用をする。これらの過程のそれぞれが診断方法として利用される。ここでは，2つのもっともよく知られたトカマクのレーザー診断法の原理について示そう。それは，プラズマ密度を測定するレーザー干渉法と，電子やイオン温度を測定するレーザー（トムソン）散乱法である。10章4節，10章5節で各々記述する。

　干渉法は，プラズマ中をビームが通過する際の位相変化に基づく。質量比の関係で，高温プラズマ中での屈折率は主に電子の寄与である。屈折率と密度の関係は，プラズマの分散関係で決まる。例えば磁場のないプラズマ中では，

$$k^2 = \frac{\omega_0^2}{c^2} - \frac{\omega_{pe}^2}{c^2}, \qquad 10.3.1$$

ここで

$$\omega_{pe} = \left(\frac{n_e e^2}{\varepsilon_0 m_e}\right)^{1/2} \qquad 10.3.2$$

となる（無衝突領域をあつかっている）。ω_{pe} は，プラズマ振動数で ω_0 はレーザー振動数。一般的には $\omega_0 \gg \omega_{pe}$ である。屈折率 μ は10.3.1式より与えられ，

$$\mu - 1 \simeq -\frac{e^2}{2\varepsilon_0 m_e}\frac{n_e}{\omega_0^2} = -\left(\frac{e^2}{8\pi^2 \varepsilon_0 c^2 m_e}\right) n_e \lambda_0^2 \qquad 10.3.3$$

となる。ここで λ_0 はレーザーの波長である。10.3.3式はレーザー光の電場がプラズマの磁場と平行のときにも使える。レーザーがプラズマ中を通過すると，その時

$$\Delta\phi = \frac{2\pi}{\lambda_0}\int [1-\mu(z)]\,dz = r_e \lambda_0 \int n_e\,dz \qquad 10.3.4$$

だけの位相変化が起こる。r_e は，電子の古典半径である。

　プラズマの電子温度は，電子によって散乱されるレーザーのスペクトル幅の広がりから決定される。'インコヒーレント散乱'と呼ばれる領域では（これは，レーザーの波長の短い領域でおこる）全散乱パワーは各電子による散乱パワーの和である。よって全散乱パワーは電子の個数に依存するため密度測定に使われる。

診断法

　もしも，散乱方向へのレーザーの波長の射影がデバイ長より長い場合には，散乱はインコヒーレントではなくなる。レーザー光の散乱は電子によるが，イオンの温度や乱流や他の集団的効果が測定できるようになる。これを'協同散乱'領域と呼ぶ。このためには非常に小さい前方散乱角，もしくは長い波長のレーザーが必要となる。この条件は $\alpha \gg 1$, $\alpha = (k\lambda_D)^{-1}$ で与えられる。

　散乱されるパワースペクトルは電磁気学の理論から求まり，次のように書ける。

$$P_s = P_0 r_e^2 \sin^2\theta \, n_e L S(k, \omega) \qquad 10.3.5$$

ここで P_0 は，入射してくるレーザーのパワー，θ は入射光と散乱光との角度，$S(k, \omega)$ は，スペクトル密度関数で個々の場合に応じて計算される。熱的平衡にある場合，$S(k, \omega)$ は次式で与えられる。

$$S(k,\omega) = C_1 \Gamma_\alpha(v_{Te}) + C_2 \left(\frac{\alpha^2}{1+\alpha^2}\right) \Gamma_\beta(v_{Ti}) \qquad 10.3.6$$

　散乱光のスペクトルでは，この表式のうち2つの項が2つのピークを出す。1つは，幅の広い（大体の幅として kv_{Te} 程度）もの，もう1つは狭いもの（kv_{Ti} 程度の幅）である。マックスウェル分布をした電子の速度関数に対して，$\alpha \ll 1$ とすると電子による散乱パワーは，

$$P_s = \frac{C_3 r_e^2}{\lambda_0} n_e L P_0 \frac{c}{v_{Te}} \exp\left[-C_4\left(\frac{c}{v_{Te}}\right)^2\right] \qquad 10.3.7$$

であり，この曲線の幅は T_e の測定に使われる。

　相対論的効果を無視すると $S(k, \omega)$ は，電子の1次元のマックスウェル分布に対応する。プラズマの温度が～1 keV 以下の時には良い近似である。しかし昨今のようにトカマクプラズマも数 keV 程度になると，相対論的効果を取り入れなくてはならず，散乱されるスペクトルの計算もその相対論的効果の入ったマックスウェル分布が使われなければならない。この場合スペクトルは，青方偏移を受け，10.3.7式のガウス分布からずれる。両方とも温度が上がれば効果が強くなる。

10.4　n_e のレーザー計測

プラズマの電子密度は，電子ガスによって屈折率が変化することを用い，屈折率の変化量を測定することによって得られる。診断用のビーム位相の変化は，外側を通る参照ビームと比較される。典型的な例として，図10.4.1にマッハ・ツェンダー型の干渉計を示そう。レーザー光は3つに分けられ，1つは機械的もしくは電気的に変調される。あとの2本は，プラズマを通過するか，あるいは参照ルートに沿って走るかし，その後，変調を受けたビームといっしょになり，検出器へと向かう。検出器はもとの光学的周波数（$\omega_0 \sim 10^{14}$ Hz）ではなく，変調のビート周波数 $\Delta\omega_0$ を検出する。これは大体 $1-10^3$ kHz 位であり電気的信号としては取り扱い易い。このビート周波数で計測系の時間分解能が決まり，大体 1 ms 以下である。2つの検出器からの出力は比較され，2つの波形の 0 を切る点の時間差 Δt からプラズマによる位相シフトが測られる。この方法は，ビームの強さの変動などに無関係である。一般的に連続発振のレーザーが使われ，波長としては 10.6, 118 とか337 μm の出力ミリワット以上のものが使用される。かつては小さいプラズマに対して 2–4mm のマイクロ波が使用されたが，サイズの大きいトカマクでは，ある密度以上になると屈折や反射が重大な問題になり使用できない。短い波長の時は，限界は装置の振動から来る。あるシステムでは，この補償のために可視レーザーが使われている。場所が許せば，干渉計の架台は主装置とは独立にして振動を避ける。室温のパイロ電気（焦電気）結晶が検出器に使われている。液体ヘリウムで冷却したインジウムアンチモン結晶も高感度用として，また高速用にショットキーダイオードも使われる。

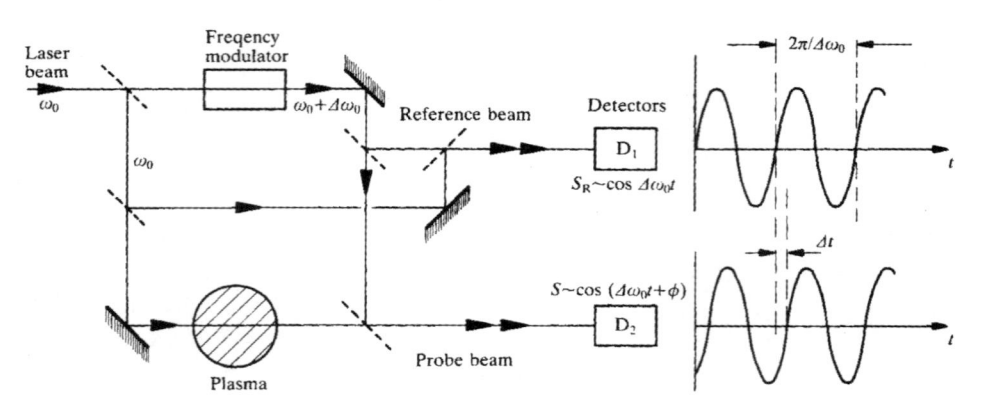

【図10.4.1】
密度干渉計の簡単なレイアウト

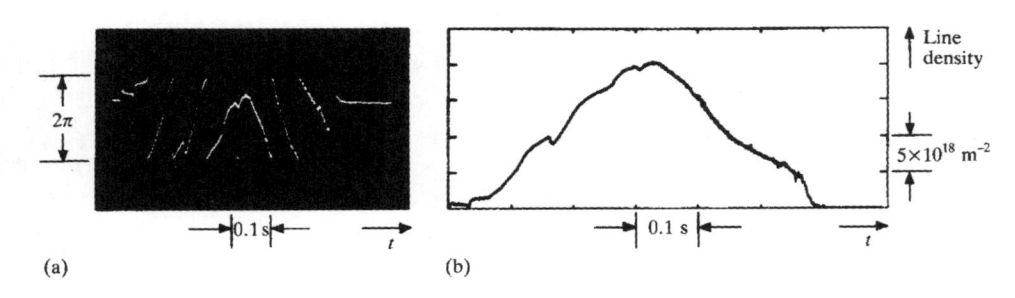

診断法

【図10.4.2】
(a) フリンジ・カウンターの出力を時間の関数として出す。(b) 対応する線密度（線に沿ったもの）(TFRグループ, Nucl. Fusion **18**, 688 (1978))

位相変化の測定からは，プラズマを通過する弦に沿っての密度の積分値，つまり $\int n_e dz$ が得られる。図10.4.2にその典型的な結果を示してある。図10.4.2(a)には，フリンジ・カウンターの出力を示してある。2 つの 0を横切る点の間の位相差は高速電子時計でカウントされる。位相差が 2π（つまり1つのフリンジ）に行きつくと，0 に戻る。密度の時間変化の正負もわかる。図10.4.2には，このフリンジが線密度の絶対値に変換されている。

プラズマ密度の半径方向の分布を求めるために数個の（6−10 程度）計測チャンネルが使われ，ビーム位置をプラズマの中心から少しずつ変えて測定される。この測定からアーベル変換という数学的変換法により，プラズマ半径の関数として，密度を出す。

装置をもうひとつの診断法へ応用可能にするためには，レーザービームが通常平面偏光していることから，磁場に影響を受けること（ファラディー回転）を活用すればよい。屈折率の一般的表式の中には，偏光面の回転を示す項も含んでいる。この項は，レーザービームが主トロイダル磁場に垂直に通過する場合，ポロイダル磁場に比例する。実験で偏光面の回転の角度について良い分解能を得るためには長波長のレーザーが必要であり，また，プラズマ密度の同時測定も必要である。密度干渉計として示した図10.4.1の例に偏光板と分析器を加えて構成する。B_{pol} の分布は，多チャンネルの線積分データの変換から求められる。そして，アンペールの法則からプラズマの電流分布が求められる。

10.5 T_e のレーザー計測

電子ガス体からのレーザー光の散乱は，電子温度を測定する一般的方法として使用される（トムソン散乱として知られる）。トムソン散乱の断面積は，電子の古典半径の 2乗（$r_e^2 = 8 \times 10^{-30}\,\mathrm{m}^2$）に比例するので，この効果は非常に弱い。よって強力な数 MW のパルスレーザーが必要である（ルビーか，ネオジム）。典型的な実験例が図10.5.1に示されている。レーザービームは最初照準口径を通り角度の発散分を減らし，プラズマ中心部に焦点を結ぶ。調整装置（a system of baffles）が使われ，装置内に散乱する迷光を最小化する。使用されない光線はほぼ完全な吸収体で減衰させる。非常に短いパルス（20 ns）にすることによってプラズマからの光と区別する。これら全ての処置は背景光を減じる目的であり，そのことがレーザー散乱による測定の一番重要な問題である。というのもスペクトル点あたりわずか数10～数100個の光子のみが存在するので。

散乱スペクトルは，普通レーザービームと 90°をなす方角で測定される。非常に効率の良い分光器が必要である。たとえば，傾斜型の干渉フィルターや，もっと普通には光ファイバーと結合した格子型スペクトロメーターなどである。ゲートをかけた光子増倍管が検出器として使われる。全部のスペクトラムが同時に測定され，1回のプラズマ放電中反復して測られることが理想的である。

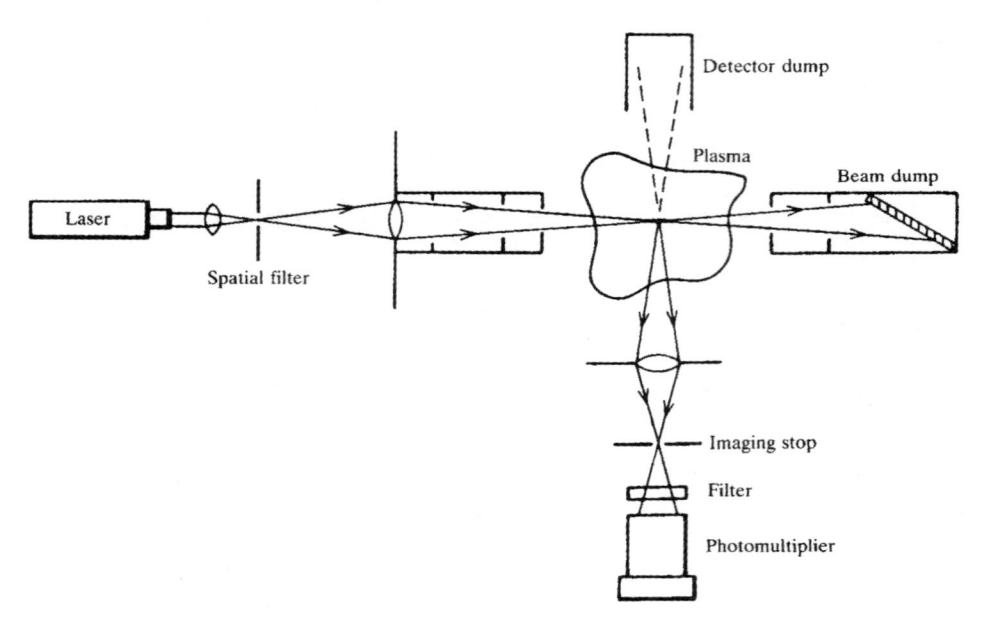

【図10.5.1】
典型的な T_e の散乱測定配置

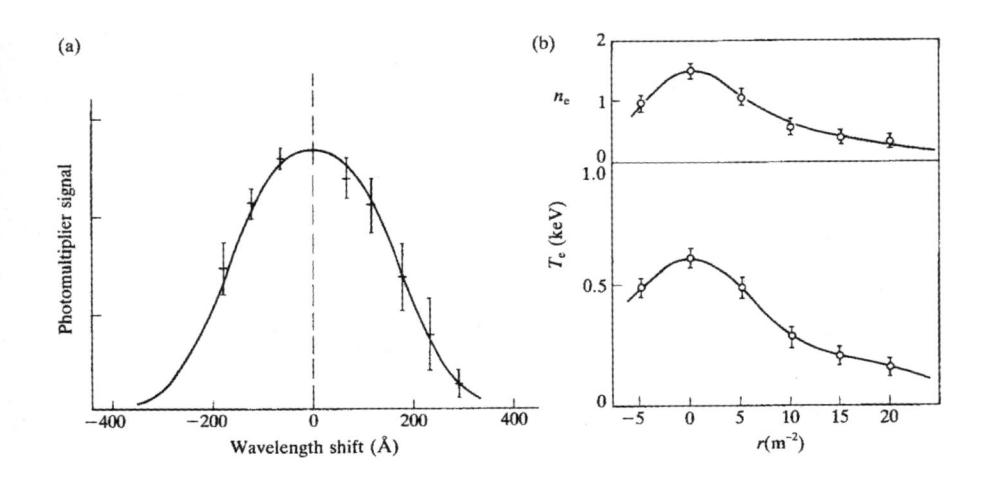

診断法

【図10.5.2】
(a) 典型的な散乱スペクトル（高温プラズマからの） (Ramsden, S.A et al. *Phy. Rev. Lett* 19, 688 (1967))
(b) T_e と n_e の同時測定を半径のいくつかの点で示す。(Yamauchi, T. et al. *JJAP* 21, 347(1982))

　測定上に必要な光子量を得られれば，プラズマの幾つかの場所で計測でき，温度分布が求まる。時間的に速い反復機能があれば温度分布の時間発展が得られる。
　典型的な散乱スペクトルのガウス分布を図10.5.2(a)に示す。これにより，高温プラズマの1点の T_e の測定が可能となる。図10.5.2(b)には T_e と n_e の半径方向のいくつかの点の同時測定結果を示す。
　他に散乱測定では，いくつかの効果を観測することができる。
(a) 散乱ベクトルがプラズマ中の磁場にほぼ垂直の場合，散乱スペクトルは複数の線に分かれる。
　　これは，電子の旋回周波数を示し，ポロイダル磁場の測定に使われる。
(b) 中性の水素や不純物の測定を共鳴散乱によって計測する応用例の可能性もある。散乱は束縛電子により生じ，共鳴点で断面積は桁違いに大きくなる。このため低パワーのレーザーの使用も可能である。
(c) 長波長のレーザーを使ってイオン温度の測定やプラズマ乱流の測定も可能であろう。

10.6 電子サイクロトロン放射

磁場に閉じ込められたプラズマの電子は磁力線のまわりを旋回し,そのために電磁波を放射する。放射は電子サイクロトロン放射（ECE）と呼ばれる。この放射は,離散の周波数 $\omega = n\omega_{ce}$ で起こる。ここで $\omega_{ce} = eB/m_e$ は電子サイクロトロン周波数であり, $n = 1,2,3,...$ は高調波数（harmonic number）である。この節では,この放射の計算概要を示し,主な性質をまとめる。 ECE の計測への応用は10章7節で述べる。

観測される放射を計算するためには,まず単位体積当たりの放射 $j_n(\omega)$ を計算することが必要であり,次に外部の観測者のところまで届く過程での放射の輸送を考慮に入れなければならない。特に再吸収の効果が取り入れられなければならない。

単位体積当たりの放射を計算する1つの方法は,まず静磁場のローレンツ力の下で,電子の運動の方程式を考える。次に古典電気力学により1つの電子からの自発的放射係数を計算する。それを電子の速度分布について積分して $j_n(\omega)$ を得る。

一般の場合,計算は非常に複雑である。電子の幅広い領域のエネルギーや密度が含まれる。放射は衝突や粒子の運動,電子質量の相対論的変化,磁場の不均一性などで拡がり,更にプラズマの誘電的性質により影響を受ける。電子の速度分布は必ずしもマックスウェル分布である必要性はないし,またプラズマも一般的に熱平衡ではない。

最近のトカマクプラズマの電子温度は, $10\,\text{keV}$ 以下である。プラズマは普通,閉じ込め磁場に対して垂直に近い角度で観測される。電子密度は $\gtrsim 10^{20}\,\text{m}^{-3}$ 位であるので,単粒子の放射率が一般に適用できる。このような条件のもとで,電子はマックスウェル分布であると仮定して,放射は

$$j_n^i(\omega, \theta) = \frac{\pi}{2} \frac{\omega_{pe}^2}{c} \frac{n^{2n-1}}{(n-1)!} \left(\frac{T_e}{2m_e c^2}\right)^{n-1} I_B(\omega)(\sin\theta)^{2n-2}$$
$$\times (1+\cos^2\theta)\delta(\omega - n\omega_{ce})F_i(n, \theta) \qquad 10.6.1$$

で与えられる。ここで ω_{pe} は電子のプラズマ周波数, θ は放射方向と閉じ込め磁場のなす角度, $I_B(\omega)$ は黒体輻射の強度である。 $F_i(n, \theta)$ は, n と θ の複雑な関数である。

診断法

　ECEのいくつかの性質は，10.6.1式より明らかである。記述したように，放射の強さは θ に依存し，線スペクトルを持つ。高調波モードの相対強度は，電子密度に依存しないが，電子温度に強く依る。放射には2つの独立なモードがある。正常モードと異常モードと呼ばれるものである。$\theta=\pi/2$ の時には，正常モードは磁場 **B** に平行な電気ベクトルを持ち，異常モードは **B** に垂直な電気ベクトルを持ち，放射は主に異常モードに起きる（偏光した放射）。2つのモードは違った角度依存性を持つので $F(n,\theta)$ の添字 i で区別している。

　放射する媒質のモデルを使って，放射の輸送と再吸収を解析に取り入れなければならない。通常，放射するプラズマの古典的なモデルが使われる。このモデルによれば，放射の輸送は次の方程式で支配される。

$$\mu^2 \frac{d}{ds}\left[\frac{I(\omega)}{\mu^2}\right] = j(\omega) - \alpha(\omega) I_B(\omega) \qquad 10.6.2$$

ここで $I(\omega)$ は放射強度，$\alpha(\omega)$ は吸収係数，μ は屈折率である。プラズマが局所的に熱平衡である場合，キルヒホフの法則を使うと，$j(\omega)$ と $\alpha(\omega)$ の間に簡単な次の関係式が成立する。

$$\frac{j(\omega)}{\mu^2 \alpha(\omega)} = I_B(\omega) \qquad 10.6.3$$

均一なプラズマで，厚さ L の平板の場合に，10.6.2式は10.6.3式を使って解析的に積分でき，

$$I(\omega) = I_B(\omega)\left[1 - e^{-\tau(\omega)}\right] \qquad 10.6.4$$

となり，ここで次式は光学的深さを与える。

$$\tau(\omega) = -\int_L^0 \alpha(\omega)\,ds$$

$\tau \ll 1$ の場合には，放出された放射はほとんど再吸収されない。この場合にプラズマは光学的に薄いと言われる。一方 $\tau \gtrsim 1$ の時には，相当部分が再吸収され，$I(\omega) = I_B(\omega)$ となる。この状況では，放射強度はプラズマ温度と単純な関係を持ち，これが放射を使ったひとつの大事な計測手段の基盤となっている。

10.7 ECEによるT_e計測

トカマクの磁場は空間的に変化し,その主な成分はトロイダル磁場 B_ϕ である。この磁場は,主半径 R に反比例して変化し,垂直方向には変化しない。

$$B_\phi(R) = \frac{B_0 R_0}{R} \qquad 10.7.1$$

という形を取る。ここで B_0 と R_0 は,B_ϕ と R のプラズマ中心での値である。この磁場の空間依存性は ECE の性質に強い影響を及ぼす。つまり,磁場に垂直で R に沿った方向からの観測では,放射の線の広がりは主にこの磁場の変化による。また,ある決まった周波数 ω の放射は次の共鳴条件を満足する所に局在する。

$$\omega = n\omega_{ce}(R), \qquad n = 1, 2, 3, \ldots , \qquad 10.7.2$$

このため放出された放射スペクトルの測定によって,空間分解能を持つ情報が得られる。

現在のトカマクプラズマでは,放射される線のあるものは光学的に厚く,あるものは薄く,そしてあるものは中間である。10章6節で概説した理論から,光学的に厚い線の放射強度は次式で与えられる。

$$I_n(\omega) = \frac{\omega^2 T_e(R)}{8\pi^3 c^2} \qquad 10.7.3$$

従って,そのような線放射の周波数依存性の測定から,その放射の空間に局在している性質を使い,温度分布 $T_e(R)$ を決めることが可能である。光学的に薄い高調波は別の計測手段として使える可能性がある。例えば,電子密度分布 $n_e(R)$ の決定などがある。

実際上は,いくつかの影響で診断ができなくなる。有限の密度効果は,放射光の伝播を妨げうるし,屈折が視線方向の不確定度をもたらしたり,真空容器内の反射が,放射の偏光を混合させてしまう。これらの効果は相当大きい影響を及ぼすため,診断法へ応用する場合,考慮される必要がある。

現在の研究段階で使われている磁場は 2 T < B < 8 T の範囲であり,電子サイクロトロン放射は,普通周波数帯として 60 GHz < f < 600 GHz (0.5 mm < λ < 5 mm) である。一般にはこの領域の放射の測定をすることは難しい。なぜなら,使える測定機器の開発が十分進展していないことや絶対較正用のソースがないことによる。更にプラズマの過度的な特性や再現性のない現象のために特別の問題が生まれる。電磁的な高レベルの干渉,相当量の X 線や γ 線または中性子の流束が存在し得る。トカマクへのアクセスは普通限られており,測定システムの多くの部分を遠隔操作することが必要である。

診断法

　放射の測定については，いくつかの違った方法が開発されている。主なものとしては，マイクロ波ヘテロダイン放射計，フーリエ変換分光，ファブリ・ペロー干渉計，回折格子分光などがある。これらの方法は違った特徴を持つ。例えば，マイクロ波ヘテロダイン法は（感度が高く）分解能が高く応答時間も速い。しかしハードウェアの技術的限界から，周波数に対して，150 GHz 程度以下に限られている。一方，フーリエ変換型は，時間応答も周波数分解能も中位であるが，放射の全スペクトラムを測定するのに適している。違った方法による測定は，放射を違った側面から見るのに使われている。今一番広く使われている技法はフーリエ変換技法であり，この方法はほとんどのトカマクでの標準的計測となっている。この方法による ECE 測定スペクトルを図10.7.1(a)に例を示そう。それによって得られた温度分布を図10.7.1(b)に示してある。

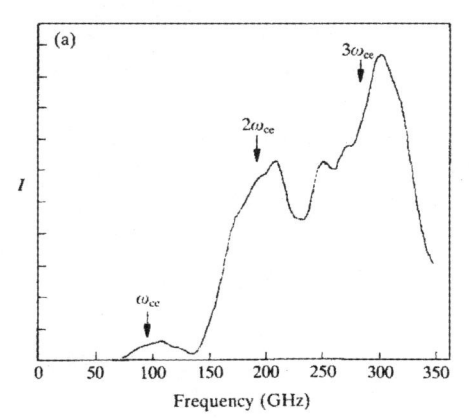

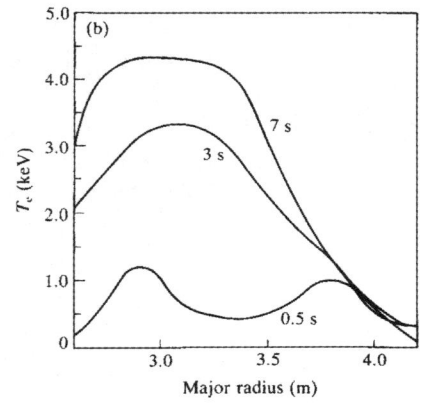

【図10.7.1】
　典型的な ECE 測定結果（JET）。(a) サイクロトロン周波数とその高調波の放射スペクトル　(b) 温度分布の時間発展

10.8 連続スペクトルのX線放射

　高温プラズマでは, 電子と水素原子が衝突することによって電磁波が放射される。模式図を図10.8.1に示したが, これは制動輻射と呼ばれるものである。トカマクプラズマの電子温度は, 概略 keV の所にあるので, 制動輻射のパワーの大部分は軟 X 線の領域に存在するであろう。電子がマックスウェル分布している場合には, 連続 X 線のスペクトルは（プラズマの体積 $1\,\mathrm{m}^3$ 当たり 4π ラジアンで見込んだ放射）1秒当たり,

$$\frac{dN'}{dE_X} = \alpha n_e n_i \frac{g_{ff} e^{-E_X/T_e}}{E_X \sqrt{T_e}}, \quad T_e \text{ は eV 単位} \qquad 10.8.1$$

であり, dN'/dE_X は, eV 当たり何個の光量子が放出されるかという量である。E_X は, eV で測った X 線のエネルギーで $\alpha = 9.6 \times 10^{-20}\,\mathrm{eV}^{1/2}\,\mathrm{m}^3\,\mathrm{s}^{-1}$ である。温度平均をした自由・自由ガウント数 g_{ff} は, 1程度の量で温度にも X 線のエネルギーにも弱い依存性しか持たない。イオン・イオン衝突や電子・電子衝突は, 制動輻射のスペクトルに寄与しない。dN'/dE_X が電子温度に強く依存するので, これを測ることによって電子温度を決めることができる。

　水素原子の他にトカマクプラズマは一般的に大きな原子番号をもった様々な不純物を含む。中心部では軽元素は完全に電離しているが, 金属不純物などは, 部分的にしか電離していない場合がある。両種とも電子がイオンを励起する衝突（bound-bound）や余剰のエネルギーが放射として放出されるイオンと電子の再結合衝突（free-bound）の両方からの連続スペクトルにかなり寄与する。

　電子と不純物イオンの衝突によるスペクトラムへの寄与は n_z を不純物密度として,

$$\frac{dN''}{dE_X} = \alpha Z^2 n_e n_z \frac{g_{ff}^z e^{-E_X/T_e}}{E_X \sqrt{T_e}} \qquad 10.8.2$$

で与えられるが, 式から分かるように dN''/dE_X は dN'/dE_X と T_e と E_X に対して同じ依存性を示し, 大きさは $Z^2 n_z / n_i$ 倍である。

　電子と不純物イオンの再結合による放射の計算は複雑で, 不純物イオンの原子構造について知らなければならない。これらの計算は通常, 不純物イオンに対して非常に簡単化した水素原子モデルを用いて行われている。

　最低殻の n 殻に ξ 個の電子の空きを持つイオンとの再結合では, 以下のような連続 X 線スペクトルとなる。

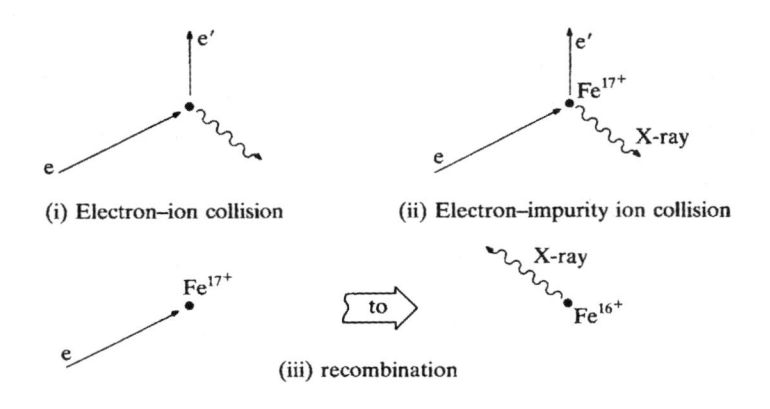

診断法

【図10.8.1】
連続 X 線放射へ寄与するプロセス

$$\frac{dN''}{dE_X} = \alpha n_e n_z \frac{g_{fb}\, e^{-E_X/T_e}}{E_X \sqrt{T_e}} F(\xi, n, T_e) \qquad 10.8.3$$

温度平均したガウント数 g_{fb} は，オーダー 1 で，関数 F はイオンの原子構造と電子温度に依存する。X 線エネルギーの X 線スペクトルに，この再結合が寄与しているエネルギー依存性は他のプロセスからのものと同じである。E_e を電子エネルギー，χ_n を結合エネルギーとすると，再結合後放出された X 線のエネルギーは，$(E_e + \chi_n)$ である。よって，ある X 線のエネルギー E_X に対しては，再結合による放射は $\chi_n < E_X$ を満たす原子レベルからのみ寄与があり，$E_X = \chi_n$ の所で不連続となる。関数 F は高温の時において放射型再結合の寄与が重要でなくなるような温度依存性を有している。

このように全部の X 線連続スペクトルへの寄与が X 線エネルギーに対して同じ依存性を示すので，全プロセスを足し合わせると，下記のように書けるだろう。

$$\frac{dN}{dE_X} = \alpha n_e^2 \frac{\zeta\, e^{-E_X/T_e}}{E_X \sqrt{T_e}} \qquad 10.8.4$$

ここで ζ は無次元量で X 線異常係数と言う。この数 ζ は，プラズマ中の不純物の濃度に依り，また電子温度にも依存する。それは同じ電子密度をもつ純粋な水素プラズマ（$g_{ff} = 1$ の場合）から放出される X 線に対してどの程度増えているかという因子とみなされる。

dN/dE_X の測定から T_e を決める方法は10章9節で述べる。

10.9　X線によるT_e計測

　X線の連続放射スペクトルは普通，リチウムを堆積させたシリコン結晶を液体窒素温度まで冷却させたもので測定する。この検出器は特に適している。なぜなら効率の絶対値がX線のエネルギー関数としてよく理解されており，エネルギー分解能（鉄のK線で約160 eV位）が十分あり，種々の金属不純物元素からの主だったグループの線放射を解像することができる。Be（ベリリウム）箔を通してプラズマを観測するが，検出器の効率は，低エネルギー側（～1 keV）ではBe箔で下がり，また高エネルギー側は（30 keV以上）入射X線に対するシリコン結晶の透過性により減少する。中間部分のエネルギーに対して効率は基本的に100%である。

　これらの検出器は，X線の個々の量子をパルス計数法で数える。交換可能な絞りや箔の組み合わせを用いて検出器に入るX線強度を一定とすることが必要である。

　典型的な実験のアレンジを図10.9.1に示す。プラズマからのX線が1組の絞りの片方を経由して，飛程チューブに入り，そこを通過し，さらなる絞りを経て，交換可能な1組の箔へ到達する。そこで箔によりスペクトルの低エネルギー成分を遮断する。検出器を高エネルギーγ放射線から遮蔽するために，厚い鉛のシールドがなされている。

　検出器からの信号は，増幅され多チャンネルの波高分析器にためられる。1回のトカマク放電中にできるだけたくさんの情報を集めるために，パルス計数器は，非常に高効率で稼働されなければならず，また，X線のエネルギースペクトルが電気的なパルスのパイル・アップによってゆがめられないために付加的なエレクトロニクスが必要である。このパルスのパイル・アップの問題は，スペクトラムの高エネルギー成分を特にひずませ，実験のスペクトラムが指数的な形をしているため悪影響が強まる。

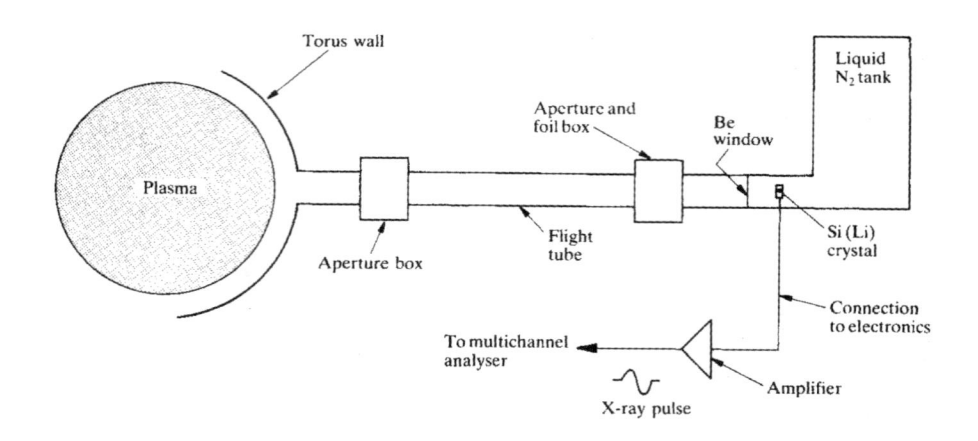

【図10.9.1】
X線パルス高分析の検出器システム

診断法

　このパイル・アップを防ぐために，ある実験では多数の検出器を配列して，スペクトルの違ったエネルギー領域の測定を別々の検出器で行うとともにX線の空間分布も求めている。

　典型的な X線スペクトルとして，STトカマクで測定されたものを図10.9.2に示す。線スペクトルが見られ，クロム，鉄とニッケルの K放射とモリブデンの L線放射に対応している。スペクトルの勾配の直線から電子温度が決められる。また比較として，レーザーによるトムソン散乱の計測からの T_e の値を使い，水素プラズマで分布効果を取り入れた場合と，取り入れない場合について計算して予測した値も示してある。これから測定した連続スペクトルの増大として $\zeta = 18$ が得られる。

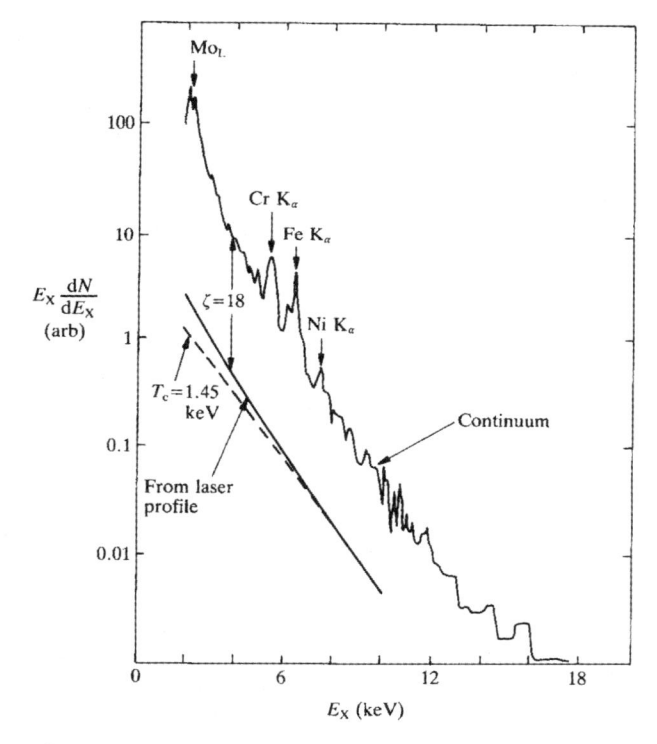

【図10.9.2】

STトカマクでのX線スペクトル (von Goeler et al. *Nucl. Fusion* 15, 301 (1975))

10.10 中性粒子分析

水素プラズマのイオン温度 T_i は，プラズマから荷電交換によって逃げ出す中性粒子のエネルギー分布を解析することによって測定できる．電子やイオンの他にトカマクプラズマ中には低密度ではあるが水素原子が存在する．それらは，プラズマを閉じ込める容器の壁から中性原子や分子の形で出てきたものから普通生まれている．電子とイオンの再結合でも中性粒子は出来るが，この過程によるものは，非常に高密度の場合や大型プラズマの中心部でなければ重要性は低い．

プラズマの周辺領域で中性水素原子は多くの過程で作られる．中性原子を生成する1つの反応は電子による解離である．

$$H_2° + e \rightarrow H° + H° + e$$

ここでフランク・コンドン中性原子と呼ばれるものは，少なくとも数 eV のエネルギーを持つ．この一部はプラズマの中に入り込み，プラズマのイオンと荷電交換反応を起こす場合がある．

$$H° + H^+ \rightarrow H^+ + H°$$

二次的に出来た中性子はプラズマから逃げるか，または次の荷電交換反応をする．これらの過程は中性粒子が電離するか，プラズマから逃げてしまうまで続く．中性粒子のエネルギーが低いと，電離より荷電交換の確率が高く，何世代かの中性粒子があることになる．

このようにして，低密度の水素原子はトカマクプラズマの中心部へ入り込んでいく．モンテカルロ法の計算によって中性粒子 n_0 の半径方向の分布を求めている．典型的な計算例を図10.10.1に示す．2つの例が示してあり，1つは逃げた中性粒子がトーラスの壁に当たり，反射してプラズマに戻ることを考えた例であり，もう一方は反射を考慮しない場合の例である．

中性粒子は，再電離過程の確率が小さいときには，エネルギーの高い中性のプラズマ粒子束を作り，それがプラズマから逃げる．プラズマから逃げ出す流束のソース関数は次式で与えられ，

$$S = n_e n_0 f_i(v_i) \int \sigma_{01} |v_i - v_0| f_0(v_0) \, d^3 v_0 \qquad 10.10.1$$

σ_{01} は荷電交換の断面積，f_i と f_0 はイオンと中性粒子の分布関数，また v_i, v_0 はそれぞれの速度である．S は平均的荷電交換率（次式）でも表せる．

診断法

$$S = n_e n_0 \langle \sigma_{01} v_i \rangle f_i(v_i) \qquad 10.10.2$$

図10.10.2からも分かるように，σ_{01} も $\sigma_{01}|v_i - v_0|$ も典型的なトカマクの実際上対象となるパラメータ領域では中性粒子の速度に余り強く依存しない．このことから S は大体 $f_i(v_i)$ に比例している．ソースの関数 S に対する解析は，イオンの分布関数をあたえ，また次節でも述べるように特に T_i を決定することができる．

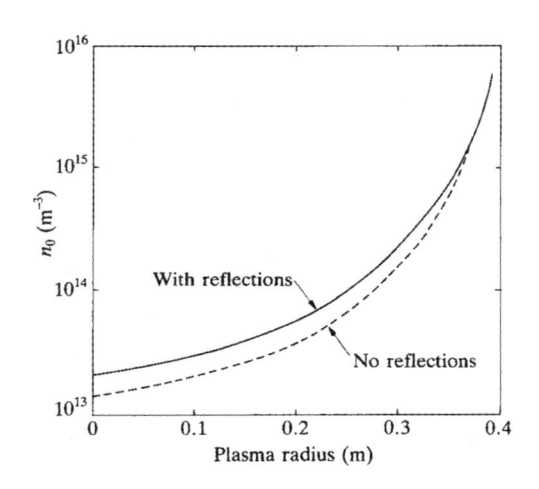

【図10.10.1】
中性粒子の密度の半径方向の依存性を示す（モンテカルロ計算例）．

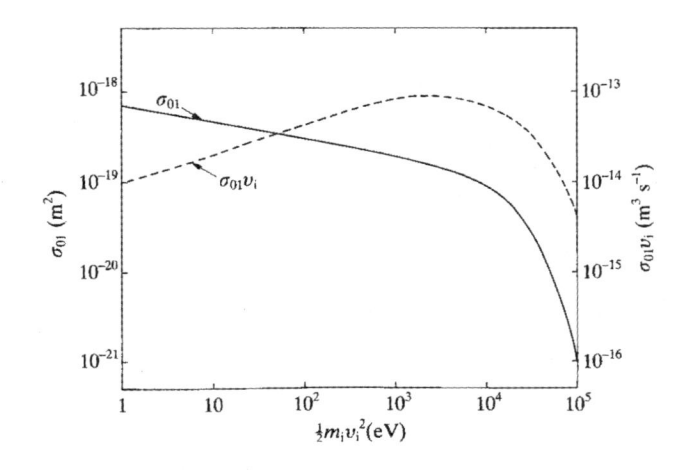

【図10.10.2】
$H^0 + H^+$ に対する荷電交換の断面積

10.11 中性粒子分析による T_i 計測

プラズマがマックスウェル分布であるとすると，10.10.2式より，逃げ出す流束の分布に対するソースの関数は，E_0 を中性粒子のエネルギーとすると，

$$S(E_0) = n_0 n_i \langle \sigma_{01} v_i \rangle \frac{2\sqrt{E_0}}{\pi^{1/2} T_i^{3/2}} e^{-E_0/T_i} \qquad 10.11.1$$

で与えられる。従って $S(E_0)$ を測定することにより，T_i と n_0 を決めることができる。

もしも，この逃げ出す粒子のフラックスによって T_i が正しく与えられるならば，そこには余計な再吸収がないということが重要である。つまり，

$$a < 1/n_i \sigma_{01} \qquad 10.11.2$$

を満足するべきである（a はトカマクの小半径，n_i はイオンの密度である）。σ_{01} はエネルギーとともに減少するから，この条件は高エネルギーでは，ほぼ満足すると考えられる。

図10.11.1に荷電交換フラックスを測る典型的な検出器を示す。プラズマからの中性粒子は左下のガス電離セルに入り，そこで H_2 ガスとの荷電交換によってイオン化する。ページの面に垂直な磁場がかけられ，ひきつづき静電偏向板の間を通し，入ってくる水素イオンのエネルギーと質量を分析する。そのエネルギースペクトルによって T_i を決める。静電場は，必要なイオン種が検出器（チャンネルトロン）にとどくように選ばれる。初期の中性子分析器では，普通静電場のみがエネルギー分散のために使われていたため，違った質量の粒子を区別することができなかった。

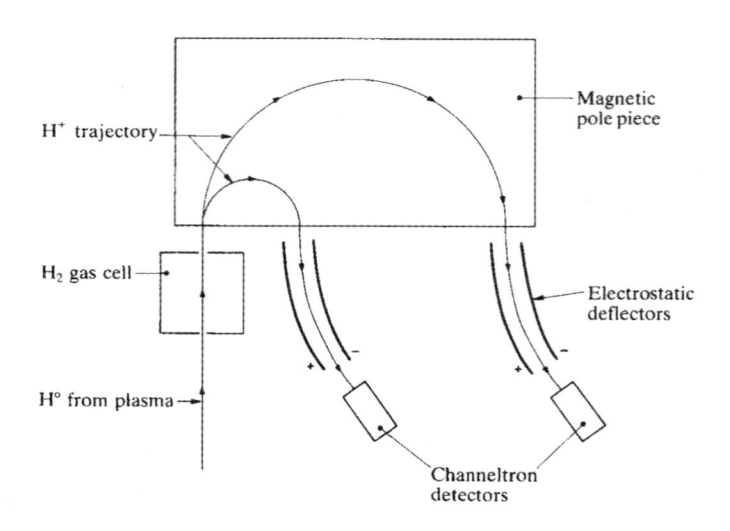

【図10.11.1】
質量分析型中性粒子分析器の模式図

診断法

　中性粒子検出器は，ふつうプラズマの半径方向に沿った視線で見るため，T_iもn_0もその視線での平均値を出す。ある実験では，この限界を中性粒子診断ビームを使って乗り越えている。つまり，中性粒子分析器の視線に沿ったある一点の中性粒子密度を上げるテクニックを使うのである。この方法で，T_iの局所的な測定が行える。他の実験では，中性粒子分析器の配列を使い，中性粒子の放出分布の直接測定も行っている。

　PDXトカマクにおける典型的な実験結果を図10.11.2に示す。ここではエネルギースペクトラムが示されているが，T_iはグラフの勾配から決められた。スペクトルの低エネルギー側の勾配のきつい所は，プラズマのエッジ部分の冷たいところから来ているものである。この時は，プラズマに中性粒子入射加熱として5 MWを加え，イオン温度として 5 keV 以上が得られた。この実験では，診断用ビームも使われ，空間的に局所的なT_iも求められた。この結果は視線方向の測定値と良い一致を示した。

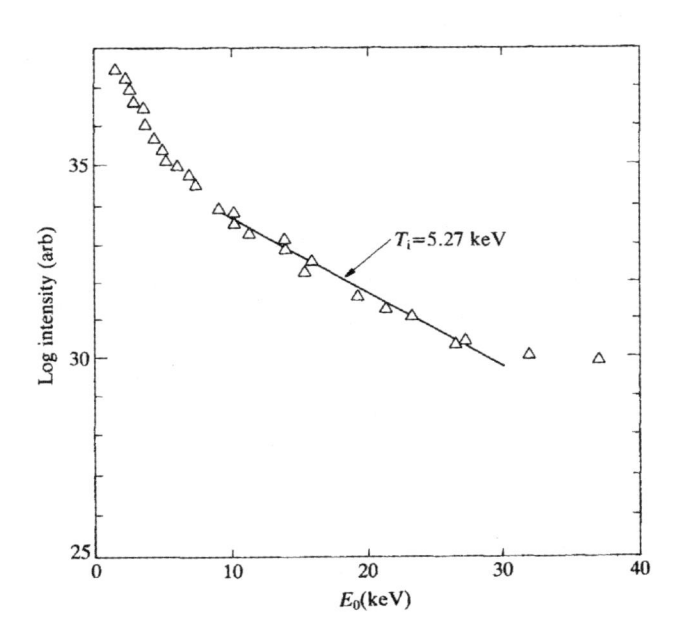

【図10.11.2】
PDXトカマクで得られた中性粒子スペクトル。曲線の直線部分でT_iを決める。　(Davis, S. et al. *PPPL* 1940 (1982))

10.12 中性子放射による T_i 計測

プラズマの中に D, T, He^3 などが含まれ，またイオンがクーロン反発力に打ち勝ちトンネル効果を起こす程 イオンの温度が高ければ，核反応が起こる。図 1.3.2 で見てきたように，その反応率は，粒子のエネルギーに強く依存する。イオン種の 1 と 2 がマックスウェル分布をしている場合，単位体積当たりの反応率は次式で与えられる。

$$R = 4\pi\delta n_1 n_2 \int f(\tfrac{1}{2}\mu v^2, T_i)\, v^3 \sigma(v)\, dv = \gamma n_1 n_2 \langle \sigma v \rangle \qquad 10.12.1$$

ここで f は換算質量として $\mu = m_1 m_2/(m_1+m_2)$ を持つ粒子の分布関数で δ は 1 と 2 の種が同じなら $\tfrac{1}{2}$ を，異なる場合には 1 を取る。平均反応率 $\langle \sigma v \rangle$ は T_i に非常に強く依存するので（図 1.3.2 を見よ），もし n_1 と n_2 が分かっていれば，R を測ることによって T_i を決めることができる。

10.12.1 式の積分核の中の f は v が増加すると急激に落ち，σ は v とともに増加する。よって積分値は，分布関数のテイルの狭い領域からの寄与が効く。中性子を作る反応のほとんどは，最も核融合反応に効くエネルギー，つまり

$$E_t = 63\,(Z_1 Z_2 A_\mu T_i^2)^{1/3} \quad \text{eV} \qquad 10.12.2$$

で起こる。ここで A_μ はイオンの換算質量数，Z_1, Z_2 は原子番号である。一般に $E_t \gg T_i$ であるので，R の測定は分布関数のテイル部分のみを実効的にサンプルすることになる。もし分布関数がマックスウェル分布からずれているなら，中性子の生成量測定の解釈に大きな問題が出ることとなる。

放射された中性子の分布関数は，下記で与えられる。

$$F(E) = \exp\left\{ -(E-\bar{E})^2 \Big/ \frac{4 m_n T_i \bar{E}}{(m_n+m_r)} \right\} \qquad 10.12.3$$

ここで E は中性子のエネルギー，m_n と m_r は中性子及び反応している粒子の質量である。$\bar{E}$ は中性子平均エネルギーであり，反応の Q 値から計算される値からはずれている。分布関数は単一のピークを持ち，T_i に依存して拡がる。F の $1/e$ に落ちる全幅は次式で与えられる。

$$E - \bar{E} = 4\left(\frac{m_n T_i \bar{E}}{m_n+m_r} \right)^{1/2} \qquad 10.12.4$$

診断法

D-D 反応で $T_i = 10\,\text{keV}$ の場合, $1/e$ 全幅は約 $314\,\text{keV}$ である。しかし, 中性子のエネルギーを正確に測定することが実験的に困難であり, この方法で T_i を決めるのは難しい。

中性子生成量を測定する多くの検出器があり, 一般に炭化水素で減速する BF_3 検出器が用いられる。BF_3 検出器は強い中性子束に対しては, 感度が良すぎてしまうため, その時には核分裂計数管がより適している。

生成量測定を解釈するために, データの相当な修正が必要である。たとえば, トランスのコアや磁場を作るコイルや, その他の構造物での, 中性子の吸収や散乱が修正されなければならない。この更正は, トーラス中の様々なトロイダル位置に中性子源を置き, 検出器での計数を測るという方法を使って行われる。

PLTトカマクにおける中性粒子入射加熱実験時に得られた中性子生成量計測の結果を図10.12.1に示す。加熱による T_i の上昇がはっきりと見られ, 測定値も中性粒子分析の結果と矛盾しない。

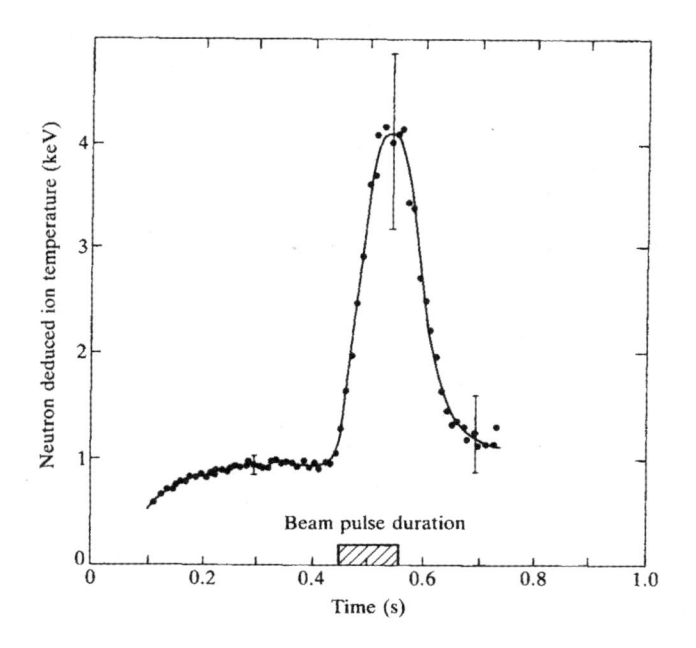

【図10.12.1】

PLT トカマクの $H°$ (1.4MW) を D^+ プラズマに入射した時の中性子放出から出した温度
(Eubank, H. et al. *Plasma, Phys. and Cont. Fusion Research* (Proc. 7th Int. conf., Innsbruck 1977) Vol. 1, 167. IAEA, vienna(1978))

10.13 不純物と分光

トカマクプラズマの分光学研究は,不純物イオンによる放射に深く関連したものである。主題はそれゆえ,プラズマ・壁相互作用によってもたらされる酸素,炭素,金属などの不純物の振る舞いと複雑にからみあっている。電子温度に依存して,不純物は,中性粒子から完全電離に至るすべての可能なイオン化の段階に存在しうる。磁力線に沿った速い輸送で,不純物は磁気面上に均一に分布する。しかし半径方向の輸送は遅い。対応する流束 Γ_Z は,円柱座標で,連続の方程式

$$\frac{\partial n_Z}{\partial t} + \frac{1}{r}\frac{\partial}{\partial r}(r\Gamma_Z) = -n_Z n_e S_Z + n_{Z-1} n_e S_{Z-1} + n_{Z+1} n_e \alpha_{Z+1} - n_Z n_e \alpha_Z \qquad 10.13.1$$

に従う。ここで n_Z は,イオン化数 Z の密度で,$S(T_e)$ と $\alpha(T_e)$ はイオン化係数と再結合係数である。もし流束が非常に小さいなら,定常の'コロナ'平衡の関係式が10.13.1式より

$$n_Z/n_{Z+1} = \alpha_{Z+1}/S_Z \qquad 10.13.2$$

のように得られる。

続いて起こるイオン化段階に対する比は電子温度のみに依存し,また全不純物の濃度と各段階の濃度との間の関係を与える(全不純物量は決まらない)。温度分布が単調な場合には,10.13.2式の解は,イオン化エネルギー E_Z をもつイオン化段階が $T_e = \frac{1}{3} E_Z$ に最大値を持つような殻構造となる。有限の輸送流束があると,この描像は変化を受け,また中性粒子の侵入流束から全不純物の濃度を求めることができる。

磁気面を横切る平均的流束は,拡散項と対流項で書ける。

$$\Gamma = -D\frac{\partial n_Z}{\partial r} + n_Z v \qquad 10.13.3$$

実験的には,拡散係数も対流速度も新古典理論の予測に比べて異常値を示している。拡散係数の典型的な値は,$D = 0.1 - 1 \text{ m}^2\text{s}^{-1}$ および $v = -v_0 r/a$ ($v_0 = 1 - 10 \text{ m s}^{-1}$)である。ここで比 $v_0 a/D$ は全イオン濃度の尖頭度を示している。大きい輸送があると,イオンは一般的に10.13.2式を満たさない温度領域へ転移し,殻構造は拡がり,最大値をより高温度側に持つようになる。

診断法

前述したように，10.13.1式は全イオン数 n_{tot} と中性粒子の流入量と関係づけるために使われる。10.13.3式で対流項を無視すると，

$$n_{tot} = \frac{\phi_n \lambda_{ion}}{D} \quad\quad 10.13.4$$

となり，ここで $\lambda_{ion} = v_n n_e S_0$ は，速度 v_n を持つ流入束 ϕ_n のイオン化長である。

不純物の蓄積度は，イオンの励起状態からくる特性線放射から求められる。簡単な場合，単位体積当り放射される光子の数 ε は，

$$\varepsilon = n_Z^* A = n_e n_Z X_Z \quad\quad 10.13.5$$

で与えられる。ここで X_Z は衝突遷移によって基底状態から上のレベル n_Z^* へ行く励起係数であり，それは確率 A でもとの基底状態に戻る。光子のエネルギーは，イオン化エネルギーより低く，典型的な値として $h\nu \sim T_e$ までを取る。10.13.5式もしくは他のもっと複雑な原子モデルが，測定可能量 ε と基底状態量 n_Z を関係づける。

これから述べられるように，分光学には以下のような主目的があり，トカマクの不純物の振る舞いを明らかにすることを目指している。

- 不純物の特徴的な線放射によってプラズマの中に存在する不純物種を同定すること。
- プラズマに入る中性不純物の線放射を計測することにより，流入束の割合を決めること。
- 選択された線スペクトルの放射を測定し，10.13.5式と10.13.1（もしくは10.13.2）を使って全不純物濃度を決める。
- 10.13.3式のようなモデルと観測される分布を比較して，輸送過程についての知見を得る。

分光測定値の（たとえば，10.13.5式のような関係式を使った）解釈は，原子過程の正しいモデリングやプラズマパラメータ n_e, T_e などがよく理解されていることに依存している。全イオンの種類全部の濃度を測定することは不可能であり，データ解析は輸送過程に対するモデルを用いて行う。

分光測定はわずかながら，平均イオン電荷数 Z_{eff} やドップラー拡がりによるイオン温度などのプラズマパラメータに関する情報を得るためにも用いられる。

10.14 分光学的技法

放射線スペクトルの波長領域は，使われる分散や検出法の技法により分類される。

可視から水晶紫外 (7000 – 2000 Å)

この領域は，窓と映像光学が使えるため計測には便利である。光は非常に柔軟性があるグラスファイバーで運ばれる。格子やプリズムでスペクトルを分散でき，検出器としては光増倍管や領域感応検出器が使える。スペクトルの分解能は非常に高く（$\lambda/\Delta\lambda \sim 10^4$），この領域はドップラー測定に対して非常に適している。$h\nu \sim T_e$ であるので，観測される線は主に低温のプラズマの周辺部分から来る。よってエッジのイオン温度や不純物の流入量の解析が可能となる。H_α の放射を検出して水素のイオン化率を測定するのはトカマクでは標準的計測である。ある種の高電離イオンは基底状態配位に波長が可視から紫外であるような禁制遷移がある。この場合には，プラズマの内部からの情報も得られる。

真空紫外，直角入射 (2000 – 300 Å)

この光は，空気によって強い吸収を受ける。よって光路は真空にする。格子の反射率は高く，スペクトルの分解能，$\lambda/\Delta\lambda$ は 3×10^3 のオーダーである。シンチレーター，窓なし光増倍管，チャンネルトロンやチャンネルプレートが検出器として使われる。ほとんどの不純物で，少なくとも L-殻に1個の電子が残っていれば，この領域で強い $\Delta n = 0$ の許容遷移（allowed）がある。この光子エネルギーはイオン化エネルギーよりも十分低い。このため，これらの線はプラズマのより内部（$T_e < 500 \text{ eV}$）から放出される。

軟X線，超紫外，格子入射 (1000 – 10 Å)

短い波長領域では，回折格子の反射率は入射の限界見通し角（1 – 20°）で高くなる。これらの機器のスペクトルの分解能は，λ とともに低下するため（$\lambda/\Delta\lambda \sim 200 - 2000$），この領域ではドップラー測定に適さなくなる。検出器としては真空紫外領域と同じものを使うが効率は悪い。軽不純物の $\Delta n = 1$ 遷移がこの領域にあり，これはヘリウム型（He-like）や水素型（H-like）イオンを調べられることを意味する。俯角入射型スペクトロメーターで中間入射角（~ 20°）を持つものは，広い波長領域をカバーでき全体を見渡すのに特に適している。

診断法

X線 (20 – 1Å)

　X線領域は波長と同程度の格子間隔を持つ結晶のブラッグ反射を使って調べられる。スペクトルの分解能は非常に高い（$\lambda / \Delta \lambda \sim 10^4$）。Be の窓が使えて, 空気は透過してしまう（もしくはヘリウムで置きかえてもよい）。シンチレーターか, 比例計数管が高い効率の検出器として使える。この波長領域は金属のような重不純物のヘリウム型もしくは水素型イオンの十分高いエネルギーの遷移領域をカバーする。これらの元素は, イオン化エネルギーとしては 8keV を超しているため, 高温のプラズマの中心部でも, 不完全電離の状態で存在している。

　スペクトロメーターの強度の絶対更正は可視と紫外では可能であり, 標準光源がある。X 線領域では, 計数技法が使われる。中間領域には問題がある。あるスペクトルの波長では**その場**更正が可能である。それは2つのスペクトル線が, 1つは可視にあり, もう1つは真空紫外にあるような場合で, すでに知られている'分岐比'を持って, 同じレベルから出て来る時である。

　分光においては, 視線積分強度を測定するのみならず, 空間分布を測定することも目指している。これはショットごとのスキャンによる場合や, 高速回転鏡（や回転結晶）を用いてなされる。局所的な放出係数を見いだすためには, アーベル変換が必要である。もしもプラズマのトポロジーがよくわかっていない場合, これは大きな誤差を生む。幸いにもトカマクプラズマは大体光学的に薄い。これは, この方法にとっては必須条件である。

　良好な局所データを得るために比較的新しい方法が開発されている。エネルギーの高い中性粒子ビームで, 空間的に細いものをプラズマに入射する。イオンは荷電交換過程によって励起され, その放出された光を適当な分光器で測定する。この方法は良い空間分解能があるばかりでなく, 電子との衝突では励起されないような完全電離のイオンを利用できる。類似の'能動的'な方法としては, レーザー光による励起（螢光散乱）がある。これは, 壁近くの中性の不純物やそのエネルギー分布を測定するのに使用されている。壁近傍では電子による励起が不十分なのである。

　最後に, 不純物は意図的にプラズマの中に入射されることがある。例えばレーザー'ブロー・オフ'法によるものであったり冷凍水素ペレットの付加物としてである。これらも粒子の放出光の時間的推移や, 空間発展を追跡することによってイオンの温度を測定したり, 輸送過程を知るためのテスト粒子の役割をする。

10.15 放射計測

　前節で述べられたように,トカマクプラズマからは,連続スペクトルや強い線スペクトルの放射があり,波長も可視から X 線領域まで広がっている。これらの線の多くは,詳細な分光研究に使用することができるが,全波長領域にまたがる放射パワーの測定は,プラズマにおけるパワーバランスの研究に重要な情報を与える。また,X 線領域の放出パワーの測定は,高温のプラズマ中心部の MHD の性質についての直接の情報を与える。これらのパワー放出量の測定は,ボロメーターや X 線感応ダイオードでなされている。またボロメーターはふつう荷電交換による中性粒子束にも感応する。

　パワー測定に使われるボロメーターは,放射されたパワーによる薄膜の加熱に依存している。薄い熱電対列,薄い金属抵抗型温度計や,半導体デバイスやパイロ電気検出器すべてが検出器として使用されている。パイロ電気検出器は温度の変化率に依存する出力を与え,他の検出器は,その温度自体に依存する出力を出す。後者については信号の時間微分を取らないと検出器に入る入力パワーを決めることができない。これらの検出器の時間応答は後述する X 線ダイオード検出器より一般的にずっと遅く,オーダーとして ms である。ボロメーターは絶対更正が必要である。

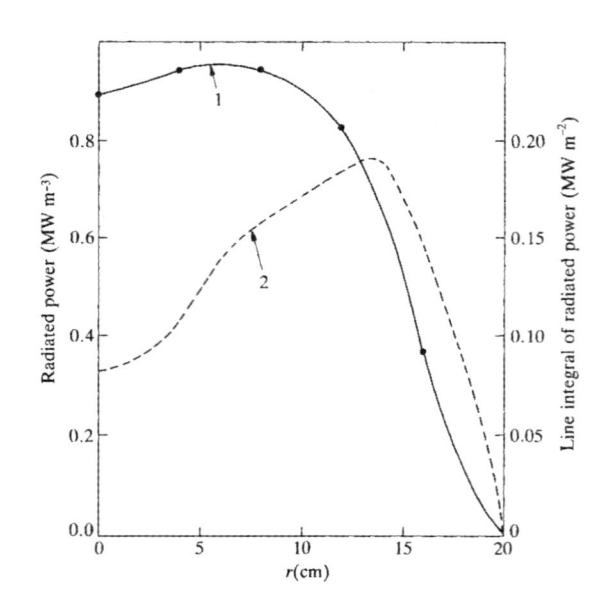

【図10.15.1】
視線に沿って積分した全パワー損失（曲線1）と単位体積当たりのパワー損失（曲線2）

(from Equipe,T.F.R. *Plasma physics and controlled nuclear fusion research*, Proc. 6th Int. Conf. Berchtesgaden, 1976, Vol. 1, 35. IAEA, Vienna(1977)).

診断法

　図10.15.1には TFRトカマクにおける全放射量の分布を可動コリメーター付きのボロメーターを使って測定した結果を示してある。半径方向の各位置についてそこを通る視線に沿った放射パワーの積分値を測定し,それを単位体積当たりのパワー損失として求めるために,アーベル変換を行っている。測定によれば,この場合,放射損失はプラズマに対するオーミック加熱の 40-60% にも及ぶ。他の装置において,もっと純度の高いプラズマの場合には,低い放射損失を示すことが知られている。

　ボロメーターとは違い,X線ダイオードは非常に速い時間応答（μs の数分の1）を示すが,測定は X線放射領域に限られる。ダイオードでは,低エネルギー領域を切り落とすために,しばしばダイオードの前に Be フィルターを置く。厚いフィルターを使うと,高エネルギー側を残して切り落とせ,検出器は高温高密度のプラズマの中心部からの信号を受けることができる。

　X線ダイオードによって観測される典型的な信号としては,トカマクプラズマにおいてプラズマ中心の q 値が $q<1$ となる時に現れる鋸歯状振動がある。JETトカマクにおいて得られた典型的な信号を図10.15.2に示そう。

　この技法によって多くの違った MHD 現象が研究されている。印象的な例としては,PDXトカマクで強い中性粒子入射加熱を行った際に観測された魚骨型不安定性がある。

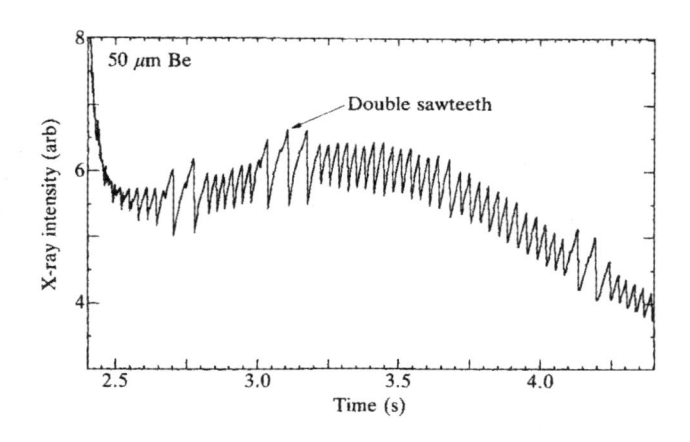

【図10.15.2】
JETトカマクで観測された鋸歯状振動。50μm の Be フォイルでシールドされた Si ダイオードを使用した。

参考文献

トカマク診断法

以下の文献を含む、多くの本、記事、会議録がプラズマ診断に振り向けられている。

Huddlestone, R. H. and Leonard, S. L. *Plasma diagnostic techniques*. Academic Press, New York (1965).

Lochte-Holtgreven, W. (ed.) *Plasma diagnostics* North Holland, Amsterdam (1968).

Equipe, T. F. R. Tokamak plasma diagnostics. *Nuclear Fusion* 18, 647 (1978).

Sindoni, E. and Wharton, C. (eds.) *Diagnostics for fusion experiments*. Pergamon Press, Oxford (1979).

Stott, P. E., Akulina, D. K., Leotta, G. G., Sindoni, E., and Wharton, C. (eds.) Diagnostics for fusion reactor conditions. CEC, Brussels (1982).

n_e のレーザー計測

Jahoda, F. C. and Sawyer, G. A. Optical refractivity of plasmas. In *Methods of experimental physics, Vol. 9B, Plasma physics* (eds. Griem, H. R. and Lovberg, R. H.) Chapter 11. Academic Press, new York (1971).

Veron, D. High sensitivity HCN laser interferometer for plasma electron density measurements. *Optics Communications* 10, 95 (1974).

T_e のレーザー計測

Evans, D. E. and Katzenstein, J. Laser light scattering in laboratory plasmas. *Reports on Progress in Physics* 32, 207 (1969).

Peacock, N. J., Robinson, D. C., Forrest, M. J., Wilcock, P. D., and Sannikov, V. V. Measurements of the electron temperature by Thomson scattering in tokamak T3. *Nature* 224, 488 (1969).

Sheffield, J. *Plasma scattering of electromagnetic radiation*. Academic Press, New York (1975).

電子サイクロトロン放射

Bekefi, G. *Radiation processes in plasmas*. Wiley, New York (1966).

Bornatici, M., Cano, R., De Barbieri, O., and Engelmann, F. Electron cyclotron emmision and absorption in fusion plasmas. *Nuclear Fusion* 23, 1153 (1983).

ECEによるT_eの計測

Engelemann, F. and Curatolo, M. Cyclotron radiation from a rarefied inhomogeneous magnetoplasma. *Nuclear Fusion* 13, 497 (1973).

Costley, A. E., Hastie, R. J., Paul, J. W. M., and Chamberlain, J. Electron cyclotron emission from a tokamak plasma: experiment and computation. *Physical Review Letters* 33, 758, (1974).

Costley, A. E. Electron cyclotron emission from magnetically confined Plasmas: I-Diagnostic potential; II-Instrumentation and measurement. In *Diagnostics for fusion reactor conditions* (eds. Stott, P. E., Akulina, D. K., Leotta, G. G., Sindoni, E., and Wharton, C.) Vol. 1, 129. EUR 8351-1EN, CEC, Brussels (1982).

連続スペクトルのX線放射

異なる源からの放射の物理

Tucker, W. M. *Radiation processes in astrophysics*, MIT Press, Cambridge, Mass. (1975).

プラズマからの制動放射

Karzas, W. J. and Latter, R. Electron radiative transitions in a Coulomb field. *Astrophysical Journal* Suppl. Ser. 6, 167 (1961).

X線によるT_e計測

de Michelis, C. and Mattioli, M. Soft X-ray spectroscopic diagnostics of laboratory plasmas. *Nuclear Fusion* 21, 677 (1981).

中性粒子分析

Hughes, M. H. and Post, D. E. A Monte Carlo algorithm for calculating neutral gas transport in cylindrical plasmas. *Journal of Computational Physics* 28, 43 (1978).

中性子放射によるT_i計測

Calculations of reaction rates and neutron spectra are given by

Brysk, H. Fusion neutron energies and spectra. *Plasma Physics* 15, 611 (1973).

不純物と分光

Drawin, H. W. Atomic physics and thermonuclear fusion research. *Physica Scripta* 24, 622 (1981).

Engelhardt, W. Spectroscopy in fusion plasmas. In *Diagnostics for fusion reactor conditions* (eds. Stott, P. E., Akulina, D. K., Leotta, G. G., Sindoni, E., and Wharton, C.) Vol. 1, 11. EUR 8351-1EN, CEC, Brussels (1982).

de Michelis, C. and Mattioli, M. Spectroscopy and impurity behaviour in fusion plasmas. *Reports on Progress in Physics*

診断法

47, 1233 (1984).

Several useful articles may be found in

Barnett, C. F. and Harrison, M. F. A. (eds.) *Applied atomic collision physics*, *Vol. 2, Plasmas*. Academic Press, New York (1984).

放射計測

Calculations of the power loss from a plasma are given by

Post, D.E. Jensen, R. V. Tarter, C. B. Grasberger, W. H. and Lokke, W. A. Steady-state radiative cooling rates for low-density, high-temperature plasmas. *Atomic Data and Nuclear Data Tables* 20, 397 (1977).

11 実験

11.1 トカマク実験

1960年代にモスクワのクルチャトフ研究所に端を発し，トカマク装置は，磁気閉じ込めプラズマ研究の主流の装置となった。そしてほとんどすべての研究所でこの方法による核融合への研究が行われるようになった。

この間，エネルギー閉じ込め時間は少なくとも 2 桁改善し，約 10 ms のオーダーからほぼ1秒台まで達している。この延びはトカマク概念自体の基本的な考え方の変更によるものではなく，概してこれらの装置の建設や運転の技術的な進展によるところが大きい。特にサイズの増大とプラズマ電流の増加が寄与している。また，計測診断が相当に改善されたため，トカマクプラズマの放電中の現象や容器の壁との相互作用などの理解が進んでいる。勿論まだその理解が完全とまでは言えないが。

上記の技術的な進展の例としては次のようなものがある。銅のシェルに流れる電流に依存する方法から，フィードバックシステムの導入による，プラズマ平衡の制御の進歩。動作ガスを前もって満たす単純なイオン化法から，放電中のガス導入法が考えられ，そして固体重水素ペレットの入射へと燃料供給システムが進展したこと。また，よりよい真空容器のクリーニングやコンディショニング法やリミター材質として炭素のような低原子数をもつ材料の選択，などである。

これらの進展と並行して，加熱方法も進歩した。プラズマ電流のオーミック加熱で得られる 1 keV 相当から点火に必要な 10 keV のオーダーにまでプラズマは加熱されるようになった。

入力パワーのレベルも数 10 kW から中性粒子ビーム入射で 7 MW，イオンサイクロトロン加熱で ~ 5 MW までになり，1980年代末にはイオン温度も 7 keV まで，そして β 値も理想型 MHD 理論の安定限界値にまで達している。

トカマクの持つ核融合炉としての閉じ込め能力は，現存する最も大きい装置で試験されるであろう。その１つである JET は，D–T 混合でかなりの核融合反応出力をともない，点火点まで運転できるように設計されている。もし成功すればトカマクは閉じ込め装置としては成年に達したことになり，将来の開発は，高温プラズマ物理というより，むしろ主に工学的な炉に関する問題に付随したものになるだろう。

次のページ以下では，トカマクの物理に世界的な視野で見て貢献のあった実験装置を説明する。ここに示した例は，現在トカマク研究にたずさわっている多くの研究所の代表的な研究として選ばれている。

図 11.1.1と11.1.2 には11章2節，11章3節に述べられる結果を示してある。

[訳注: 2000年の時点では相当の進歩が見られており，それらを補遺に説明する。]

実験

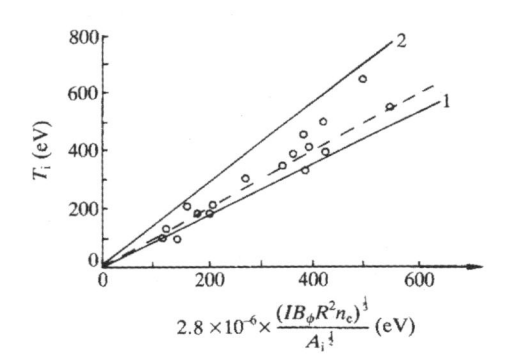

【図11.1.1】 色々なトカマクで測定されたイオン温度と理論の比較。理論ではイオンはもっと高温の電子から衝突により加熱され、新古典理論（ガリーレフ，サグデーエフによる）に従う熱伝導で損失するとしている。線1はプラズマ電流，温度とも平坦な場合，2は放物型の場合の値，実験値のベストフィット（破線，式は横軸上に記載）はアルツィモヴィッチ比例則と呼ばれている。[Altsimovich, L.A. *Nucl. Fusion* 12, 215 (1972)]

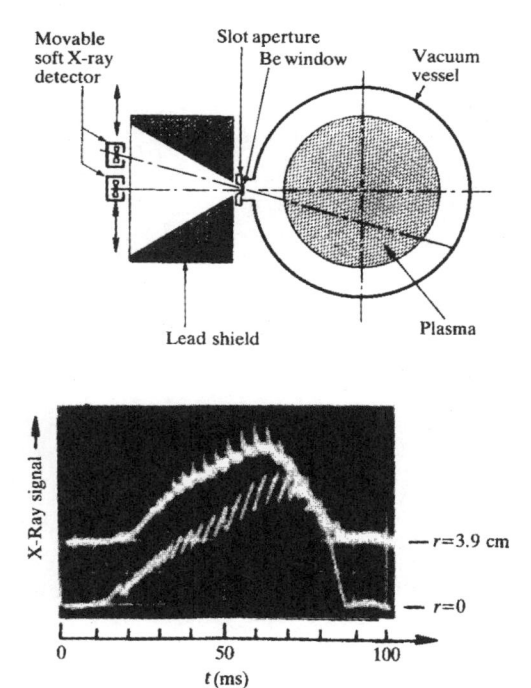

【図11.1.2】 STトカマクからの軟X線放射の鋸歯状振動。コリメートした検出器を使い色々な視線で測定している。放射は各視線上の最高電子温度に強く依存する。中心視線の信号の速い低下と半径の大きい所での増加は急激なエネルギーの流出を示す。場合によっては，前兆を示す振動が増大するのが見られる。この不安定性は，プラズマ柱の中心の安全係数が1以下に下がったために起こるものである。[von Goeler, S. et al. *Phy. Rev. Lett.* 33, 1201 (1974)]

11.2-13 T-3, ST, JFT-2, Alcator, TFR, DITE, PLT, T-10, ISX, FT, Doublet-III, ASDEX

11.2 T-3（クルチャトフ研究所, モスクワ, ソ連）

T-3トカマクは, 1960年代にクルチャトフ研究所で作られた一連の装置の中で最大のものであり, トカマクが熱核融合閉じ込め装置の先頭を走る競争者としてその地位を確立した装置である。主たる特徴はトランスの鉄心, 高温に出来るステンレス鋼製の真空系, 耐火金属で出来たリミター, そして厚い銅のシェルにある。

T-3やその同類の装置は, プラズマが真空容器壁と過度の相互作用することなく, 安定した運転を実現するための必要条件を探求するために初めて使用された。真空壁の高度な清浄さが要求された。この条件は, ベーキングと繰り返される '練習用放電'（今日放電洗浄と呼ばれる方法）によるコンディショニングによって達成された。それに加え, 銅のシェルに垂直磁場を加えることでプラズマの平衡を制御することを理論研究しそれを実践することより, 放電を正確にリミターの真ん中に位置させることが可能になった。それによって, プラズマと壁との相互作用による不純物の発生を最小にできた。放電の性能は電気抵抗, 即ち平均温度の近似的指標で調べられた。

最良の放電では, このいわゆる電気伝導度からの温度が約 100 eV に達した。しかし, 徐々に改善された計測法から, この値が達成された温度をかなり過小評価していることが分かった。それらクルチャトフ研究所において, T-3 や他の装置で開発されてきた計測手法には, 放電の全エネルギーを与える反磁性測定, 荷電交換で発生する高速中性粒子の解析, 核融合反応で発生した中性子の検出, レーザー光のトムソン散乱による電子温度計測などがある。これらの計測の全てがトカマクには 1000 eV のオーダーの温度のプラズマを閉じ込める能力があることを示していた。そして1970年代から今日に至る, 全世界的なトカマク研究の発展を鼓舞することになった。

プラズマ密度, 電流, トロイダル磁場, イオン質量数に依存するイオン温度の変化は, 電子からの衝突による加熱と, 新たに展開された新古典理論で計算されるイオンの伝導損失を釣り合わせて説明された（アルツィモヴィッチ則, 図 11.1.1）。しかし, 電子の損失は, 異常に大きかった。この問題は今日でも理解されていない。電子のエネルギー損失は, 密度, ポロイダル磁場, そして小半径が増すにつれて小さくなる（ミルノフ則）。粒子の閉じ込めも研究されたが, そこでは放電境界にガスパフを行い, それに対するプラズマの応答を調べるという当時としては新しい方法が使われた。

11.3 ST（プリンストンプラズマ物理研究所, 米国）

T-3 での有望な結果が得られた後, モデル - C ステラレータはトカマクに転換された。およそ10というかなり高いアスペクト比に特徴がある。

初期の実験は, ルビーレーザー光のトムソン散乱を用い, T-3 で観測された高い中心電子温度を検証することに集中した。ST での温度分布は, T-3 に比べ相当幅の狭い分布だった。この結果は, あまりよく調整されていない真空容器中に含まれる, 酸素などの軽い原子番号の不純物の放射損失により, 強い周辺冷却が起こったためと, 今日では考えられている。平均イオン電荷 Z_{eff} は, 純粋な水素プラズマのスピッツァー抵抗に対する計測された, プラズマ抵抗の増大率であるが, ある放電では約 5 になった。不純物混入量の分光による詳細な計測によると, この値は, 電子とほとんどコロナ平衡に達した高電離の不純物イオンの存在によって説明された。

破壊性不安定が研究され, それに先だって, 電子反磁性ドリフトの向きに伝わる MHD 不安定性が成長すること, 空気など不純物ガスを加えることで発生すること等が見出された。

電子温度分布が平坦化する現象が観測された。$j \sim T_e^{3/2}$ という仮定に立つと, このことは中心の q 値が 1 に低下することに対応している。この平坦化の原因となる不安定性の性質は, 放射スペクトルの軟X線成分（$h\nu \sim 1-10 \text{ keV}$）を観測することで明らかになった。内部 '崩壊 (disruption)' または '鋸歯状' 緩和が観測された。その時には, 中心部の温度分布が $10\,\mu\text{s}$ 程度の時間で平坦になり, およ

実験

そ 1ms 程度の間隔で繰り返される（図11.1.2参照）。このディスラプションの前駆現象も観測され，ポロイダルモード数が1であることが分かり，$q = 1$ 面に付随していることを裏付けた。

最初に行われたプラズマの局所的なポテンシャル計測は，ST において高エネルギーのタリウムイオンビームを用いた実験である。Th^+ から Th^{++} へと電離されてから逃げ出すイオンは，計測可能なエネルギー変化を受けており，それは入射軌道と逃げ出す軌道の交差する点における局所的空間電位と関連づけられるであろう。逃げてくるビーム強度から，電子密度を評価することができる。この計測からプラズマ中心は，壁に対して数 100 ボルト負の電位にあることが分かった。この符号は，回転しないプラズマに関する古典理論からの予想と対応している。この測定結果は，ミルノフ振動の内部構造を調べる詳細な情報も提供し，それが q 値が有理数の磁気面に位置するテアリングモードであることを示した。

11.4　JFT-2（日本原子力研究所, 東海村, 日本）

JFT-2（JAERI Fusion Torus 2）の設計は，クルチャトフ研究所の T-3 と T-4 によって得られたイオン温度と閉じ込め時間のスケーリングに基づいている。プラズマの小半径と電流を最大にするため，アスペクト比は低い。ベーキングや放電洗浄により真空容器から不純物を取り除くために，大きな注意が払われた。これらの努力は，25ms にも達する長い閉じ込め時間，低い実効イオン電荷とプラズマ抵抗という形でむくわれた。

プラズマ周辺の条件の重要性が認識され，プラズマとリミターの相互作用を測定し変化させる工夫がなされた。プラズマからリミターを離す一つの試みは，急速にリミターを引っ込めることであった。しかし，プラズマの境界が拡散で拡がるより速くリミターを動かすのは困難であり，結果ははっきりしなかった。

ラングミュアプローブを用いて，スクレイプ・オフ層（リミターと交差する磁気面のうえにある薄いプラズマの層）の計測が行われた。この領域でのプラズマの密度と温度の径方向減衰長から，磁力線に垂直方向と平行方向の粒子輸送に関する情報が得られた。いわゆるボーム拡散（$D_B = T(eV)/16B$）程度の拡散係数であった。この結果は，それ以後ポロイダルリミターを有する他の装置でも確認された。プローブ計測では，リミターへ行く粒子束を評価することができる。それによって，従来の分光による方法とは独立に，粒子閉じ込め時間を評価することが可能になった。

後になると，銅のシェルは取り除かれ，プラズマ平衡のためにデジタルフィードバック制御が用いられた。この装置は各種の加熱手段を備えていた。750 MHz の低域混成波加熱が 0.2 MW，中性粒子ビーム入射加熱が 1.2 MW そしてイオンサイクロトロン共鳴加熱が 0.5 MW である。JFT-2では，低域混成波によるイオン加熱が $1-3 \times 10^{19}$ m^{-3} の密度の範囲で，比較的成功をおさめた。接線方向から観測する中性粒子検出器によって，高エネルギーイオンのテイル分布が観測された。その減衰時間から，中心部での加熱が分かる。プラズマ周辺で発生するパラメトリック不安定性の減少は，周辺温度の上昇と相関がある。その温度上昇は，同時に入射した中性粒子ビームによるものである。

中性粒子ビーム入射とイオンサイクロトロン加熱を組み合わせ，2.2 MW まで加熱実験を行い，イオン温度は 1.4 keV に達した。

11.5　Alcator（マサチューセッツ工科大学, ケンブリッジ, 米国）

Alcator と名付けられた一連のトカマクは，トロイダル磁場の強い点に特徴があり，MIT で開発されてきた強磁場技術を活用したものである。そのため追加熱がなくとも際立って高いプラズマ圧力を（ベータ値は比較的低いが）達成することが出来た。

Alcator-A では，$B_\phi < 10$ T，$R = 0.54$ m であり，プラズマ電流密度は，q 値が一定なら B_ϕ/R に比例

実験

するので, 従来型のトカマクに比べ1桁高い。達成できるプラズマ密度が電流密度に比例する, ということが実験的に見出されたので, $10^{21}\,\mathrm{m}^{-3}$ にまで及ぶ広い密度の範囲の放電が研究された。1桁以上の範囲にわたり, エネルギー閉じ込め時間が, 密度に比例して増大することが発見された。その比例関係は, 今日慣習的に Alcator 則と呼ばれている。

最高の密度では, 古典的な電子とイオンの等分配が十分強いため, 電子とイオンは等温度になっており, 中心からのエネルギー損失は電子の伝導ではなく, イオンの新古典熱伝導によっている。放電プラズマは高密度のため中性粒子は殆ど透過できない。そのため, 周辺に供給したガスによる中心でのイオン化率は極めて小さい。それにもかかわらず, 中心部にピークした分布が実現しており, 新古典輸送のピンチ効果と等しいかそれ以上の相当のプラズマの内向きの対流があることを示唆している。

低密度で, 電子のドリフト速度が熱速度と比較して無視できない程になると, 放電の様相が変わる。電子の分布関数は強く変形し, 電子とイオンの異常結合が観測された。この領域を'スライドアウェイ (slide away)' と呼び, 電流が少数の高エネルギー電子によって担われる'逃走 (runaway)' 放電とは区別する。

少し大きい Alcator-C トカマクでは, トロイダル磁場は更に強くなり, 12T までとなった。まず, エネルギー閉じ込め時間が密度とともに上がり続けるわけではなく, 比較的低い密度で'飽和'することが見つかった。この現象は他の装置でも見られ, 普通, 密度とともに増加する性質を持つ新古典イオン損失によるものと見做されている。場合によっては, 実験結果と合わせるために, その理論値を数倍する必要がある。

他に問題になりそうなこととしては, 前に述べた中心部へ粒子補給するのに, 周辺にガスを供給するのでは難しい, ということである。放電中心に到達可能な固体の重水素のペレットの入射実験を行った結果, この方法により, もっと尖った密度分布が実現できた。これらの放電では, エネルギー閉じ込め時間が向上し, $n\tau_\mathrm{E}$ の値がおよそ $10^{20}\,\mathrm{m}^{-3}\,\mathrm{s}^{-1}$ に達した。その数値は自己点火に必要とされる範囲内にある。

11.6 TFR（原子力研究所, フォントネィ・オー・ローズ, フランス）

フォントネィ・オー・ローズで初めて具体化されたトカマク, TFR-400 は, クルチャトフ研究所で開発されてきた古典的な考え方にそって建設された。サイズは T-4 に近いが, トロイダル磁場は 6 T である。そのためプラズマ電流は 400 kA まで達し, 一時期には世界で最も強力なトカマクであった。

比較的低密度で運転した初期の実験では, 逃走電子の大きな粒子束が生じた。光核反応でリミターに誘導された放射能の計測から, 17 MeV にも達する電子が閉じ込められていたに違いないことが示された。速度空間不安定性により, 隣り合うトロイダルコイルの間に捕捉されている電子へエネルギーが移り, その電子が真空容器へとドリフトしていく。ある放電では, これらの電子はインコネルの真空容器を溶かすのに十分なパワーを運んだ。

ほぼ主半径方向を向いた中性粒子ビーム入射による加熱を1 MW まで行った。この方法はもし入射ビームの突き抜けや高速イオンのバナナ軌道による損失を防ぐのに十分なほどプラズマ密度と電流が高いならば, 有効な加熱方法である。イオン温度は 1.8 keV に達した。イオンのエネルギーバランスの研究からは, 熱伝導係数が新古典理論の予測より数倍大きいことが示された。

大規模な実験装置の改造を行い, TFR-600 と名前を変えた。その結果, 銅のシェルが取り除かれ, インコネルで出来た高い電気抵抗を持つ大型の真空容器が据えられた。プラズマ平衡は垂直磁場高速フィードバック制御で維持される。TFR-400 でのコンディショニングの中心であった真空容器のベーキングに加えて, 放電洗浄を行い, よりきれいで高密度のプラズマを作った。

トカマクの加熱法として, イオンサイクロトロン共鳴（ICRH）を開発するプログラムが強力に推進

実験

された。リミターと真空容器の間が比較的広く空いており,つぎつぎに洗練されたアンテナを試すことができた。しかし,アンテナ-プラズマ境界付近(そこで電磁波がプラズマ波動に変換される)でのプラズマ加熱に起因する,不純物の問題が残った。

ICRH は磁場と直角方向に大きな速度を持つイオンを作り出す傾向にある。そのイオンは,個々のトロイダル磁場コイルが作るミラー磁場に捕捉され,ついには垂直方向にドリフトして逃げ出す。これらのイオンは,TFR において,特に工夫したファラディーカップで検出された。同様な効果が不純物イオンとの共鳴により作り出された。このことは,相当なパワーが必要ではあるものの,原理的には選択的に不純物を輸送する方法を提供している。

11.7 DITE (カラム研究所, アビンドン, 英国)

DITE の名前は,ダイバータ入射トカマク実験(Divertor Injection Tokamak Experiment)に由来し,その名が特徴を示している。中型のトカマクで,ユニークな'バンドルダイバータ'と,接線方向の中性粒子ビーム入射装置を備えている。

ダイバータ機能は,プラズマの外側の端付近のトロイダル磁場に局所的なループを作るように設計された2つの小さなコイルにより生み出される。この方法では,トロイダル磁束のうち一部のみが外に導き出され,ダイバータの磁力線の束を形成する。プラズマ電流の作る回転変換があるので,ダイバータの磁束と中心のプラズマを取り囲む環状の領域とが結合している。回転変換は,ダイバータ磁場が短い領域にしか働かないので,あまり影響を受けない。バンドルダイバータについて主張されている長所は,磁場コイルが一部の場所に限られるので,将来核融合炉に用いるうえで重要になる,モジュラー構造にするのに役立つ,という点である。主たる欠点は,ダイバータコイルにかかる高い熱負荷と機械的ストレス,それに複雑な磁場配位である。

バンドルダイバータによりトロイダル磁場に大きな非軸対称性がもたらされる。その非対称性は,磁気軸では数%であり,外に引き出される磁力線と引き出されない磁力線とを分けるセパラトリックスでは100%になる。それにもかかわらず,プラズマ閉じ込めへの影響は小さく,温度,密度,閉じ込め時間は,リミターを使った場合と同様の値が得られた。プラズマとエネルギーのダイバータを通じた排出,及び壁から出てくる金属不純物による放電の汚染の低下が観測され,この配位がもつ主たるダイバータ機能が実証された。

ダイバータでない配位では,閉じ込めと中性粒子ビーム入射の研究がなされた。この研究では,大概,酸素など低い原子価の不純物による汚染を低く抑えるために,蒸着されたチタニウムによってトーラスから残留ガスが取り除かれた。その結果,高い電流($q_a \sim 2$)と高い密度が,特に中性粒子ビーム加熱と組み合わせることで達成された。

最大密度は,放電への入射パワーを増やしても,際限なく増やすことは出来ず,$Mq_a \leq 20$ という式に整理できる。ここで $M = (\bar{n}_e / 10^{19}) R / B_\phi$ は村上パラメータである。この式の意味するところは,単位長さ当たりの粒子数がプラズマ電流に比例し,トロイダル磁場には無関係ということである。接線方向の中性粒子ビーム入射により,トーラス方向の高速イオンが担う電流が生まれ,それによってプラズマ電流を促進したり阻止したりできる。この効果は大河によって予言されていたが,DITE において重水素とヘリウムのプラズマ中に 25 keV の水素ビームを約 1 MW 入射することにより実証された。

11.8 PLT (プリンストンプラズマ物理研究所, 米国)

1970年代前半の小型トカマク実験の成功に引き続き,第2世代の大型トカマクが建設され,その最初のものが T-10 トカマクであり,プリンストン大型トーラス(PLT)であった。長さのサイズで見るとおよそ2倍に増したので,拡散過程の損失で予測されるスケーリングからは,最大の閉じ込め時間が,約

実験

25 ms から約 100 ms に上昇する。

オーミック加熱のみで達成したプラズマ温度は，小型装置で得られていた値に比べ，さほど高いわけではなかった。しかし，トーラスへの近接性がよくなったので，2 MW 以上の接線方向の中性粒子ビーム加熱が可能になった。チタニウムを使ったトーラスの残留ガス吸着（ゲッター）を行い，プラズマ密度と不純物量が抑えられた時には，追加熱によりイオン温度が最高記録値 7 keV に達した。対応するイオン衝突頻度パラメータ（捕捉イオンがバウンス運動する間に衝突する回数）は，核融合炉に求められる値と同程度である。

中性粒子ビーム入射に伴う運動量入射の結果，10^5 m s^{-1} 程度のトロイダル方向の回転が生まれる。各種の不純物のスペクトル線のドップラーシフトを観測し，トロイダル方向の速度分布が求められ，その結果，粘性による減衰が求まる。放電の中心部では，運動量の減衰時間は約 20 ms 程度であった。粒子やエネルギーの閉じ込め同様，この値は古典的衝突過程で説明し得る値よりずっと短い。

PLT では，高周波法によるプラズマ加熱が試された。イオンサイクロトロン周波数帯の波による加熱（ICRH）では，幾つかの異なった手法を試みた。波を放射するアンテナはトーラスの強磁場側または弱磁場側におかれ，周波数は主イオンと共鳴するか，または共鳴周波数の異なる少数イオン種をわざと加え，そちらと共鳴するように選ばれた。最適な条件では，ICRHの加熱効率は，中性粒子ビーム入射で達成されたのとほぼ同じ値が得られた。

低域混成周波数波による加熱（LHRH）も試された。この場合は，加熱効率はより低かった。しかし，トロイダル方向に伝播する LH 波を用いることで，約 300 kA のプラズマ電流を数秒間支えることが出来，DCトカマクの原理を実証した。電流は数 100 keV のエネルギーを持つ電子によって担われており，その電子の速度は波の速度に一致している。熱化している電子がこのエネルギーにまで加速される機構はいまだに多少謎のままである。

11.9　T-10（クルチャトフ研究所，モスクワ，ソ連）

Tokamak-10 は，トカマク概念の生誕地で作られてきた一連のトカマクの中で，最大のものである。中程度のアスペクト比をもち，従来どおりの設計がなされている。研究プログラムのなかで中心をなすのは，主としてオーミック加熱プラズマを対象とした輸送の研究である。最近になって，相当な電子サイクロトロン共鳴加熱が付け加わった。

安全係数が低い所でエネルギー閉じ込め時間が短くなることが，幾つかの装置で観測されており，その原因は MHD 不安定性の成長だとされていた。しかし，プラズマの外側の端にリミターを設置した T-10 の実験によって，この問題は克服されることが示された。大変良い閉じ込めが安全係数が通常，3 か 4 であったのに比べ，2 のところで得られた。

初期の装置 T-3 や T-4 に引き続き，種々の方法で粒子輸送が研究された。放電に供給されるガスを急に増したり減らしたり変動させたりして粒子の源を変動させ，その時のプラズマ密度の瞬間的応答を多チャンネルのマイクロ波干渉計を使い，研究した。この応答の解析によって，平均した流体の速度が径方向にどう変化するか分かる。その流れは，拡散と内向きの対流の組み合わせとしてモデル化できる。同様の結果が，不純物イオンに対しても得られた。この場合は，普通にはプラズマ中にないような気体または固体の不純物を放電に注入して調べられた。注入後の輸送が分光の手法で研究された。

強力なジャイラトロン発振器を用い，電子サイクロトロン共鳴周波数で 1 MW 迄のパワーが加えられた。中心電子温度は，1.4 keV から 4 keV まで上昇した。その一方，イオン温度の増加は，イオンと電子とのクーロン衝突を通じたエネルギー交換とつじつまが合っていた。全体のエネルギー閉じ込め時間のわずかな減少は，電子の熱伝導係数が $\sqrt{T_e}$ に比例するとすれば説明可能である。

電子サイクロトロン共鳴周波数を用いることで，狭い所を局所的に加熱することができ，その結果，電

実験

子温度分布が大きく変化した。それに引き続きプラズマ電流の分布が変化し, 放電のMHD安定性も変わった。例えば, $q=1$ や $q=2$ の磁気面の近傍か直ぐ外を局所的に加熱すると, 鋸歯状振動や $m=2$, $n=2$ テアリングモードが抑制された。後者のモードは, トカマクで最も危険な不安定性である主ディスラプションの前駆現象としてほとんど常に観測されるので, この成果はそれを制御する可能性を提供している。

11.10 ISX（オークリッジ国立研究所, 米国）

　ISX (Impurity Study Experiment) 装置は, 成功したORMAK (Oak Ridge Tokamak) の後継装置として建設された。

　最初の装置, ISX-Aは, 円形断面のプラズマをつくり, それにより不純物の径方向の輸送に及ぼす水素イオンの垂直方向の流れの効果が研究された。不純物の流れの向きがトロイダル磁場の向きに依存するはずであるとの理論的予言は, 注入されたNeガスに対しては確認されたものの, もともと含まれている不純物に対しては, 系統的な効果が見られなかった。

　エネルギー閉じ込め時間の密度に対する依存性を研究し, 高い密度では, 閉じ込め時間が飽和するかまたは減少することが初めてはっきりと示された。その原因として, イオンの新古典熱伝導損失の重要性が増してくることが考えられた。次の装置, ISX-Bでは, 上下方向に伸ばした断面を持つプラズマを作ることが出来, 2.5MWまでの中性粒子接線入射装置が備え付けられ, 後に電子サイクロトロン共鳴加熱も行われた。不純物の輸送だけでなくイオンと電子の加熱やエネルギーと運動量の輸送も研究された。

　体積当りの加熱パワーが大きいので, トロイダル β 値の記録 ~2.5% が計画初期に達成された。しかし, '軟 (soft)' β 値限界がおきることが認められ, それは加熱パワーの増加とともに閉じ込め時間が短くなるものとして表現された。この効果は, 圧力駆動型のMHD不安定性と関係するものと考えられ, プラズマ周辺で観測される磁場の揺動の増加を伴っている。

　かつて観測された高い加熱効率や（プラズマ電流を基準として）順方向に入射した場合と, 逆方向に入射した場合の比較などが詳細に行われた。順方向入射は, 不純物を掃き出す一方, 逆方向入射ではプラズマ中に不純物が蓄積し, ついには放射損失で終わってしまうことも起きた。これは, トロイダル方向に入射された運動量か, またはその結果起きるトロイダル回転が原因であるかもしれない。径方向電場の変化も計測された。プラズマがポロイダル磁場でドリフト運動することと矛盾しない。

　中性粒子ビーム入射で見られた閉じ込め時間の低下は, プラズマのトロイダル回転によるものではない。それは, 小さなトロイダル回転しか観測されない順方向入射と逆方向入射を加えた場合であっても, 閉じ込め時間の低下が見られることから明らかである。

11.11 FT（エネルギー中央研究所, ENEA, フラスカッティ, イタリア）

　FT（フラスカッティトカマク）は, 10Tまでの高いトロイダル磁場での運転を目指し, 設計されている。この点では, MITのAlcatorトカマクと似ているが, それより少し大きい。強磁場のためにオーミック加熱密度が比較的大きく, 高いプラズマ密度が達成できる。

　オーミック加熱プラズマにおける, プラズマパラメータの密度依存性が特記すべき研究課題である。ループ電圧が密度によらないので, 電子エネルギー閉じ込めに関しては, コッピ及びマツカトの提案する法則に従うことを示唆している。より小型なAlcator-Aトカマクの結果と比較すると, 閉じ込め時間は, プラズマの半径の少なくとも2乗にスケールすることが分かり, また, 高い密度では, 中心部の損失がイオンの新古典熱伝導に依っていることも確認された。

　プラズマ密度が低いと, 軟X線放射のスペクトルやトムソン散乱から求めた電子温度と, 電子の2倍高調波サイクロトロン放射から評価した電子温度に差があらわれた。これは, 他の計測手段からは, '熱化

実験

している'と見做されるような放電でも，電子の分布関数がスピッツァーとハームのモデルとは徐々に違ってくることで説明される．

密度が低い時，2.45 GHz の低域混成波により中心電子温度は 700 eV 程度まで増加した．密度が増え高周波のパワーがイオンに吸収されるようになると，電子加熱の効率は急に減少した．イオン加熱が起きるのは密度の狭い範囲であり，より高い密度では，パラメトリック不安定性によって，波動エネルギーは周辺で散逸する．この問題を克服するには，周波数を上げて高い密度での電子加熱を起こし，イオンは電子との衝突で加熱するようにすることである．

この比較的小型で強磁場のトカマクの優れた閉じ込めの成果に基づき，FTU（FT Upgrade）の設計が行われた．FTに比べ，小半径が50% 以上大きくなり，追加熱のための近接性が良くなる一方，磁場と主半径はほぼ同じである．予想される $n\tau_E$ 値は，ローソン条件に近づき，8 MW の低域混成波加熱によって 6−8 keV の温度になることが期待されている．そうなると，自己点火条件の追求の上で，JETなどの大型トカマクとその性能を競うことになる．

11.12　Doublet-III（ジェネラルアトミック社，サンディエゴ，米国）

この装置の名前は，プラズマ断面のユニークな形を指している．周長が大変長く，実効的アスペクト比が大変低い．この有利な点は，適度のトロイダル磁場でありながらプラズマ電流が大きく出来，その結果高い β 値での運転が可能になることである．

断面は2つの洋梨の形をした突出部を狭いくびれによってつないだ形をしている．プラズマの縦断面に並べた多くのコイルに流した電流を独立に制御することにより，最外殻磁気面の形が作られる．理想的なダブレット配位では，内部のポロイダル磁束はすべて2つの洋梨型の部分を周回し，ただ1つの磁気軸を中央に持つ．実際上，腹のところで配位の分離（'テアリング'）が起き，一部の磁束のみが2つの洋梨型部分を周回し，新たな磁気軸が2つ現れ，残りの磁束はそのどちらかの周りにほぼ円形の磁気面を形作る．事実，ダブレットは2つの分かれた放電に分離してしまう．全体に共通な磁束を最大にしようという試みがなされた後，ダブレット型は放棄され，真空容器上半分に作られるトカマク放電に注意が集中されている．

ポロイダル磁場に広い自由度があるので，放電断面の楕円度や三角形度が幅広い範囲で変化でき，その安定性や閉じ込め性能への効果に興味が注がれている．真空容器の腹の部分近くにポロイダル磁場がヌル点をもつような多くのダイバータ型の配位を作ることもできる．こうしたダイバータ型配位は，真空容器が腹の部分で絞られていないにもかかわらず，リサイクルした中性粒子や不純物が主プラズマに侵入するのを，驚くほどよく防ぐ効果があることがわかった．この事実は，ポロイダル磁束の停留点の領域で，プラズマが大変濃くなり，リサイクルした不純物に対する障壁になるということで説明される．離れたところに置いたポロイダル磁場コイルによって，これと似たタイプのダイバータを作るデザインが次の世代の大型トカマクに取り入れられている．

中性粒子ビーム入射による 7 MW までの追加熱装置が据え付けられ，楕円度や三角形度の最大 β 値に及ぼす影響が調べられた．一般的に言って，キンク及びバルーニングモードに対する理想 MHD 理論の結果と良い一致が見られる．最大 β 値として4.5% という，経済的な核融合炉が必要とする領域の値が達成されている．

約 1 MW の電子サイクロトロン共鳴加熱も行われた．同じ入力の中性粒子ビーム入射加熱で見られたのと同じだけの閉じ込め時間の劣化が観測され，この劣化が加熱法によるのではなく，放電そのものが持つ性質であることを強く示唆している．

実験

11.13 ASDEX（マックス・プランク プラズマ物理研究所, ガルヒン, ドイツ）

　ASDEXは軸対称ダイバータ実験（Axisymmetric Divertor Experiment）を意味する装置名であり，ダブルヌル型のポロイダルダイバータの効果を研究するために設計された。ダイバータ磁場は，放電プラズマの上方と下方に配置された，プラズマ電流と平行な多重極コイルによって作られる。主放電への影響を小さくする工夫がほどこされており，セパラトリックスのすぐ内側では，プラズマの断面はほぼ円形である。

　ダイバータが作用すると，放電中の不純物は急激に減少し，放射損失が大変低くなり実効的イオン電荷が1に近くなった。低い密度の，'スライドアウェイ'領域（11章5節参照）において，放電時間が10秒に達した。その時，放電を維持するのに必要なループ電圧は〜0.3Vにまで低下し，エネルギー閉じ込め時間は30msまで上昇する。

　プラズマ周辺からダイバータ室へとエネルギーが伝導と対流によって運ばれる過程が調べられた。粒子のリサイクリングが，ダイバータ板近傍のプラズマ密度を増加させることが観測された。これにより，スクレイプオフ層の磁力線に沿ったプラズマの流れは失速してしまうので，エネルギー排出の大半が電子熱伝導により起こる。ダイバータ室のプラズマからの相当な強さの放射損失や荷電交換損失が観測された。ダイバータ板での電子温度は低く，アーキングやスパッタリングによる損傷が抑えられた。中性粒子ビーム入射によりプラズマの加熱パワーが増すと，ダイバータ板のところでプラズマ密度は増すものの，温度は低い値のままであった。これは，炉に応用する場合に重要な条件である。

　ごく最近，新しい放電状態が発見された。これがいわゆるH-モードであり，閉じ込め時間が2倍から3倍に上昇した。この上昇は，セパラトリックス近傍の顕著な閉じ込め性能の改善によるもので，そこでは温度や密度の勾配が数倍になっている。通常，エネルギーや粒子は，プラズマ周辺の緩和振動によりバースト状でプラズマから逃げ出す。この損失は場合によっては抑えられるが，そうすると今度は不純物が蓄積し，放射損失により中央部が冷却されてしまう。この興味深い現象は，ポロイダルダイバータを持つ幾つかの装置で研究されている。残念ながら今までのところ，H-モードのβ値は，H-モードでない場合より低いが，それはH-モードがある狭い条件で現れるからである。［訳注: 1990年代の研究はH-モードを中心に展開を見せた。補遺に述べる。］

11.14 TFTR （プリンストンプラズマ物理研究所, 米国）

　TFTR（Tokamak Fusion Test Reactor）は, プラズマ加熱に使われたエネルギーより大きな核融合エネルギーを取り出すために設計された, 新世代の大型トカマクの最初の装置である。この装置は制御核融合を使ったエネルギー源の可能性について, 納得のいく論拠を提示するであろう。

　TFTRは, 5T と比較的磁場が強く, 円形断面の伝統的設計の装置である（図11.14.1）。主半径を減少させ, 従半径を小さくする断熱圧縮加熱の設備もある。もし他の加熱法が不十分だと判明したときには, この手法でプラズマへの大変大きなエネルギー注入が可能になる。30MW までの中性粒子ビーム加熱が構想され, 高周波による電流駆動も考えられている。2MA の電流は, 核融合反応で生まれた α 粒子の大部分が閉じ込められるのに十分な大きさである。実験は, $Q \approx 1$ の条件を目指している。ここで Q は核融合全出力と加熱入力の比である。これは普通'臨界条件'と呼ばれる。α 粒子は核融合出力のなかで, わずか20%を受け持っているだけなので, プラズマ加熱への寄与は顕著ではないだろう。

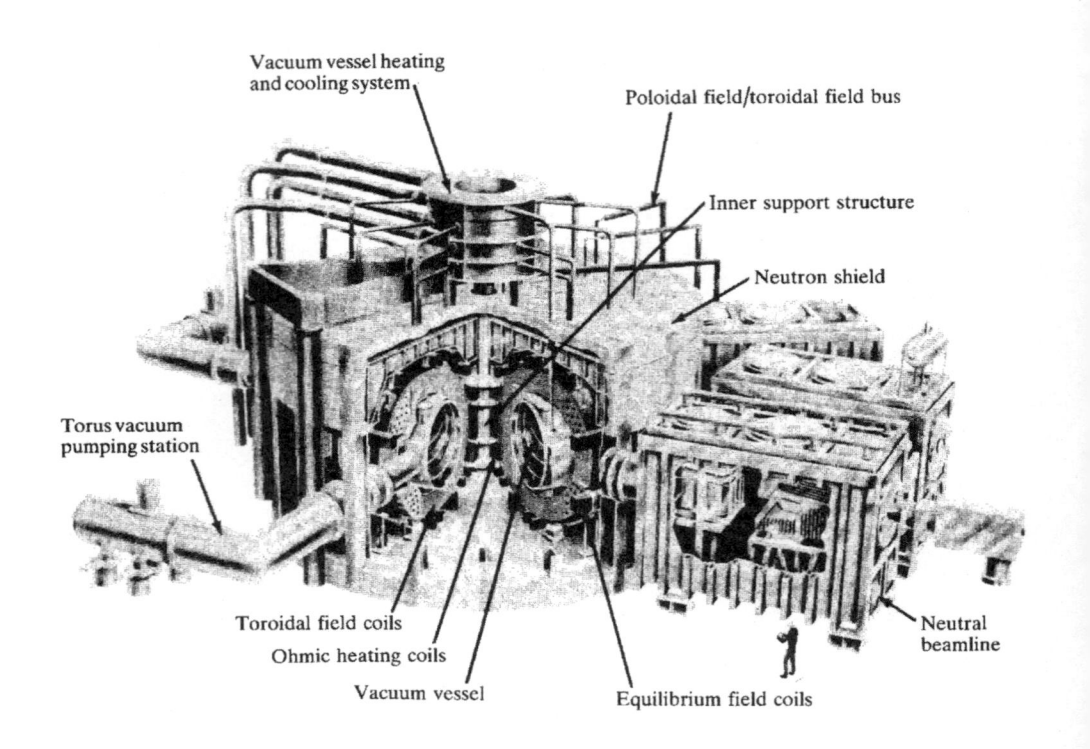

【図11.14.1】
TFTR装置のレイアウトを示す写真（プリンストンプラズマ物理研究所）

実験

　最初の放電は，1982年12月に得られ，プラズマ電流は迅速に約 1MA まで増加した。その電流値レベルで一連の実験が行われ，オーミック加熱プラズマの性質や，トロイダル磁場，プラズマ電流，密度に関する閉じ込めのスケーリングが調べられた。エネルギー閉じ込め時間のこれらのパラメータへの依存性は小型の装置で観測されてきたものに大変似ており，土台をなす輸送過程にあまり違いがないことを示唆している。絶対値でいうとエネルギー閉じ込め時間は 0.3 秒に達し，長さ次元（プラズマの小半径）の2乗以上3乗近い依存性を示したが，それは拡散によるエネルギー損失から予想されることであった。

　オーミック加熱プラズマの断熱圧縮（すなわちエネルギー閉じ込め時間よりずっと短い時間での圧縮）が行われ，プラズマ密度とイオン温度の予想された上昇が得られた。しかし，電子温度は幾分短期間のうちに減少し，圧縮過程での損失の増大が示唆された。中性粒子ビーム入射による初期的実験も行われた（図11.14.2）。

　これらの実験目的のためにはプラズマを急速に加熱できることが重要である。加熱時の壁やリミターから放出される不純物を制御するための準備はされておらず，それらは長時間にはプラズマを汚染するだろう。

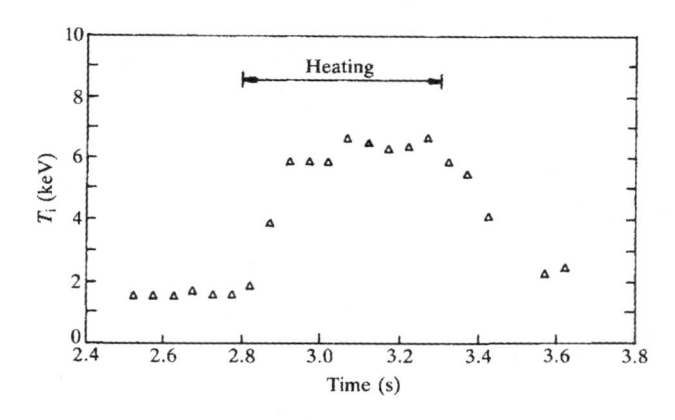

【図11.14.2】
4.6 MW の中性粒子ビーム加熱による TFTR でのイオン温度の上昇。温度は荷電交換計測法で測られたが，プラズマでの減衰や回転の補正はしていない。その補正をおこない，不純物のスペクトル線ドップラー拡がりとあわせると，温度は 8.3 ± 1.5 keV と計算される。

11.15 JET（Joint European Torus, アビンドン, 英国）

その名の示すように，JETは欧州のいくつかの国の共同事業であり，ユーラトムの後援を受けて研究が実施されている。この種の国際的プロジェクトとしては最初の（多分最後ではない）もので，建設費や運転費がいくつもの関係機関によって分担されている。

JET（図11.15.1）は世界最大のトカマクである。この装置は，プラズマ電流が 3 – 5 MA の範囲で常時運転できるように設計された。この電流は核融合で生まれるα粒子を閉じ込めるのに十二分である。アスペクト比の低い真空容器は，D 型の断面をしており，8つの区分からなっている。トロイダル磁場コイルはやはり D 型をしており，真空容器にぴったり適合しており，1つの区分につき4つのコイルが置かれている。ポロイダルコイルや制御コイルは全てトロイダルコイルの外に置かれ，コイルを繋ぐことなく装置を組み立てられるようになっている。8つの継鉄を持つトランスの鉄心があるが，中心の鉄心は細くて飽和磁場を超えて運転される。磁束の変動幅は全体で 32 ウェーバーである。

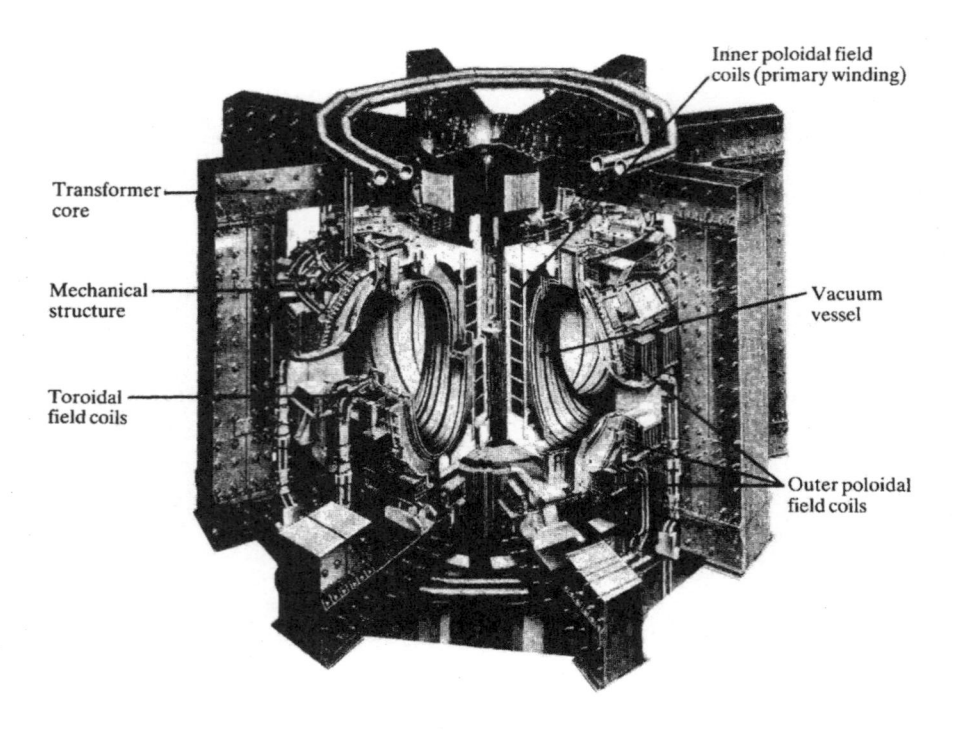

【図11.15.1】
JET実験のレイアウトを示す写真

実験

　プラズマ加熱は ICRH で行われ，実際 15 MW まで備えつけられるだろう。さらに 10 MW の中性粒子ビーム入射が加わるであろう。適切なプラズマ条件が実現されれば，重水素・三重水素混合放電では相当な α 粒子による加熱が得られることが予想されている。この結果，装置や周辺機器が放射化されるだろう。従って，実験の後期では遠隔操作技術が用意されるだろう。

　最初のプラズマは1983年6月に得られた。その後，オーミック加熱を用いた電流値 5 MA 迄の第1期研究では，密度 3.5×10^{19} m^{-3} においてエネルギー閉じ込め時間 0.9 s を達成した（図11.15.2）。この値は自己点火と比較し，5倍低い値である。追加熱を使い，密度や温度が上昇するにつれプラズマ性能は改善されていくだろう。

　JETで熱核融合領域に近づく上で解決しなければいけない主な問題として，選択した加熱法の効率化，不純物による放射損失や燃料希釈化の抑制，そして主ディスラプションの回避または制御などがある。この実験が成功すれば，核融合という挑戦にみちた研究において，プラズマ物理の側面からはより確信を持って，トカマクによる核融合炉の設計を行うことができるだろう。

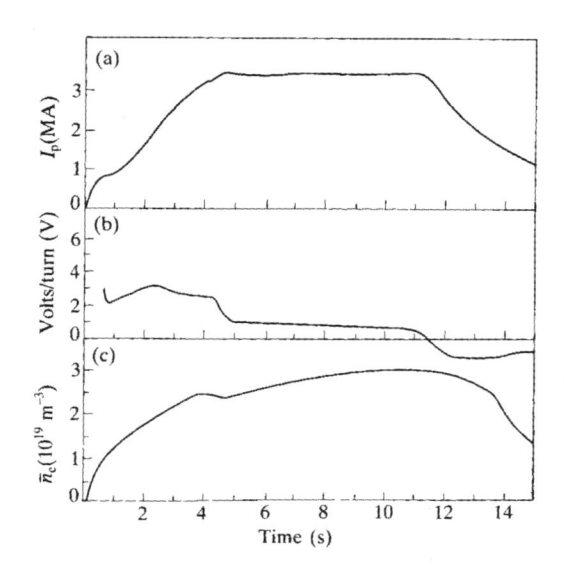

【図11.15.2】

JET実験で，エネルギー閉じ込め時間がおよそ1秒に達した放電のトレース。

(a) プラズマ電流

(b) 1周電圧

(c) 平均電子密度

11.16 トカマク パラメータ

装置名	年	大半径 (m)	リミター半径 (m)	トロイダル磁場 (T)	プラズマ電流* (MA)	ダイバータ型	トランスの芯	安定化シェル	追加熱 (MW) NBI	ICRH	LHRH	ECRH	装置名
Alcator-A	1973	0.54	0.10	10.0	0.31		Air	Yes		0.1	0.1		Alcator-A
Alcator-C	1979	0.64	0.17	12.0	0.90		Air				4		Alcator-C
ASDEX	1980	1.54	0.40	3.0	0.52	2-null	Air						ASDEX
ATC	1972	0.88–0.35	0.17–0.11	2.0–5.0	0.11–0.28		Air		0.01	0.16		0.2	ATC
Cleo	1972	0.90	0.18	2.0	0.12		Iron		0.04			0.4	Cleo
Doublet-III	1980	1.45	0.45	2.6	0.61†	1-null	Air		7		1–2		Doublet-III
DITE	1975	1.17	0.26	2.7	0.26	bundle	Iron		2.4				DITE
DIVA	1974	0.60	0.10	2.0	0.06	1-null		Yes					DIVA
FT	1975	0.83	0.20	10.0	0.80		Air	Yes			1.0		FT
ISX-A	1977	0.92	0.26	1.8	0.22		Iron						ISX-A
ISX-B	1978	0.93	0.27	1.8	0.24†		Iron		2.5			0.2	ISX-B
JET	1983	3.0	1.25	3.5	3.0†		Iron		10	15			JET
JFT-2	1972	0.90	0.25	1.8	0.23		Iron		1.5	1.0	0.3	0.2	JFT-2
JIPP-T2	1976	0.91	0.17	3.0	0.16		Iron		0.1		0.2		JIPP-T2
JT60	1985	3.0	0.95	4.5	2.3	1-null			20	2.5	7.5		JT60
LT-1	1968	0.4	0.10	1.0	0.04		Iron	Yes					LT-1
LT-4	1981	0.5	0.10	3.0	0.10		Iron						LT-4
Macrotor	1977	0.90	0.40	0.4	0.12						0.5		Macrotor
Microtor	1976	0.30	0.10	2.5	0.14						0.5		Microtor
Ormak	1971	0.80	0.23	1.8	0.20		Iron	Yes	0.34				Ormak
PDX	1979	1.40	0.45	2.5	0.60†	4-null	Air		7				PDX
Petula	1974	0.72	0.16	2.7	0.16		Iron	Yes			0.5		Petula
PLT	1975	1.30	0.40	3.5	0.72		Air	Yes	3	5	1		PLT
Pulsator	1973	0.70	0.12	2.7	0.093		Iron	Yes					Pulsator
ST	1970	1.09	0.14	4.4	0.13		Iron	Yes					ST
T-3	1962	1.0	0.12	2.5	0.06		Iron	Yes					T-3
T-4	1970	1.0	0.17	5.0	0.24		Iron	Yes					T-4
T-6	1971	0.7	0.25	1.5	0.22		Iron	Yes					T-6
T-7	1981	1.22	0.31	3.0	0.39		Iron	Yes			0.25		T-7
T-10	1975	1.5	0.37	4.5	0.68		Iron	Yes				1.0	T-10
T-11	1975	0.7	0.22	1.5	0.17		Iron	Yes	0.7				T-11
T-12	1972	0.36	0.08	1.0	0.03†	2-null	Air	Yes					T-12
TEXT	1981	1.00	0.27	2.8	0.34		Iron						TEXT
TEXTOR	1983	1.75	0.5	2.0	0.48		Iron						TEXTOR
TFR-400	1973	0.98	0.20	6.0	0.41		Iron	Yes	0.7				TFR-400
TFR-600	1978	0.98	0.20	6.0	0.41		Iron			1.5		0.6	TFR-600
TFTR	1982	2.4	0.80	5.0	2.2		Air	Yes	30				TFTR
TM-3	1963	0.4	0.08	4.0	0.11		Iron						TM-3
TNT-A	1976	0.4	0.10	0.44	0.02†		Air	Yes					TNT-A
TO-1	1972	0.6	0.13	1.5	0.07		Iron						TO-1
Tosca	1974	0.3	0.09	0.5	0.02†		Air					0.2	Tosca
Tuman II	1971	0.4	0.08	2.0	0.05		Iron	Yes					Tuman II
Tuman III	1978	0.55	0.15	3.0	0.20		Iron						Tuman III
Versator	1978	0.4	0.13	1.5	0.11						0.1	0.1	Versator

*プラズマ電流は, 円形放電の $q=3$ の値に対応する.

†この装置(Doublet-III)は非円形断面を持ち, 電流値を増加する能力がある.

軸対称系ポロイダル磁場ダイバータ配位の場合, ポロイダル磁場の X 点の数を書いてある.

参考文献

最近の実験成果はI.A.E.Aが開催する2年ごとの国際会議で報告している。会議録:

Plasma physics and controlled nuclear fusion research (I.A.E.A., Vienna)

会議の開催地と日時は以下のとおりである。

1st	Salzburg	1961	7th	Innsbruck	1978
2nd	Culham	1965	8th	Brussels	1980
3rd	Novosibirsk	1968	9th	Baltimore	1982
4th	Madison	1971	10th	London	1984
5th	Tokyo	1974	11th	Kyoto	1986
6th	Berchtesgaden	1976			

ヨーロッパ物理学会もまた世界の研究を代表する定期的な会議を開催している。会議録: *Controlled fusion and plasma physics*

1st	Munich	1966	8th	Prague	1977
2nd	Stockholm	1967	9th	Oxford	1979
3rd	Utrecht	1969	10th	Moscow	1981
4th	Rome	1970	11th	Aachen	1983
5th	Grenoble	1972	12th	Budapest	1985
6th	Moscow	1973	13th	Schliersee	1986
7th	Lausanne	1975	14th	Madrid	1987

重要な実験結果

過去20年の重要な結果を含む論文

高いプラズマ伝導率が示す良好なトカマク平衡

Artsimovich, L. A., Mirnov, S. V., and Strelkov, V. S. Investigation of the ohmic heating of a plasma in the 'tokamak-3' toroidal apparatus. *Plasma Physics* (*Journal of Nuclear Energy, Part C*) 7, 305 (1965).

トムソン散乱により確認された高い電子温度

Peacock, N. J., Robinson, D. C., Forrest, M. J., and Wilcock, P. D. Measurement of the electron temperature by Thomson scattering in tokamak T3. *Nature* 224, 488 (1969).

古典衝突過程により説明されるイオンのエネルギーバランス

Artsimovich, L. A., Tokamak devices. *Nuclear Fusion* 12, 215 (1972).

放電中心で不安定性を示す軟X線放射の鋸歯状波形

Von Goeler, S., Stodiek, W., and Sauthoff, N. Studies of internal disruptions and $m=1$ oscillations in tokamak discharges with soft X-ray techniques. *Physical Review Letters* 33, 1201 (1974).

不純物レベルの分光測定によるプラズマ抵抗率

Bretz, N., Dimock, D. L., Hinnov, E., and Meservey, E.B., Energy balance in a low-Z high-density helium plasma in the ST tokamak. *Nuclear Fusion* 15, 313 (1975).

安定な運転に対する最大密度のスケーリング

Murakami, M., Callen, J. D., and Berry, L. A. Some observations on maximum densities in tokamak experiments. *Nuclear Fusion* 16, 347 (1976).

Alcatorにおける高密度での古典輸送の観測と閉じ込めパラメータ$n\tau_E$の記録値

Gaudreau, M., Gondhalekar, A., Hughes, M. H., Overskei, D., and Pappas, D. S. High-density discharges in the Alcator tokamak. *Physical Review Letters* 39, 1266 (1977).

中性粒子ビームによる無衝突プラズマで得られたイオン温度の高い値

Eubank, H. Goldston, R. *et al.* Neutral-beam-heating results from the Princeton large torus, *Physical Review Letters* 43, 270 (1979).

ASDEXのダイバータ放電で観測された新しい高閉じ込め領域

Wagner, F. *et al.* Regime of improved confinement and high beta in neutral-beam-heated divertor discharges of the ASDEX tokamak. *Physical Review Letters* 49, 1408 (1982).

実験的に観測される β 値と理想キンク及びバルーニング不安定性から予測される値とのよい一致

Stambaugh, R. D., Moore, R. W., Bernard, L. C., Kellman, A. G., Strait, E. J. *et al.* tests of beta limits as a function of plasma shape in Doublet III, *Plasma physics and controlled nuclear fusion research* (Proc. 10th Int. Conf., London, 1984) Vol. I, 217. I.A.E.A., Vienna (1985).

JETのオーミック加熱放電で1sに近づくエネルギー閉じ込め時間

Bickerton, R. J. *et al.*, Latest results from JET. *Controlled fusion and plasma physics.* (Proc. 12th Eur. Conf. Budapest, 1985).

12 付録

12.1 ベクトル公式

1. $\mathbf{A}\cdot(\mathbf{B}\times\mathbf{C}) = \mathbf{B}\cdot(\mathbf{C}\times\mathbf{A}) = \mathbf{C}\cdot(\mathbf{A}\times\mathbf{B})$
2. $\mathbf{A}\times(\mathbf{B}\times\mathbf{C}) = (\mathbf{A}\cdot\mathbf{C})\mathbf{B} - (\mathbf{A}\cdot\mathbf{B})\mathbf{C}$
3. $\nabla\cdot(\phi\mathbf{A}) = \phi\nabla\cdot\mathbf{A} + \mathbf{A}\cdot(\nabla\phi)$
4. $\nabla\times(\phi\mathbf{A}) = \phi\nabla\times\mathbf{A} + (\phi\nabla)\times\mathbf{A}$
5. $\nabla\cdot(\mathbf{A}\times\mathbf{B}) = \mathbf{B}\cdot\nabla\times\mathbf{A} - \mathbf{A}\cdot\nabla\times\mathbf{B}$
6. $\nabla(\mathbf{A}\cdot\mathbf{B}) = \mathbf{A}\times(\nabla\times\mathbf{B}) + (\mathbf{A}\cdot\nabla)\mathbf{B} + \mathbf{B}\times(\nabla\times\mathbf{A}) + (\mathbf{B}\cdot\nabla)\mathbf{A}$
7. $\nabla\times(\mathbf{A}\times\mathbf{B}) = \mathbf{A}(\nabla\cdot\mathbf{B}) - \mathbf{B}(\nabla\cdot\mathbf{A}) - (\mathbf{A}\cdot\nabla)\mathbf{B} + (\mathbf{B}\cdot\nabla)\mathbf{A}$
8. $\nabla\times(\nabla\times\mathbf{A}) = \nabla(\nabla\cdot\mathbf{A}) - \nabla^2\mathbf{A}$
9. $\nabla\times(\nabla\phi) = 0$
10. $\nabla\cdot(\nabla\times\mathbf{A}) = 0$

円柱座標系では, $(\mathbf{A}\cdot\nabla)\mathbf{B}$ の成分は次のように与えられる。

$$(\mathbf{A}\cdot\nabla\mathbf{B})_r = \mathbf{A}\cdot\nabla B_r - \frac{A_\theta B_\theta}{r}$$
$$(\mathbf{A}\cdot\nabla\mathbf{B})_\theta = \mathbf{A}\cdot\nabla B_\theta + \frac{A_\theta B_r}{r}$$
$$(\mathbf{A}\cdot\nabla\mathbf{B})_z = \mathbf{A}\cdot\nabla B_z$$

ガウスの定理 : $\int \nabla\cdot\mathbf{A}\,d\tau = \int \mathbf{A}\cdot d\mathbf{S}$

ここで $d\mathbf{S}$ は境界 S に垂直で体積 τ の外向きである。

ストークスの定理 : $\int (\nabla\times\mathbf{A})\cdot d\mathbf{S} = \int \mathbf{A}\cdot d\mathbf{l}$

ここで $d\mathbf{l}$ は面 S の境界に沿っている。

グリーンの定理 : $\int (u\nabla^2 v - v\nabla^2 u)\,d\tau = \int (u\nabla v - v\nabla u)\cdot d\mathbf{S}$

12.2 微分演算子

直交座標系（座標 u_1, u_2, u_3 を用いる）では，線素 $\mathrm{d}s$ は，

$$\mathrm{d}s^2 = h_1{}^2 \mathrm{d}u_1{}^2 + h_2{}^2 \mathrm{d}u_2{}^2 + h_3{}^2 \mathrm{d}u_3{}^2$$

と与えられ，単位ベクトルを $\mathbf{i}$ とすると，次のようになる。

$$\nabla \phi = \frac{1}{h_1} \frac{\partial \phi}{\partial u_1} \mathbf{i}_1 + \frac{1}{h_2} \frac{\partial \phi}{\partial u_2} \mathbf{i}_2 + \frac{1}{h_3} \frac{\partial \phi}{\partial u_3} \mathbf{i}_3$$

$$\nabla \cdot \mathbf{A} = \frac{1}{h_1 h_2 h_3} \left[\frac{\partial}{\partial u_1}(h_2 h_3 A_1) + \frac{\partial}{\partial u_2}(h_3 h_1 A_2) + \frac{\partial}{\partial u_3}(h_1 h_2 A_3) \right]$$

$$(\nabla \times \mathbf{A}) = \frac{1}{h_2 h_3} \left[\frac{\partial}{\partial u_2}(h_3 A_3) - \frac{\partial}{\partial u_3}(h_2 A_2) \right] \mathbf{i}_1$$
$$+ \frac{1}{h_3 h_1} \left[\frac{\partial}{\partial u_3}(h_1 A_1) - \frac{\partial}{\partial u_1}(h_3 A_3) \right] \mathbf{i}_2$$
$$+ \frac{1}{h_1 h_2} \left[\frac{\partial}{\partial u_1}(h_2 A_2) - \frac{\partial}{\partial u_2}(h_1 A_1) \right] \mathbf{i}_3$$

$$\nabla^2 \phi = \frac{1}{h_1 h_2 h_3} \left[\frac{\partial}{\partial u_1}\left(\frac{h_2 h_3}{h_1} \frac{\partial \phi}{\partial u_1}\right) + \frac{\partial}{\partial u_2}\left(\frac{h_3 h_1}{h_2} \frac{\partial \phi}{\partial u_2}\right) + \frac{\partial}{\partial u_3}\left(\frac{h_1 h_2}{h_3} \frac{\partial \phi}{\partial u_3}\right) \right]$$

円柱座標系 (r, θ, z) では，

$$\mathrm{d}s^2 = \mathrm{d}r^2 + r^2 \mathrm{d}\theta^2 + \mathrm{d}z^2$$

$$\nabla \phi = \frac{\partial \phi}{\partial r} \mathbf{i}_r + \frac{1}{r} \frac{\partial \phi}{\partial \theta} \mathbf{i}_\theta + \frac{\partial \phi}{\partial z} \mathbf{i}_z$$

$$\nabla \cdot \mathbf{A} = \frac{1}{r} \frac{\partial}{\partial r}(r A_r) + \frac{1}{r} \frac{\partial A_\theta}{\partial \theta} + \frac{\partial A_z}{\partial z}$$

$$(\nabla \times \mathbf{A}) = \left(\frac{1}{r} \frac{\partial A_z}{\partial \theta} - \frac{\partial A_\theta}{\partial z} \right) \mathbf{i}_r + \left(\frac{\partial A_r}{\partial z} - \frac{\partial A_z}{\partial r} \right) \mathbf{i}_\theta + \left(\frac{1}{r} \frac{\partial}{\partial r}(r A_\theta) - \frac{1}{r} \frac{\partial A_r}{\partial \theta} \right) \mathbf{i}_z$$

$$\nabla^2 \phi = \frac{1}{r} \frac{\partial}{\partial r}\left(r \frac{\partial \phi}{\partial r} \right) + \frac{1}{r^2} \frac{\partial^2 \phi}{\partial \theta^2} + \frac{\partial^2 \phi}{\partial z^2}$$

と書ける。

12.3 単位系と変換

物理量	記号	m.k.s. 単位	変換係数 —掛ける→ ←割る—	c.g.s. ガウス単位
電気容量	C	ファラッド(F)	9×10^{11}	cm
電荷	q	クーロン(C)	3×10^3	静電クーロン
電気伝導度	σ	オーム$^{-1}$ m^{-1}	9×10^3	s^{-1}
電流	I	アンペア(A)	3×10^9	静電アンペア
電場	**E**	ボルトm^{-1}	$\frac{1}{3} \times 10^{-4}$	静電ボルトcm^{-1}
電位	ϕ	ボルト(V)	$\frac{1}{3} \times 10^{-2}$	静電ボルト
エネルギー	W	ジュール(J)	10^7	エルグ
力	**F**	ニュートン(N)	10^5	ダイン
インダクタンス	L	ヘンリー(H)	$\frac{1}{9} \times 10^{-11}$	s^2 cm^{-1}
磁場	**B**	テスラ(T)	10^4	ガウス
磁束	Φ	ウェーバー(Wb)	10^8	マックスウェル
磁場強度	H	アンペアm^{-1}	$4\pi \times 10^{-3}$	エルステッド
パワー	P	ワット(W)	10^7	エルグs^{-1}
圧力	p	ニュートンm^{-2}	10	ダインcm^{-2}
電気抵抗	R	オーム(Ω)	$\frac{1}{9} \times 10^{-11}$	s cm^{-1}
抵抗率	η	オームm	$\frac{1}{9} \times 10^{-9}$	s
熱伝導度	K	m^{-1} s^{-1}	10^{-2}	cm^{-1} s^{-1}
熱拡散係数	χ	m^2 s^{-1}	10^4	cm^2 s^{-1}
ベクトルポテンシャル	**A**	ウェーバーm^{-1}	10^6	ガウスcm
粘性率	η	kg m^{-1} s^{-1}	10	ポアズ
動粘性率	ν	m^2 s^{-1}	10^4	cm^2 s^{-1}
電圧	V	ボルト(V)	$\frac{1}{3} \times 10^{-2}$	静電ボルト

m.k.s. 単位系での値×換算係数=ガウス単位系での値

12.4 物理定数

電子の電荷	e	1.6022×10^{-19} coulomb
電子質量	m_e	9.1096×10^{-31} kg
陽子質量	m_p	1.6726×10^{-27} kg
光の速度	c	2.9979×10^8 m s^{-1}
プランク定数	h	6.626×10^{-34} joule s
陽子 - 電子質量比	$\dfrac{m_p}{m_e}$	1836.1
微細構造定数	$\dfrac{e^2}{2\varepsilon_0 hc}$	$\dfrac{1}{137.04}$
重力加速度	g	9.807 m s^{-2}
ボルツマン定数	k	1.3806×10^{-23} joule °K^{-1}
電子ボルト		1.6022×10^{-19} joule
1 電子ボルトの温度		1.1605×10^4 °K
1 ジュール		0.6241×10^{19} eV
電子静止質量のエネルギー		0.511 MeV
原子質量単位		1.6605×10^{-27} kg
真空の透磁率	μ_0	$4\pi \times 10^{-7}$ H m^{-1}
真空の誘電率	ε_0	8.854×10^{-12} F m^{-1}

12.5 クーロン対数

古典力学的クーロン対数は,

$$\ln \Lambda = \ln \frac{\lambda_D}{r_0} \qquad 12.5.1$$

で与えられる。ここで λ_D は,デバイ長,r_0 は熱エネルギーの粒子が $90°$ 散乱する場合のインパクトパラメータである。換算質量 μ と相対速度 v を持つ2種類の粒子 (1, 2) が $90°$ 散乱するインパクトパラメータは,

$$r_0 = \frac{e_1 e_2}{4\pi\varepsilon_0 \mu v^2}$$

である。温度を関係式

$$\tfrac{1}{2}\mu v^2 = \tfrac{3}{2} T \qquad 12.5.2$$

で導入すると,12.5.1式で必要とされる表式が次のように与えられる。

$$\lambda_D = \left(\frac{\varepsilon_0 T}{n_e e^2}\right)^{1/2}, \quad r_0 = \frac{e_1 e_2}{12\pi\varepsilon_0 T}$$

もし r_0 が $\lambda/2\pi$ (λ:ド・ブロイ波長 $h/\mu v$) より短いと,12.5.1 式は修正が必要である。それは

$$\frac{v}{c} \geq |Z_1 Z_2| \alpha \qquad 12.5.3$$

の場合に起きる。ここで $Z_1 = e_1/e$,$Z_2 = e_2/e$,α は微細構造定数

$$\alpha = \frac{e^2}{2\varepsilon_0 hc} = \frac{1}{137}$$

である。12.5.2 式を用いると,12.5.3式より1価の電荷を持つ粒子に対し古典力学公式を使える条件が

$$T \leq \frac{\mu c^2}{5 \times 10^4} \qquad \text{として与えられる。}$$

電子の静止質量 $m_e c^2$ は 0.5 MeV であり,電子の係わる衝突で,この限界温度は 10 eV 程度となる。そのため研究の対象となるプラズマ温度では,量子力学的補正が必要である。イオンについては,陽子に対しては限界温度が 10 keV であり,より重い粒子に対してはより高温度になる。従って当面の目的に対しては,イオン・イオン衝突については古典力学的公式を使ってよい。こうした場合については精密な計算をした結果,次のような結果が得られている。

付録

電子-電子衝突 （$T_e \geq 10\,\text{eV}$）

$$\ln \Lambda = 14.9 - \tfrac{1}{2}\ln(n_e/10^{20}) + \ln T_e, \quad T_e \text{ は keV 単位}$$

電子-イオン衝突 （$T \geq 10\,\text{eV}$）

$$\ln \Lambda = 15.2 - \tfrac{1}{2}\ln(n_e/10^{20}) + \ln T_e, \quad T_e \text{ は keV 単位}$$

イオン-イオン衝突 （1価のイオン, $T \leq 10\,(m_i/m_p)\,\text{keV}$）

$$\ln \Lambda = 17.3 - \tfrac{1}{2}\ln(n_e/10^{20}) + \tfrac{3}{2}\ln T_i, \quad T_i \text{ は keV 単位}$$

電子-イオン衝突の場合, $\ln \Lambda$ の値を図12.5.1に示す。普通観測されるデータの精度があまり高くないことを考えると, $\ln \Lambda$ の n と T に関するゆるやかな依存性を取り入れることは普通適切ではない。電子-イオン衝突に対し, $\ln \Lambda = 17$ という値は, $T = 3\,\text{keV}$ なら $n_e = 8 \times 10^{17}\,\text{m}^{-3}$ から $7 \times 10^{20}\,\text{m}^{-3}$ の範囲で, また $n_e = 3 \times 10^{19}\,\text{m}^{-3}$ なら $T = 600\,\text{eV}$ から $18\,\text{keV}$ までの範囲で誤差10%以下の精度を持っている。

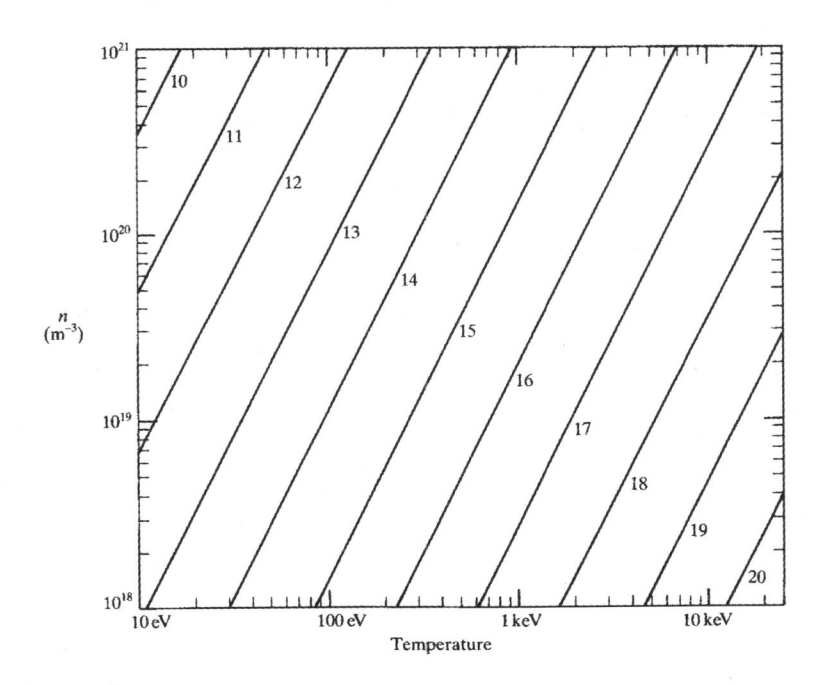

【図12.5.1】
電子-イオン衝突に対するクーロン対数 $\ln \Lambda$ の値を, 密度と温度の関数として示したもの。

12.6 衝突時間

電子とイオンの衝突を特徴づける**電子衝突時間**は,

$$\tau_e = \frac{12\pi^{3/2}}{\sqrt{2}} \frac{\varepsilon_0^2 m_e^{1/2} T_e^{3/2}}{n_i Z^2 e^4 \ln \Lambda}$$

である。

1価のイオンに対しては,

$$\tau_e = 1.09 \times 10^{16} \frac{T_e^{3/2}}{n \ln \Lambda} \quad \text{s}, \quad T_e \text{は keV 単位}$$

$$= 6.4 \times 10^{14} \frac{T_e^{3/2}}{n} \quad \text{s}, \quad \ln \Lambda = 17, \quad T_e \text{は keV 単位} \qquad 12.6.1$$

となる。12.6.1式で与えられる τ_e の値を図12.6.1に示す。

電子からイオンへエネルギーが移る割合は,

$$\frac{\frac{3}{2} n (T_e - T_i)}{\tau_{ex}}$$

であり,ここで**エネルギー交換時間**は,

$$\tau_{ex} = \frac{m_i}{2 m_e} \tau_e$$

である。従って,この値も図12.6.1から求められる。**イオン衝突時間**は,

$$\tau_i = 12\pi^{3/2} \frac{\varepsilon_0^2 m_i^{1/2} T_i^{3/2}}{n_i Z^4 e^4 \ln \Lambda_i}$$

で与えられ,1価のイオンに対しては

$$\tau_i = 6.60 \times 10^{17} \left(\frac{m_i}{m_p}\right)^{1/2} \frac{T_i^{3/2}}{n \ln \Lambda_i} \quad \text{s}, \quad T_i \text{は keV 単位} \qquad 12.6.2$$

である。

イオンに関するクーロン対数は $\ln \Lambda_i = 1.1 \ln \Lambda$ と近似され,その精度は図12.6.1の範囲では10%以下の誤差である。この関係を使うと,12.6.1式と12.6.2式から $T_i = T_e$ として次の τ_i の近似式が得られる。

$(Z = 1)$ のイオン $\qquad \tau_i \simeq \frac{1}{1.1} \left(\frac{2 m_i}{m_e}\right)^{1/2} \tau_e$

陽子 $\qquad \tau_p \simeq 55\, \tau_e$

重陽子 $\qquad \tau_d \simeq 78\, \tau_e$

三重陽子 $\qquad \tau_t \simeq 95\, \tau_e$

付録

これらの関係式から，イオン衝突時間の近似値も図12.6.1から求められるだろう。

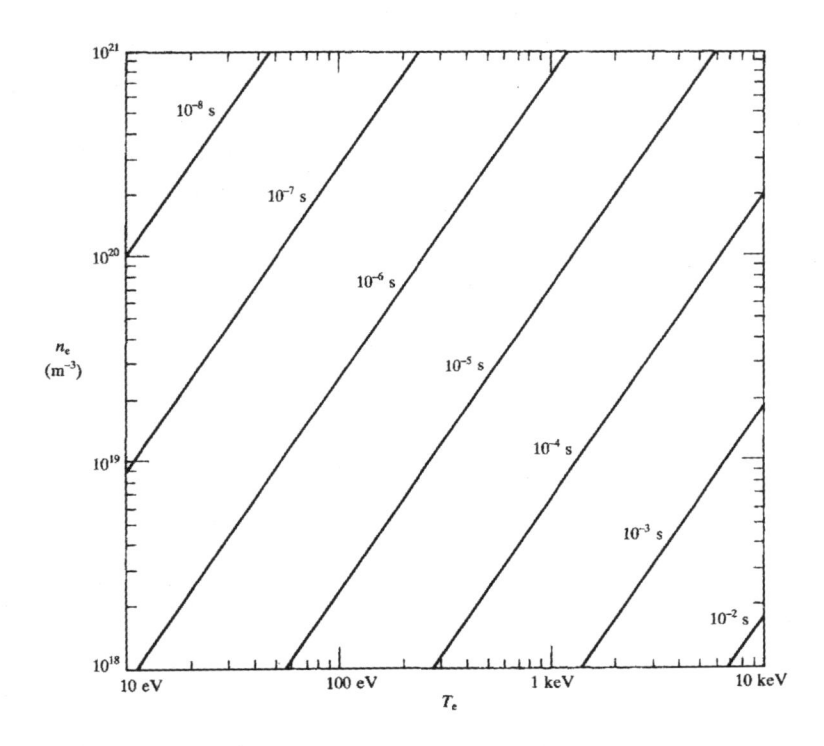

【図12.6.1】
電子密度と温度の関数として τ_e の値を示す（12.6.1式に $\ln \Lambda$ の正確な値を代入したもの）。

12.7 色々な長さ

デバイ長

$$\lambda_\mathrm{D} = \left(\frac{\varepsilon_0 T_\mathrm{e}}{n_\mathrm{e} e^2}\right)^{1/2} = 2.35 \times 10^5 \, (T_\mathrm{e}/n_\mathrm{e})^{1/2} \quad \mathrm{m}, \quad T_\mathrm{e} \text{ は keV 単位} \tag{12.7.1}$$

ラーマー半径 (熱粒子: $v_\perp^2 = 2v_\mathrm{T}^2$)

電子

$$\rho_\mathrm{e} = \frac{v_{\perp \mathrm{e}}}{\omega_\mathrm{ce}} = \frac{(2m_\mathrm{e} T_\mathrm{e})^{1/2}}{eB}$$

$$= 1.07 \times 10^{-4} \frac{T_\mathrm{e}^{1/2}}{B} \quad \mathrm{m}, \quad T_\mathrm{e} \text{ は keV 単位} \tag{12.7.2}$$

イオン

$$\rho_\mathrm{i} = \frac{v_{\perp \mathrm{i}}}{\omega_\mathrm{ci}} = \frac{(2m_\mathrm{i} T_\mathrm{i})^{1/2}}{eB} = 4.57 \times 10^{-3} \left(\frac{m_\mathrm{i}}{m_\mathrm{p}}\right)^{1/2} \frac{T_\mathrm{i}^{1/2}}{B} \quad \mathrm{m}, \quad T_\mathrm{i} \text{ は keV 単位}$$

陽子

$$\rho_\mathrm{p} = 4.57 \times 10^{-3} \frac{T_\mathrm{p}^{1/2}}{B} \quad \mathrm{m}, \quad T_\mathrm{p} \text{ は keV 単位}$$

重陽子

$$\rho_\mathrm{d} = 6.46 \times 10^{-3} \frac{T_\mathrm{d}^{1/2}}{B} \quad \mathrm{m}, \quad T_\mathrm{d} \text{ は keV 単位} \tag{12.7.3}$$

三重陽子

$$\rho_\mathrm{t} = 7.92 \times 10^{-3} \frac{T_\mathrm{t}^{1/2}}{B} \quad \mathrm{m}, \quad T_\mathrm{t} \text{ は keV 単位}$$

平均自由行程 ($v_\mathrm{T} \times$衝突時間: $Z=1$)

電子

$$\lambda_\mathrm{e} = v_{\mathrm{Te}} \tau_\mathrm{e} = \left(\frac{T_\mathrm{e}}{m_\mathrm{e}}\right)^{1/2} \tau_\mathrm{e}$$

$$= 1.44 \times 10^{23} \frac{T_\mathrm{e}^2}{n \ln \Lambda} \quad \mathrm{m}, \quad T_\mathrm{e} \text{ は keV 単位} \tag{12.7.4}$$

$$= 8.5 \times 10^{21} (T_\mathrm{e}^2/n) \quad \mathrm{m}, \quad \ln \Lambda = 17, \quad T_\mathrm{e} \text{ は keV 単位}$$

付録

任意の温度に対して, $\lambda_i = v_{Ti}\tau_i \simeq v_{Te}\tau_e = \lambda_e$ が成り立つので, イオンの平均自由行程は $\lambda_i \simeq \lambda_e$ となる。

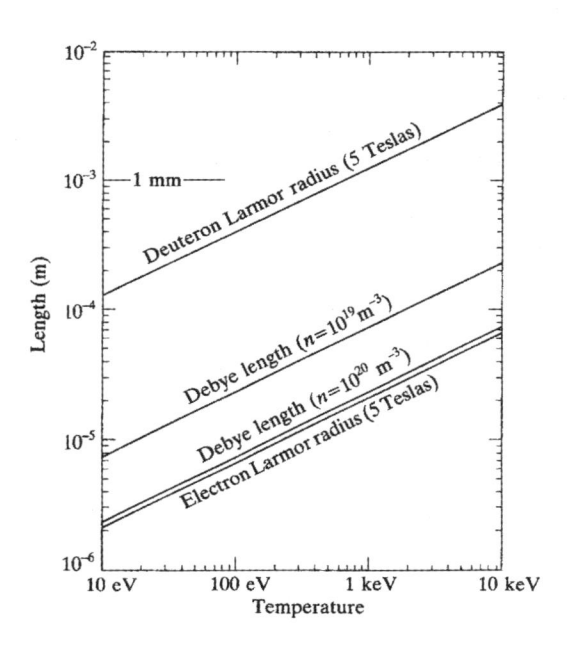

【図12.7.1】 ラーマー半径とデバイ長を温度の関数として表す（12.7.1, 12.7.2 及び 12.7.3 式）。

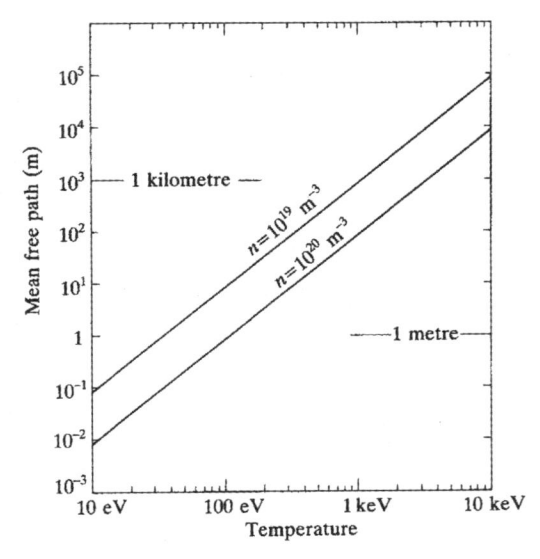

【図12.7.2】 電子の平均自由行程を温度の関数として表す（12.7.4 式）。温度が共通なら, イオンの平均自由行程は電子とほぼ一致する。

12.8 周波数

プラズマ周波数

電子
$$\omega_{\mathrm{pe}} = \left(\frac{n_\mathrm{e} e^2}{m_\mathrm{e} \varepsilon_0}\right)^{1/2} = 56.4 n_\mathrm{e}^{1/2} \ \mathrm{s}^{-1},$$
$$f_{\mathrm{pe}} = \frac{\omega_{\mathrm{pe}}}{2\pi} = 8.98 n_\mathrm{e}^{1/2} \ \mathrm{Hz}$$

イオン
$$\omega_{\mathrm{pi}} = \left(\frac{n_\mathrm{i} e^2}{m_\mathrm{i} \varepsilon_0}\right)^{1/2} = 1.32 \, (n_\mathrm{i}/A)^{1/2} \ \mathrm{s}^{-1},$$
$$f_{\mathrm{pi}} = \frac{\omega_{\mathrm{pi}}}{2\pi} = 0.210 (n_\mathrm{i}/A)^{1/2} \ \mathrm{Hz}$$

旋回(ラーマー)周波数

電子
$$|\omega_{\mathrm{ce}}| = \frac{eB}{m_\mathrm{e}} = 0.176 \times 10^{12} B \ \mathrm{s}^{-1},$$
$$f_{\mathrm{ce}} = \frac{|\omega_{\mathrm{ce}}|}{2\pi} = 28.0 \times 10^9 B \ \mathrm{Hz}$$

イオン
$$\omega_{\mathrm{ci}} = \frac{ZeB}{m_\mathrm{i}} = 95.5 \times 10^6 \frac{Z}{A} B \ \mathrm{s}^{-1},$$
$$f_{\mathrm{ci}} = \frac{\omega_{\mathrm{ci}}}{2\pi} = 15.2 \times 10^6 \frac{Z}{A} B \ \mathrm{Hz}$$

低域混成周波数
$$\omega_{\mathrm{lh}}^2 = \left(\frac{1}{\omega_{\mathrm{ci}}^2 + \omega_{\mathrm{pi}}^2} + \frac{1}{|\omega_{\mathrm{ce}}|\omega_{\mathrm{ci}}}\right)^{-1}$$

高域混成周波数
$$\omega_{\mathrm{uh}}^2 = \omega_{\mathrm{ce}}^2 + \omega_{\mathrm{pe}}^2$$

捕捉電子のバウンス周波数
$$\omega_\mathrm{b} = \left(\frac{r}{2R_0}\right)^{1/2} \frac{v_\perp}{qR_0}$$

12.9 速度

熱速度

$$v_{Tj} = (T_j/m_j)^{1/2}$$

電子	$v_{Te} = 1.33 \times 10^7 T_e^{1/2}$	m s^{-1}
イオン	$v_{Ti} = 3.09 \times 10^5 (T_i/A)^{1/2}$	m s^{-1}
陽子	$v_{Tp} = 3.09 \times 10^5 T_p^{1/2}$	m s^{-1}
重陽子	$v_{Td} = 2.19 \times 10^5 T_d^{1/2}$	m s^{-1}
三重陽子	$v_{Tt} = 1.79 \times 10^5 T_t^{1/2}$	m s^{-1}

T は keV 単位

アルベーン速度

$$V_A = \frac{B}{(\mu_0 n_i m_i)^{1/2}} = 2.18 \times 10^{16} \frac{B}{(n_i/A)^{1/2}} \quad \text{m s}^{-1}$$

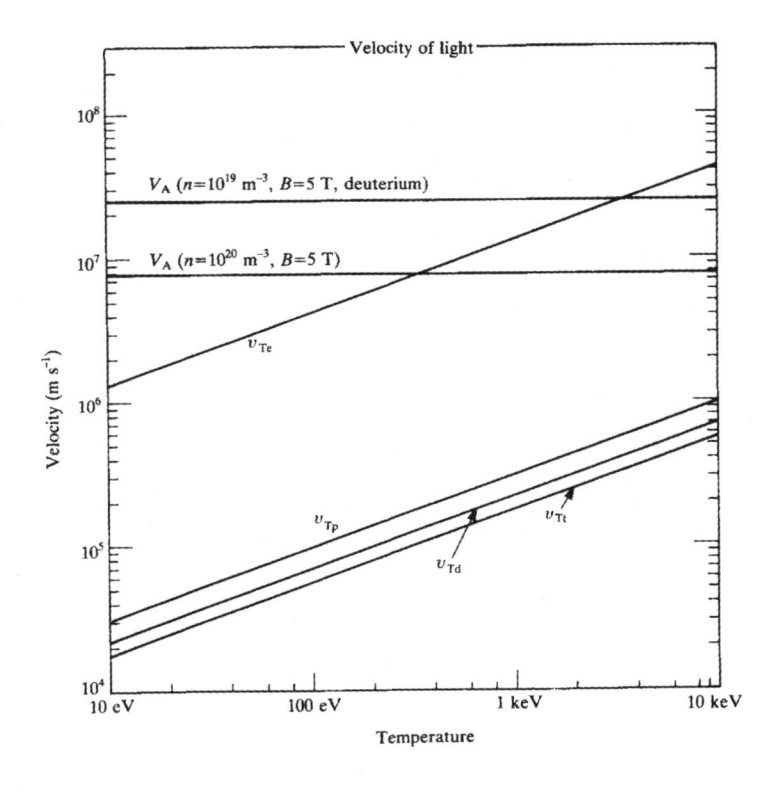

【図12.9.1】
電子とイオンの熱速度, 及びアルベーン速度の値を示す.

12.10 スピッツァー抵抗率

水素プラズマの抵抗率は 2章10節に論じられている。2.10.1式で与えられる磁力線に平行方向の抵抗率は T_e を keV で表すと,

$$\eta_{//} = 1.65 \times 10^{-9} \ln \Lambda / T_e^{3/2} \quad \text{ohm m}, \quad T_e \text{ は keV 単位} \tag{12.10.1}$$

となる。

抵抗率が温度の関数として図12.10.1に示されている。$\ln \Lambda$ を通じた弱い密度依存性があり,$n = 10^{19} \text{ m}^{-3}$ と 10^{20} m^{-3} の場合を示す。磁場と垂直方向の抵抗率 $\eta_\perp$ は 1.97 倍大きい。

電荷が Z のプラズマでは, 1価のイオンのプラズマより抵抗率が大きい。2.8.1式から分かるように,衝突周波数は Z^2 に比例し,そのため電子の受ける抵抗が Z^2 に増す。しかし,電子の密度が $n_i Z$ となるので,イオン1つ当たりの電流の担い手は Z に比例する。その結果,抵抗率はおおよそ Z に比例することになる。精密な表式は,

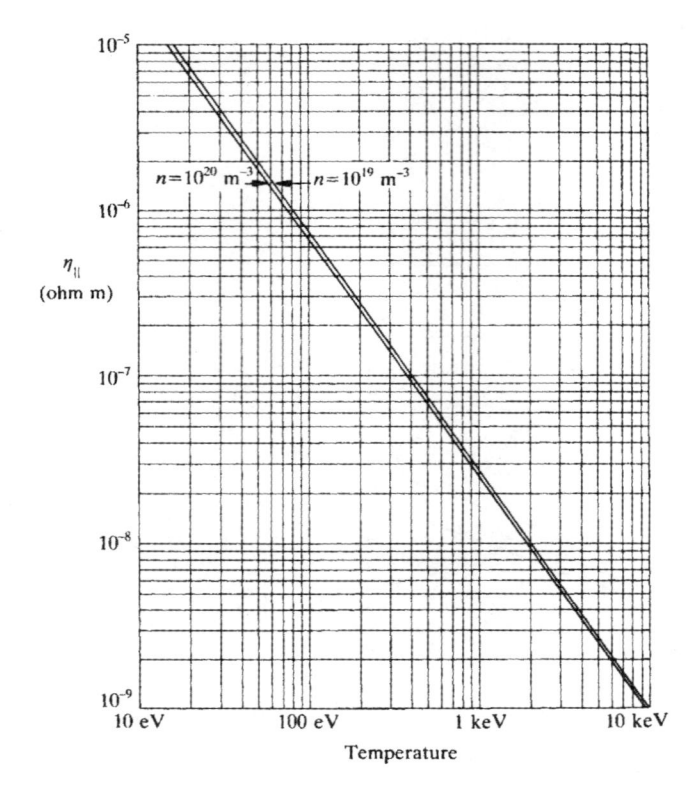

【図12.10.1】
水素プラズマのスピッツァー抵抗率を電子温度の関数として示す。

付録

$$\eta_{//}(Z) = N(Z)\, Z\, \eta_{//}(1) \qquad\qquad 12.10.2$$

となる。ここで $\eta_{//}(1)$ は，12.10.1式で与えられる抵抗率であり，N は Z に依存する数係数である。スピッツァーとハームによる計算の結果を表12.10.1に示す。

　純粋でない水素プラズマでは，不純物の電離レベルが幾つもあるので，状況が複雑である。極限で正確な式になるような近似式として，

$$\eta_{//}(Z_{\text{eff}}) = N(Z_{\text{eff}})\, Z_{\text{eff}}\, \eta_{//}(1)$$

という経験式がある。Z の実効値は，

$$Z_{\text{eff}} = \frac{1 + f\,\overline{Z^2}}{1 + f\,\overline{Z}}$$

で与えられ，f は不純物イオンと水素イオンの比であり，$\overline{Z}$ と $\overline{Z^2}$ は不純物イオンに対する平均値である。

　捕捉電子があると，これらの電子は電流を運ばないので，プラズマの電気伝導率が下がり，新古典理論値になる。近似式は，

$$\eta_{\text{n}} = \frac{\eta_{//}}{(1 - (r/R_0)^{1/2})^2}$$

で与えられる。

【表12.10.1】　12.10.2式に現れる抵抗率の係数 $N(Z)$

Z	1	2	4	16	∞
N	1	0.85	0.74	0.63	0.58

12.11 応力テンソル

2章14節で述べたブラジンスキー方程式には電子とイオンの応力テンソル $\Pi_{i\alpha\beta}$ と $\Pi_{e\alpha\beta}$ が含まれている。磁場の強い極限（$\omega_{cj}\tau_j \gg 1$）では，次の形で書ける。

$$\Pi_{zz} = -\eta_0 W_{zz}$$
$$\Pi_{xx} = -\tfrac{1}{2}\eta_0(W_{xx}+W_{yy}) - \tfrac{1}{2}\eta_1(W_{xx}-W_{yy}) - \eta_3 W_{xy}$$
$$\Pi_{yy} = -\tfrac{1}{2}\eta_0(W_{xx}+W_{yy}) - \tfrac{1}{2}\eta_1(W_{yy}-W_{xx}) + \eta_3 W_{xy}$$
$$\Pi_{xy} = \Pi_{yx} = -\eta_1 W_{xy} + \tfrac{1}{2}\eta_3(W_{xx}-W_{yy})$$
$$\Pi_{xz} = \Pi_{zx} = -\eta_2 W_{xz} - \eta_4 W_{yz}$$
$$\Pi_{yz} = \Pi_{zy} = -\eta_2 W_{yz} + \eta_4 W_{xz}$$

ここで z 軸は磁場と平行に選び，歪み率テンソルは，

$$W_{\alpha\beta} = \frac{\partial v_\alpha}{\partial x_\beta} + \frac{\partial v_\beta}{\partial x_\alpha} - \frac{2}{3}\delta_{\alpha\beta}\nabla\cdot\mathbf{v}$$

で与えられる。イオンの粘性係数は

$$\eta_0^i = 0.96 n_i T_i \tau_i$$
$$\eta_1^i = \frac{3}{10}\frac{n_i T_i}{\omega_{ci}^2 \tau_i} \qquad \eta_2^i = 4\eta_1^i$$
$$\eta_3^i = \frac{1}{2}\frac{n_i T_i}{\omega_{ci}} \qquad \eta_4^i = 2\eta_3^i$$

であり，$Z=1$ の場合の電子の粘性係数は以下の通りである。

$$\eta_0^e = 0.73 n_e T_e \tau_e$$
$$\eta_1^e = 0.51 \frac{n_e T_e}{\omega_{ce}^2 \tau_e} \qquad \eta_2^e = 4\eta_1^e$$
$$\eta_3^e = -\frac{1}{2}\frac{n_e T_e}{|\omega_{ce}|} \qquad \eta_4^e = 2\eta_3^e$$

12.12 諸公式

マックスウェル分布関数 $\qquad f_j(v) = n_j \left(\dfrac{m_j}{2\pi T_j}\right)^{3/2} \exp\left(-\dfrac{m_j v^2}{2T_j}\right)$

距離 d 離れた2つの電荷に働く力 $\qquad F = \dfrac{e_1 e_2}{4\pi\varepsilon_0 d^2}$

一様電流が流れる半径 a の円柱の
単位長さ当たりのインダクタンス $\qquad L = \dfrac{\mu_0}{2\pi}\left(\dfrac{1}{4} + \ln\dfrac{b}{a}\right)$
　（内径が b の同軸の導体に反対
方向の電流が戻っている。）
　（エネルギーは $\frac{1}{2}LI^2$ ）

小半径 a の円形断面の電流が, 大半径
R のループを作る場合のインダクタンス $\qquad L = \mu_0 R\left(\dfrac{1}{4} + \ln\left(\dfrac{8R}{a} - 2\right)\right)$

電気伝導度 σ の導体が, 周波数 ω
の波に対して持つ抵抗性表皮厚さ $\qquad \delta = \left(\dfrac{2}{\mu_0 \sigma \omega}\right)^{1/2}$
　（振幅が $\exp(-x/\delta)$ のように減衰
する。）

関数 $y = y_0(1 - r^2/a^2)^\nu$ を
$r \leq a$ の円形断面上で平均したもの $\qquad \bar{y} = \dfrac{y_0}{\nu + 1}$

誤差関数の定義 $\qquad \mathrm{erf}(x) = \dfrac{2}{\sqrt{\pi}} \displaystyle\int_0^x e^{-z^2} dz$

スターリングの公式（n の大きい場合） $\qquad n! \simeq (2\pi n)^{1/2} e^{-n} n^n$

12.13 記号一覧

本書の中で，何度も定義を繰り返さずに使用した記号を以下に示す。

配位
- (R, ϕ, z) トーラスの主軸をもとにして定義した円柱座標系。$z = 0$ が赤道面に対応する。
- (r, θ) 小断面上の極座標
- R_0（またはR） プラズマの主半径
- a プラズマの小半径
- m ポロイダルモード数
- n トロイダルモード数
- ε 逆アスペクト比，r/R

磁場
- B_ϕ トロイダル磁場
- B_p ポロイダル磁場
- B_θ 高アスペクト比・円形断面の場合のポロイダル磁場
- q 安全係数
- q_0 磁気軸上のq値
- q_a プラズマ表面でのq値

粒子   粒子の種類は添字 e（電子），i（イオン），p（陽子），d（重陽子），t（三重陽子）で区別される。
- e_j 電荷
- m_j 質量
- Z_j（またはZ） 電荷
- A_j 原子質量数
- v_{Tj} 熱速度 $(T_j/m_j)^{1/2}$
- ω_{cj} サイクロトロン周波数 $e_j B/m_j$
- ρ_j ラーマー半径 $v_{\perp j}/\omega_{cj}$ または $\sqrt{2}v_{Tj}/\omega_{cj}$
- $v_{//}$ 磁場と平行方向の速度
- $v_\perp$ 磁場と垂直方向の速度

プラズマ   粒子種類は添字で区別される。
- T_j 温度
- T T_e が T_i に等しい場合の温度
- n_j 粒子密度
- n 純粋な水素プラズマの電子密度（イオン密度）
- ν 衝突周波数
- τ_E エネルギー閉じ込め時間
- λ_D デバイ長
- ω_p プラズマ周波数

参考文献

豊富に集められたプラズマ物理公式とデータ集

Book D. L. NRL Memorandum Report 3332, Naval Research Laboratory, Washington D. C.

コンパクトにまとめたもの

Book, D.L. *NRL Plasma Formulary*, Naval Research Laboratory, Washington D.C. (1977).

クーロン対数

クーロン対数の計算

Sivukhin, D. V. Coulomb collisions in a fully ionized plasma, *Reviews of Plasma Physics* (ed. Leontovich, M. A.) Vol. 4, Consultants Bureau, New York (1966).

応力テンソル

Braginskii, S. I. Transport processes in a plasma. *Reviews of Plasma Physics* (ed. Leontvich, M. A.) Vol. 1, Consultants Bureau, New York (1965).

スピッツァー抵抗率

$\bar{Z}$ と $\overline{Z^2}$ の値

Post, D. E., Jensen, R. V., Tarter, C. B., Grasberger, W. H., and Lokke, W. A., Steady-state radiative cooling rates for low-density, high-temperature plasmas. *Atomic Data and Nuclear Data tables* 20, 397 (1977).

S 補遺

S.1 大型トカマクと標準的な配位

最近のトカマク研究の進展は目覚ましいものがあり，要点を補足して現在の研究状況を紹介する．

S.1.1 JT-60 と JT-60U

11章に TFTR と JET が紹介されているが，日本では1985年から JT-60 が実験を開始している．同じ頃から稼働を始めたこの 3 台の実験装置は，核融合臨界相当条件の実現を目指したもので，'3 大トカマク'と呼ばれ，臨界相当条件を実現しプラズマの理解に大きな役割を持った．

JT-60 トカマクは，主半径 3 m，小半径 1 m，磁場強度 4.5 T，プラズマ電流 2.7 MA の設計値を持つ装置で，TFTR, JET と比較した当初の特徴は，ポロイダルダイバータを備え，ダイバータ機能の実証をめざした．実験開始当初は断面はほぼ円形であり，ポロイダルダイバータはトーラス外側に置かれた．

TFTR や JET 同様に，ジュール加熱のプラズマでは数 100 ms の長い閉じ込め時間を示したものの，追加熱を行い，温度を上昇させた場合，閉じ込め時間が低下する閉じ込め劣化現象（confinement degradation）が起きた．

ダイバータ機能については，ダイバータ部の中性粒子濃縮を実証したと言える．ダイバータ部での中性粒子密度を観測し，閉じ込められているプラズマの密度に対する依存性を調べた．その結果，閉じ込めプラズマの密度の2乗に近い依存性で中性粒子が濃縮されることが示された．核融合炉から灰であるヘリウムをダイバータによって排気するときに効率を高めるには，中性粒子の圧力を上げる必要がある．大型トカマクで中性粒子濃縮を実証したのは一つの研究のマイルストーンである．

閉じ込め劣化現象は，全トカマク研究を覆う暗雲であったが，ASDEX トカマクの項（11章13節）で紹介されたように，1982年に H-mode が発見され，追加熱を行い温度を上昇させた場合に，閉じ込め時間が倍増されるほど改善されることが示された．H-mode を活用し閉じ込め時間を改善することはトカマクの中心テーマとなった．詳細は後のS.1.3節で説明する．ASDEX はバッフル板を持ち，中性粒子が逆流しにくいダイバータを備え付けている．H-mode はそうした特殊な条件下でのみ発生するのではなくJFT-2M（11章4節の JFT-2 を改造したもの）の研究の結果リミター配位でも可能であることが示されるなど広い条件で起きるトカマクに普遍的な現象と考えられるようになった．ただし，ポロイダルダイバータの位置が重要な効果を持つこともわかったので，JT-60 はセパラトリクスの X 点をトーラス下部に変える変更を行った（図S.1.1左側）．この変更により，H-mode が実現された．

この成果に立脚し，JT-60 装置は，真空容器を新たなものに変更し，セパラトリクスをトーラス下部に持ち，様々な非円形プラズマ断面形を試すことができるような改造を行った．この結果，設計値で主半径 $R = 3.4$ m，プラズマ電流が 6 MA まで流せるものになり H-mode も容易に実現された．図S.1.1（右側）には JT-60U 装置の概要を示す．核融合臨界相当条件の実験が容易になり，種々の成果をあげている．

トカマクの定常化の研究には，粒子の制御に加え，トロイダル電流の定常維持もまた重要である．電流駆動の問題では JT-60(U) は顕著な成果をあげている．電流駆動の方式には3章11節にまとめられたように種々の方式がある．まず，RF 波動を用いた電流駆動では，メガアンペア級の電流駆動（LH 波で 2 MA）の実証を行った．元来，RF 波動の運動量を電子に受け渡すことによりトロイダル電流を誘起する方法には，1960年代の吉川庄一らによる C-ステラレーター 実験以来の積み重ねがある．とりわけ，日本のWT-2(-3)（京都大学）や JFT-2 トカマクでの低域混成波を用いた電流駆動の成果を踏まえ，JT-60 では本格的な低域混成波による電流駆動が実験され，メガアンペア級の電流が駆動された．中性粒子の入射によってトロイダル電流を励起する大河電流は，原理実証が行われたのは英国の DITE 装置（11章7節）であるが，JT-60U でもメガアンペア級の電流駆動に成功している．更に，外部からの運動量の流入を必要とせずにプラズマの拡散によってトロイダル電流が流れる機構があり，その電流をブートストラップ電流と呼んでいる．この電流が流れれば，その分は外部から駆動する必要がなく，電流駆動するための入力を低く抑えることができる．ブートストラップ電流の原理検証実験は内部導体系の小型トーラスで行われた．

補遺

JT-60U では大型装置での検証に指導的な成果を挙げた。（メガアンペアというレベルの電流は，軸対称なトーラスでは特別な重要性を持っている。3章8節で説明された通り，イオンはバナナ軌道を描いて磁気面からずれた位置を運動する。磁気面から離れる距離をプラズマ半径で割った比はプラズマ電流 I_p に反比例する。$r/a < 0.6$ の領域で核融合反応により生まれた α 粒子がプラズマの外に出ないための条件は，プラズマサイズやトロイダル磁場にかかわらず $R/a = 3$ の場合 $I_p > 7\,\mathrm{MA}$ となる。）

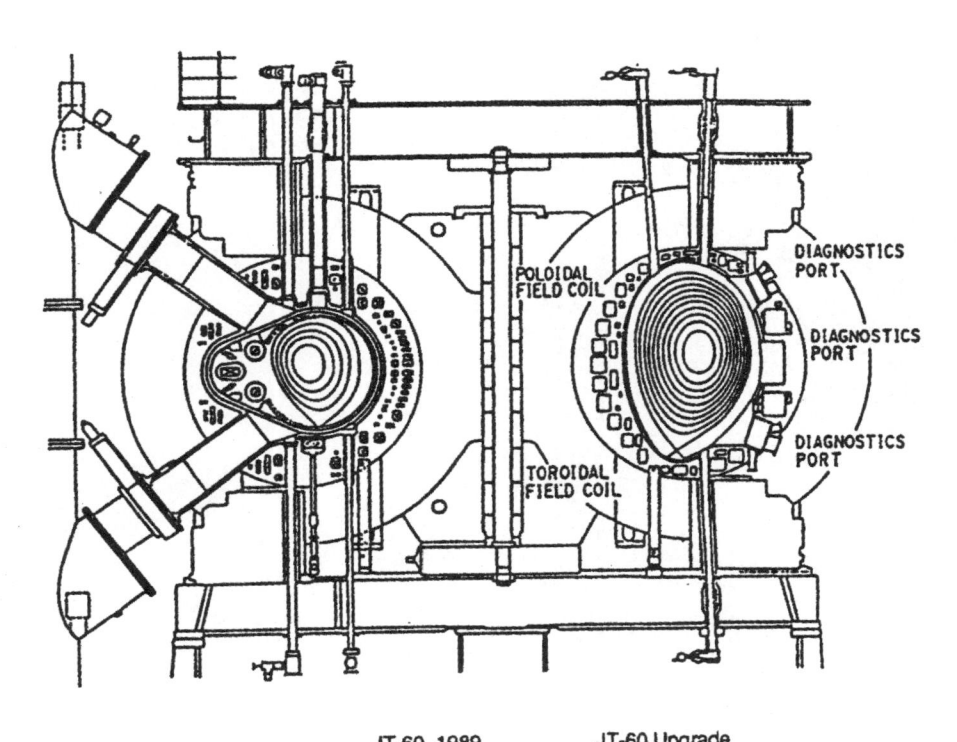

	JT-60, 1989	JT-60 Upgrade
Plasma Current	2.2 MA	6 MA
Major Radius	3.1 m	3.4 m
Toroidal Field	4.5 T	4.2 T
Working Gas	H_2, He	D_2, H_2, He

【図 S.1.1】
JT-60 と JT-60U の断面図。左側は JT-60 の下側 X 点運転の磁気面，右側は JT-60U を示す。[M. Nagami and JT-60 team, IAEA-CN-53/A-I-3, *Plasma Physics and Controlled Nuclear Fusion Research* 1990 (IAEA, VIENNA, 1991) Vol.1 53]

S.1.2　D III-D と ASDEX-U

JT-60U の説明で述べた通り，H-mode を実現し，長いエネルギー閉じ込め時間を得るためには，ポロイダルダイバータを選び，セパラトリクスの位置を始めプラズマの形を適切に選ぶという方法が定着し，標準的な配位というものについて共通の考え方が生まれている。

この標準的なトカマクの配位というものの開拓にはダブレット III-D（D III-D: 11章12節のダブレット III を改造したもの。）が大きな貢献を行い，さらには 3 大トカマクや ASDEX の後継装置である

補遺

ASDEX-Upgrade の研究成果が生かされている。D III-D の配位を断面によって図S.1.2に示す。プラズマは上下に引き伸ばされた非円形であり，上下両側または片側に X 点を持つポロイダルダイバータを備えている。X 点の位置は，トーラスの内側の方へ引き寄せられている（プラズマの中心軸の真下ではなく，それより内側に寄せられている）。プラズマの形が三角形の形の変形を受けている。'三角形度を持つ'という呼び方をする。

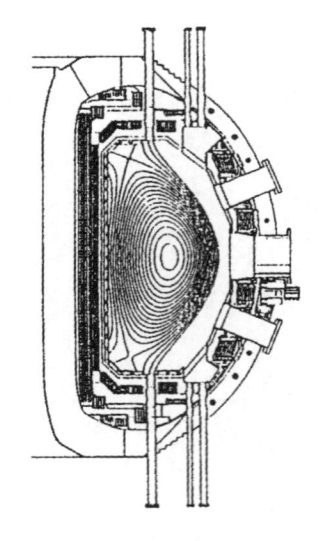

DIII-D

【図S.1.2】
DIII-Dの断面図（上下にポロイダル磁場がゼロになる点（X 点）を2つ持つdouble null配位）。下のダイバータコイルの電流を強めると，プラズマ表面を決める X 点は下側のみになる。その場合は single null 配位と呼ぶ。[T. Ohkawa, *Kakuyuugo Kenkyu* 60, 6 (1988) に基づいて作図]

こうした標準的な形は現在どのトカマクも取り入れているが，その形がもたらす定性的な性質を簡単にまとめておく。

① 上下に長い楕円度を持つのは，安全係数 q 値を低下させずに円形の場合よりプラズマ電流を多く流すことができる。非円形度（上下の長さと水平方向の長さの比）は 2 弱の値を取る。それ以上大きくすると，プラズマが上下に動いてしまう位置不安定性の成長率が大きくなって，位置を保つためのフィードバックコントロールが困難になる。

② 断面に正の三角形度を加えると，MHD 安定性を良くしプラズマのベータ値を高くすることができるとともに閉じ込め時間が長くなる。図S.1.2に示すような場合の三角形度を正として符号を定義する。三角形の尖った位置付近ではポロイダル磁場が弱まり，磁力線がその付近に長く滞在する。三角形度が正の場合安定化に効くような領域なので，MHD 安定性が改善される。

③ ダイバータの位置が上下どちらかの場合，トロイダル磁場の向きがそれに則って選ばれる。2章3節の説明にあるようにトロイダル磁場の向きによりイオンのドリフトの向きが上下どちら向きか決まる。

補遺

経験的に，ダイバータの X 点の方向にイオンのドリフトが向いている場合，H-mode が容易に現れることが分かっている。

④ダイバータには，中性化した粒子の逆流を抑えるバッフル板が置かれていない場合も多い。図S.1.2のような場合，プラズマの外にある磁力線は，X 点の付近を通ってダイバータ壁と交差する。表面の外に出たプラズマはそれに沿ってダイバータ壁に流れ，中性化する。ダイバータ壁から容器内部へ戻る中性粒子は，流れ込むプラズマ流の密度が高まると，スクレイプ・オフ層のプラズマの中でイオン化し，容器中央部へ戻るのではなくプラズマの流れに乗って再びダイバータ壁へと運ばれる。イオン化と中性化を伴う循環を通じ，ダイバータ部分では高密度で低温のプラズマが形成され，このプラズマが中性粒子をシールドしダイバータ部に封じ込める働きをする。

S.1.3 　超伝導トカマクや先進トカマク

トロイダル磁場を始め磁場を作るコイルが常伝導状態ではコイル内を流れる電流のジュール損失が大きく，長時間閉じ込め磁場を作るのが困難である。これはコイルを超伝導コイルとすることで避けられる。実際に超伝導コイルを使ったトカマクの実験が行われている。旧ソ連の T-7 トカマクが**超伝導トカマク**の運転を実証した。フランスで Tore-Supra トカマク（設計値で $B = 4.5\,\mathrm{T}$）を作り，大電流の超伝導トカマクの実験を行った。強加熱を長時間行い大量の熱の制御や粒子制御の研究を進めている。日本では九州大学に TRIAM-1M トカマク（設計値で $B = 8\,\mathrm{T}$）が建設され，低密度の RF 電流駆動方式により 3 時間に及ぶ長時間放電の実証を行っている。

次段階の核融合燃焼実験炉では超伝導コイルを用いた超伝導トカマクが設計されるに至っている。

トカマクの配位としては極端にアスペクト比の低いもの（外形から**球状トカマク**と呼ぶ）も興味を集めている。D−T 核融合炉については標準的なトカマクによって必要なプラズマパラメータが実現できるのではないかと考えられているが，中性子のエネルギーが少ない D−D や D−He^3 のようないわゆる'先進核融合'の実現には，より高いハードルが課せられる。プラズマ β 値は20%程度，更に高い核融合 3 重積 $n\tau_E T_i$ が要請され，トカマクの閉じ込め性能を一層高めることが求められる。

$R/a \sim 1.5$ の球状トカマクでは，限界 β 値を高くすることができる。日本では，核融合研究の初期の時代に東北大学の ASPERATOR T-3 で試みられた。強い加熱入力と非円形度を組み合わせた配位の選択により，高 β 値が実現したのは英国の START 実験以来の最近のことである。現在は英国の MAST，米国の NSTX などで平均ベータ値約 50%に達し，H-modeも観測されている。日本では東京大学の TST-2 などの基礎研究が進められている。トロイダル磁場はトーラス内側で強く，外側で弱い。アスペクト比が低いと，その差が極端になり，トーラス内側で磁力線がほぼトロイダル方向を向き，トーラス外側で，磁力線の向きはポロイダル方向に近づく。その結果，磁力線に沿ってみると，長い距離トーラス内側に滞在し，外側には短い距離のみ滞在する。平均的な磁気井戸が深く，種々の安定性効果が期待される。

S.2　プラズマパラメータの進展

　以上のように大型，中型及び特徴ある小型のトカマクの研究が進展し，プラズマパラメータは核融合反応領域へと伸び，理解が蓄積した。この節では，パラメータの進展をまとめて紹介する。プラズマの閉じ込め状態の研究成果や，実験理解の進歩をもたらした計測方法の進展について次節に触れる。

　プラズマの温度は核融合反応率に強い影響を与える。10 keV 以上の温度が必要であり，高温のプラズマの性質をよく知る必要がある。**イオン温度**は，プラズマ中心では 45 keV 程度に達している。JT-60Uはじめ大型トカマクでこうした高温に達するとともに，D III-D と ASDEX-U のような中型の装置でもプラズマ中心では 20 keV に及び，D－T 核融合に必要なイオン温度での多くの観測がなされている。イオン温度の上昇は 40 MW に及ぶ強い NBI 加熱入力によって研究された。入力がある閾値を超えると中心温度が急に上昇する改善現象（次節に述べる）が発見され，D－T 核融合領域のプラズマがその結果実現した。**電子温度**は，核融合反応には直接寄与しないが，イオンより低い温度では電子がイオンを冷やしてしまうので，核融合反応の維持のためにはイオン温度の 1/3 より高い温度に達している必要がある。電子温度についても中心部分では大型トカマクでは 20 keV に達している。イオン温度と同様，電子温度についてもエネルギー閉じ込めが中央部で改善される現象が見つかっており，その結果，25 keV に達する高温の**電子温度**が実現している。

　プラズマ密度を高くする理由は2つある。1つは，核融合反応のパワー密度が燃料イオンの密度の2乗に比例するので，炉心のパワー密度を高くするために必要である（パワー密度を高めるための他の必要条件が1章9節に説明されている）。次に，ダイバータの機能のために高いプラズマ密度が重要である。閉じ込められたプラズマの密度が高いと，表面付近の温度が低く抑えられる。ダイバータへ流れ込むプラズマがより低温で高密度になり，ダイバータ直前の低温高密度プラズマを形成することができる。ダイバータ壁へ流入するプラズマの温度を低くする必要は9章6節などに説明されており，また中性粒子の逆流を防ぎ，中性粒子を濃縮して排気の効率を高めることになる。プラズマ密度の上限は11章7節で述べたように初期の円形トカマクに対し，$n_e / 10^{20}\,\mathrm{m}^{-3} < 2B_\phi / R q_a$ とまとめられていた。ディスラプションによってこの限界は与えられたが，そのほかにも閉じ込め時間が急に劣化する現象も観測された。非円形トカマクの実験結果が蓄積されるにつれ，（電流と q_a の関係が形によって変わるので）q_a ではなく直接電流値で表現する方が限界をよりよく整理して表現できると考えられるようになった。その経験則を

$$n_e[10^{20}\mathrm{m}^{-3}] < I_p[\mathrm{MA}] / \pi (a[\mathrm{m}])^2$$

とまとめ，Greenwald limit と呼ぶ。緩やかな加熱入力依存性を取り入れることもある。

　プラズマイオンの純度も密度同様重要である。4章8節には不純物イオンの輸送が説明されている。新古典拡散理論の示す不純物イオンの中心集中は，10 keV を超えるような核融合反応領域のプラズマでも観測されていない。異常輸送が中心集中を妨げていると考えられるが，4.8.2式のような経験的表現をすると，より多様な現象が見られている。次節で詳しく述べるように，改善閉じ込め現象が起きると，不純物の閉じ込め時間も長くなり，プラズマ燃料純度は下がることが多い。プラズマ密度を高くすると純度が上がる傾向にある。また，改善閉じ込め状態では，顕著な振動現象にともなう不純物の密度低下も見られている。

　エネルギー閉じ込め時間は，加熱入力の低い状態では1秒を超え，イオン温度が中心で 10 keV を超える高温プラズマでも数 100 ms に達している。これは改善閉じ込め現象の発見により可能になった。その結果，核融合3重積は（1996年の時点で）

補遺

$$n_i(0)\, T_i(0)\, \tau_E \simeq 1.5 \times 10^{21}\ \text{keV s m}^{-3}$$

になり，核融合臨界相当のプラズマが実現している．ごく限られた場合を除き，重水素のプラズマで実験している．共通のプラズマパラメータを仮定すれば， $n_D = n_T$ のプラズマで起きる核融合反応量を換算することができる．重水素プラズマの核融合反応総量を測り D–T 反応率を換算して換算 Q 値を評価する．JT-60U の結果では， $Q_{\text{equivalent}} \sim 1.25$ に達したと1998年に報告されている．

　高温高密度プラズマの閉じ込め効率の指標として β 値が用いられる． β 値が高まると MHD 不安定性が起きることは6章12節に説明されている．6.12.3式は実験的にも研究され，ほぼ実情を満足する指標である．プラズマの三角形度を増すことや電流と圧力分布を制御するなどの形状の工夫を行い，6.12.3式の係数 3 を 4 以上に向上させることも実際に示された．上記の標準的な配位の実験で DIII-D トカマクでは11%の β 値を達成している．長時間の維持のためには，テアリングモード（圧力勾配で不安定化されるもので，しばしば新古典テアリングモードと呼ばれる）や抵抗性壁モードがこの限界値係数に制限を及ぼす． β 限界値を高く長時間保持するために，プラズマの圧力や電流分布を制御する研究が行われている．ただし，電流や圧力の分布は，定常状態ではプラズマの輸送現象で定まるものであり，分布制御するには制御入力を必要とする．そのため炉心に適用する場合の β 値限界は，循環入力の合理化とも結びついている．

　トカマクの定常化のために**電流駆動の効率**を高める研究が進められている．現在では，RF 駆動電流は

$$I_p[\text{MA}] = C_{\text{CD}} \frac{T_e[\text{keV}]}{n_e[10^{20}\text{m}^{-3}]R[\text{m}]} P[\text{MW}]$$

（ $C_{\text{CD}} \simeq 0.025 - 0.03$ ）とまとめられ， $I_p \simeq 2\ \text{MA}$ 程度の電流が外部電流駆動により維持されている．NBI の場合， $C_{\text{CD}}T_e[\text{keV}]$ の部分を $C_{\text{CD,NBI}}$ とまとめて $C_{\text{CD,NBI}} \simeq 0.5$ と評価している．流すべき電流をきめると，必要な入力パワー P は密度に比例して大きくなる（駆動効率が密度に強く依存しないヘリシティ入射の理論なども議論されたが実用にはなっていない）．プラズマ密度を高くする必要は上に述べたとおりである．従って，核融合炉心プラズマでは，全部の電流を外部電流駆動によって維持するのは現実的な道ではなく，できるだけ**ブートストラップ電流**によって電流を維持すべきだと考えられている．外部電流駆動法は，ブートストラップ電流を定常に保つ種となる電流を保持する役を担うというのが将来展望である．4章6節に説明されているように，ブートストラップ電流はプラズマのベータ値に比例する．1 MA 以上のブートストラップ電流が実測され，全電流に占める割合は

$$I_{BS}/I_p \simeq 0.7\sqrt{a/R}\beta_p$$

というような値まで高めることが出来ると考えられている．ポロイダルベータ値が高まれば割合が増す．大型トカマクの実験ではおよそ 80% に達する例も報告されており，定常的に高い値を維持する研究が進んでいる．

　定常保持の問題では，熱や粒子の排出といったダイバータ機能の検証も重要である．ダイバータプラズマの性質は，閉じ込められた主プラズマの性質と密着している．改善閉じ込め状態では多彩な現象がダイバータ部で観測されており，現在はそのまとめが行われている状況である．改善閉じ込め状態では，しばしば閉じ込めが時間的に変動し，プラズマの損失が間歇的に変動することがある（その代表的なものがedge localized modes（ELMs）である）．ダイバータへのプラズマの流入が間歇的になると，ダイ

補遺

バータプラズマの性質も定常のものとは異なって，中性粒子の逆流防止能力や壁負荷が変わってくる。ELMs のうち，あるものはダイバータの機能も損なわず，プラズマ中心から流出してきたヘリウム粒子（核融合反応の灰）を濃縮することも実験で示されている。適切なものを選ぶことができる条件は何であるか，そして他の要請される課題と両立するのかなど，今後の研究課題が多い。

　D−T 核融合反応の実証は，1990年代を通じて JET ならびに TFTR によって行われた。図S.2.1には核融合反応出力の実験データのなかから代表的なものを示す。1991年には JET で初期的な核融合燃焼実験が行われ，1 MW を超える出力が示された。TFTR の 1994年の実験，JET の 1997年の実験と順次行われた本格的な D−T 実験では，10 MW を超える核融合反応出力が実証された。核融合反応出力はプラズマの加熱入力には未だ及んでいないが，相当量の核融合反応が実証された。なお，この核融合反応によって生まれたパワーの内，大半は中性子が持ち去り，約 1/5 が電子の加熱になる。電子のアルファ加熱パワーは最高値でも 2〜3 MA に止まり，プラズマ加熱全体の1割以下である。割合は小さいが核融合反応によるプラズマ加熱を直接示す結果も得られた。重水素と3重水素の割合 $n_T/(n_D+n_T)$ を 0 から 1 まで変化させ，実験を行った。比 $n_T/(n_D+n_T)$ が 0 や 1 の場合，核融合出力は非常に小さく，$n_T/(n_D+n_T) \simeq 1/2$ で最大になる。レファレンスとなる重水素プラズマと比較し，電子温度の増加分を整理すると，$n_T/(n_D+n_T)$ が 1/2 付近で最大になり 1 付近では増加分が見えなくなることが確認され，核融合出力によるプラズマの直接加熱の証左と考えられている。

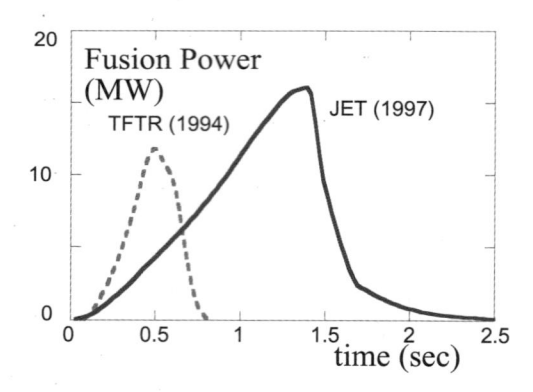

【図S.2.1】D-T 核融合燃焼実験での反応出力の時間変化。燃料ビームの入射とともに反応出力が増加する。JET と TFTR の本格燃焼実験の結果を示す。反応出力の低下が加熱中から起きる場合も観測され，改善閉じ込め状態の変化や不純物の挙動などによるものと考えられている。（参考文献[K. McGuire et al.: *Fusion Energy* 1996 (IAEA, Vienna, 1997) Vol.1, p. 19及びA. Gibson and the JET Team: *Phys. Plasmas* 5, 1839 (1998)]に基づき作図）

S.3 閉じ込めモード

閉じ込め研究におけるプラズマパラメータの進展とともにプラズマの分布について様々なバラエティや遷移が観測されている。それをこの節で説明する。

S.3.1 L-モード（L-mode）

プラズマの温度や密度がどのような分布を取り，加熱入力の増加とともに内部エネルギーがどのように増加するかは，核融合研究の中心的課題である。普通の物質では，熱の流れが温度勾配と比例するので熱流量に比例して温度勾配が増加する（フーリエの法則：熱流と勾配の比例係数が熱伝導度と呼ばれる）。トロイダルプラズマは，通常の物質とは異なって，熱流が増えるほど熱の伝達が増す性質を持っており，'異常輸送' と呼ばれている。

トカマクではプラズマ電流が流れており電気抵抗で発熱する。この加熱（ジュール加熱とかオーミック加熱と呼ばれる）は電気抵抗の依存性を通じて温度に対し，$T^{-1.5}$ という依存性を持っている。温度が上がると加熱が減るので温度を変化させにくい働きがあって，ジュール加熱のみではトカマクの閉じ込めの性質を十分に調べることはできない。強力な追加熱実験が行われて，加熱入力が増すにつれてエネルギー閉じ込め時間が低下していくことが 1980 年前後の研究で明確になった。大略，$P^{-0.6}$ という依存性が広く認められた。これは，'エネルギー閉じ込めの劣化（degradation of energy confinement）' と呼ばれており，加熱入力が増すとどのトカマクでも観測された。プラズマの温度が高くなるにつれ閉じ込め時間が短くなるという性質の他に，プラズマの温度分布が大きく変わらないという性質も広く認められた。熱伝導係数が一定の物質であれば，中心付近を集中して加熱すれば中央部が急峻な高温分布を持ち，周辺を集中して加熱すれば中央部は平坦な温度分布になることが期待される。こうした日常の経験とは異なって，電子温度の分布は加熱密度の分布に顕著な依存性を見せない。この現象を '分布の回復性（profile resilience）' と呼ぶ。

経験的に閉じ込め状態を研究する方法として，'経験的スケーリング則' という立場でデータ整理をする処方が多く取られた。エネルギー閉じ込めの劣化や，分布の回復性がどのトカマクでもほとんど共通に観測されたので，共通の原理が全てのプラズマに当てはまると仮定し，異なった実験状況や異なるトカマクのデータ群全体に対し共通の依存性

$$\tau_E = C I_p^{\alpha_1} R^{\alpha_2} a^{\alpha_3} n^{\alpha_4} B^{\alpha_5} P^{\alpha_6} A^{\alpha_7} (b/a)^{\alpha_8} \cdots$$

を当てはめる回帰分析方法である。指数 $(\alpha_1, \alpha_2, \alpha_3, \alpha_4, \cdots)$ を当てはめるためのデータベース活動が行われた。L-モードプラズマの（高速イオン成分を除いた）熱粒子のエネルギーで閉じ込め時間を求め，その結果を分析すると，$C = 0.023$，$\alpha_1 = 0.96$，$\alpha_2 = 1.89$，$\alpha_3 = -0.06$，$\alpha_4 = 0.4$，$\alpha_5 = 0.03$，$\alpha_6 = -0.73$，$\alpha_7 = 0.2$，$\alpha_8 = 0.64$ となる（章末 ITER Physics Basis による。単位は，時間は秒，電流は MA，密度は $10^{20} \, m^{-3}$，パワーは MW，長さは m，磁場は T である。A はイオンの質量数）。

加熱入力とともに閉じ込め時間が劣化するという性質は核融合炉への展望を作る上で暗い話である。当初は，こうした閉じ込め状態のみがトカマクについて知られていたので，この状態には特段の名前はなかった。次節の H-mode の発見により，この状態は L-mode と名付けられるようになった。

S.3.2 H-モード（H-mode）

1982 年にドイツの ASDEX トカマクでは，加熱入力がある閾値を超えると，突然エネルギー閉じ込め時間が倍増する現象が起きることを発見した。H-mode と名付けられた（頭文字の 'H' はドイツ語の hoch に由来する）。従来知られていたものを L-mode と名付け，区別することになった。

補遺

　エネルギー閉じ込め時間が長い H-mode プラズマと，閉じ込めの劣化を示す L-mode プラズマは，ほぼ共通の実験パラメータで実現する．分布の比較を図S.3.1(a)に示す．H-mode ではプラズマ表面近傍に急峻な圧力勾配が形成される．急峻な勾配を維持する熱流は L-mode と比較して増しているわけではないので，勾配が急になる理由は，エネルギー輸送が減ること（伝導度で言い表すと，熱伝導度が低下すること）を意味する．狭い領域で急峻に輸送が減ることを，'輸送障壁'と呼ぶ．輸送障壁の厚みは，プラズマのサイズに比例せず，大型プラズマでは，相対的により狭い範囲に現れる．

　2つの状態の間の変化が，エネルギー閉じ込め時間よりずっと短い，ミリ秒以下の短時間で起きるため，2つの状態の間の遷移と考えられるようになった．L-H 遷移と呼び，逆の遷移を H-L 遷移と呼ぶ．

　もう1つの特徴はヒステリシスである．図S.3.1(b)には表面近傍での電子温度の追加熱入力依存性を示している．入力の低い時はプラズマは L-mode にあって，加熱入力が増しても温度の増加は小さい．加熱入力が閾値に達すると，H-mode に遷移し，輸送障壁ができ，温度は高くなる．更に入力を増すと，増加分 $\partial T/\partial P$ も増して温度は上昇する．H-mode になったプラズマに対し，加熱入力を減少させると，L-H 遷移に必要だった閾値より低い加熱入力でも H-mode に止まり，より低い値で H-L 遷移を起こし，L-mode になる．表面近傍温度と加熱入力にヒステリシスがある．共通の加熱入力に対して，履歴に応じて L-mode または H-mode をプラズマは取る．

　'モード'という言葉は物理では，ion sound mode（イオン音波）など波動を指すことも多いが，もっと広く，様態,状態という意味を持つ．H-modeとか improved confinement mode（改善閉じ込めモード）という呼び名が広く使われるが，プラズマの状態を指す意味で名付けられた．

　H-modeは極めて広い状況で起きることが確認された．H-modeの発現自体に一般性はあるが，実験的な難易も認められた．装置や運転条件への依存性を，L-H遷移を起こす加熱入力の閾値 P_{th} という形で経験的に整理している．

$$P_{\mathrm{th}} = C n^{\alpha_1} B^{\alpha_2} R^{\alpha_3} a^{\alpha_4} \cdots$$

（$C = 1.4$,$\alpha_1 = 0.58$,$\alpha_2 = 0.82$,$\alpha_3 = 1$,$\alpha_4 = 0.8$ ：単位は，パワーは MW, 密度は 10^{20} m^{-3}，磁場は T ,長さは m である．）

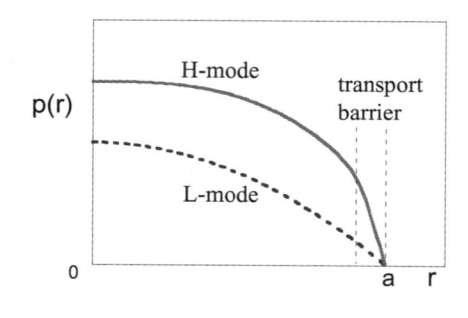

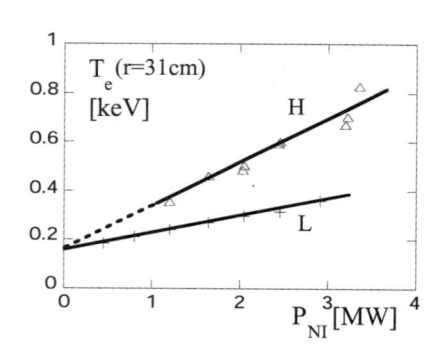

【図S.3.1】

　(a)プラズマの圧力分布の比較の概念図 (b) 加熱入力の関数として，プラズマ表面付近の温度を示したもの [データは ASDEX の実験結果から引用]

補遺

エネルギー閉じ込め時間は経験的に

$$\tau_E = C I_p^{\alpha_1} R^{\alpha_2} a^{\alpha_3} n^{\alpha_4} B^{\alpha_5} P^{\alpha_6} A^{\alpha_7} (b/a)^{\alpha_8} \cdots$$

とまとめられている（$C = 0.034$，$\alpha_1 = 0.9$，$\alpha_2 = 1.9$，$\alpha_3 = 0.2$，$\alpha_4 = 0.4$，$\alpha_5 = 0.05$，$\alpha_6 = -0.65$，$\alpha_7 = 0.4$，$\alpha_8 = 0.8$：単位は，時間は秒, 電流は MA, 密度は $10^{20}\,\mathrm{m}^{-3}$，パワーは MW, 長さは m, 磁場は T である。A はイオンの質量数）。

　遷移という急速な時間変化を通じて H-mode が出現し，H-mode はダイナミックな要因を内在している。H-mode では, 表面の輸送障壁が消失しまた再現するという現象が間歇的に起きる。Edge localized modes（ELMs）と呼ばれる現象である。輸送障壁が消失する短い時間の間では, 表面付近から急激にプラズマのエネルギーが外部へと流出する。1回あたりのエネルギー流出量が, 全体のエネルギーの 10-20%という多量のエネルギーが失われるものは Giant ELMs（またはType-I ELMs）と呼ばれる。この場合は ELMs 発生の時間間隔が長く, 時間平均したエネルギー損失に大きなインパクトがあるわけではない。しかし, 1回の損失で大きな熱パルスがダイバータ部へ運ばれるので, 熱負荷が大きく, ダイバータ壁の損耗を引き起こすなど, 問題も多い。輸送障壁消失時間が短く, 1回あたりの流出エネルギーの小さな ELMs もある。経験的に Type-II ELMs, Type-III ELMs などと呼ばれるものである。その場合, ELMs の発生間隔が短く時間平均したエネルギー損失はより大きくなるが, ダイバータ機能との両立性がある。どのような条件で, どの ELMs が現れるか, 経験的にデータ整理がなされている。

　ELMs を含むダイナミックスは, 不純物の蓄積に大きな影響を持つ。閉じ込め改善（流出量の急減）は水素イオンより不純物イオンに対してより顕著であり, 閉じ込めが良い H-mode では不純物が蓄積してしまう。そして放射損失が増し, 輸送障壁を通るエネルギー流が H-L 遷移の閾値より低くなって L-mode に戻ってしまったり, ディスラプションを誘起したりと, H-mode の持続に問題がある。ELMs によって不純物がプラズマ外部へ放出されるため, ELMs は不純物蓄積を抑える機能があり, 定常に H-mode を維持するために必要であると考えられている。

　物理的には, 遷移の時間の速さやヒステリシスの存在は, L-mode と H-mode の間の分岐現象であることを示している。元来, L-mode の分布は加熱分布を変化させてももとの分布から変化が小さく, 分布を回復する性質があると思われていた。分布を回復するというような機構には限界があって, ある境をこえると, 別の分布を構成する機構が卓越し, 新しい分布が自律的に構成されるようになる。

　H-mode の発見により全体的に分布の形成を理解しようとする研究が展開した。

S.3.3　他の改善閉じ込めモード

　H-mode が発見され, L-mode 以外に, プラズマはくっきりと区別される分布を取りうることが判明すると, H-mode 以外にも L-mode とは異なった閉じ込め改善状態が存在することがわかった。TFTR で発見された supershot と名付けられた状態を手始めに, プラズマ内部に輸送障壁ができる種々の状態が発見された。内部に輸送障壁ができる場合, 内部輸送障壁 [Internal Transport Barrier （ITB）]と呼ぶ。図S.3.2に一つの例を挙げる。

　内部輸送障壁では, 表面付近は L-mode と同様に表面に向かってなだらかに輸送係数が増加するような分布をしている。ある磁気面付近で, 空間的に薄い領域で温度勾配が急に大きくなる。輸送係数で表現すれば熱伝導係数が急変している。

　様々な制御手法で内部輸送障壁が生まれることが分かってきた。ペレット入射による中心の密度補給 中性ガス給気の停止, 高ベータ化, 電流分布の変化（中心部の電流密度低下）, 電流と逆方向への NBI の入射, RF による中心加熱, 軽元素不純物の添加, 等々と様々な状況で生まれている。H-mode の表面

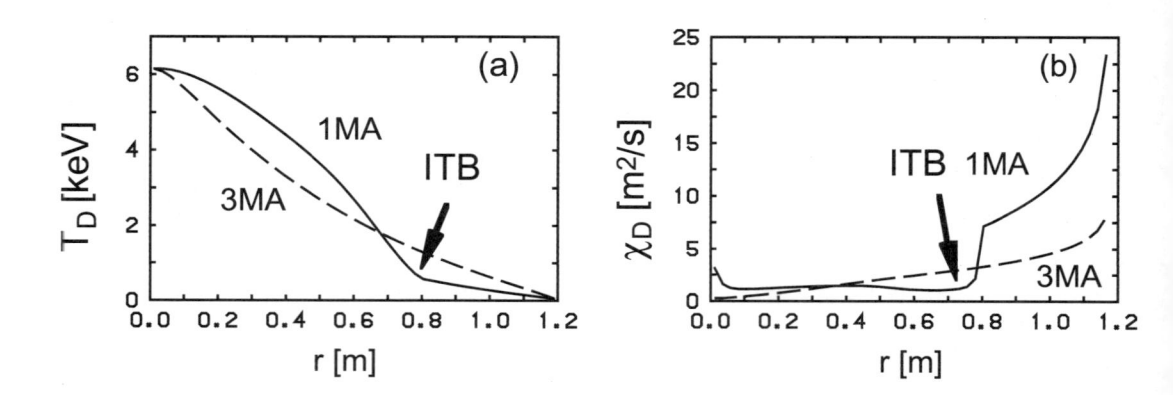

補遺

【図S.3.2】
　内部輸送障壁の例（数値シミュレーションによる大型トカマク実験の再現例を挙げる）。図にITBと記した位置で輸送係数（右）が急減少し，勾配が急峻になっている。[A. Fukuyama, et al.: *Plasma Phys. Contr. Fusion* 37, 611 (1995)]

での輸送障壁とその双方を同時に示す状態もある。こうした組み合わせの多様性から，様々な名前が付けられた。代表的なものを表S.3.1にまとめてある。

補遺

【表S.3.1】
　内部輸送改善を示す改善閉じ込めモードの中から代表的なものを挙げる（アルファベット順）。略称はCNTR（逆電流方向NBI）, Enhanced Reverse Shear（ERS）, Improved Ohmic Confinement（IOC）, Lower Hybrid（LH）, Pellet Enhanced Performance（PEP）, Radiation Improved Mode（RIM）, very high（VH）を表す。

名前	制御／操作	表面バリア	内部バリア
CNTR-NBI mode,	逆電流方向NBI入射	-	緩やかなバリア
Core H-mode,	IBW加熱	-	あり
Current hole,	急電流立ち上げと高β_p	-	顕著なバリア
ERS-mode,	急電流立ち上げによる負磁気シアー	-	顕著なバリア
High-β_p H-mode,	高β_pによる弱い磁気シアー	あり	あり
High-β_p mode,	高β_pによる弱い磁気シアー	-	あり
High-ℓ_i mode,	電流減少による電流の中心集中	-	緩やかな改善
High T_i H-mode,	中心集中NBI加熱	あり	イオン温度バリア
High T_i mode,	中心集中NBI加熱	-	イオン温度バリア
I-mode,	中心集中ICRF加熱	なし	緩やかな改善
IOC,	ガスパフ停止		全体的な緩やかな改善
LH heating-mode,	中心集中LHW加熱	-	電子温度バリア
Pellet mode,	ペレットによる中心粒子補給	-	あり
PEP H-mode,	ペレットによる中心粒子補給	あり	あり
RIM,	軽元素不純物添加	-	緩やかなバリア
Supershot,	壁の脱ガスと中心NBI加熱	-	あり
VH-mode,	中性粒子抑制	あり	緩やかなバリア

S.4 計測の進展

ここで手短にまとめたトカマク実験研究の進展はプラズマ計測研究の進展にも負うところが大きい。近年進展著しいプラズマ計測研究について簡単に補足する。

S.4.1 電流分布

トカマクではプラズマ電流が閉じ込めの基本である。総電流量は10章2節に説明された通りロゴスキーコイルなどで測られるが，電流の分布も重要である。その重要性にもかかわらず，電流分布が実験的に測られるようになったのは比較的最近である。2つの方法を紹介する。

第1の方法はマイクロ波の偏光面のファラデー回転を観測する方法である。偏光面は，伝播方向の磁場成分に比例して回転する。プラズマを横切ってトロイダル磁場と垂直にマイクロ波を入射し，透過波の偏光を測ると，ポロイダル磁場の行路に沿った成分の積分が得られる。多数の行路での積分の値からアーベル変換法によってポロイダル磁場の半径分布が求まり，プラズマ電流分布も求まる。この方法はTEXTOR（ドイツ）の円形断面プラズマに適用された。鋸歯状振動（sawtooth）に伴う q 分布の変化を観測した。その結果，オーミックプラズマでは，鋸歯状振動の崩壊の起きる前も起きた後も，中心の q 値は1より低いままで，$q=1$ の有理面がプラズマ中にずっと存在することが分かった。$m/n=1/1$ の磁気島が成長し，前の磁気軸が消失するのが鋸歯状振動の崩壊のモデルであったが，そのモデルではない，新しい理論を考案する原動力となった。

第2の方法は motional Stark 効果を用いるものである。中性粒子ビームをプラズマ中に入射すると磁場のため速度 V を持つビーム粒子は $V \times B$ の電場を感じる。電場のため励起された原子（部分電離イオン）が出す線輻射がずれるのが Stark 効果である。特に，偏光成分の差に着目することで精度が高まる。ビーム粒子のStark効果を利用して電場を測る方法は，電流分布制御を行ってイオン温度の内部輸送障壁形成を促す実験が活発に行われているので，重要な電流分布計測データをもたらした。

S.4.2 反射計と急峻な密度分布

マイクロ波反射計も改善閉じ込め現象の研究をはじめ広く活用されている。光（横波）はプラズマ振動数より高周波の場合プラズマを透過する。密度が高くなり，プラズマ振動数が波の振動数より高くなる（カット・オフ）と，波は反射される。プラズマ外部のアンテナからマイクロ波を入射し，カット・オフになる場所から反射して戻ってくるものをアンテナで受ける。反射し戻るまでの時間遅れを測ると，アンテナとカット・オフ点の距離が求められる。入射波の振動数に応じてカット・オフ密度の位置がわかる。複数の周波数の波を入射すれば密度の分布に関する情報が得られる。2つの近い周波数の波を用いれば勾配を測ることになる。時間分解能が高いので，特に H-mode での急峻な密度分布や内部輸送障壁での密度勾配の急な形成等を観測するのに適している。

密度揺動等を測ることにも広く用いられる。密度揺動がプラズマの中にあると，カット・オフ密度に着目すればカット・オフ密度の位置が空間的に揺らいでいると言い換えられる。入射波の反射点が揺らぐことに着目し反射計を用いた揺動計測も多く応用されている。2つの周波数の入射波を用いて揺動を測れば，プラズマ中で離れた点の揺動の相関を求めることもできる。L-mode のプラズマでは揺動の同時刻相関長が測られている。さらには，磁気面に垂直ではない角度に入射し，別の角度から反射波を受けることによって指定した波数ベクトルを持つ揺動がどのように伝播するか調べることも行われている。

S.4.3 HIBP（重イオンビームプローブ計測）と径電場

プラズマ中の電場計測は重要な課題である。荷電交換再結合分光によって不純物イオンの速度が測られ，重いイオンの速度は $E \times B$ 速度が大半なので速度から電場を換算するという計測も急速な進歩をと

補遺

げ H-mode の研究に大きく寄与した。電場を直接測る方法としては重イオンビームプローブ計測があり，詳細な計測が行われるようになっている。

原理は次の通り。1価に電離した重イオンをプラズマに入射する。エネルギーが高く，質量数が大きい場合には，ラーマー半径がトロイダルコイルの内径より大きく，磁場を横切って外部から入射することができる。プラズマ中で2価に電離すると，入射イオンとは別の軌道を通って外部へ抜けるが，その粒子を観測する。ビームを受ける位置をきめると，電離した点を逆算することができる。電離する位置でのポテンシャルを（壁のポテンシャルを 0 として）ϕ とすると，1価のイオンはその位置で $e\phi$ のエネルギーを持つ。2価に変化した粒子は壁に届くまでの軌道上で $-2e\phi$ のエネルギーを減ずるので，ビーム粒子は全体として $-e\phi$ のエネルギー変化を受ける。ビーム粒子の入射時とのエネルギー変化を観測すれば電離する位置の静電ポテンシャルが得られる。ビームの総量からは密度に関する情報が得られる。

この方法はプラズマ内部のポテンシャルが直接計測でき，空間分解能や時間分解能が高く，ポテンシャル揺動や密度揺動についても情報が得られる。H-modeや改善閉じ込め現象の物理の解明に寄与が大きい。内部輸送障壁に関連し，ポテンシャル分布に狭い範囲で急峻な変化が生まれ，それに応じて揺動も振幅が下がることが示されている（図S.4.1を参照）。

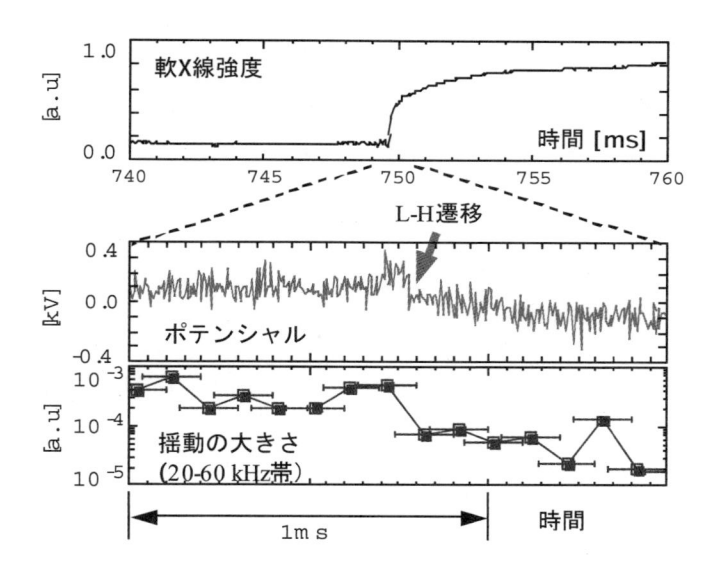

【図S.4.1】

L-H遷移におけるプラズマ電場の急変と揺動の抑制に関する計測結果を示す。（上の図）L-H遷移の結果，プラズマ表面近傍の温度の急な上昇が起きる。ポテンシャルと揺動レベルの時間変化を拡大して示す。（中央図）プラズマ表面近傍での静電ポテンシャルの急激な低下と（下図）揺動レベルの減少が観測される。JFT-2Mにおける重イオンビームプローブ法による計測結果。（Ido T et al., *Phys. Rev. Lett.* 88 055006 (2002) に報告された実験結果に基づき著者の許可を得て作図。三浦幸俊博士の好意による。）

補遺

S.4.4 多次元計測

物理量が多次元で測られるようになったことも特筆すべきである。

高温プラズマの計測では，外部からプラズマを観察するため，しばしば，線積分の形でデータが得られる。マイクロ波の位相のずれ，軟 X 線の輻射，サイクロトロン高調波の輻射，熱輻射，H_α 光などの基本的な計測値は視線方向の線積分で与えられる。プラズマを横切る多数の視線に沿ってデータを同時に集めれば，視線積分のデータの分布から輻射分布を再構成することができる。視線の方向をポロイダル方向に多数選ぶことができればポロイダル方向の分布まで再構成することができる（トモグラフィー法）。

軟 X 線の輻射や熱輻射について，精力的な2次元観測が行われている。軟 X 線の輻射では中央部の鋸歯状振動に伴うヘリカル型のプラズマ変形の観測が進展した。熱輻射の例では，ダイバータ付近での輻射構造の観測などがあげられる。また，密度限界付近での輻射損失分布が調べられ，密度限界をもたらす機構の理解に役立っている。

この例をはじめ，ビームからの光や，H_α 光が 2 次元計測される例も報告されている。そして硬 X 線の輻射の計測では，トロイダル方向からピンホールカメラを用い，視線積分ではあるが，その積分値の断面での 2 次元分布が求められている。多次元計測は急速に発展している分野である。

S.4.5 揺動計測

異常輸送がプラズマの揺動に起因すると考えられている。

プラズマ中央部での揺動計測は HIBP を用いたポテンシャル揺動計測や密度揺動計測がある。また，電子温度の揺動をサイクロトロン高調波の輻射強度の揺動を用いて観測する方法がある。ただし，輻射観測に伴うランダムなノイズがあり，S/N 比で有意なデータを得るのが困難だった。その困難を同位置点を同時刻に2つの計測装置で測り，ランダムノイズを抑える相関輻射計の方法で克服し，電子温度の揺らぎも観測されるようになった。

プラズマ周辺部の揺動計測も積極的に行われている。標準的なプローブや流速を測るマッハプローブなどが活用される。複数のプローブから電場揺動を観測し同時に密度揺動を観測することで揺動の相互相関を測り，揺動による径方向輸送の実測も行われている。H_α 光は中性粒子やプラズマ密度を反映する物理量である。計測のため，シート状に中性粒子ガスをプラズマに加えて発光させ，その2次元観測をすることで，密度揺動の2次元データが得られる。

S.5 改善閉じ込めにおける輸送の研究

　異常輸送は,本書にもあるように,ドリフト波の周波数帯にある不安定性が発達して起きるものと考えられ,その考えに沿って理論研究が進んでいる。非線形理論の進展について,章末に参考文献を挙げておく。改善閉じ込めの理論的研究に関して,径電場と輸送という新しい概念の展開について説明を付加する。

S.5.1 分岐と遷移

　H-mode に代表される改善閉じ込め現象は,時間的に急激な遷移現象であり,空間的には急峻な変化が狭い領域に維持される。プラズマが定常的にとりうる構造に複数の種類があり,その状態の間の分岐現象であると考えられている。

　プラズマの分布を特徴づける関係として,勾配と熱流との関係を考える。外部から供給する熱流が共通でも,2つの異なった勾配を L-mode と H-mode のように取りうるのだから,図S.5.1に示すような単調ではない(ヒステリシスを含む)関係である。

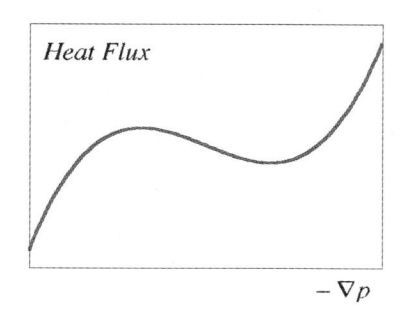

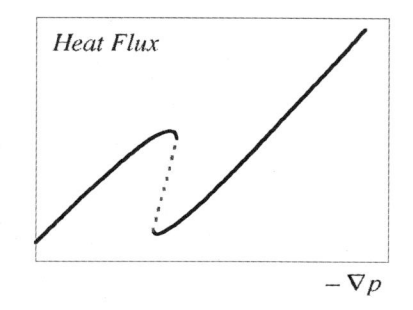

【図S.5.1】

非線形な勾配と熱流の関係

　圧力(温度)勾配と熱流の間のヒステリシスを含むような非単調な関係は,径電場の構造を同時に考えることで理解される。熱流は温度勾配に起因するが,電場の構造にも依存する(電場の勾配により揺動が抑制される機構は次節に説明する)。従って,電場構造に分岐があれば,温度勾配と熱流の関係にも分岐が発生する。

　径電場 E_r の分岐を考える。電荷保存の式から発展方程式

$$\frac{\partial}{\partial t}E_r = -\frac{1}{\varepsilon_0 \varepsilon_\perp}\left(J_r^{\mathrm{NET}} - J_{\mathrm{ext}}\right)$$

が得られる。ここで J_r^{NET} はプラズマ中の電流,J_{ext} は電極がある場合に電極に流れ込む電流,$\varepsilon_\perp$ は磁化プラズマの誘電定数である。イオン粘性によって電場の曲率に依存する電流が生まれる。J_r を電場の強さに依存する局所電流の成分とすると,J_r^{NET} は $J_r^{\mathrm{NET}} = J_r - \varepsilon_0 \varepsilon_\perp \nabla \cdot \mu_\mathrm{i} \nabla E_r$ と書き表される。ここで右辺第2項は曲率による成分を表す。電場の発展方程式は

$$\frac{\partial}{\partial t}E_r = \nabla \cdot \mu_\mathrm{i} \nabla E_r - \frac{1}{\varepsilon_0 \varepsilon_\perp}\left(J_r - J_{\mathrm{ext}}\right)$$

補遺

という形をとる。この方程式は，J_r の E_r に対する非線形依存性のため，電場の分岐を示す。J_r への寄与としては，イオン・イオン衝突に起因するもの（transit time magnetic pumping と呼ばれる機構で，磁場の強度の異なる所をプラズマが通過すると抵抗を受ける機構による），イオンの表面付近での軌道損失，揺動の生み出す平均電流，中性粒子との衝突に起因する電流等々，多数の機構がある。これらの寄与の結果，J_r は E_r に対する非線形性を持ち，局所的な定常条件

$$J_r - J_{ext} = 0$$

は複数の解を持つ。

この方程式の解をプラズマパラメータの関数として求める。トカマク表面近傍の径電場を圧力勾配の関数として示したものを図S.5.2に示す。径電場の弱い状態（図に L と記した分枝）と大きな負の値をとる状態（図の H と示した分枝）の2つの状態があることがわかる。中間の第3番目の解（図に点線で示したもの）は不安定解で，図の HとL と記した2つの解が定常状態として実現可能になる。境界点では，片方の分枝から別の分枝へ遷移が起きる。

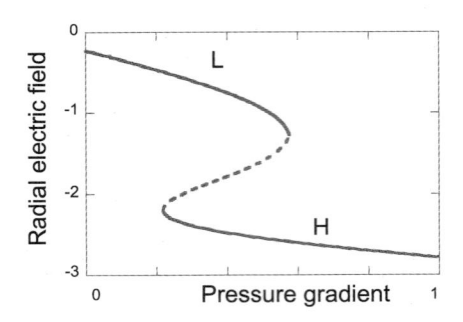

【図S.5.2】

径電場（規格化している）を圧力勾配の関数で示したもの

プラズマのパラメータが空間的に緩やかに変化していると，ある領域では電場は片方の分枝（例えば図S.5.2の L 分枝）を取り，隣り合う領域では別の分枝の電場が実現される，ということが起きる。空間的に薄い領域を経て，2つの分枝がつながる。その境目を電場の界面と呼ぶ。界面の厚みは上記方程式で $J_r - J_{ext}$ と粘性項の釣り合いで決まる。界面の厚みはシステムサイズ（プラズマの半径）に比例せず大型プラズマになると相対的により薄くなる。つまり，界面では電場勾配がより大きな値をとる。揺動によって，半巨視的な電場が生まれることも重要である。ドリフト波は磁場方向の波数が0の'対流泡'を非線形効果で生み出す。対流泡のうちポロイダル波数が 0 のものを zonal flow（帯状流）と呼ぶ。この zonal flow は電場が径方向のみを向いており，$\mathbf{E} \times \mathbf{B}$ 速度が径方向成分を持たないので，乱流輸送を生まず，揺動を抑制する機能を持つ。揺動が zonal flow を通じて径電場を生み出すことは異常輸送に重要な役割を持っている。

S.5.2　電場勾配による乱流の抑制

不均一な電場があると，線形安定性が影響を受ける。不均一度が強いと，ケルビン・ヘルムホルツ不安

補遺

定性を起こすが,適当な強さでは乱流が抑制される。線形過程では種々の安定化機構もあるが,詳細は総説に譲り,ここでは乱流過程の変化について簡単に説明する。

巨視的な電場が空間不均一であったり,均一であっても時間的に速く変動する場合を考える。巨視的な電場による $\mathbf{E} \times \mathbf{B}$ 速度のうち $\bar{\mathbf{V}}$ は空間不均一な成分を示し,$\tilde{\mathbf{V}}$ は時間的に速く変動する成分を指すものとする。ミクロな揺動の振幅を $\tilde{X}$ と書き,その発展方程式を

$$\frac{\partial \tilde{X}}{\partial t} + \left(\bar{\mathbf{V}} + \tilde{\mathbf{V}}\right) \cdot \nabla \tilde{X} - D \nabla^2 \tilde{X} = \tilde{S}^{\mathrm{ext}}$$

と書く。ここで,D は $\tilde{X}$ より短波長の揺動による減衰効果を表しており,$\tilde{S}^{\mathrm{ext}}$ は励起項である。励起項が $\left\langle \tilde{S}^{\mathrm{ext}}(x+\ell, t+\tau) \tilde{S}^{\mathrm{ext}}(x, t) \right\rangle = S^{\mathrm{ext}}(\ell) \, \delta(\tau)$ という性質を持つと仮定する。

巨視的な電場がない場合,揺動の強度の統計平均 $I = \left\langle \tilde{X}(x,t) \tilde{X}(x,t) \right\rangle$ は

$$I = I_0 \equiv \tau_{\mathrm{D}} \left\{ \lim_{\ell \to 0} S^{\mathrm{ext}}(\ell) \right\}, \quad \tau_{\mathrm{D}} \sim \ell_{\mathrm{cor}}^2 D^{-1}$$

で与えられる (ℓ_{cor} は揺動の相関長)。この結果は,揺動散逸定理を,熱平衡状態から非平衡状態に拡張した形になっている。

電場シアーによる抑制

まず,不均一な $\mathbf{E} \times \mathbf{B}$ 速度の効果を考える。図S.5.3に示すように,ポロイダル方向の流れがあり,それが x 方向(径方向)に不均一であるものとする。

$$V_y = S_v x$$

(トカマクの場合を当てはめると $S_v = rq^{-1} \dfrac{d}{dr}(E_r q / Br)$ である。)

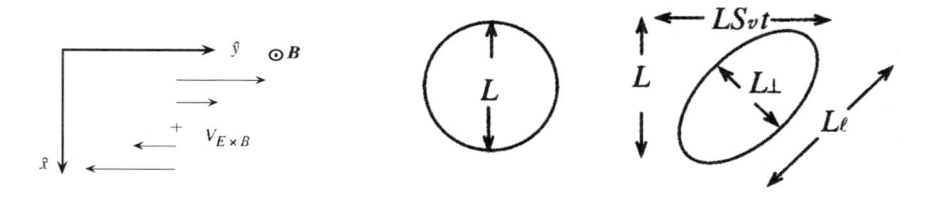

【図S.5.3】
シアーを持つ $\mathbf{E} \times \mathbf{B}$ 速度(左図)。ミクロな円形の渦がこのシアー流によって変形される(中央と右図)。

補遺

ミクロな揺動 $\tilde{X}$ に対応して，図のように円形の渦構造があったとする．不均一な流れのため，時間 t が経過すると渦は楕円形に引き延ばされ，長軸の長さが $L_\ell \approx \sqrt{L^2 + (LS_v t)^2}$ と長くなる．面積一定より，短軸は $L_\perp = L/\sqrt{1+S_v^2 t^2}$ と短くなる．すなわち揺動の相関長は $\ell_{\perp\mathrm{eff}}^{-2} = \ell_{\mathrm{cor}}^{-2}(1+S_v^2 t^2)$ のように短くなる．引き延ばしの変形は揺動の寿命 τ_D の間続くから，揺動の相関長の期待値は

$$\ell_{\perp\mathrm{eff}}^{-2} = \ell_{\mathrm{cor}}^{-2}\left(1+S_v^2 \tau_\mathrm{D}^2\right)$$

と与えられる．

変形した揺動は更にミクロなバックグラウンドの揺動によって拡散係数 D に応じた減衰を受けるから，減衰率は $1/\tau_\mathrm{D} \approx D\ell_{\perp\mathrm{eff}}^{-2}$ と高くなる．$\ell_{\perp\mathrm{eff}}^{-2}$ の評価を代入すると，τ_D の評価式

$$\frac{1}{\tau_\mathrm{D}} = D\ell_{\mathrm{cor}}^{-2}\left(1+S_v^2 \tau_\mathrm{D}^2\right)$$

が与えられる．ミクロな揺動 $\tilde{X}$ の強度は

$$I \approx \frac{I_0}{1+S_v^2 \tau_\mathrm{D}^2}$$

$\left(1+S_v^2\tau_\mathrm{D}^2\right)^{-1}$ 倍だけ抑制される．

この抑制係数は，バックグラウンドの揺動による拡散係数 D や励起強度 $\tilde{S}^{\mathrm{ext}}$ が変化しないものとして導かれたものなので，実際の抑制の強さは，D や励起強度 $\tilde{S}^{\mathrm{ext}}$ の変化もコンシステントに取り入れて評価する．

時間変動する電場による抑制

時間変動する $\mathbf{E}\times\mathbf{B}$ 速度によってミクロ揺動が受ける効果を考える．その効果をドップラーシフトによる周波数変調のかたちで $i\tilde{\omega}_k \tilde{X}_k = \tilde{\mathbf{V}} \cdot \nabla \tilde{X}_k$ のように取り入れると発展方程式は

$$\frac{\partial}{\partial t}\tilde{X}_k + i\tilde{\omega}_k \tilde{X}_k - D\nabla^2 \tilde{X}_k = \tilde{S}_k^{\mathrm{ext}}$$

のように書き表せる．一方，ミクロなバックグラウンドの揺動による減衰率は $\Gamma_\mathrm{s} = Dk_\perp^2$ で与えられる．時間変動する $\mathbf{E}\times\mathbf{B}$ 速度の自己相関時間を $\tau_{\mathrm{ac},\ell}$ と書くと，周波数変調のインパクトはパラメータ

$$\Gamma_\ell = \tau_{\mathrm{ac},\ell}\left\langle \tilde{\omega}_k^2 \right\rangle$$

で表すことが出来る．結果をまとめておく．

補遺

周波数変調の自己相関時間が短い場合,

$$\tau_{\text{ac},\ell} \ll \tau_{\text{D}}$$

テスト揺動の減衰率は2つのプロセスの和 $\Gamma_s + \Gamma_\ell = \tau_D^{-1} + \Gamma_\ell$ で与えられ,揺動の強度の統計平均は

$$I \sim \frac{\lim_{\ell \to 0} \mathcal{S}^{\text{ext}}(\ell)}{\tau_D^{-1} + \Gamma_\ell} = \frac{I_0}{1 + \tau_D \Gamma_\ell}$$

となる。$(1 + \tau_D \Gamma_\ell)^{-1}$ 倍の抑制率を得る。

他方,周波数変調の自己相関時間が長い極限

$$\tau_{\text{ac},\ell}^2 \langle \tilde{\omega}_k^2 \rangle > 1$$

では,応答関数がガウス型になることが知られている(‘motional narrowing’と呼ばれる)。その結果,揺動の強度の統計平均は

$$I \sim \sqrt{\frac{\pi}{2}} \frac{1}{\tau_D \sqrt{\langle \tilde{\omega}_k^2 \rangle}} I_0$$

となる。

S.5.3 輸送障壁の形成

以上の議論に示すように,異常輸送を生む揺動に対して,それを励起するような力(例えば圧力勾配)と抑制するような力(電場の勾配,磁気軸のシャフラノフシフトによる磁気井戸の深まり,負の磁気シアー,等々)の双方がある。後者の抑制効果はプラズマの圧力勾配とともに強まる。このように相反する非線形の効果がプラズマ分布と揺動と輸送との間に働いており,その結果,輸送における遷移現象が起きるものと考えられている。

ここに挙げる抑制効果が働かない状態が L-mode であり,各々の抑制効果に応じて多種の改善閉じ込め状態が自律的に維持されると考えられる。例えば,電場構造の分岐がトカマク周辺で起き,更に乱流輸送が抑制された状態が H-mode であると考えられている。電場分岐と乱流抑制の 2 つの機構を考え,勾配と熱流の関係を求めると,ヒステリシスや非単調性を持つ関係が得られる。電場と輸送の分岐については,多くの機構が寄与し得るため,定量的な発生条件(例えば入力パワーの閾値)の再現などは現在も解析が続いている。

内部輸送障壁は,電場の効果にあわせ,磁場構造の変化も協同的に働いているものと考えられている。図S.5.4に挙げたループでは,揺動が勾配を規定する一方,圧力勾配が磁場構造の変化を通じて,揺動強度を抑制する非線形ループを示す。もし圧力勾配が強くなり,揺動抑制の非線形ループが有効に働くと,圧力勾配の増加が乱流輸送を減らすという逆の働きを持つことになり,一層圧力勾配が増加する。その結果,やはりヒステリシスや非単調性を持つ関係が得られる。

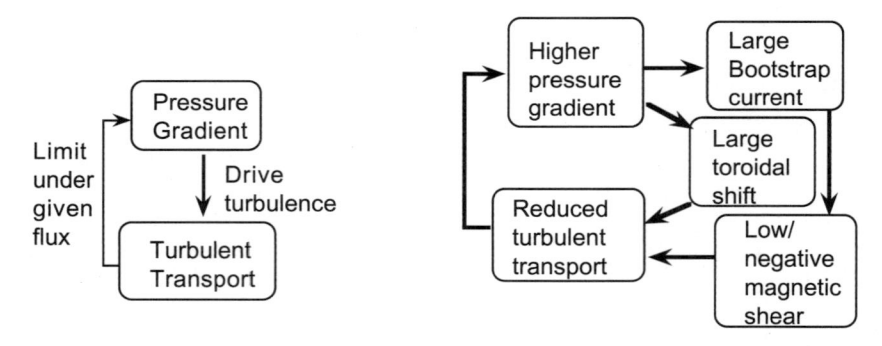

補遺

【図 S.5.4】
揺動が勾配を規定する（左）。その一方，圧力勾配が磁場構造の変化を通じて，揺動強度を抑制する機構がある（右）。

S.6　展望

S.6.1　改善閉じ込めと炉心への展望

H-mode の発見は，トカマク研究を急速に発展させ核融合実験炉の実現性を高めた．現実的な核融合実験炉の設計を可能にしたと言っても過言ではない．どのようなインパクトがあったか，簡明にまとめてみよう．

核融合実験炉にどのような**プラズマのサイズ**が必要となるかは閉じ込め時間に依存する．S.1.3.1節にあるエネルギー閉じ込めのスケーリング則と比較し，閉じ込め時間が $\tau_E = H\tau_{E,\text{scaling}}$ のように改善すると考えて，改善度 H のインパクトを評価することができる．MHD 安定性や密度限界や電流駆動効率など種々の必要条件を考慮に入れて核融合実験炉の炉心を設計することができるが，定常核融合燃焼実験炉の設計研究の結果，必要なトロイダル電流値が $I_p \propto H^{-0.8}$，実験炉トカマク本体の建設費が大略

$$\text{コスト} \propto H^{-1.3}$$

という依存性を示している．プラズマ閉じ込め性能が改善すると，システムが軽量小型になり，費用も急激に減る．

その他に付随する**技術開発**も軽減される．一例は壁負荷であるが，$\tau_E = H\tau_{E,\text{scaling}}$ のように閉じ込め時間が改善すると考えて，上の例と同様に改善度 H のインパクトを評価することができる．ダイバータでの熱負荷が $P_{\text{div}} \propto H^{-1.9}$ と減少し，設計の裕度が生まれる．中性子の壁負荷も抑えられる．

別の観点からのインパクトも重要である．**目的達成の信頼度**という面から考えてみよう．現在のデータから核融合燃焼実験炉を設計するとき，予測されるプラズマ性能は'外挿'である．外挿で得られる設計にどれだけの説得力があるか，という問題も計画実現のための重要な要因である．スケーリング則にはデータの統計的ばらつきがあり，予言には幅がある．予言の幅が広ければ，成果達成の確信度は低く幅が狭ければ達成の確信度が高まる．予測のばらつきの幅 D を統計的分散で評価すると，それに対しては，

$$D \propto H^{-2.1}$$

という依存性が示されている．閉じ込めの改善度が増すと，成果達成の確信度が高まる．核燃焼により質的に違う現象が起きるか否か，というような問題は別にしておく．

核融合実験炉の必要なサイズや建設コストの低減，付随する技術的開発課題の軽減，成果達成の確信度の向上，など，様々な側面から見て，改善閉じ込め現象の発見と研究は，核融合実験炉の実現に大きな力があった．

S.6.2　ITER計画

ここに紹介した成果に立脚し，トカマクによって核融合燃焼実験炉の設計がなされ，建設に向けた協議がなされている．

核融合燃焼実験炉の設計は，国際協力事業として行われている．1980年代には INTOR（**International Tokamak Reactor**）計画の名で設計が行われた．エネルギー閉じ込め時間を始め，トカマクのプラズマパラメータの知識が蓄積するにつれて，現実的な実験炉の設計が可能になってきた．1988年以来，ITER（**International Thermonuclear Engineering Reactor** 国際熱核融合実験炉）の設計活動が日本，欧州，ソ連（現ロシア），米国の4極合同で開始された．4年間概念設計を行い，1992年より工学設計活動を開始

補遺

した。1998年には設計を完了した。当初の設計は核融合出力 1.5 GW の自己点火燃焼を目標に置いている。

その後，H-mode にあわせ内部輸送障壁を持つ種々の改善閉じ込めモードについても実験データベースが蓄積し，より小型の装置で燃焼プラズマ実験を行うことが可能と考えられるようになった。ITER-FEAT の設計が行われ，2001年7月に完了している。装置やプラズマのパラメータは

$$R = 6.2 \text{ m}, a = 2 \text{ m}, B_\text{T} = 5.3 \text{ T}, V_\text{p} = 840 \text{ m}^3, P_\text{fus} = 500 \text{ MW}$$

と選ばれている。図S.6.1に ITER-FEAT の鳥瞰図を示す。エネルギー増倍率 $Q = 10$ を標準運転状態とし，自己点火状態も実験可能性として含んでいる。$Q = 10$ の燃焼時間としては 400 s を選んでいる。定常維持については，$Q = 5$ の燃焼状態を完全非誘導方式で定常に維持することを目指している。原子力技術の観点からは，中性子壁負荷を $0.5 \text{ MW}/\text{m}^2$ とし，中性子フルーエンスは $0.3 \text{ MW a}/\text{m}^2$ と設計されている。総合装置としての総合工学試験の意味も大きい。

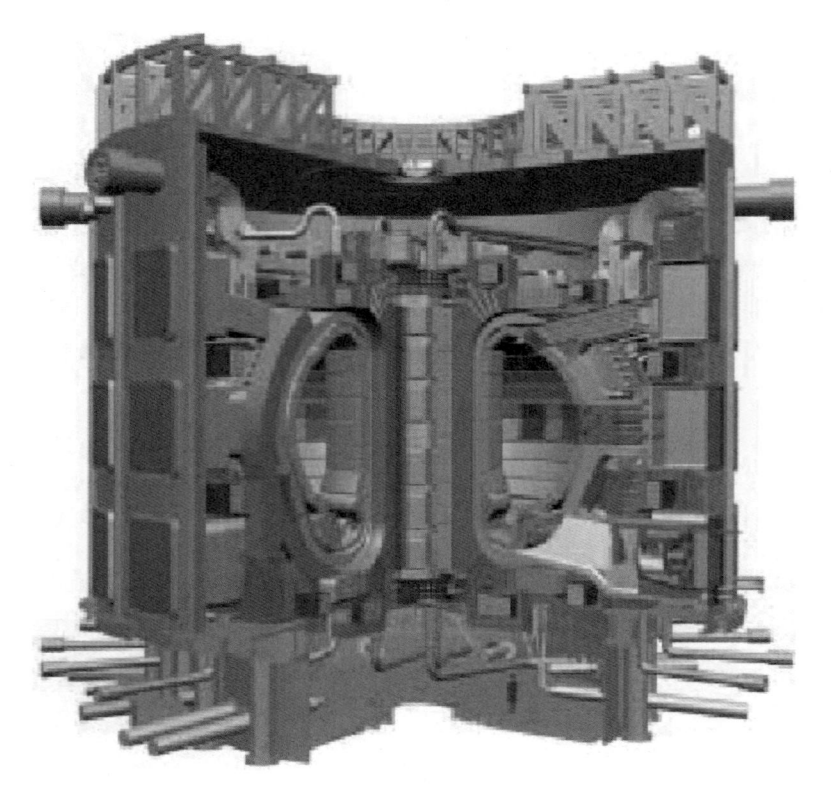

【図S.6.1】

ITER-FEATの鳥瞰図 [R. Aymar, et al., *Nucl. Fusion* 1, 1301(2001)]

参考文献

トカマクの実験結果の成果については次の総合報告が詳しい。

ITER Physics Basis: *Nucl. Fusion* 39, 2137 (1999).

DT核融合燃焼実験については次の文献を挙げておく。

McGuire K. et al, *Fusion Energy 1996* (IAEA, Vienna, 1997) Vol.1, 19.

Gibson A. and the JET Team, *Phys. Plasmas* 5, 1839 (1998).

改善閉じ込め現象について参考文献を挙げる。
H-modeの発見は

Wagner F. et al., *Phys. Rev. Lett.* 49, 1408 (1982).

にあり，その後の改善閉じ込め現象の研究の展開に関しては次の文献などがある。

ASDEX Team, *Nucl. Fusion* 29, 1959 (1989).

Itoh S.-I. et al. , *J. Nucl. Materials* 220-222, 117 (1995).

Burrel K. H., *Phys. Plasmas* 4, 1499 (1997).

Ida K., *Plasma Phys. Contr. Fusion* 40, 1429 (1998).

閉じ込め理論の展開について総説を挙げておく。

Itoh K., Itoh S.-I. and Fukuyama A., '*Transport and Structural Formation in Plasma*' (IOP, 1999, England).

Itoh S.-I.and Kawai Y., '*Bifurcation Phenomena in Plasmas*' (Kyushu Univ., 2002).

Krommes J . A., *Plasma Phys. Contr. Fusion* 41, A641 (1999).

Horton C. W., *Rev. Mod. Phys.* 71 , 735(1999).

Yoshizawa A., Itoh S.-I., Itoh K., Yokoi N., *Plasma Phys. Control. Fusion* 43, R1 (2001).

H-modeの遷移と改善閉じ込めの理論の提案については

Itoh S.-I. and Itoh K., *Phys. Rev. Lett.* 60, 2276 (1988).

Shaing K. C., Crume E. Jr., *Phys. Rev. Lett.* 63, 2369 (1989).

Biglari H., Diamond P. H., Terry P. W., *Phys. Fluids* B2, 1 (1990).

改善閉じ込めの理論の展開については総説を挙げる。

Itoh K., Itoh S.-I., *Plasma Phys. Contr. Fusion* 38, 1 (1996).

Wakatani M., *Plasma Phys. Contr. Fusion* 40, 597 (1998).

Connor J. W. and Wilson H. R., *Plasma Phys. Contr. Fusion* 42, R1 (2000).

Terry P. W., *Rev. Mod. Phys.* 72, 109 (2000).

ELMsの観測と自律的振動現象の考え方は

Zohm H., *Plasma Phys. Contr. Fusion* 38, 105 (1996).

Itoh S.-I., Itoh K., Fukuyama A. and Miura Y., *Phys. Rev. Lett.* 67, 2485 (1991).

Connor J. W., Plasma Phys. Contr. Fusion 40, 531 (1998).

改善閉じ込めの核融合実験炉へのインパクトの分析については

Fukuyama A., Itoh S.-I. and Itoh K., *Fusion Engineering and Design* 15, 353 (1992).

ITERの設計については総説として次のものを挙げる。

Aymar R. et al., *Nucl. Fusion* 41, 1301 (2001).

Shimomura Y. et. al., *Plasma Phys. Contr. Fusion* 43, A385 (2001).

若谷誠宏，田中知，日本物理学会誌 57, 399 (2002).

索引

ア

アーク放電 9.8
アーク,エロージョン 9.8
アーク,逆行運動 9.8
アーク,スポット 9.8
アーク,パワー 9.8
アーク,ユニポーラ単極 9.8
アスペクト比 3.6
圧縮加熱 5.1
圧縮,磁場 6.1
圧力テンソル 2.12
アルツィモヴィッチ,スケール則 11.1
アルファ粒子エネルギー 1.2
アルファ粒子加熱 1.5
アルベーン速度 12.9
アルベーン波 2.15
安全係数 3.4
アンペール則 2.13
ISX 11.1
ICRFにともなう不純物 11.6
ASDEX 11.3
Alcator 11.5
Alcator則 11.5

イ

イオン温度,計測 10.1,10.11
イオン温度勾配不安定性 8.1,8.4
イオンサイクロトロン共鳴加熱 5.8
イオン捕捉,TFR 11.6
イオンミキシングモード 8.4
位相シフト,レーザー 10.3
一次側コイル 1.6
インコヒーレント散乱,レーザー 10.3
インジウムアンチモン結晶 10.4
インダクタンス 12.12
インダクタンス,内部 3.7

ウ

運動方程式 2.12
運動方程式,粒子 2.13

運動論的方程式 2.5
運動論的方程式,旋回平均化された 2.7

エ

エネルギー原理 6.2
エネルギー交換時間 2.8
エネルギー資源,世界 1.8
エネルギー消費,世界 1.8
エネルギー閉じ込め時間 1.5
エネルギー分析器 9.13
エルゴード性 7.1,7.9
エルゴード的な磁場,輸送 4.13
エントロピー,保存則 2.13
エントロピーモード 8.1
ST 11.3
X線ダイオード 10.15
X線分光学 10.14
X線放射 10.8
X点 7.2
n=0 モード 6.1
FT 11.11
m=1 不安定性 6.4
MHD,抵抗性 2.13
MHD,理想 2.13
MHD 安定性 6.1
MHD 不安定性 7.1

オ

応力テンソル 2.14,12.11
大河電流,DITE 11.7
オーミック加熱 5.2
温度勾配に起因する力 2.14
温度勾配不安定性,イオン 8.4
O点 7.2

カ

回折格子分光 10.7
回転変換 3.4
解離型再結合 9.4
解離型電離イオン化 9.4
ガウスの定理 12.1
ガウント因子 4.9,10.8
拡散係数,衝突性 4.5

拡散テンソル 2.6
核融合断面積 1.2
核融合反応 1.2
ガスパフ,T 3 11.2
荷電交換 4.11,5.3,9.4
荷電交換中性粒子 10.1
荷電状態 4.10,9.4
加熱 5.1
加熱,圧縮 5.1
加熱,イオンサイクロトロン共鳴 5.8
加熱,オーミック 5.2
加熱,高周波 5.6
加熱,低域混成共鳴 5.9
加熱,電子サイクロトロン共鳴 5.1
壁洗浄 9.5
壁のきれいさ,JFT-2 11.4
壁のきれいさ,T 3 11.2
壁負荷,炉 1.9
カメラ,赤外線 9.13
換算質量 1.3
緩和過程 2.8

キ

逆ランダウ減衰 8.3
逆行アーク運動 9.8
吸着 9.5
境界層 9.2
協同散乱,レーザー 10.3
共鳴面 6.1
曲率,磁場 6.1
魚骨型不安定性 7.1
鋸歯状振動 7.1,7.6,11.1
鋸歯状不安定性,ST 11.3
キンク不安定性 6.3

ク

クーロン障壁 1.2
クーロン対数 2.4,12.5
クエンチ,電流 7.7
屈折率,プラズマ 10.3
グラッド・シャフラノフ方程式 3.3
グリーンの定理 12.1

索引

ケ

蛍光散乱 9.13
経済性,炉 1.9
ゲージ変換 2.11
結合エネルギー,表面 9.6
原子過程 9.4
減衰指標,磁場 6.11
減速時間 2.8

コ

高域混成周波数 12.8
光学的深さ 10.6
高周波加熱 5.6
高周波加熱,物理 5.7
後方散乱,表面 9.3
誤差関数 12.12
コロナ平衡 4.10,10.13

サ

サイクロトロン周波数 2.2
サイクロトロン放射 4.9
再結合,磁場 7.5
再結合,磁場(鋸歯) 7.6
再結合解離 9.4
再結合放射 10.8
散逸力 2.14
残留ガス吸着,DITE 11.7
残留ガス吸着,PLT 11.8

シ

シアー,磁場 6.10
シース,静電 9.1
磁気音波 2.15
磁気再結合 7.5
磁気再結合,鋸歯 7.6
磁気シアー 6.1
磁気シアー,ドリフト不安定性 8.2
磁気島 7.1,7.2
磁気島,成長率 7.3
磁気島幅 7.2
磁気面 3.2

磁気モーメント 3.9
軸対称モード 6.11
磁束関数 3.2
磁場,真空 3.7
ジャイロトロン,T-10 11.9
遮蔽,放射能 1.7
重水素,豊富 1.8
周電圧 10.2
周辺プラズマ診断 9.13
準中性 8.2
蒸気圧 9.11
焦電気結晶 10.4
焦電気検出器 10.15
衝突 2.4
衝突時間 2.9,12.6
衝突時間,イオン 2.9
衝突時間,電子 2.9
衝突時間,熱交換 2.9
衝突パラメータ 2.4
蒸発 9.11
ショットキーダイオード 10.4
磁力線の曲がり 6.1
磁力線の乱れ 4.13
真空紫外分光学 10.14
シンクロトロン放射 4.9
新古典導電率 4.6
新古典輸送 4.1,4.2
診断法 10.1
診断法,電磁的 10.2
診断法,レーザー 10.3
JET 11.15
JFT-2 11.4

ス

垂直磁場 3.1,3.7
スクレープ・オフ層,JFT-2 11.4
スケーリング則 4.1,4.11
スケーリング則,アルツィモヴィッチ 11.1
スターリングの公式 12.12
スティックス・ゴーラント近接性条件 5.9
ストークスの定理 12.1
スパッタリング 9.6,9.7
スパッタリングのモデル 9.7
スピッツァー抵抗 2.10,12.10

スペクトル密度関数 10.3
スライドアウェイ領域,Alcator 11.5

セ

石英紫外線分光 10.14
セパラトリックス 7.2
旋回運動論的方程式 2.7
旋回周波数 12.8
旋回平均された運動論的方程式 2.7
洗浄,放電 9.5
Z_{eff},計測 10.13
Z_{eff},ST 11.3

ソ

そら豆型配位,バルーニングモード 6.10
損耗,アーク放電 9.8

タ

ダイバータ 1.7,9.10
ダイバータ,バンドル 11.7
ダイバータ,ASDEX 11.13
ダイバータ,Doublet-III 11.12
脱離 9.5
単位 12.3
断熱則 2.13
Doublet-III 11.12

チ

中性子放出 10.12
中性粒子ビーム加熱 5.4
中性粒子ビーム生成 5.5
中性粒子ビーム入射 5.3
中性粒子分析 10.1
中性粒子分析器 10.11
注入,表面 9.12
超伝導コイル 1.7

ツ

通過粒子 3.8

索引

テ

テアリングモード 6.5
テアリングモード,安定性 6.6
テアリングモード,抵抗層の幅 6.6
テアリングモード,非線形 7.3
低域混成周波数 12.8
抵抗型温度計 10.15
抵抗性表皮厚さ 12.12
抵抗性 MHD モード 6.1
抵抗性モード,局在化 6.8
抵抗層,テアリングモード 6.6
抵抗壁,軸対称性モード 6.11
抵抗率 2.10
抵抗率,スピッツァー 12.10
抵抗率,捕捉粒子 12.10
低周波イオンモード 8.4
ディスラプション 7.1,7.7
ディスラプション,ST 11.3
ディスラプション,m＝2 モード 7.7,7.8
ディスラプション,物理 7.8
テスト粒子 2.8
鉄芯 3.1
デバイ長 12.7
電圧,ループ 10.2
点火 1.5
電子温度,ECE 計測 10.7
電子温度,X 線計測 10.9
電子温度,計測 10.3
電子温度,レーザー計測 10.5
電磁気学 2.11
電子サイクロトロン共鳴加熱 5.1
電子サイクロトロン放射 10.6
電子ドリフト周波数 7.4
電子ドリフト波 8.1
電磁波 2.15
電子密度,レーザー計測 10.4
電磁流体力学 2.13
電離,解離 9.4
電離,分子 9.4
電流クエンチ 7.7
電流駆動 3.11
電流駆動,PLT 11.8
電流駆動ドリフト不安定性 8.2

電流のしみ込み 7.5
DITE 11.7
TFR 11.6
TFTR 11.14
T 3 11.2
T 10 11.9

ト

透磁率 2.11
逃走電子 2.1
逃走電子,TFR 11.6
導電率,新古典 4.6
動摩擦 2.6
トカマク,言葉の由来 1.1
トカマク,発明 1.1
トカマク炉 1.7
閉じ込め 4.1
閉じ込め時間 4.1,11.1
閉じ込め時間 JET 11.15
閉じ込め劣化 JFT-2 11.4
閉じ込め劣化 ISX 11.1
ドップラーシフト 10.13
ドップラー広がり 10.13
トムソン散乱 10.5
トランス機構 1.6
トリチウムインベントリー 9.12
ドリフト,粒子 2.3
ドリフト運動論的方程式 2.5,2.7
ドリフト運動論フォッカー・プランク方程式 4.4
ドリフト不安定性 8.2
ドリフト不安定性,電流駆動 8.2
ドリフト不安定性,トロイダル効果により誘起された 8.2
ドリフト不安定性,無衝突 8.2
ドリフト面 3.8
トロイダル磁場 1.6
トロイダル磁場コイル 1.7
トロイダル磁場,高い,Alcator 11.5
トロイダルドリフト不安定性 8.2
トロイダルモード数 6.1

ナ

内部キンク不安定性 6.4

波 2.15
波のピンチ効果 4.6
軟 X 線 10.8

ネ

熱核融合 1.3
熱核融合パワー密度 1.4
熱核融合反応率 1.3
熱交換時間 2.9
熱速度 12.9
熱的ショック 9.11
熱電対列 10.15
熱伝導,表面 9.11
熱輸送 9.11
燃料資源 1.8

ハ

バウンス周波数 3.1
波高分析器 10.9
バナナ拡散 4.1
バナナ軌道 3.1
場の粒子 2.8
ハミルトンの方程式 2.5
バルーニングモード 6.9
バルーニングモード安定性 6.10
反磁性周波数,電子 8.2
反磁性ループ 10.2
反射点 3.9
バンドルダイバータ,DITE 11.7

ヒ

非圧縮性 2.13
ビート周波数,レーザー 10.4
ビーム,診断法 9.13
微視的テアリング不安定性 8.5
微視的テアリングモード 8.1
微視的不安定性 8.1
微視的不安定性,輸送 4.12
ピファーシュ・シュリューター輸送 4.1,4.3
ピファーシュ・シュリューター領域 4.2
微分演算子 12.2
ヒュジルダイアグラム 7.7

331

索引

表皮厚さ,抵抗性 12.12
PLT 11.8

フ

ファブリ・ペロー干渉計 10.7
ファラディー回転 10.4
不安定性抑制,T-10 11.9
ブートストラップ電流 4.6
フープ力 3.1
フーリエ変換分光測定法 10.7
フォッカー・プランク方程式 2.5,2.6
輻射 4.9,10.8
輻射損失 1.4
不純物 9.1
不純物イオン温度,測定 10.13
不純物低減,ASDEX 11.13
不純物濃度,計測 10.3
不純物放射 4.10
不純物輸送 4.8
不純物輸送,ISX 11.1
不純物輸送,T-10 11.9
不純物流入,計測 10.13
物理定数 12.4
ブラジンスキー方程式 2.14
プラズマ,トカマク 2.1
プラズマ回転,PLT 11.8
プラズマ周波数 12.8
プラズマ伸張度,軸対称モード 6.1
プラズマ振動 2.15
プラズマ電流 1.6
プラズマ表面相互作用 9.1
プラズマポテンシャル,ST 11.3
ブラソフ方程式 2.5
ブラッグ反射 10.14
プラトー輸送 4.5
プラトー領域 4.2
フランク・コンドン中性原子 10.10
ブランケット 1.7
プレカーサ,ディスラプション 7.7
プレカーサフェイズ 7.7
プローブ,コレクター 9.13
プローブ,静電 9.13

プローブ,熱流束 9.13
プローブ,ラングミュア 9.13
分岐比 10.14
分光学,不純物 10.13
分光学的技術 10.14
分子過程 9.4
分子の電離 9.4
分布関数 2.5

ヘ

平均自由行程 12.7
平衡 3.1
ベーキング 9.5
ベータ値 3.5
ベータ値,炉 1.9
ベータ値限界 6.12
ベータ値限界,ISX 11.1
ベータ値,Doublet-III 11.12
ベクトル公式 12.1
ベクトルポテンシャル 2.11
ヘリカル磁場 7.5,7.6
ペレット入射,Alcator 11.5
偏向時間 2.8

ホ

ポインティングベクトル 2.11
放射,不純物 4.1
放射線計測 10.15
放射線遮蔽 1.7
放射損失 4.9
放電洗浄 9.5
捕捉,粒子 3.9
捕捉イオン不安定性 8.4
捕捉電子,抵抗性 12.1
捕捉電子不安定性 8.1,8.3
捕捉のための条件 3.9
捕捉粒子 3.8
捕捉粒子軌道 3.1
捕捉粒子バウンス周波数 12.8
捕捉粒子不安定性 8.1,8.4
ポロイダル磁場 1.6
ポロイダルベータ 3.5
ポロイダルモード数 6.1
ボロメーター 10.15

マ

マイクロ波ヘテロダイン放射計 10.7
マックスウェル分布関数 12.12
マックスウェル方程式 2.11
マッハ・ツェンダー干渉計 10.4

ミ

密度限界 7.7
密度限界,DITE 11.7
ミラー効果 2.3
ミラー磁場による力 3.9
ミルノフ振動 7.1
ミルノフ則,T 3 11.2
ミルノフ不安定性 7.4

ム

無衝突ドリフト不安定性 8.2
村上パラメータ 7.7

メ

メルシエ条件 6.8

モ

モード数 6.1
モンテカルロ計算 10.1

ユ

誘電テンソル 2.11,2.15
誘電率 2.11
有理面 6.1
輸送,実験 4.11
ユニバーサル不安定性 8.1,8.2
ユニポーラアーク 9.8

ヨ

溶解 9.11

索引

ラ

ラーマー軌道 2.2
ラーマー半径 2.2, 12.7
ラグランジアン 6.2
ラザフォード散乱 2.4
ランダウ減衰 2.16
ランダウ減衰, 逆 8.3
ランダウ積分路 2.16
乱流による対流 4.12

リ

リサイクリング 9.3
理想MHDモード 6.1
リチウムブランケット 1.7
リチウム埋蔵量 1.8
リップル輸送 4.7
リミター 1.7, 9.9
リミター, 可動式, JFT-2 11.4
粒子軌道 3.8
粒子ドリフト 2.3
粒子捕捉 2.3
流体方程式 2.12

ル

ループ, 反磁性 10.2

レ

レーザー共鳴 9.13
レーザー診断法 10.3
連続の式 2.12

ロ

ローゼンブルスポテンシャル 2.6
ローソン条件 1.4
ロゴスキーコイル 10.2
炉の経済性 1.9

訳者紹介

伊藤早苗（いとう　さなえ）

1974 年　東京大学理学部物理学科卒業
現在　九州大学応用力学研究所教授，英国物理学会フェロー

矢木雅敏（やぎ　まさとし）

1985 年　京都大学工学部原子核工学科卒業
現在　九州大学応用力学研究所助教授

トカマク概論（がいろん）
─────────────────────

2003 年 2 月 28 日　初版発行

著　者　J. A. ウェッソン

訳　者　伊　藤　早　苗
　　　　矢　木　雅　敏

発行者　福　留　久　大

発行所　（財）九州大学出版会

〒 812-0053　福岡市東区箱崎 7-1-146
　　　　　　　九州大学構内
　　　電話　092-641-0515（直　通）
　　　振替　01710-6-3677

印刷／九州電算㈱・大同印刷㈱　製本／篠原製本㈱

©2003 Printed in Japan　　　ISBN 4-87378-769-6